古代建筑琉璃构件保护技术暨传统工艺科学化研究论文集

Collection of Essays on Protection Technology and Traditional Craftsmanship of Architectural Glazed Tiles

苗建民　主编　王时伟　副主编

科学出版社
北京

内 容 简 介

　　本论文集主要涉及以下几方面内容：古代建筑琉璃构件病害调查，病害机理研究，以琉璃构件胎釉为研究对象的仪器分析方法研究，琉璃构件胎釉原料组成、元素组成、显微结构特征、胎体素烧温度、釉的熔融温度范围、胎体吸水率和显气孔率等物理化学性质研究，在此基础上开展古代建筑琉璃构件传统烧制技艺科技内涵揭示、施釉重烧保护技术研究，以及清代官式建筑琉璃瓦件质量标准的制定研究等。

　　本论文集可供古代建筑琉璃构件传统烧制技艺传承人、琉璃构件质量检验部门、从事古代琉璃建筑修缮保护的工程技术人员、博物馆工作人员，以及相关专业技术人员参考、阅读。

图书在版编目（CIP）数据

古代建筑琉璃构件保护技术暨传统工艺科学化研究论文集 / 苗建民主编.
—北京：科学出版社，2021.7
ISBN 978-7-03-069436-2

Ⅰ. ①古…　Ⅱ. ①苗…　Ⅲ. ①古建筑 - 保护 - 文集　Ⅳ. ① TU-87

中国版本图书馆 CIP 数据核字（2021）第154114号

责任编辑：王光明　蔡鸿博 / 责任校对：邹慧卿
责任印制：肖　兴 / 封面设计：张　放

科 学 出 版 社　出版
北京东黄城根北街16号
邮政编码：100717
http://www.sciencep.com

北京汇瑞嘉合文化发展有限公司　印刷
科学出版社发行　　各地新华书店经销

*

2021 年 7 月第　一　版　　开本：889×1194　1/16
2021 年 7 月第一次印刷　　印张：23 1/4
字数：750 000

定价：468.00 元
（如有印装质量问题，我社负责调换）

《古代建筑琉璃构件保护技术暨传统工艺科学化研究论文集》

编　委　会

Collection of Essays on Protection Technology and Traditional Craftsmanship of Architectural Glazed Tiles Editorial Committee

前　言

古代琉璃建筑以其宏伟的气势、耀眼的光泽、斑斓的色彩筑成了中国古代传统建筑艺术的特有风格，在中国古代建筑发展史上占有重要的位置，谱写了一页页辉煌的篇章。

建筑琉璃烧制技艺与始于汉代的低温铅釉制陶技术可谓一脉相承，其源头应是从中国古代铅钡玻璃技术的基础上发展而来的。在汉代墓葬的考古发掘中，常有仓、灶、壶、井、磨、家禽、畜圈等作为明器的绿色釉陶出土，特别是在湖北襄阳、山西平陆、河南淮阳和河北阜城等地东汉时期的墓葬中，出土了一些不同结构形式的琉璃建筑模型、绿釉陶楼。这些陶楼虽属明器，但它反映了当时釉陶烧制的工艺技术水平和人们在精神文化上的追求与审美。那么，建筑琉璃何时使用在实用建筑上？陶瓷界和建筑界的学者们多把目光聚焦在了北魏时期。依据有二：其一，在北魏的建筑遗址中出土了建筑琉璃残片；其二，在《魏书》《郡国志》和《水经注》等古籍文献中，对于世祖拓跋焘、高祖拓跋宏建造宫殿时使用琉璃构件作为装饰等事件有着明确的记载。1992年，一块绿釉琉璃筒瓦在山西曲沃县天马-曲村遗址东汉地层中出土，使部分学者将探寻最早出现建筑琉璃的目光从北魏投向了更早的东汉时期。建筑琉璃的使用究竟源于何时？还有待考古学家及相关学者做进一步的研究考证。但在北魏时期的宫殿建筑上就已经使用了琉璃构件，则已成为各界学者的共识。

自北魏至今，一千五百多年来，中国社会经历了南北朝、隋、唐、五代、宋、元、明、清等数次朝代的更迭。然而，建筑琉璃烧制技艺与琉璃建筑艺术并未因时代的变迁停止前进的脚步，而是在持续不断地发展，一步一步地走向新的辉煌。古代先民在广袤的中华大地上建造了一座座闪耀着华夏民族文化之光的琉璃建筑，为后代子孙留下了弥足珍贵的琉璃建筑艺术瑰宝。著名的宋代开封祐国寺塔、元代芮城永乐宫、明代洪洞广胜寺飞虹塔、明清故宫宫廷建筑群等，这些反映历史不同时期琉璃烧制技术与建筑营造技术最高水平的琉璃建筑，很多被视为国宝，被国务院列为全国重点文物保护单位。

"十一五"期间，科技部为了加强对古代琉璃建筑，特别是加强对古代建筑琉璃构件的保护，划拨专项经费助力科技保护研究工作。国家文物局作为组织单位设立了专门的科研课题，故宫博物院古陶瓷检测研究实验室的科研人员荣幸地承担了这一课题。

呈现在读者面前的这本名为《古代建筑琉璃构件保护技术暨传统工艺科学化研究论文集》，其主要内容是故宫博物院古陶瓷检测研究实验室的科研人员在完成"十一五"国家科技支撑计划重点课题"古代建筑琉璃构件保护技术及传统工艺科学化研究"的过程中，以及在配合故宫博物院于2002年启动的古建大修过程中所完成的科技保护研究工作。大多数论文已经在国内外相关学术刊物和论文集上发表，现整理成集出版，以期使读者对该项研究工作有一个全面完整的了解，更希望论文中的研究成果能够被众多古代琉璃构件传统烧制技艺传承人、琉璃构件质量检验部门和从事古代琉璃建筑修缮保护的工程技术人员予以借鉴和应用。

论文集主要包括以下几方面内容：古代建筑琉璃构件病害调查，病害机理研究，以琉璃构件胎釉为研究对象的仪器分析方法研究，琉璃构件胎釉原料组成、元素组成、显微结构特征、胎体素烧温度、釉的熔融温度范围、胎体吸水率和显气孔率等物理化学性质研究，在此基础上开展古代建筑琉璃构件传统烧制技艺科技内涵揭示，施釉重烧保护技术研究，以及清代官式建筑琉璃瓦件质量标准的制定研究等。

在古代建筑琉璃构件病害调查的过程中，课题组考察了北京、河北、河南、山东、山西、陕西、湖北、安徽、福建、广东、辽宁、江苏、浙江、宁夏、西藏和台湾等省（市、区）的古代琉璃建筑。考察结果发现古代建筑琉璃构件病害问题十分严重，主要表现在断裂、污染、泛霜、变色、剥釉、酥解等几个方面，其中琉璃构件表面釉层剥落现象最为普遍和突出。在病害机理的研究中，重点对琉璃构件表面釉层剥落的问题进行了研究，结果发现釉层剥落的主要原因为胎体烧结程度、胎釉热膨胀系数匹配关系等内在因素和急冷急热、吸湿膨胀、冻融循环等外在因素两个方面。对绿釉琉璃构件表面变色病害的研究发现，釉面变色是因釉面腐蚀物磷氯铅矿与硫酸铅混合物所致。

在以琉璃构件胎釉为研究对象的仪器分析方法研究中，针对琉璃构件表面釉层较薄无法分离，难以进行取样分析的问题，研制了针对琉璃铅釉的校准参考样品，建立了 X 射线荧光能谱仪无损测定琉璃釉面主次量元素的分析方法；针对琉璃构件胎体化学组成特征，研究配制了校准参考物质，建立了 X 射线荧光波谱仪对古代琉璃构件胎体主次量元素定量分析方法；针对含非晶质多相混合物琉璃瓦胎体的物相定量分析问题，引入了 Rietveld 全谱拟合法，提高了物相定量分析的准确度和精密度；为了提高测量琉璃构件胎体烧成温度的精确度，对利用热膨胀法判定古代琉璃构件胎体烧成温度进行了模拟实验研究，提出了修正的方法。

论文集中 32 篇论文所涉及的琉璃构件标本，分别取自北京、河北、河南、山东、山西、江苏、辽宁、安徽、湖北、浙江、广东等地。在琉璃构件胎釉化学组成、矿物组成、显微结构、物理化学性质等方面发表的实验数据达数千个。对产自北京、辽宁、江苏、湖北、安徽等不同地区琉璃构件在胎釉原料的选择、烧制工艺、窑炉结构等在传统烧制技艺方面所承载的科技内涵进行了揭示。

论文集反映了课题组在古代建筑琉璃构件保护技术方面开展的研究工作。提高胎体烧结程度的施釉重烧保护技术和改善胎釉热膨胀系数匹配关系的施釉重烧保护技术，是课题组在琉璃构件保护技术方面完成的两项科研成果，具体的研究工作在论文集中做了详尽的论述。论文集附录中编入的 2017 年由国家文物局发布的国家文物保护行业标准《清代官式建筑修缮材料·琉璃瓦》，是课题组在现有相关国家标准《烧结瓦》和建材行业标准《建筑琉璃制品》基础上，根据古代琉璃建筑文物修缮保护工程的特殊要求，经过实验研究提出的比以民用建筑材料为主要质量检验对象的现有上述标准更为严格且更有针对性的质量检验标准。

迄今为止，本论文集中的研究内容和结果，是本领域中以古代建筑琉璃构件为研究对象所展开的最全面、最系统和较为深入的科技保护研究工作，反映了本领域的最新科技研究成果。

论文集的编辑以各篇论文发表的先后时间为序。其中第一篇论文发表于 2004 年，最后一篇论文发表时间为 2018 年，还有两篇新近完成尚未发表的科研论文，时间跨度较大。随着时间的延续和后期研究工作的深入，课题组对一些问题的认识也在不断地深化。此次成集时，编委会对每篇论文都作了研读，对有些问题则做了进一步的讨论。书中有些论文的个别观点或提法与以往发表的论文可能略有不同，此种情况均以本论文集为准。

在本项课题的实施和论文的完成过程中，曾得到博物馆界和古建筑界有关机构和同仁的大力支持和帮助，在此表示衷心的感谢。论文集中的不妥之处，祈望有关专家和读者不吝赐教。

故宫博物院古陶瓷检测研究实验室原主任、研究员

苗建民

2020 年 11 月 26 日

Preface

    With its imposing magnificence, dazzling luster, and brilliant colors, buildings decorated with glazed tiles have become a unique style of ancient Chinese traditional architectural art. They occupy an important position in the history of ancient Chinese architecture and have written pages of brilliant chapters.

    The craftsmanship of architectural glazed tile is in the same line as the low-temperature lead glaze pottery technology that began in the Han dynasty, and its origin should have been developed from the ancient Chinese lead-barium glass technology. In archaeological excavations of tombs from the Han dynasty, green-glazed earthenware models of storehouse, cooking stove, jar, water-well, grinding mill, animal, and animal pen were often unearthed as funerary wares. Especially in the tombs dated to the Eastern Han dynasty, in Xiangyang, Hubei province, Pinglu, Shanxi province, Huaiyang, Henan province, and Fucheng, Hebei province, some architectural models, especially green-glazed earthenware watchtowers with different structures, were unearthed. Although these watchtowers had been made for funerarys, they reflect the firing technological level of glazed pottery and people's spiritual and cultural pursuit and aesthetics during that period. So, when did architectural glazed tile start to be used on buildings? Scholars in ceramics and architecture have mostly focused their attention on the Northern Wei dynasty. There are two reasons: first, fragments of architectural glazed tiles has been unearthed from sites of buildings of the Northern Wei dynasty; second, in historical document such as *Wei Shu* "Chronicles of Wei", *Junguo Zhi* "Monograph on Prefectures", and *Shuijing Zhu* "Commentary to the Classic of Rivers", there are clear records that Emperor Taiwu of Northern Wei dynasty, personal name Tuoba Tao and Emperor Xiaowen of Northern Wei, personal name Tuoba Hong, used glazed tiles as decorations when building their palaces. In 1992, a green-glazed tile was unearthed from the layer dated to the Eastern Han dynasty at the cemetery site of Qucun, Tianma, Quwo County, Shanxi province. Some scholars therefore turned their lens to the earliest appearance of architectural glazed tile from the Northern Wei to the Eastern Han dynasty. When on earth was architectural glazed tile first used? Answering this question needs further research and verification by archaeologists and related scholars. But at the latest, colored glaze tiles were already used in palace buildings in the Northern Wei dynasty, which has become the consensus of scholars in various fields.

    Since the Northern Wei dynasty, over 1, 500 years, Chinese society has undergone several dynasties from the Southern and Northern Dynasties, Sui, Tang, Five Dynasties, Song, Yuan, to the Ming and Qing dynasties. However, firing techniques of architectural tile and architectural art of buildings decorated with glazed tiles have not stopped due to the changes of the times, but have continued to develop, step by step toward new glory.

Ancient ancestors built buildings decorated with glazed tiles shining with the light of Chinese culture on the vast land of China, leaving behind precious architectural art treasures for future generations. The famous Iron Pagoda of Youguo Temple, Kaifeng City, Henan province, built in the Song dynasty (featuring iron-like brown glazed tiles), Yongle Palace of Ruicheng County, Shanxi province, built in the Yuan dynasty, Feihong Pagoda of Guangsheng Temple, Hongdong County, Shanxi province, built in the Ming dynasty, the Forbidden City built in the Ming and Qing dynasties, etc. , they reflect the highest level of glazed tile firing technology and architectural construction technology in different periods of history. Many buildings decorated with glazed tiles are listed as Cultural Heritage under the National Level Protection by the State Council.

During the Eleventh Five-Year Plan period, in order to strengthen the protection of buildings decorated with glazed tiles, especially protection of the glazed tiles, the Ministry of Science and Technology allocated special funds to assist scientific and technological protection research. To implement this, the State Administration of Cultural Heritage has set up a special scientific research project. The researchers of the Research Laboratory of Ancient Ceramics of the Palace Museum are honored to conduct this project.

The current book presented to readers is titled "Collection of Essays on Protection Technology and Traditional Craftsmanship of Architectural Glazed Tiles". The main content is the scientific research work finished in the key project of "Research on the Protection Technology and Traditional Craftsmanship of Architectural Glazed Tiles", as well as the research work completed in the course of the restoration of ancient buildings initiated by the Palace Museum in 2002. Most of the papers have been published in relevant journals and conference proceedings at home and abroad. They are now organized into a monograph, in order to enable readers to have a comprehensive understanding of the research work. We hope that the research results in these papers can be used by many inheritors of traditional firing techniques of glazed tile, quality inspection institutions, and engineers and technicians engaged in the protection of building decorated with glazed tiles.

The monograph mainly includes the following aspects: investigation of ancient glazed tile diseases, research on disease mechanism, research on instrumental analysis methods based on glazes and bodies, mineralogical compositions, chemical compositions, microstructure characteristics, biscuit firing temperature, melting temperature range of glaze, water absorption and apparent porosity rate, other physical and chemical properties. On this basis, the papers reveal the technical connotation of traditional firing techniques for glazed tiles, research on glaze refiring protection technology, and research on the formulation of quality standards for glazed tiles in Qing dynasty official architecture.

In the process of investigating the diseases of ancient glazed tiles, the research team inspected architectures in Beijing, Hebei, Henan, Shandong, Shanxi, Shaanxi, Hubei, Anhui, Fujian, Guangdong, Liaoning, Jiangsu, Zhejiang, Ningxia, Tibet, Taiwan and other provinces and regions. The investigation results demonstrate that various diseases of ancient architectural glazed tiles were very serious, mainly manifested in several aspects such as fracture, pollution, frosting, discoloration, glaze peeling, and crumbling. Among them, the phenomenon of glaze peeling on the surface of glazed tiles was the most common and most prominent.

In the study of disease mechanism, the focus was on the problem of glaze layer peeling on the surface of glazed tiles. It was found that the main causes of glaze layer peeling were the internal factors such as the degree of vitrification of the bodies, the matching relationship of the thermal expansion coefficient between glazes and bodies, and external factors, such as the thermal shock, moisture absorption and expansion, freeze-thaw cycles. Research on the discoloration of green glazed tiles found that the discoloration is caused by the mixture of pyromorphite and lead sulfate.

In the study of the instrumental analysis method on chemical compositions of the glazes and bodies, as the glaze layer is thin and can not be separated from tile body, a series of calibration reference samples for lead glaze was made and energy dispersive X-ray fluorescence method on analysis of major and minor elements of glazes was established. In line with the chemical compositions of tile bodies, calibration reference samples were made and wavelength dispersive X-ray fluorescence method to analyse major and minor elements of bodies was established. As to the problem of phase quantitative analysis of bodies containing amorphous multiphase mixture, the Rietveld whole pattern fitting method is introduced to improve the accuracy and precision of phase quantitative analysis. In order to improve accuracy of investigating the firing temperature of tile bodies, simulation experiment was conducted with dilatometer, and a revised method was proposed.

The glazed tiles involved in the 32 papers in the monograph were collected from Beijing, Hebei, Henan, Shandong, Shanxi, Jiangsu, Liaoning, Anhui, Hubei, Zhejiang, Guangdong and other places. Thousands of data have been published on the chemical compositions, mineralogical compositions, microstructure, physical and chemical properties of the glazes and bodies. The scientific and technological connotation carried by the traditional firing techniques in the selection of raw materials, firing, and kiln structure for glazed tiles produced in different regions such as Beijing, Liaoning, Jiangsu, Hubei, and Anhui are revealed.

The monograph also reflects the research work carried out by the research team in the protection technology for glazed tiles. The re-glazing technology after improving the vitrification degree of the bodies and the re-glazing technology to improve the matching relationship of the thermal expansion coefficient between glaze and body are two scientific research results completed by the research team. The details of the research work are shown in the monograph. The national cultural relics protection industry standard, Restoration Material for Official Buildings in Qing Dynasty-Glazed Tile, included in the present monograph, was set by the team and published by the State Administration of Cultural Heritage in 2017. The standard is based on the existing relevant national standards "Fired Roofing Tiles" and the building materials industry standard "Building Terracotta with Glaze", and consists with the special requirements of ancient buildings decorated with glazed tiles. Compared with the existing abovementioned standards mainly on building materials for civilian use, the standard proposed by the team is more stringent and more targeted.

So far, on the topic of ancient architectural glazed tiles, the research content and results in the monograph are the most comprehensive, systematic and in-depth scientific and technological protection research work, reflecting the latest scientific and technological research results in this field.

The papers in the monograph are ordered according to the time of their publication. The first paper and last paper were published in 2004 and 2018, respectively, with a relatively large time span. Another two research papers were finished recently and have not been published before. With the time going on and the deepening of research work, the research team's understanding of some issues is also deepening. During the compilation of this monograph, the editorial board has reviewed each paper and further discussed some issues. In the monograph, some opinions in some papers may be slightly different from those published in the past. In this case, this monograph shall prevail.

During the implementation of this project and the completion of the papers, we have received strong support and help from related institutions and colleagues. We would like to express our heartfelt thanks. We hope the relevant experts and readers will give us advice on any problems or issues in the monograph.

Miao Jianmin

Research Fellow of the Palace Museum

Former Director of the Research Laboratory of Ancient Ceramics of the Palace Museum

November 26, 2020

目　　录

紫禁城清代剥釉琉璃瓦件施釉重烧的研究

苗建民　　王时伟

故宫博物院

摘　要：本文以紫禁城清代琉璃瓦件为研究对象，利用 ICP 等离子发射光谱、X 射线荧光光谱仪、容量法、重量法、热膨胀分析仪、扫描电子显微镜等仪器分析和化学分析方法，对琉璃瓦的元素组成、烧成温度、显微结构、热膨胀系数、吸水率、体积密度、显气孔率等进行了实验分析，对釉层的热膨胀系数进行了理论计算。实验研究发现，具有陶质特征的二次烧成低温铅釉琉璃瓦与一次高温烧成的瓷器相比，前者胎质相对疏松，尽管胎釉之间依靠胎釉中间层和釉料对胎体的物理渗透使胎釉结合在了一起，但胎釉的物理性质相差较大；而后者胎体十分致密，胎釉材料在高温的条件下经历了一系列的物理化学变化，在胎釉之间形成了一个紧密的中间层[1, 2]，使胎釉很好地结合在了一起，两者的物理性质较为相近，故琉璃瓦的烧制工艺是造成琉璃瓦后期剥落的先天条件；琉璃瓦胎体的吸水率、体积密度、显气孔率三项物理性质是影响琉璃瓦釉层剥落的重要因素之一；釉的热膨胀系数与胎的热膨胀系数不匹配是琉璃瓦釉层剥落的另一个重要因素。在对琉璃瓦釉层剥落机理研究的基础上，采用对琉璃瓦胎体进行高温复烧的方法改善胎体的物理性质、采用调整釉料配方的办法使釉层的热膨胀系数与胎体的热膨胀系数相匹配。在对影响琉璃瓦釉层剥落的两个主要因素进行改善和调整的基础上，对剥釉老瓦进行施釉重烧。

关键词：剥釉琉璃瓦件，低温铅釉，施釉重烧，吸水率，热膨胀系数

万众瞩目的故宫古建大修工程已经启动。为了在 2008 年北京举办奥运会之时，故宫这一历经明清两代、近 600 年的昔日皇宫，以它特有的恢弘气势展现在世人面前，故宫的古建维修力度在加大、修缮进度在提速。作为率先进行的故宫武英殿修缮工程已于 2002 年开始。从拆下的一堆堆琉璃瓦可以看到，很多琉璃瓦虽然胎体保存依然完好，但表面釉层已经严重剥落了。在这些表面釉层严重剥落的琉璃瓦内壁可以看到，很多琉璃瓦都带有"雍正八年琉璃窑造斋戒宫用""乾隆年制""嘉庆五年官窑敬造""宣统年官琉璃窑造""三作造""四作造""四作邢造""五作成造""五作陆造""西作朱造"和"工部"的字样。有的还用满汉两种文字记下了负责各道工序的匠人，如"窑户赵士林、配色匠许德祥、房头许万年、烧窑匠李尚才""铺户黄汝吉、配色匠张台、房头何庆、烧窑匠张福"等款识。在以往的修缮工程中，那些表面釉层剥落严重的琉璃瓦，一般就作为工程渣土处理了，缺少的琉璃瓦用新烧制的琉璃瓦补充。

作为博物院，故宫展示在世人面前的首先是它的宫廷建筑群体。当人们步入故宫，不仅会被宏伟的皇家建筑所震撼，一块块琉璃瓦拼接成的屋顶画面，所折射出的耀眼之光同样会使人们发出金碧辉

煌的赞叹。作为一般游人，看到的往往仅是它的外形、感受到的常常仅是它在视觉上的效果。建筑琉璃，作为文物，绝不仅如此，一块块琉璃瓦作为载体，盛载着大量的信息、蕴含着丰富的内涵。各时期琉璃瓦胎釉所用原料的来源、原料的种类、原料的配比，以及原料使用的变化情况，均可在这些琉璃瓦上有所反映；制作的工艺、烧制的条件，由此决定的显微结构、物理化学性质，以及各时期琉璃瓦的烧制水平，同样可通过实验分析方法去认识和评价；它的款识更是直接地反映了琉璃瓦的烧制年代、烧造制度和烧制过程中责任上的具体分工，记录了每道工序匠师的真姓实名，使后人由此可以确定琉璃瓦的烧造年代、了解琉璃瓦烧造的一道道工序、追溯琉璃瓦烧造的发展历程。

故宫作为明清两代的皇宫，明代、清代的建筑琉璃构件理应十分丰富。但在本研究课题收集样品的过程中发现，明代的建筑琉璃构件已经难以找到，较为多见的是清代和那些没有款识的民国或新中国成立以后的琉璃瓦件。那么此次故宫大修以后，或是再过百年之后，清代的建筑琉璃构件，是否也会在故宫成为稀少之物呢？

在故宫博物院进行大规模古建维修之际，把那些以往准备扔掉的琉璃瓦件留下来，重新上釉、重新烧制、重新放在建筑上使用，这是一项急迫的有意义的工作。对剥釉老瓦进行施釉重烧，这并不是对古代建筑琉璃制品进行保护的新思路。据清代《奏销档》记载，乾隆四十年对紫禁城内雨花阁进行修缮时，就曾对4593块剥釉琉璃瓦件进行了施釉重烧。几年前，有关的文物古建单位也采用这一方法对剥釉琉璃瓦进行了处理。但他们的做法是，在未经任何实验检测和分析研究的情况下，便将剥釉老瓦拉到琉璃窑厂，进行了施釉重烧。本项研究则采用了，要治病，先查清病因的做法，首先通过实验分析方法，对清代老瓦的剥釉机理进行研究，在此基础上，制定了改善胎体物理性质的技术手段，提出了改变釉层物理性质的釉料配方，对清代剥釉老瓦施釉重烧的问题进行了一系列的实验分析研究，试图为今后剥釉琉璃老瓦的施釉重烧探索出一条科学有效的途径，并在这一过程中，对清代建筑琉璃瓦件所包含的科学技术内涵进行揭示。

1 实验样品

本项研究中，在武英殿拆下的琉璃瓦中选取了20块清代有款识的黄色琉璃瓦，一块民国时期的黄色琉璃瓦进行实验分析。其中No.1～No.16为第一批实验的样品。为了研究琉璃瓦胎体物理性质与琉璃瓦釉层保存状况之间的关系，又安排了第二批实验样品，其中No.35～No.38为4个釉层保存状况好的清代琉璃瓦，No.34釉层剥落严重为民国年间烧造的琉璃瓦。实验样品见表1，典型实验样品见图1～图12。

表1 实验样品

序号	原编号	胎釉表观状况	款识
1	No.1	筒瓦，胎色白中泛黄，胎厚2cm、釉层厚度约140μm	雍正八年琉璃窑造斋戒宫用
2	No.2	筒瓦，胎色白中泛黄，胎厚2.4cm	雍正八年琉璃窑造斋戒宫用
3	No.3	筒瓦，胎色白中泛红，胎厚2.4cm、釉层厚度约150μm、釉色偏红	乾隆年制
4	No.4	筒瓦，胎色白中泛红，胎厚2.5cm、釉色偏红	乾隆年制
5	No.5	筒瓦，胎色灰白，胎厚2.4cm、釉层厚度约160μm	乾隆三十年春季造

序号	原编号	胎釉表观状况	款识
6	No.6	筒瓦，胎色灰白，胎厚 2.4cm	乾隆年制成工
7	No.7	筒瓦，胎色白，胎厚 2cm、釉层厚度约 180μm	嘉庆五年官窑敬造
8	No.8	筒瓦，胎色白，胎厚 1.7cm、釉层厚度约 200μm	嘉庆五年官窑敬造
9	No.9	筒瓦，胎色白，胎厚 1.8cm、釉层厚度约 140μm	窑户赵士林、配色匠许德祥、房头许万年、烧窑匠李尚才（满汉两种文字）
10	No.10	筒瓦，胎色白中泛红，胎厚 1.9cm、釉层厚度约 165μm	铺户黄汝吉、配色匠张台、房头何庆、烧窑匠张福（满汉两种文字）
11	No.11	筒瓦，胎色白中泛红，胎厚 1.6cm	宣统年官琉璃窑造
12	No.12	筒瓦，胎色白中泛黄，胎厚 1.6cm	五作成造
13	No.13	筒瓦，胎白、有孔洞，胎厚 1.7cm	五作陆造（满汉两种文字）
14	No.14	筒瓦，胎色白中泛红，胎厚 1.8cm、釉层厚度 180μm	四作邢造
15	No.15	筒瓦，胎色白中泛黄，胎厚 2.2cm、釉层厚度约 160μm	西作朱造（满汉两种文字）
16	No.16	筒瓦，胎色白，胎厚 2.2cm、釉层厚度约 200μm	配色匠张台、房头吴成、烧窑匠张福（满汉两种文字）
17	No.34	筒瓦，胎色白，胎厚 1.9cm、釉层厚度约 120μm	中华民国二十年
18	No.35	油瓶嘴瓦，胎色灰白，胎厚 1.95cm	乾隆三十年春季造
19	No.36	筒瓦，胎色灰白，胎厚 2cm	铺户程遇犀、配色匠张台、房头李成、烧色匠朱兴（满汉两种文字）
20	No.37	筒瓦，胎色白中泛红，胎厚 2cm	四作造
21	No.38	割角筒瓦，胎色灰白，胎厚 2.2cm	乾隆三十年春季造

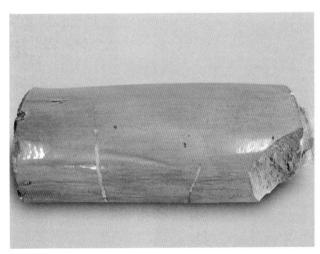

图 1　乾隆三十年造筒瓦

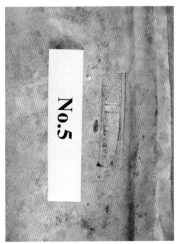

图 2　乾隆三十年春季造款

图 3　乾隆三十年造油瓶嘴瓦

图 4　乾隆三十年春季造款

图 5　乾隆三十年造割角筒瓦

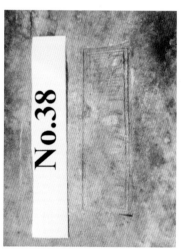

图 6　乾隆三十年春季造款

图 7　嘉庆五年造筒瓦

图 8　嘉庆五年官窑敬造款

图 9　清代筒瓦　　　　　　　　　　图 10　满汉两种文字款

图 11　民国二十年造筒瓦　　　　　　图 12　中华民国二十年款

2　实验研究与发现

2.1　琉璃瓦胎体物理性质与表面釉层状况

吸水率、体积密度、显气孔率是表征琉璃瓦胎体物理性质的三个物理参数。实验中把琉璃瓦胎体切割成 10mm×20mm×5mm 的长方体，六面磨平，每块琉璃瓦制备 5 个平行样品，取测量结果的平均值。吸水率、体积密度、显气孔率的测量，参照国家标准 GB 2413—81 和 GB/T 3810.3—1999 进行。数据分析结果见表 2。

表 2　胎体物理性质与釉层状况

样品编号	吸水率 /%	体积密度 /（g/cm³）	显气孔率 /%	釉层剥落程度 /%	款识
No.1	17.3	1.80	45	大于80	雍正八年
No.2	16.5	1.82	43	约50	雍正八年

续表

样品编号	吸水率/%	体积密度/（g/cm³）	显气孔率/%	釉层剥落程度/%	款识
No.3	12.2	1.98	32	约25	乾隆年制
No.4	15.5	1.88	42	约60	乾隆年制
No.5	12.4	1.96	32	釉面完好	乾隆三十年
No.6	14.6	1.89	38	大于60	乾隆年制
No.7	12.2	1.99	32	约5	嘉庆五年
No.8	14.4	1.91	36	大于80	嘉庆五年
No.9	14.3	1.92	38	大于80	清代
No.10	11.5	1.99	30	釉面完好	清代
No.11	11.4	2.02	30	釉面完好	宣统年造
No.12	15.1	1.87	39	大于80	清代
No.13	16.3	1.83	43	大于90	清代
No.14	13.9	1.92	37	约30	清代
No.15	15.6	1.86	41	约20	清代
No.16	15.3	1.87	40	约40	清代
No.34	14.8	1.91	39	大于80	民国二十年
No.35	12.5	1.97	33	釉面完好	乾隆三十年
No.36	11.8	1.97	30	小于5	清代
No.37	11.4	2.02	30	小于5	清代
No.38	10.1	2.06	26	小于5	乾隆三十年

　　显气孔率、体积密度、吸水率是三个相互关联的物理参数，显气孔率高，体积密度便小，吸水率相应就高。从表2的结果可以看到，琉璃瓦表面釉层的剥落程度与琉璃瓦胎体的三项物理参数是密切相关的。No.5、No.7、No.10、No.11、No.35～No.38，此8个样品的吸水率分别为12.4%、12.2%、11.5%、11.4%、12.5%、11.8%、11.4%、10.1%，吸水率在10.1%～12.5%变化，与之相对应，这8块琉璃瓦的表面釉层保存完好或基本完好，样品No.3的吸水率虽然为12.2%，但琉璃瓦表面釉层的剥落程度却为25%，这是一个例外。No.14、No.9、No.8、No.6、No.34、No.12、No.16、No.4、No.15、No.13、No.2、No.1，这12个样品的吸水率分别为13.9%、14.3%、14.4%、14.6%、14.8%、15.1%、15.3%、15.5%、15.6%、16.3%、16.5%、17.3%，吸水率在13.9%～17.3%变化，这12块琉璃瓦表面釉层的剥落程度都比较严重。由此，得到了这样一个规律性的结论，琉璃瓦胎体的吸水率及相应的体积密度和显气孔率这三项表征琉璃瓦胎体物理性质的参数指标，与琉璃瓦表面釉层的剥落有直接的关系。琉璃瓦胎体的物理性质应有一个适当的参数指标，吸水率、显气孔率的数值过大，体积密度数值过小是导致琉璃瓦表面釉层剥落的重要因素之一。

2.2 胎釉之间热膨胀系数的匹配

2.2.1 琉璃瓦胎体的热膨胀系数

　　把琉璃瓦胎体样品切割成4mm×4mm×50mm长方体，用德国耐驰公司的DIL-402C型热膨胀分析仪，在空气气氛中，以5℃/min的升温速率测量胎体的热膨胀系数，得到从室温至400℃温度范围内的平均热膨胀系数。样品 No.5、No.10、No.14~No.16、No.34~No.38 等 10 个样品的热膨胀系数分别为 $62.60\times10^{-7}/K$、$47.08\times10^{-7}/K$、$47.52\times10^{-7}/K$、$48.55\times10^{-7}/K$、$40.53\times10^{-7}/K$、$55.54\times10^{-7}/K$、$68.08\times10^{-7}/K$、$44.45\times10^{-7}/K$、$67.68\times10^{-7}/K$、$68.31\times10^{-7}/K$。

2.2.2 琉璃瓦釉层材料的热膨胀系数

琉璃瓦表面釉层厚度通常只有 $200\mu m$ 左右，无法满足热膨胀分析对试样的要求，故釉的热膨胀系数不能通过实验的方法直接测得。本项研究中先对表面釉层的元素组成进行分析，然后利用元素分析结果对琉璃瓦釉层材料的热膨胀系数进行理论计算。

实验中，将琉璃瓦的釉层用机械方法与胎体分离，把分离后的样品研磨成 $200\mu m$ 的粉末试样。委托国家地质测试中心，用 ICP 等离子发射光谱对琉璃瓦釉层材料中的 Al、Fe、Ca、K、Na、Mg 元素，用化学分析方法中的重量法对 Si 元素、用容量法对 Pb 元素进行了定量分析。分析结果见表 3。

表 3　琉璃瓦釉层定量分析结果　　　　　（单位：%）

样品号	PbO	SiO₂	Al₂O₃	Fe₂O₃	CaO	K₂O	Na₂O	MgO
No.1	66.27	24.96	4.23	3.12	0.64	0.33	0.23	0.16
No.2	65.26	21.71	9.37	2.46	0.84	0.61	0.36	0.20
No.3	61.76	25.86	5.16	4.40	1.08	0.93	0.27	0.27
No.4	62.91	26.16	5.27	4.00	1.09	0.94	0.30	0.28
No.5	59.17	30.83	2.56	5.59	0.83	0.71	0.43	0.14
No.6	56.33	29.39	7.81	4.10	1.12	0.96	0.51	0.18
No.7	59.28	33.07	1.82	3.87	0.41	0.35	0.22	0.07
No.8	59.00	32.86	1.98	4.12	0.64	0.55	0.27	0.10
No.9	62.66	29.52	1.34	5.15	0.59	0.51	0.22	0.09
No.10	65.02	24.47	5.53	3.89	0.74	0.64	0.26	0.18
No.11	53.80	35.36	4.01	5.18	0.92	0.80	0.47	0.12
No.12	61.37	28.60	2.36	4.56	0.71	0.61	0.23	0.15
No.14	62.85	26.68	5.01	4.79	0.59	0.51	0.23	0.13
No.15	61.34	28.26	5.42	4.36	0.63	0.54	0.22	0.15
No.16	64.09	28.99	1.34	4.02	0.53	0.46	0.15	0.14

表 3 中给出了琉璃瓦表面釉层材料中主要元素的氧化物含量。利用表 3 的定量分析结果，根据干福熹提出的玻璃材料热膨胀系数计算方法[3]，对 15 个釉层材料样品的热膨胀系数进行了计算。样品 No.1~No.12、No.14~No.16 的热膨胀系数理论计算值分别为 $73.56\times10^{-7}/K$、$75.51\times10^{-7}/K$、$70.50\times10^{-7}/K$、$70.51\times10^{-7}/K$、$69.40\times10^{-7}/K$、$70.05\times10^{-7}/K$、$64.18\times10^{-7}/K$、$65.31\times10^{-7}/K$、$69.02\times10^{-7}/K$、$75.30\times10^{-7}/K$、$67.02\times10^{-7}/K$、$72.07\times10^{-7}/K$、$73.50\times10^{-7}/K$、$69.28\times10^{-7}/K$、$69.59\times10^{-7}/K$。15 个样品的热膨胀系数相对于琉璃瓦的胎体而言变化不大，最小的值为 $64.18\times10^{-7}/K$，最大的值为 $75.51\times10^{-7}/K$，平均值为（70.32 ± 3.31）$\times10^{-7}/K$。

2.2.3 乾隆三十年琉璃瓦胎釉热膨胀系数的匹配

从表 4 琉璃瓦胎釉热膨胀系数对比表中可以看到，10 个样品当中 No.5、No.35、No37、No.38 等

4 个样品胎釉的热膨胀系数非常接近，釉面保存完好，其中有 3 个样品为乾隆三十年烧造的琉璃瓦；No.10、No.36 两个样品胎釉热膨胀系数相差较大，但釉面也保存完好；No.14、No.15、No.16、No34 等 4 个样品，胎釉热膨胀系数均相差较大，釉面剥落严重。通过对乾隆三十年琉璃瓦胎釉热膨胀系数匹配关系的分析，结合上述 10 个琉璃瓦胎体样品、15 个琉璃瓦釉层样品热膨胀系数的对应比较，可以看到两点规律：其一，琉璃瓦釉层材料相对于胎体材料而言，热膨胀系数在整个清代相对比较稳定，而胎体材料的热膨胀系数变化较大。其二，乾隆三十年烧造的琉璃瓦胎釉热膨胀系数十分接近，釉面保存完好，而釉面剥落严重的琉璃瓦，胎釉热膨胀系数全部相差较大。这样的结果使我们看到，琉璃瓦胎釉热膨胀系数的匹配关系是影响琉璃瓦釉层保存状况的一个重要因素，同时乾隆三十年烧造的琉璃瓦，胎、釉热膨胀系数之间的关系是一种合适的匹配。

表 4 琉璃瓦胎釉热膨胀系数对比

样品号	No.5	No.10	No.14	No.15	No.16
胎体热膨胀系数 /（10^{-7}/K）	62.60	47.08	47.52	48.55	40.53
釉层热膨胀系数 /（10^{-7}/K）	68.12	71.17	65.94	63.89	67.07
釉面剥落程度 /%	釉面完好	釉面完好	约 30	约 20	约 40
年代	乾隆三十年	清代	清代	清代	清代
样品号	No.34	No.35	No.36	No.37	No.38
胎体热膨胀系数 /（10^{-7}/K）	55.54	68.08	44.45	67.68	68.31
釉层热膨胀系数 /（10^{-7}/K）	70.32	70.32	70.32	70.32	70.32
釉面剥落程度 /%	大于 80	釉面完好	小于 5	小于 5	小于 5
年代	民国二十年	乾隆三十年	清代	清代	乾隆三十年

注：No.34、No.35、No.36、No.37、No.38 等 5 个样品因无元素分析数据，故用平均热膨胀系数作为参考。

2.3 琉璃瓦胎釉显微结构

研究中，用荷兰菲利浦公司的 XL-30 型扫描电子显微镜对经过镀金处理后的琉璃瓦断层表面进行了观察。结果见图 13～图 16。

图 13 No.3 胎釉结合层的二次电子像（×500）

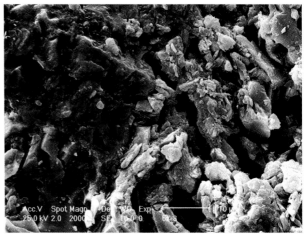

图 14 No.5 胎釉结合层的二次电子像（×2000）

 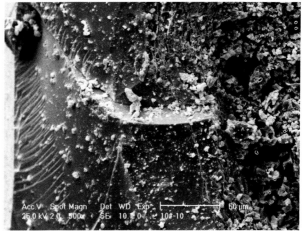

图 15　No.10 胎釉结合层的二次电子像（×2000）　　　图 16　No.10 胎釉结合层的二次电子像（×500）

从图 13～图 16 的琉璃瓦断层胎釉结合的二次电子像看到，琉璃釉是结构致密的玻璃体物质，胎体材料是多孔的较为疏松的结构，胎釉中间层对于两者的衔接起到了一定的作用，胎釉两种材料物理性质的差异是低温铅釉二次烧成琉璃瓦的天然属性。釉层材料向胎体中的渗透对于胎釉的结合起到了一定的作用，但由于这种渗透只能发生在孔隙处，因此渗透必然是间断的、不连贯的。图 16 的二次电子像则同时反映了釉层裂纹的纵向深度和走向，它是一条倾斜的、贯穿釉层始终的裂缝。

3　琉璃瓦剥釉机理的讨论

3.1　铅釉低温二次烧成的制作工艺对釉层剥落的影响

3.1.1　胎釉烧成温度的测量

用热膨胀分析仪测定了琉璃瓦胎体的烧成温度；用高温显微镜测定了釉料的半球点温度和流动点温度，即釉料的熔融温度范围[4]，结果见表 5。

表 5　胎的烧成温度和釉的熔融温度范围

样品号	No.1	No.2	No.3	No.4	No.5	No.6	No.7	No.8
釉的熔融温度范围（±20℃）	740～851	800～870	767～1048	748～924	759～922	840～968	816～960	784～914
胎体烧成温度（±20℃）	1000	1000	1000	1010	1020	1030	1070	1020
样品号	No.9	No.10	No.11	No.12	No.14	No.15	No.16	
釉的熔融温度范围（±20℃）	798～1060	724～826	798～937	829～906	844～958	795～922	750～849	
胎体烧成温度（±20℃）	1040	1020	1110	1000	1000	990	960	

根据周仁、李家治对古陶瓷热分析的研究结论[5]，用热膨胀分析仪测定清代琉璃瓦热膨胀分析曲线时，当仪器加热到琉璃瓦当年的烧成温度的时候，由于琉璃瓦胎体普遍存在"生烧"，所以从这一温度点开始便会有新的玻璃相生成，与此同时，热膨胀曲线开始出现收缩，并在热膨胀曲线上出现拐点，从物理意义上讲，这一拐点便是琉璃瓦胎体在清代时的烧成温度（或称始烧温度）。实验发现热膨胀曲线的切线与收缩曲线切线的交点所对应的温度，与实际烧成温度更为接近。图 17 是样品 No.14 的热膨胀分析曲线，这一分析曲线直观地反映了琉璃瓦胎体在加热情况下，膨胀与收缩的变化过程。

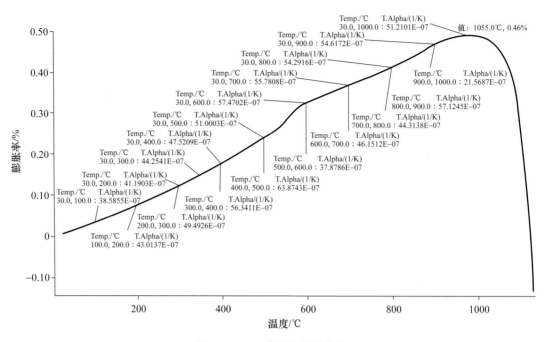

图 17 No.14 热膨胀分析曲线

利用高温显微镜测定釉料的受热行为时，把几何尺寸为 3mm×3mm 圆柱体形的琉璃釉样品，开始收缩且棱角变圆的温度称为变形点温度；当试样的高度与宽度之比为 0.5 时的温度被称为半球点温度，在这一温度点釉料已经全部熔融；试样流散开来，高度降至原高度 1/3 时的温度被称为流动点温度，半球点与流动点之间的温度为釉烧温度范围。实际的釉烧温度应大于半球点温度，低于流动点温度。图 18 是 No.5 样品釉料在加热的情况下记录下的几个温度点。

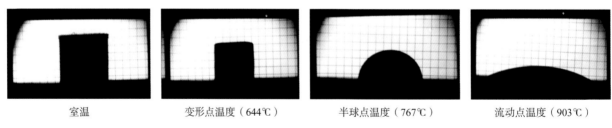

| 室温 | 变形点温度（644℃） | 半球点温度（767℃） | 流动点温度（903℃） |

图 18 No.5 釉料样品加热熔融过程中的几个温度点

3.1.2 铅釉低温二次烧成对琉璃瓦釉层剥落的影响

表 5 中琉璃瓦釉料的熔融温度范围，给出了清代琉璃瓦釉烧的温度区间。从表 5 的实验分析结果，使我们了解到了清代琉璃瓦胎体素烧时的温度和施釉后进行釉烧的温度。15 个样品胎体素烧的平均温度为 1018±35℃，釉烧温度是在 786～928℃，两者之间相差 100 多摄氏度。这便是人们通常所说的二次烧成的低温铅釉琉璃瓦烧制的温度条件。在这样的工艺条件下琉璃瓦的釉层形成了玻璃态的物质，胎体则形成了一种多孔、多晶体、含有一定玻璃相的结构。X 射线衍射分析的结果表明，胎体中含有石英、莫来石、微斜长石、滑石等多种晶体。从图 13～图 16，胎釉结合层显微结构照片可以看到，在这样的温度条件下，琉璃瓦的胎体和釉层之间并没有像一次烧成的高温钙釉瓷器，在 1200℃以

上的高温条件下经过一系列物理化学变化，在瓷器的胎釉之间形成了一个由钙长石晶体构成的中间层，把胎和釉紧密地结合在了一起。琉璃瓦的胎釉是两种具有不同物理性质的两种材料的结合，琉璃瓦釉料向多孔的胎体中渗透在结合中起了一定的作用。这种结合和胎体的孔隙状况有关，有孔隙处有渗透，无孔隙处这种渗透作用便受到了影响。琉璃瓦在这样的工艺烧制条件下，形成的这种胎釉结合效果，可以说从它烧成的那一天便已形成了后期将会发生釉层剥落的隐患。那么，古代的工匠们为什么不使用高温钙釉，在高温的条件下一次烧成琉璃瓦呢？其中的一个重要原因是，PbO 是一种高折射率氧化物，铅釉琉璃瓦的光泽性好，用这样的琉璃瓦装饰皇家建筑物的屋顶，才会有金碧辉煌的效果。

3.2　胎釉热膨胀系数对剥釉的影响

物体的体积或长度随温度的升高而增大的现象称为热膨胀。热膨胀系数表示温度升高一度时，物体的相对伸长量[6]。

根据陶瓷工艺学的理论[7]，琉璃瓦表面釉层剥落是由于釉层中存在不适当的应力造成的。胎釉之间热膨胀系数不匹配是形成应力的重要原因，也是造成琉璃瓦表面釉层出现剥落的重要因素之一。硅酸盐材料的膨胀与收缩是一个可逆的过程，加热时膨胀的多，冷却时收缩的也多。釉层的热膨胀系数若高于胎体的热膨胀系数，在琉璃瓦冷却的过程中，釉层的收缩大于胎的收缩，釉层将承受到因胎体作用下的张应力，当这种张应力超过了釉层的抗张强度时，釉层就会出现裂纹。当釉层的热膨胀系数低于胎体的热膨胀系数时，在冷却时，胎体的收缩大于釉，在釉层中将产生压应力，压应力超过釉层的抗压强度时，釉层也会出现裂纹、甚至剥落。当釉层热膨胀系数与胎体的热膨胀系数相等时，是一种理想的状态。此时在釉中即没有压应力也没有张应力。但在琉璃瓦的实际烧制过程中，使胎釉两者的热膨胀系数达到相等是难以做到的。由于釉的抗压强度大于抗张强度约 50 倍，故在考虑胎釉热膨胀系数匹配时，通常的作法是使釉层的热膨胀系数略小于胎体的热膨胀系数。小于多少合适？中国科学院硅酸盐研究所李家治、陈学贤两位教授的意见是，釉层的热膨胀系数要比胎体的热膨胀系数小约 $10 \times 10^{-7}/K$。表 4 的结果证实了两位教授所提建议的合理性。乾隆三十年款的琉璃瓦釉层至今保存完好，它们的胎釉之间热膨胀系数便满足这一条件，胎釉热膨胀系数匹配的非常合适，这应是它们釉层保存完好的一个重要因素。但在清代琉璃瓦当中，那些釉层剥落严重或非常严重的，其胎釉间的热膨胀系数均相差较大，并且釉层的热膨胀系数不是小于胎体的热膨胀系数，而是高于胎体的热膨胀系数，普遍高出（15~25）$\times 10^{-7}/K$。

在上述对琉璃瓦胎釉热膨胀系数的匹配关系讨论中，我们看到，烧造乾隆三十年那批琉璃瓦的工匠们，在当时的技术条件下，竟能把胎釉之间热膨胀系数匹配的那么合适，确是一件了不起的事情。同时看到，清代琉璃瓦釉料的配制过程中，尽管原料配比也有一些变化，但釉料配制的结果，其热膨胀系数基本上是控制在一个较为稳定的数值范围内。但胎体材料的配比却没有把热膨胀系数始终把握在一个稳定的范围内，后期胎体的热膨胀系数普遍偏低，致使后期的琉璃瓦胎釉间热膨胀系数之间出现了不适应的情况。这是造成这些琉璃瓦的釉层出现了较为严重剥落或严重剥落的另一个重要原因。

3.3　显气孔率对釉层剥落的影响

图 19、图 20 反映了 No.5 和 No.34 两个样品胎体的显微结构。琉璃瓦胎体的原料确定以后，胎体的显微结构便成了胎体物理性质的决定因素。两张图清楚地反映出琉璃瓦胎体的多孔结构。琉璃瓦

中的气孔包括两种，即显气孔（又称开口气孔）和闭气孔，显气孔是与表面相连通的气孔，闭气孔是与表面不连通的气孔[8]。对釉层剥落产生影响的应是显气孔的作用。样品 No.5 的显气孔率为 32%，No.34 的显气孔率为 39%，它表明了在琉璃瓦胎体的单位体积中，气孔所占的份额。表 2 的结果使我们看到，至今釉面保存完好的琉璃瓦，其显气孔率都在 30% 左右，显气孔率过高，将会对琉璃瓦表面釉层的剥落造成以下三方面的影响。

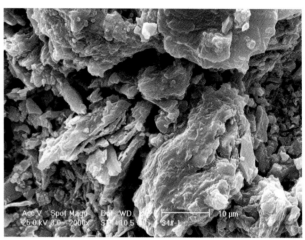

图 19　No.5 胎体的二次电子像（×2000）　　　　　图 20　No.34 胎体的二次电子像（×1000）

3.3.1　吸湿膨胀

多孔的琉璃瓦胎体，会因吸收水分而产生膨胀。釉层是玻璃体，既不吸收水分也不产生相应的膨胀，一个体积变大了，另一个保持不变，使釉层受到一定的张应力，当这一应力超过釉层的抗张强度的时候，导致了釉层的开裂。吸湿膨胀是多孔性陶瓷制品所具有的共性[9]。

3.3.2　冰冻的影响

在 4℃ 以上的环境里，水和其他物质一样，具有热胀冷缩的性质。但当水处在 4℃ 以下，或当它结冰的时候，它的性质就变成了冷涨热缩了，此时密度变小，体积变大[10]。琉璃瓦在北方冬天的气候环境中，融化的雪水会渗入多孔的琉璃瓦胎体，使琉璃瓦的胎体因结冰而膨胀。显气孔率过高，胎体膨胀的程度加大，同样会使釉层开裂。冬天的水缸冻裂，与此应是一样的道理。

3.3.3　急冷急热的影响

在夏天，一场暴雨过后，接着便是烈日当空，这在北方是常有的事情。暴雨是一个急冷的过程，暴晒又是一个急热的过程。一冷一热通过琉璃瓦体内吸水的多少，不同程度的发生着作用，同时伴随着的是琉璃瓦胎体的膨胀和收缩。这是琉璃瓦胎体对釉层造成剥落的另一种形式的影响。

3.4　退火条件对釉层剥落的影响

根据玻璃工艺学原理[11]，由于玻璃是热的不良导体，在冷却的过程中会因玻璃内外层存在温差，造成内外收缩的不一致而形成热应力，当这一应力超过了玻璃的极限强度时，会造成玻璃的炸裂。为了消除这种应力，在玻璃的烧制过程中要经历一个退火过程，以消除或将这一应力减小到适当的程度。琉璃瓦的釉层材料是一种非晶态的含铅玻璃体，在琉璃瓦的烧制过程中，釉层材料经历了与玻璃烧制相类似的过程。琉璃瓦的烧制过程同样需经历一个合适的退火过程。

在琉璃窑厂可以看到，刚从琉璃窑里取出的琉璃瓦表面釉层开裂现象可能并不十分明显，但经历了一段时间以后釉层便出现了明显的开裂。在琉璃瓦的堆放处，甚至可以听见伴随着开裂发出的噼啪声。究其原因，应是因为在琉璃瓦烧制的过程中，没有经历一个合理的退火过程，是琉璃瓦内残余应力作用的结果。当然，琉璃瓦的情况并不等同于玻璃。琉璃瓦的残余应力，由于釉层很薄通常只有200μm，所以这种应力主要来自胎体和釉层之间。对于琉璃瓦来讲，烧成后冷却温度过快造成的胎釉之间的温差会形成这种应力，加上热膨胀系数不匹配，则使这一应力得到了进一步加强。

研究中用扫描电子显微镜观察了琉璃瓦表面的龟裂纹和断面的裂纹深度，结果见图21、图22。

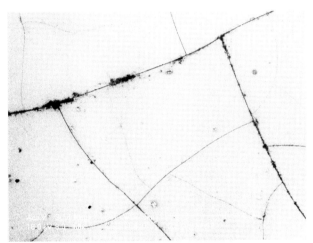

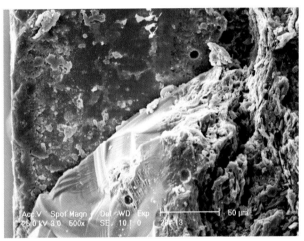

图21　釉层龟裂纹二次电子像（×50）　　　　图22　釉层裂纹二次电子像（×500）

分析琉璃瓦釉层表面龟裂纹的形成应有两方面的原因，其一，烧制过程中退火不当，琉璃瓦内残余应力造成了釉层的开裂；其二，在琉璃瓦的使用过程中，由于环境因素引起的瞬时应力加剧了这种开裂。图21反映出的裂纹，确如龟背上的纹形，纹与纹相连，形成了闭合的纹路。从图22中可清楚地看到这种龟裂纹有的是一条贯穿整个琉璃釉层的裂缝，图14、图16也可反映这一情况。琉璃瓦釉层的龟裂纹一方面降低了釉层的强度，另一方面影响了釉层对胎体的保护作用，不能很好地阻止雨水的浸入。由此可见，琉璃瓦烧制过程中不适当的退火过程是造成琉璃瓦釉层剥落的另一方面原因。

4　剥釉老瓦施釉重烧的研究

4.1　高温复烧实验

表2的实验结果表明，琉璃瓦胎体的吸水率为10.1%～12.4%、体积密度为2.06～1.96g/cm³、显气孔率在26%～32%是一个理想的物理参数范围，落在这一参数范围的琉璃瓦表面釉层都保存完好，而吸水率、显气孔率高于这一参数范围，体积密度低于这一参数范围的琉璃瓦表面釉层剥落严重。为

了改善剥釉老瓦胎体的物理参数，使之达到一个适当的数值，安排了高温复烧实验，即在琉璃瓦始烧温度的基础上，适当提高温度，观察琉璃瓦胎体物理参数的变化。实验以样块和整瓦两种形式进行，以期用实验室中得到的结论指导整块琉璃瓦的实际复烧。样块规格为 10mm×20mm×5mm 的长方体。整瓦则用 Fe_2O_3 颜料，在瓦的不同位置做下标记，以观察琉璃瓦在高温复烧过程中的收缩情况。样块的高温复烧是在电阻式马弗炉中进行的，实验条件为以 3℃/min 升温速率升至 1100℃，恒温 1h，复烧结果见表 6。整瓦高温复烧是在北京门头沟琉璃窑厂烧制琉璃瓦用的车棚窑中进行的，No.11、No.12、No.13 等 3 个样品使用的是柴窑，其余的样品使用的是煤窑，复烧结果见表 7。

表 6　样块高温复烧前后物理参数的变化

样品号	始烧温度/℃	提高温度/℃	原吸水率/%	现吸水率/%	原体积密度/（g/cm³）	现体积密度/（g/cm³）	原显气孔率/%	现显气孔率/%
No.4	1010	90	15.5	10.7	1.88	2.04	42	28
No.9	1040	60	14.3	11.9	1.92	1.99	38	31
No.13	960	140	16.3	13.7	1.83	1.91	43	35
No.15	990	110	15.6	12.2	1.86	1.90	41	31
No.16	960	140	15.3	11.7	1.87	1.98	40	30

表 7　整块琉璃瓦高温复烧前后物理参数的变化

样品号	复烧温度/℃	原吸水率/%	现吸水率/%	原体积密度/（g/cm³）	现体积密度/（g/cm³）	原显气孔率/%	现显气孔率/%
No.1	1100～1150	16.8	14.3	1.83	1.91	44	38
No.2	1050～1090	13.9	14.2	1.91	1.93	37	38
No.3	1050～1090	14.1	13.5	1.93	1.96	37	36
No.5	1000～1050	14.7	15.0	1.90	1.90	39	40
No.6	1000～1050	15.3	15.2	1.89	1.90	41	40
No.8	1090～1100	15.2	12.6	1.89	1.98	40	34
No.9	1090～1100	16.5	14.1	1.83	1.93	44	37
No.10	1100～1150	13.2	11.5	1.92	1.98	34	29
No.11	1050	14.0	10.9	1.89	2.00	36	28
No.12	1050	14.9	10.7	1.89	2.04	39	28
No.14	1050	14.9	12.5	1.87	1.96	38	32
No.15	1050	13.9	11.2	1.90	2.03	36	29
No.17	1100	14.5	9.6	1.94	2.08	39	25
No.18	1100	14.0	10.4	1.91	2.04	37	27

注：表 7 中的样品号为整瓦复烧的临时编号，不同于表 1 中的同编号样品。

表 6、表 7 的结果表明，选择适当的温度对剥釉老瓦的胎体材料进行高温复烧，可以把胎体的物理参数改善到适当的范围。同时经高温复烧过的整块琉璃瓦，在各个方向未观察到明显收缩。

4.2　釉料配方的调整

4.2.1　清代黄色琉璃瓦的釉料配方

"父传子、子传孙，琉璃不传外姓人"，以及"琉璃传子不传女"的种种说法，至今在北京门头沟琉璃窑厂的一些艺人之间盛传着，从中可以感悟到其中的神秘色彩。据文献记载[12]，北京的琉璃烧造艺人，是元代从山西迁入的，这些艺人采取口传心授的方式，将琉璃烧造技术一代一代地传递着。这种特殊的封闭式的传艺方式，使得琉璃烧造技术、胎釉配方，难以为外人所知，更难以被文献所载。其中的釉料配方就更是被艺人视为饭碗，是不会告之外人的。为了查阅清代黄色琉璃釉配方，笔者查阅了大量的文献，仅在《中国古建筑琉璃技术》一书中看到了清代光绪三十年，北京门头沟琉璃窑的黄釉配方，该配方出自琉璃窑记录烧造琉璃的一本老账。书中给出的配方为"铅三十斤、马牙石十二斤、紫石二十八斤"。马牙石是一种石英岩矿物[13]。紫石，又称氟石、萤石，因多呈紫色可作为紫色的着色原料而被称为紫石，其化学式为 CaF_2。紫石在瓷釉中的作用，主要是起助熔剂和乳浊剂的作用。在这一配方中，已有铅三十斤作为助熔剂，石英十二斤作为主体原料，缺少的是着色原料，且琉璃釉是透明釉，在此加入二十八斤紫石明显不妥，故认为此配方有误。从北京门头沟琉璃窑厂的两个配釉艺人那里，笔者了解到了琉璃窑厂目前使用的两种黄色琉璃瓦釉料配方，从文献资料上查阅到了明代万历年间的黄色釉料配方以及山西传统琉璃瓦的黄色釉料配方。现结合清代琉璃瓦黄色釉料成分的实验分析结果，作如下讨论。

文献一[14]：黄丹三百六斤，马牙石一百二斤，黛赭石八斤。相当于 PbO 为 73.56%、SiO_2 为 24.52%、Fe_2O_3 为 1.92%（因赭石中 Fe_2O_3 的含量最高为 40%，故在该配方中 Fe_2O_3 的实际含量应低于 1.92%）。

文献二[15]：黄丹（PbO）16 两、石英（SiO_2）7.5 两、氧化铁（Fe_2O_3）0.9 两。相当于 PbO 为 65.6%、SiO_2 为 30.7%、Fe_2O_3 为 3.7%。

艺人一：黄丹 70%、石英大于 20%、氧化铁 3%～6%。

艺人二：铅粉 10 斤、石英 4 斤半、铁 5 两 5 钱、苏州土 5 两。相当于 $PbCO_3$ 为 64.31%、SiO_2 为 28.94%、Fe_2O_3 为 3.54%、苏州土为 3.21%。

文献一给出的黄釉配方源自明代万历年间的《工部厂库须知》。文献二给出的是作者采访了山西当代琉璃艺人后，整理出的山西传统黄色琉璃釉配方。

文献一、文献二、艺人一给出的黄釉配方，尽管表述不一，原料配比也不尽相同，但三个配方给出了黄釉配方的原料种类，即主要原料应由三部分组成：作为玻璃质的生成体组分石英、作为助熔剂的 PbO 和作为着色剂的 Fe_2O_3。艺人二给出的配方与这一配方基本相当，但在配方中加入了少量的起悬浮作用的苏州土（主要成分为 SiO_2 和 Al_2O_3）。艺人介绍，加入苏州土是对老釉配方做的改进。苏州土具有一定的黏性，可减缓铅在釉中的沉淀，便于施釉。

从表 3 黄色琉璃瓦釉层材料定量分析结果可以看到，PbO、SiO_2 和 Fe_2O_3 应是配方中的主要原料。Al_2O_3 的含量在 1.34%～9.37% 的较大范围内变化，应是作为伴生矿引入的，其他氧化物的含量较低，也应是主要原料中的杂质矿物。根据清代黄色琉璃釉料的元素定量分析结果，结合上述对四个黄釉配方的讨论，清代黄色琉璃瓦的釉料配方已经清晰地显现出来，即由黄丹（PbO）、马牙石（SiO_2）、赭石（Fe_2O_3）三种原料配成。

4.2.2 对清代黄色琉璃瓦釉料配方的调整

乾隆三十年烧造的琉璃瓦釉面状况至今全部完好，这些琉璃瓦胎釉之间的热膨胀系数十分接近。而剥釉严重的琉璃瓦，胎釉间的热膨胀系数相差较大。从上面的结果可以看到，釉料的热膨胀系数在整个清代基本不变，而胎的热膨胀系数普遍变小。如何使两者的热膨胀系数匹配到一个适当的程度呢？琉璃瓦胎体的热膨胀系数是一个与原料的矿物组成、晶体种类、晶相类型、显气孔率以及烧成制度等多方面因素有关的物理参数[16]，难以进行调整，因此只能考虑在对剥釉老瓦重新施釉时，调整釉料的配方，使釉料的热膨胀系数与胎体的热膨胀系数相匹配。

根据文献[3]，利用表2中的清代黄色釉料的定量元素分析结果，计算了各氧化物的热膨胀系数，并对各氧化物对整个釉料总热膨胀系数的贡献进行了分析。各氧化物热膨胀系数计算结果见表8，各氧化物对釉料总热膨胀系数的贡献计算结果见表9。

表 8　釉料中各氧化物的热膨胀系数　　　　　　　　　　　（单位：10^{-7}/K）

样品号	No.1	No.2	No.3	No.4	No.5	No.6	No.7	No.8
PbO	44.92	46.04	40.59	40.88	37.09	35.94	35.99	35.85
SiO_2	22.10	20.74	22.17	22.17	23.02	22.54	23.31	23.27
Al_2O_3	−2.12	−4.68	−2.51	−2.54	−1.18	−3.50	−0.83	−0.90
Fe_2O_3	1.47	1.16	2.02	1.81	2.42	1.73	1.67	1.76
CaO	1.86	2.43	3.06	3.04	2.21	2.91	1.09	1.69
K_2O	2.11	3.89	1.92	1.92	2.40	4.18	1.15	1.44
Na_2O	2.92	5.56	2.76	2.72	3.2	5.96	1.68	2.04
MgO	0.30	0.37	0.49	0.50	0.24	0.30	0.12	0.17
总热膨胀系数	73.56	75.51	70.50	70.50	69.40	70.06	64.18	65.32
样品号	No.9	No.10	No.11	No.12	No.14	No.15	No.16	
PbO	39.73	44.49	32.10	40.29	42.14	39.30	41.05	
SiO_2	22.99	21.80	23.29	22.84	22.43	22.56	22.95	
Al_2O_3	−0.64	−2.73	−1.70	−1.13	−1.87	−2.54	−0.64	
Fe_2O_3	2.32	1.81	2.07	2.06	2.20	1.92	1.83	
CaO	1.64	2.12	2.26	1.98	1.66	1.72	1.48	
K_2O	1.15	3.07	3.65	2.40	2.78	2.50	1.10	
Na_2O	1.68	4.40	5.16	3.36	3.92	3.56	1.56	
MgO	0.16	0.33	0.19	0.27	0.23	0.26	0.25	
总热膨胀系数	69.03	75.29	67.02	72.07	73.49	69.28	69.58	

表 9　釉料中各氧化物对总热膨胀系数的贡献　　　　　　　　（单位：%）

样品号	No.1	No.2	No.3	No.4	No.5	No.6	No.7	No.8
PbO	61.1	60.9	57.5	58.0	53.4	51.3	56.1	54.9
SiO_2	30.0	27.5	31.4	31.4	33.2	32.2	36.3	35.6
Al_2O_3	−2.9	−6.2	−3.6	−3.6	−1.7	−5.0	−1.3	−1.4
Fe_2O_3	2.0	1.5	2.9	2.6	3.5	2.5	2.6	2.7
CaO	2.5	3.2	4.3	4.3	3.2	4.2	1.7	2.6
K_2O	2.9	5.2	2.7	2.7	3.5	6.0	1.8	2.2
Na_2O	4.0	7.4	3.9	3.9	4.6	8.5	2.6	3.1
MgO	0.4	0.5	0.7	0.7	0.3	0.4	0.2	0.3

样品号	No.9	No.10	No.11	No.12	No.14	No.15	No.16	
PbO	57.5	59.1	47.9	55.9	57.3	56.7	59.0	
SiO_2	33.3	29.0	34.7	31.7	30.5	32.6	33.0	
Al_2O_3	−0.9	−3.6	−2.5	−1.6	−2.5	−3.7	−0.9	
Fe_2O_3	3.4	2.4	3.1	2.8	3.0	2.8	2.6	
CaO	2.4	2.8	3.4	2.7	2.3	2.5	2.1	
K_2O	1.7	4.1	5.4	3.3	3.8	3.6	1.6	
Na_2O	2.4	5.8	7.7	4.7	5.3	5.1	2.2	
MgO	0.2	0.4	0.3	0.3	0.3	0.4	0.4	

从理论上讲，碱金属氧化物、碱土金属氧化物的热膨胀修正系数高，K_2O 的修正系数为 480、Na_2O 的修正系数为 400、CaO 的修正系数为 130、MgO 的修正系数为 60、Al_2O_3 的修正系数也较高为 −40，相对而言这些氧化物应对总的热膨胀系数影响较大。但从表 8 的结果可以看到，由于在釉料中这些元素的含量相对较少，因此这类氧化物的热膨胀系数相对较低。从表 9 的结果可以看到，在琉璃瓦的釉料当中，对釉料总热膨胀系数贡献大的仅有 PbO 和 SiO_2 两种氧化物，PbO 对总热膨胀系数的贡献率变化范围为 47.9%～61.1%，SiO_2 对总热膨胀系数的贡献率变化范围为 27.5%～36.3%。由于 PbO 的修正系数为 130，SiO_2 的修正系数为 35。因此，从理论上讲，根据琉璃瓦胎体的热膨胀系数，通过适当增加 SiO_2 的含量，相应减少 PbO 的含量，可将琉璃瓦釉料的热膨胀系数降下来，使之达到与琉璃瓦胎体相匹配的程度。釉料中的 Fe_2O_3 热膨胀修正系数为 60，但一方面它的含量不高，对整个釉料的热膨胀系数影响不大，另一方面作为着色原料，Fe_2O_3 含量的多少直接影响琉璃瓦釉层的色调，因此，不应调整。

清代黄色琉璃瓦釉料配方为黄丹、马牙石和赭石。在对剥釉老瓦进行施釉重烧的过程中，在清代釉料配方的基础上适当增加马牙石的含量，降低黄丹的含量，以降低釉料的热膨胀系数，可使釉料的热膨胀系数达到与胎体匹配的程度。

5 结论

文物是不可再生的。作为明清两代的皇宫，就目前而言，清代的建筑琉璃瓦数量还较多，但如果表面釉层一旦剥落到了严重的程度便遭淘汰，久而久之清代琉璃瓦件也将成珍稀之物。琉璃瓦是一种特殊的文物，它不可能像其他文物一样，从屋顶上揭下来，放在库房里在适当的环境下加以保护，它应在特定的地方发挥应有的作用。将剥釉老瓦进行施釉重烧，为了继续使用而进行相应的保护，应是对这类文物的一种合理保护办法。在古建维修中极大限度的使用原有的建筑材料，使故宫不会被"新宫"所替代，这是一项意义深远的工作。

本研究得到如下三个结论。

（1）影响琉璃瓦表面釉层剥落的因素主要有以下四个方面：①铅釉低温二次烧成的制作工艺；②胎釉之间热膨胀系数的匹配优劣；③琉璃瓦胎体显气孔率、吸水率等物理参数的适当与否；④琉璃瓦烧制过程中不适当的退火工序。

（2）通过对琉璃瓦胎体高温复烧可对琉璃瓦胎体显气孔率等项物理参数进行有效的改善；通过对琉璃瓦釉层原料配比的调整，可使釉料的热膨胀系数达到与胎体热膨胀系数相匹配的程度。在对琉璃瓦表面釉层剥落机理进行研究的基础上，对釉料进行调整、对胎体进行高温复烧，是对剥釉琉璃瓦件施釉重烧的技术关键。

（3）清代紫禁城黄色琉璃瓦的釉料应是由黄丹、马牙石、赭石三种原料配制而成。三种主要氧化物的含量范围 PbO 为 53.80%～66.27%、SiO_2 为 21.71%～35.36%、Fe_2O_3 为 2.46%～5.59%。

致　谢：中国科学院上海硅酸盐研究所李家治教授、陈显求教授、陈学贤教授、邓泽群教授，清华大学关振铎教授对本项研究给予了重要的指导，对一些理论问题与笔者进行过深入的讨论，北京大学陈铁梅教授对全文作了认真的审阅，于此一并表示衷心的谢意。

参考文献

[1] 李家治. 中国科学技术史·陶瓷卷. 北京: 科学出版社, 1998: 264-265.
[2] 张福康. 中国古陶瓷的科学. 上海: 上海人民美术出版社, 2000: 72.
[3] 干福熹. 硅酸盐玻璃物理性质变化规律及其计算方法. 北京: 科学出版社, 1966: 124-128.
[4] 张福康. 中国古陶瓷的科学. 上海: 上海人民美术出版社, 2000: 8-9.
[5] 周仁. 中国古陶瓷研究论文集. 北京: 轻工业出版社, 1982: 140-143.
[6] 关振铎, 张中太, 焦金生. 无机材料物理性能. 北京: 清华大学出版社, 2002: 119.
[7] 李家驹. 陶瓷工艺学. 北京: 中国轻工业出版社, 2003: 205-208.
[8] 金志浩. 工程陶瓷材料. 西安: 西安交通大学出版社, 2003: 51.
[9] 李家驹. 陶瓷工艺学. 北京: 中国轻工业出版社, 2003: 518.
[10] 辞海编辑委员会. 辞海. 上海: 上海辞书出版社, 1980: 1600.
[11] 武汉建筑材料工业学院. 玻璃工艺学. 北京: 中国建筑工业出版社, 1981: 312-315.
[12] 刘敦桢. 刘敦桢文集. 北京: 中国建筑出版社, 1982: 59.
[13] 苗建民. 运用科学技术方法对清代珐琅的研究. 故宫博物院院刊, 2004, (3): 143-144.
[14] 李全庆, 刘建业. 中国古建筑琉璃技术. 北京: 中国建筑工业出版社, 1987: 17.
[15] 汪永平. 我国传统琉璃的制作工艺. 古建园林技术, 1989, (2): 18-21.
[16] 关振铎, 张中太, 焦金生. 无机材料物理性能. 北京: 清华大学出版社, 2002: 125.

Research on Reglazing and Refiring the Peeled Glazed Tiles of the Palaces in the Forbidden City of the Qing Dynasty

Miao Jianmin　　Wang Shiwei

The Palace Museum

Abstract：Chemical compositions，firing temperature，microstructure，thermal expansion coefficient， water absorption, bulk density and apparent porosity were analyzed by ICP-AES, XRF, volumetric analysis, gravimetric analysis, thermodilatometric analyzer and SEM on glazed tiles of the Qing dynasty. The thermal expansion coefficient of glazes was calculated theoretically. Compared low-fired lead-glazed tile with porcelain, body of the tile is coarse and physical property between the body and glaze is rather different although they combine by middle layer owing to glaze penetration into bodies. On the other hand, raw materials of body and glaze of the porcelain are similar. After fired under high temperature, a series of physical and chemical reactions took place and reaction layer, which make body and glaze combine closely, came into being. So firing technique is the reason that glazes peel off. Water absorption, bulk density and apparent porosity of bodies are important factors result in peeling glaze of glazed tiles. Mismatch of thermal expansion coefficient between bodies and glazes is another important factor. On the basis of research work on peeled glaze mechanism of glazed tiles, physical properties were improved by refiring bodies with evaluated temperature and make thermal expansion coefficient match between bodies and glazes by adjusting formula of glaze raw materials.

Keywords: peeled glazed tiles, low-fired lead glaze, reglazing and refiring, water absorption, thermal expansion coefficient

原载《故宫学刊》2004 年第 1 期

元明清建筑琉璃瓦的研究

苗建民　　王时伟

故宫博物院

摘　要： 本文以元代孔雀蓝釉琉璃瓦，明代黄釉、黑釉琉璃瓦，清代黄釉、黑釉、绿釉琉璃瓦为研究对象，分别采用氟硅酸钾容量法、EDTA络合滴定法、电感耦合等离子发射光谱（ICP-AES）、X射线荧光波谱（WDXRF）、X射线衍射（XRD）、热膨胀分析、扫描电子显微镜（SEM）等仪器分析与化学分析方法，对琉璃瓦釉的元素组成、釉的熔融温度范围，琉璃瓦胎的元素组成、晶相组成、显微结构、烧成温度和受热行为进行了实验分析。研究结果报告了元明清三代不同时期不同颜色琉璃釉的化学组成，以及主要着色氧化物的含量组成、釉的熔融温度范围、胎体原料属性、化学组成、显微结构、烧成温度以及吸水率等物理性质。揭示了黄釉、黑釉和绿釉三种不同颜色琉璃瓦的胎釉组成特征、显微结构特征、烧制工艺特征，揭示了元明清三个不同时期在这三种不同颜色琉璃瓦在烧制工艺上反映出的时代特征，为后续琉璃瓦的科技保护研究工作奠定了重要的基础。

关键词： 元明清琉璃瓦，着色氧化物，助熔剂氧化物，煤矸石，二次烧成工艺

　　故宫作为明清两代的皇宫，拥有15万 m² 的宫廷建筑群。这些建筑以黄色、绿色、黑色等不同颜色的琉璃瓦铺盖屋顶，显现出了金碧辉煌的皇家气势。明代、清代，紫禁城内的琉璃建筑最集中，各种颜色、各种类型的建筑琉璃构件也最丰富，所用的建筑琉璃反映了明清两代建筑琉璃烧造的最高水平。

　　目前，故宫博物院正在对古代建筑进行大规模的修缮。已经残破了的琉璃瓦要用新烧制的琉璃瓦替代；瓦体完整，但表面釉层严重剥落了的琉璃瓦要研究对其施釉重烧。无论是利用传统工艺烧制新瓦，还是对剥釉老瓦进行施釉重烧，都需对古代琉璃瓦胎釉的原料组成、烧制工艺、结构和性能有一个清楚的认识。本项研究在现有文献的基础上[1~5]，以故宫博物院古建维修中拆下来的带有清代款识或年款的黄色、绿色琉璃瓦为主要研究对象，同时对故宫博物院古建部门提供的元代孔雀蓝釉琉璃瓦，明代黄釉、黑釉琉璃瓦，清代黑釉琉璃瓦进行了更为系统地研究。目的在于，通过研究古代琉璃瓦胎釉的原料组成、烧制工艺、显微结构、物理性能以及彼此间的关系，对古代琉璃瓦烧制过程中的科学技术内涵进行揭示，为古代琉璃瓦的保护、传统制作工艺的恢复，打下必要的基础。

1　实验样品

　　实验样品中 No.2、No.3、No.5、No.7、No.9～No.12、No.14～No.16 为故宫博物院现存的带有清代款识或年款的黄釉琉璃瓦，No.26 和 No.27 为绿釉琉璃瓦；No.20、No.21、No.23、No.25 为故宫博

物院古建部提供的明代黄釉琉璃瓦，No.28、No.29 为清代黑釉琉璃瓦，No.22、No.24 为明代黑釉琉璃瓦，No.18、No.19 为元代孔雀蓝釉琉璃瓦。

2 实验与结果

2.1 琉璃瓦釉、胎元素组成

实验中分别用氟硅酸钾容量法、EDTA 络合滴定法测定了釉中的 SiO_2 和 PbO 的含量，用 ICP-AES 测定了其他元素的含量；用 X 射线荧光波谱测定了琉璃瓦胎体中各元素的化学组成。结果分别见表 1 和表 2。

表 1 琉璃瓦釉的主次量元素化学组成 （单位：wt%）

名称、编号	SiO_2	PbO	Al_2O_3	K_2O	Na_2O	CaO	MgO	Fe_2O_3	CuO	MnO	CoO	B_2O_3	SnO_2	P_2O_5	TiO_2	BaO	烧失
清代黄釉（No.3）	28.40	58.49	5.32	0.40	0.29	1.01	0.43	3.52	0.068	0.012					0.26	0.029	1.98
清代黄釉（No.5）	30.68	60.33	2.25	0.35	0.31	0.55	0.2	4.64	0.024	0.009					0.15	0.027	0.7
清代黄釉（No.10）	25.48	63.93	4.12	0.47	0.24	0.37	0.31	3.22	0.036	0.011					0.19	0.020	0.94
清代黄釉（No.14）	29.16	59.34	5.1	0.55	0.23	0.52	0.21	3.45	0.057	0.006					0.26	0.024	1.31
清代黄釉（No.15）	29.82	58.78	5.17	0.43	0.2	0.45	0.23	3.06	0.035	0.007					0.28	0.023	1.58
清代黄釉（No.16）	30.02	64.2	1.03	0.16	0.1	0.39	0.19	3.62	0.038	0.011					0.06	0.020	0.32
明代黄釉（No.20）	30.68	61.62	1.67	0.28	0.35	0.39	0.16	4.34	0.05	0.014			0.05	0.05	0.01	0.016	0.7
明代黄釉（No.21）	33.64	58.3	2.59	0.29	0.32	0.36	0.17	3.96	0.067	0.007			0.05	0.15		0.008	0.3
明代黄釉（No.23）	31.52	60.75	2.51	0.24	0.28	0.18	0.15	3.48	0.068				0.1	0.03	0.15	0.017	0.18
明代黄釉（No.25）	35.64	53.82	4.12	0.43	0.37	0.17	0.23	4.06	0.026				0.08	0.39	0.2	0.017	0.16
清代黑釉（No.28）	29.68	55.45	4.25		0.55	0.66	0.84	2.68	4.5	0.74				0.17	0.22	0.055	0.42
清代黑釉（No.29）	26.66	55.71	5.04		0.46	0.47	0.27	5.31	3.73	0.12	0.69			0.15	0.25	0.035	0.18
明代黑釉（No.22）	31.24	53.1	6.22	0.64	0.67	0.9	0.54	2.36	2.74	0.6		0.2	0.41	0.1	0.23	0.049	0.31
明代黑釉（No.24）	31.07	大量	4.79	0.84	0.9	1.86	0.57	2.59	3.82	0.96	0.008		0.37		0.23	0.076	
清代绿釉（No.26）	30.5	59.79	3.76	0.35	0.53	0.74	0.36	0.55	2.49	0.006				0.12	0.22	0.028	0.3
清代绿釉（No.27）	28.81	61.87	3.7	0.33	0.18	0.68	0.31	0.61	2.96	0.008		0.26	0.003	0.1	0.16	0.009	0.27
元代孔雀蓝（No.18）	57.97	22.22	1.55	8.32	3.79	0.99	0.52	0.52	3.21	0.07				0.33	0.09	0.08	0.014	0.34
元代孔雀蓝（No.19）	54.23	24.42	0.99	9.48	3.76	0.49	0.36	0.52	4.42	0.006				0.33	0.12	0.05	0.009	0.31

注：No.24 样品定性分析 PbO 为大量，因样品量太少，未能得到定量分析和烧失量的结果。

表 2 琉璃瓦胎的主次量元素化学组成 （单位：wt%）

编号	Al_2O_3	SiO_2	K_2O	Na_2O	CaO	MgO	TiO_2	MnO	Fe_2O_3	FeO	P_2O_5	H_2O	CO_2	烧失
No.2	31.31	59.07	2.53	0.78	0.41	0.53	1.28	0.02	2.74	0.09	0.06	1.60	0.09	1.63
No.3	28.24	58.35	2.62	1.05	1.19	1.07	1.15	0.02	4.17	0.09	0.13	1.72	0.09	1.86
No.5	23.64	68.08	2.80	1.22	0.25	0.35	1.12	0.01	1.02	0.08	0.06	1.32	0.09	1.29
No.7	26.68	65.12	2.92	0.99	0.33	0.45	1.10	0.02	1.38	0.04	0.05	1.24	0.12	1.31
No.9	25.10	66.42	3.05	1.07	0.27	0.33	1.12	0.01	1.09	0.05	0.06	1.24	0.09	1.24

续表

编号	Al_2O_3	SiO_2	K_2O	Na_2O	CaO	MgO	TiO_2	MnO	Fe_2O_3	FeO	P_2O_5	H_2O	CO_2	烧失
No.10	34.56	55.98	2.95	0.80	0.49	0.51	1.23	0.02	2.41	0.05	0.04	1.28	0.09	1.26
No.11	23.24	68.18	2.83	0.83	0.28	0.33	1.09	0.02	2.05	0.05	0.06	0.88	0.09	0.86
No.12	31.02	61.27	2.18	0.77	0.34	0.41	1.39	0.01	1.37	0.16	0.06	1.27	0.09	1.41
No.14	27.56	63.38	3.10	0.60	0.36	0.41	1.28	0.01	1.93	0.07	0.06	1.24	0.09	1.37
No.15	27.12	63.76	3.14	0.58	0.42	0.42	1.24	0.02	1.93	0.05	0.05	1.38	0.09	1.5
No.16	33.23	56.53	2.92	0.93	0.48	0.67	1.23	0.02	1.96	0.05	0.05	1.72	0.12	1.8
No.18	15.72	60.76	2.46	2.04	8.41	2.57	0.76	0.09	4.58	0.05	0.13	0.88	1.53	2.48
No.19	13.55	63.88	2.33	2.02	8.06	2.49	0.65	0.09	4.53	0.16	0.13	0.52	1.38	1.82
No.20	25.94	64.34	2.92	1.71	0.87	0.51	1.07	0.01	1.47	0.09	0.06	0.76	0.45	1.28
No.21	27.16	62.94	3.14	1.51	0.61	0.43	1.09	0.01	1.51	0.09	0.07	1.32	0.27	1.48
No.22	24.91	63.18	2.74	1.61	1.34	0.81	1.00	0.03	2.53	0.09	0.07	1.28	0.09	1.49
No.23	26.99	62.7	3.15	1.64	1.07	0.52	1.11	0.01	1.25	0.09	0.09	0.78	0.54	1.46
No.24	25.84	64.52	2.80	1.53	0.61	0.42	1.05	0.01	1.90	0.07	0.06	1.02	0.09	0.9
No.25	26.06	64.25	2.98	1.44	0.61	0.39	1.10	0.01	1.61	0.09	0.06	1.24	0.14	1.41
No.26	23.91	65.65	2.71	1.61	0.58	0.52	0.96	0.01	2.12	0.11	0.07	1.52	0.09	1.47
No.27	33.66	55.51	2.73	1.18	0.56	0.39	1.17	0.03	3.66	0.07	0.06	1.10	0.34	1.56
No.28	24.11	64.24	1.96	1.58	0.55	0.76	0.92	0.02	4.70	0.11	0.05	1.22	0.05	1.21
No.29	31.1	57.36	2.14	1.92	1.34	0.41	1.22	0.02	3.23	0.09	0.09	0.72	0.36	1.18

2.2 琉璃瓦胎的晶相分析

用 XRD 对琉璃瓦胎的晶相组成进行了分析，结果见表 3。

表 3 琉璃瓦胎的 XRD 晶相分析结果

编号	晶相种类										
No.3	α石英	莫来石	方解石	微斜长石	钠长石						
No.5	α石英	莫来石		微斜长石		滑石					
No.10	α石英	莫来石		微斜长石		滑石					
No.14	α石英	莫来石	方解石	微斜长石		滑石		高岭石			
No.15	α石英	莫来石	方解石	微斜长石		滑石					
No.16	α石英	莫来石		微斜长石	钠长石	滑石		钾霞石			
No.18	α石英		方解石		钠长石				辉石	透辉石	刚玉
No.20	α石英	莫来石		微斜长石	钠长石	滑石					伊利石
No.21	α石英	莫来石		微斜长石		滑石					伊利石
No.22	α石英	莫来石		微斜长石	钠长石	滑石		高岭石			
No.23	α石英	莫来石				滑石	白云母				
No.24	α石英	莫来石		微斜长石		滑石		高岭石			
No.25	α石英	莫来石		微斜长石	钠长石						
No.26	α石英	莫来石		微斜长石		滑石		高岭石			
No.27	α石英	莫来石		微斜长石	钠长石	滑石		钾霞石			
No.28	α石英	莫来石		微斜长石	钠长石	滑石	铁滑石				

2.3 琉璃瓦釉、胎的热行为及胎的物理性质分析

用高温显微镜分析了琉璃瓦釉的高温受热行为；用热膨胀分析仪测量了琉璃瓦胎的烧成温度、软化温度，参照国家标准 GB 2413—81 和 GB/T 3810.3—1999 对琉璃瓦胎的显气孔率、吸水率进行了测量。结果分别见表 4 和表 5。

表 4　琉璃瓦釉的高温受热行为　　　　　　　　　　（单位：℃）

名称、编号	变形点温度	半球点温度	流动点温度	熔融温度范围
清代黄釉（No.3）	667	767	1048	765～1050
清代黄釉（No.5）	665	759	922	760～920
清代黄釉（No.10）	644	724	826	725～825
清代黄釉（No.14）	657	844	958	845～960
清代黄釉（No.15）	664	795	922	795～920
清代黄釉（No.16）	659	750	849	750～850
明代黄釉（No.20）	646	769	881	670～880
明代黄釉（No.21）	685	824	972	825～970
明代黄釉（No.23）	657	776	889	775～890
明代黄釉（No.25）	723	859	999	860～1000
清代黑釉（No.28）	672	822	872	820～870
清代黑釉（No.29）	671	828	1060	830～1060
明代黑釉（No.22）	690	869	934	870～935
明代黑釉（No.24）	762	868	934	870～935
清代绿釉（No.26）	681	792	894	790～895
清代绿釉（No.27）	642	769	909	770～910
元代孔雀蓝（No.18）	677	945	1070	945～1070
元代孔雀蓝（No.19）	673	936	1065	935～1065

表 5　琉璃瓦胎的热膨胀分析及物理性能测量结果

编号	烧成温度/℃	软化温度/℃	欠烧温度/℃	吸水率/%	显气孔率/%
No.2	1005	1315	310	16.5	43
No.3	1010	1245	235	12.2	32
No.7	1050	1325	275	12.2	32
No.9	1035	1340	305	14.3	38
No.11	1065	1325	260	11.4	30
No.12	1025	1335	310	15.1	39
No.15	1020	1300	280	15.6	41
No.18	1135			21.9	59
No.19	1105			20.6	56
No.20	1090			17.6	46
No.21	1085			15.5	41
No.24	1110			15.5	41

2.4 琉璃瓦胎的显微结构

用扫描电子显微镜对琉璃瓦胎的显微结构进行观察。琉璃瓦胎体中典型的石英晶体、莫来石晶体以及胎体显微结构的二次电子像分别见图1～图4。

图1 No.18胎体中α相石英晶体二次电子像

图2 No.27胎体中莫来石晶体二次电子像

图3 琉璃瓦胎体二次电子像

图4 琉璃瓦胎体二次电子像

3 讨论

（1）从表1琉璃瓦釉料元素分析结果看到，明代、清代黄、黑、绿三种颜色琉璃釉，SiO_2 的含量范围为25.48%～35.64%，PbO 的含量范围为53.1%～64.2%，Al_2O_3 的含量范围为0.99%～6.22%。紫禁城明代、清代琉璃瓦的釉料是由黄丹（PbO）、马牙石（SiO_2）和着色原料三种原料配制而成[4, 6]。PbO 和 SiO_2 构成了琉璃瓦的基础釉，两者的含量之比在1.51～2.51变化。Al_2O_3 的含量不高，并且变化范围较大，应是作为伴生矿被带入的。赭石作为黄色釉的着色原料，其 Fe_2O_3 的含量范围为

3.06%～4.64%。比较表 1 两个绿釉的分析结果，着色原料应为 CuO，含量分别为 2.49% 和 2.96%。明清两代 4 个黑釉的分析结果中，CuO 的含量在 2.74%～4.5% 范围内变化，Fe_2O_3 的含量在 2.36%～5.31% 范围内变化，MnO 的含量在 0.12%～0.96% 范围内变化，这一量值与其他颜色琉璃釉的分析结果相比明显偏高，这三种氧化物应是黑色琉璃釉的着色原料。No.29 样品中 CoO 的含量为 0.69%，而 MnO 的含量只有 0.12%，在此 CoO 也应是作为着色原料存在的。有学者认为[4]，黑色琉璃釉的着色原料由铜末和无名异两种原料组成，并将无名异解释为是一种含大量 MnO 并含少量 Fe_2O_3 的原料。照此说法，黑色釉的着色原料为 CuO、Fe_2O_3、MnO 三种氧化物。本研究的结果部分与这种说法相一致，但 Fe_2O_3 的含量明显高于 MnO 的含量，这与文献中对无名异的解释相反。元代孔雀蓝釉的基础釉部分与明清琉璃瓦的釉料明显不同，两个样品 PbO 和 SiO_2 的含量之比分别为 0.38 和 0.45，着色原料应为 CuO。元代孔雀蓝釉和清代绿釉相比，两者使用的着色原料均为 CuO，但前者烧出了孔雀蓝，后者却烧出了绿釉。通过表 1 釉料元素分析结果可以发现，两种釉料的结果相比，孔雀蓝釉料的 SiO_2 含量明显增加、PbO 含量明显减少，CuO 的含量高于绿釉。这样的结果似乎表明，琉璃瓦釉的颜色不仅和着色原料的种类有关，与着色原料的含量及 PbO 的含量也有关系。同时，为了降低釉烧温度，在孔雀蓝的釉料中，增加了助熔原料 K_2O 和 Na_2O 的含量。并且明显地加入了少量的 SnO_2，SnO_2 的加入应间接地对琉璃釉的呈色产生影响。

（2）表 4 琉璃釉高温受热行为的实验结果，给出了釉的半球点温度和流动点温度，按照两个温度点之和的一半得釉烧温度、流动点与半球点温度之差的一半求得釉烧温度的误差范围[3]。从表 4 的结果看到，明清两代黄色琉璃釉和清代绿色琉璃釉的釉烧温度基本上是在 800～900℃变化。明清两代黑色琉璃釉的釉烧温度比黄釉、绿釉要高一些，在 900℃左右，而元代孔雀蓝的釉烧温度明显偏高，在 1000℃左右。

（3）明清两代琉璃瓦胎的原料组成有不同的说法[4,7]。其一，明清两代北京门头沟琉璃瓦的胎体原料是由三种原料按照 1∶2∶7 的比例配成。三种原料分别为叶蜡石、黏子土、页岩石（煤矸石或称坩子土），或是把黏子土与页岩石按照 2∶8 的比例配成。其二，琉璃瓦用坩子土作为胎的原料。北京门头沟琉璃窑厂老艺人则对上述两种说法做了进一步地解释。老艺人说，传统做法通常是仅用坩子土作为胎的原料，若坩子土的黏性较差，则加入适量的黏子土，近几十年有时还在胎料中加入适量的叶蜡石。上述说法种种，仅凭现有的文献资料无法得到一个合理的判断。表 2 给出了胎体材料中各种元素的平均含量。根据这一结果，可以对胎体材料的物理化学性质有一个基本的认识，但还不能对上述几种说法做进一步的解释。同时，由于具有相同元素组成的材料，并不意味着有相同的矿物原料组成，而不同的矿物原料，则对琉璃瓦胎体的物理化学性质、烧制工艺、显微结构，以及胎的物理化学性质产生不同的影响。表 3 则对胎体原料的矿物组成进行了揭示。

煤矸石中含有多种岩石，这些岩石的基质都是由黏土矿物所组成，高岭石类和水云母类则是其中最常见的黏土矿物。元素组成通常为，SiO_2 的含量在 37%～68% 范围内，Al_2O_3 的含量在 11%～36% 范围内波动。矿物组成中常见的矿物晶体为石英、方解石、微斜长石、钠长石、滑石、白云母、高岭石、钾霞石、伊利石等。在本项研究中，胎的元素分析结果 Al_2O_3 的含量在 23.2%～34.6% 范围内，SiO_2 的含量在 56%～68.2% 的范围内波动，其量值与煤矸石相当。晶相分析结果也与煤矸石相当，但在其中并未发现叶蜡石晶体，这说明在明清胎体原料中加入叶蜡石的说法不能成立。元素组成、晶相组成的实验结果表明，煤矸石应是明清两代琉璃瓦胎的主要原料。待对当地的黏子土和煤矸石做进一步地实验分析后，对这一问题将作出更为明确地解释。

表 3 的结果给出了琉璃瓦胎中所含的天然矿物晶体种类和在琉璃瓦胎体烧制过程中新生成的晶体类型。α 相石英，应是在琉璃瓦胎体烧制停火后，在冷却的过程中生成的。图 1 是一个由高温 β 相石英在 573℃ 发生相变，成为低温 α 相石英的二次电子图像。由于这一晶型转变是在达到转化温度后，在晶体表里瞬间发生，并且是在没有液相存在的干条件下进行的，致使发生相变后的低温 α 相石英晶体出现了开裂的现象[8]。莫来石则是在高温烧制过程中形成的。有文献表明[8]，煤矸石在加热到 1000℃ 时，便已部分熔融，并可析出莫来石晶体。图 2 是在胎体中拍摄到的莫来石晶体的二次电子像。元代孔雀蓝釉琉璃瓦胎的晶相分析结果与明代、清代琉璃瓦相差较大，辉石、透辉石、刚玉是明清样品中未见到的矿物晶体，并且也没有发现莫来石晶体的存在。这一结果表明，元代孔雀蓝釉琉璃瓦的胎所用原料与明清原料是不同的。

（4）表 5 琉璃瓦胎热膨胀分析结果给出了清代琉璃瓦胎的烧成温度、原料的软化温度（显气孔率接近于零时的温度）和琉璃瓦的欠烧温度（在此把烧成温度至软化温度之间的温度范围称为欠烧温度）[9]。平均烧成温度为 1030℃，平均软化温度为 1312℃，平均欠烧温度为 282℃。琉璃瓦的原料确定以后，烧制工艺便成了决定琉璃瓦胎体结构和胎体性质的重要环节。研究表明[6]，琉璃瓦胎的显气孔率、吸水率是影响琉璃瓦胎釉结合质量的重要因素之一，清代紫禁城中琉璃瓦胎体的吸水率在 10.1%～12.4%、显气孔率在 26%～32%，是一个合适的物理参数范围。在这一参数范围的琉璃瓦，尽管历经 200 多年冬夏寒暑、日晒雨淋、冷暖干湿的变化，但其表面釉层至今保存完好。而那些表面釉层剥落严重的琉璃瓦，吸水率和显气孔率都落在了这一范围之外。图 3、图 4 是反映琉璃瓦胎体多孔显微结构的二次电子像。工匠们在对琉璃瓦的胎体进行素烧的时候，要恰到好处地掌握窑炉的温度，控制好欠烧的火候，使琉璃瓦胎体的上述物理参数达到适当的数值。表 5 的结果表明，一般而言，欠烧温度控制在 235～275℃ 是一个合适的烧制条件，欠烧温度在 280℃ 以上，会使胎体显气孔率过高，会对琉璃瓦的质量产生影响。

烧成温度反映了琉璃瓦的烧制条件，是工匠们对原料的认识程度、控制烧制火候能力的一种反映。软化温度则与人为因素无关，与琉璃瓦的烧造历史无关，它是一种对原料组成、原料配比的一种纯客观的反映。例如，No.3 的软化温度明显低于其他样品，比较它的元素组成发现，SiO_2 和 Al_2O_3 的含量明显偏低，而碱金属氧化物 Na_2O 和碱土金属氧化物 MgO、CaO 的含量明显高于其他样品，Fe_2O_3 的含量也明显高于其他样品。

4　结论

本项研究得到以下五个主要结论。

（1）明清两代黄色琉璃瓦釉料中的着色原料 Fe_2O_3 的含量变化范围为 3.06%～4.64%；绿釉的着色原料 CuO 的含量变化范围为 2.49%～2.96%；CuO、Fe_2O_3、MnO 是黑釉的着色原料，其含量变化范围分别为 2.74%～4.5%、2.36%～5.31%、0.12%～0.96%，有的黑釉中还加入了少量的 CoO。元代孔雀蓝釉的着色原料为 CuO，含量变化范围为 3.21%～4.42%。孔雀蓝釉与清代绿釉的元素分析结果相比较，所用着色原料均为 CuO，但孔雀蓝釉中 CuO 的含量明显高于绿釉，并且 PbO 的含量明显低于绿釉。这一结果说明，琉璃瓦釉的颜色不仅取决于原料的种类，原料的配比对釉色也有影响。

（2）明清两代黄釉、绿釉的釉烧温度为 800～900℃，黑釉的釉烧温度在 900℃ 左右，元代孔雀蓝的釉烧温度在 1000℃ 左右。

（3）明清两代琉璃瓦胎的原料主要为煤矸石，这是一种高铝的黏土性材料，Al_2O_3 的含量在 23.2%～34.6% 范围内。

（4）元代孔雀蓝釉琉璃瓦胎的平均烧成温度为 1120℃。明代琉璃瓦胎的平均烧成温度为 1095℃。清代琉璃瓦胎的平均烧成温度为 1030℃，清代琉璃瓦胎体原料的平均软化温度为 1312℃，平均欠烧温度为 282℃。以往的研究表明[6]，欠烧温度控制在 235～275℃，可使琉璃瓦胎的吸水率和显气孔率分别控制在 10.1%～12.4%、26%～32% 的范围内，琉璃瓦胎的这两项物理性能参数是影响琉璃瓦胎釉结合质量的重要因素之一。

（5）本项研究所涉及的元、明、清不同釉色的琉璃瓦，其釉烧温度均低于胎体的烧成温度，并且釉料组成全部以 PbO 为主要助熔原料，这表明上述琉璃瓦全部为二次烧成的低温铅釉琉璃瓦。

致　谢：中国科学院上海硅酸盐研究所李家治教授、陈显求教授与作者对论文中的学术问题进行过有益的讨论，在实验过程中邓泽群教授给予了热情的帮助，在此表示衷心的感谢。

参考文献

[1] 杨根, 高苏, 王若昭, 等. 中国古代建筑琉璃釉色考略. 自然科学史研究, 1985, 4 (1): 54-58.
[2] 张福康. 中国传统低温色釉和釉上彩. 中国古代陶瓷科学技术成就. 上海: 上海科学技术出版社. 1985: 333-337.
[3] 张子正, 车正荣, 李英福, 等. 中国古代建筑陶瓷的初步研究. 中国古陶瓷研究. 北京: 科学出版社, 1987: 117.
[4] 李全庆, 刘建业. 中国古建筑琉璃技术. 北京: 中国建筑工业出版社, 1987: 10-25.
[5] 李家治. 中国科学技术史·陶瓷卷. 北京: 科学出版社, 1998: 472-473.
[6] 苗建民, 王时伟. 紫禁城清代剥釉琉璃瓦件施釉重烧的研究. 故宫学刊, 2004, (1): 472-488.
[7] 齐鸿浩. 琉璃渠村话琉璃. 北京档案, 2001, (12): 46.
[8] 李家驹. 陶瓷工艺学. 北京: 中国轻工业出版社, 2003: 53-55, 78.
[9] 周仁. 中国古陶瓷研究论文集. 北京: 轻工业出版社, 1982: 49-52.

Research on Building Glazed Tiles of the Yuan, Ming and Qing Dynasties

Miao Jianmin　Wang Shiwei

The Palace Museum

Abstract: Chemical compositions of bodies and glazes, melting temperature range of glaze, mineralogical compositions, microstructure, firing temperature, firing behavior of bodies were analyzed by potassium fluorosilicate volumetric analysis, EDTA titration, ICP-AES, WDXRF, XRD, thermodilatometric analyzer and SEM on turquoise-glazed tiles of the Yuan dynasty, yellow-glazed and black-glazed tiles of the Ming dynasty, yellow-glazed, black-glazed and green-glazed tiles of the Qing dynasty.

Chemical compositions of different color glazes including major colored oxides, melting temperature range of glazes, mineralogical compositions, chemical compositions, microstructure, firing temperature, water absorption of bodies were reported. Chemical compositions, microstructure, firing technique of bodies and glazes were analyzed on yellow-glazed, black-glazed, green-glazed tiles. The firing technique of the Yuan, Ming and Qing dynasties signifies their time characteristic. The work is helpful to conservation work of glazed tiles in the future.

Keywords: glazed tiles of the Yuan, Ming, Qing dynasties; colored oxide; flux oxide; coal clay; second firing technique

原载《'05 古陶瓷科学技术国际讨论会论文集》

古代建筑琉璃构件剥釉机理内在因素的研究

苗建民　王时伟　段鸿莺　窦一村　丁银忠　李　媛　李　合　康葆强　赵　兰

故宫博物院

摘　要：研究中采用 X 射线荧光能谱仪、热膨胀分析仪、扫描电子显微镜等仪器分析方法，对古代建筑琉璃构件釉的元素组成、坯釉热膨胀系数、釉的裂纹分布及特征等方面进行了测量和观察。在此基础上，对琉璃构件传统烧制工艺、坯釉热膨胀系数的匹配、坯体烧结程度等因素对琉璃构件釉层剥落的影响进行了讨论，试图对古代建筑琉璃构件剥釉机理的内在因素进行揭示，为剥釉琉璃构件施釉重烧等保护方法的实施提供依据。

关键词：琉璃构件，剥釉机理，内在因素，铅釉，吸水率，热膨胀系数

本项研究是国家"十一五"重点科技支撑项目、"古代建筑琉璃构件保护技术及传统工艺科学化研究"课题中的一项研究内容。在课题实施的过程中，课题组走出紫禁城的大门，赴山西、江苏、山东、河北、河南、湖北、辽宁、广东、福建和北京等地对琉璃构件病害情况进行考察，综合十几个省（市）的考察结果，我们看到在建筑琉璃变色、污染、开裂、风化、剥釉等诸多病害中，剥釉是最为普遍和最为严重的。很多琉璃构件已经面目全非，表面釉层有的已经所剩无几，有的虽有残存，但已大部分剥落，已起不到应有的装饰效果和有效的防水功能。保护的方式是多样的，施釉重烧是对剥釉琉璃构件进行保护的重要方法之一。苗建民、王时伟曾发表论文《紫禁城清代剥釉琉璃瓦件施釉重烧的研究》[1]，对琉璃构件剥釉机理和施釉重烧进行了初步研究，本文的研究是在原有基础上的进一步深化。在此次课题的实施过程中，拟通过对古代建筑琉璃构件剥釉机理的内在因素、外在因素的研究，为施釉重烧工作的研究奠定基础，为满足古代琉璃建筑修缮过程中所需琉璃构件的生产，为新烧制琉璃构件质量标准的制定提供科学上的依据。

1　传统烧制工艺对琉璃构件釉层剥落的影响

1.1　铅釉的装饰效果

当人们登上景山公园的万春亭，鸟瞰紫禁城 15 万 m^2 宫廷建筑琉璃屋面的时候，"富丽堂皇""流光异彩"和"金碧辉煌"，这些赞美之词常常被人们脱口而出。紫禁城宫廷建筑之所以具有这种恢弘的皇家气势，很大程度归功于具有特殊装饰效果的建筑琉璃。

中华民族是一个充满智慧的民族。先民们很早就认识到铅作为琉璃釉的助熔材料，可以使琉璃构

件产生耀眼的光泽。陶瓷表面光泽性好的两个重要因素：釉层表面光滑平整和具有较高折射率。这两个因素，铅釉都具备了。铅釉在高温条件下黏度小，易于流动有利于形成光滑的釉面，可形成较强的镜面反射，同时，氧化铅具有较高的折射率。

1.2 二次烧成的制作工艺

铅釉制品的特点是釉的熔融温度低，清代琉璃构件釉料中氧化铅的含量基本上都在 50% 以上，在这样的原料组成条件下，釉的熔融温度范围基本上落在 750～950℃ 的范围内。煤矸石作为琉璃构件坯体的主要原料，SiO_2 的含量通常在 37%～68% 的范围波动，Al_2O_3 的含量通常在 11%～36% 的范围波动[1,2]。要使具有这样原料组成的坯体达到一定的烧结程度，坯体的烧成温度一般需在 1000℃ 以上。较高温度的坯烧、较低温度的釉烧，决定了琉璃构件在烧制的过程中，要经历两次入窑焙烧的过程。第一次入窑是在 1000℃ 以上的温度条件下焙烧坯体，使之达到一定的烧结程度；第二次入窑是在 950℃ 以下的温度条件下熔融釉料，将釉料和坯体烧结为一体。

利用低温铅釉、采取二次烧成的制作工艺，烧制出满足质量要求的琉璃构件，涉及的因素是多方面的，而在诸多影响因素之中，坯体的烧结程度是一个重要的方面。坯体烧结程度过高，显气孔率太低，一方面影响琉璃构件的热稳定性[3]；另一方面施釉时釉料不易被坯体吸附，釉烧时熔融的釉料难以向坯中渗入，致使釉层很薄，既影响釉的颜色又影响釉的光泽，而坯体的烧结程度太低，显气孔率过大，在后期的使用过程中，易于因吸湿膨胀等因素造成釉层的剥落，同时影响坯体的强度。素烧出烧结程度适当的琉璃构件坯体，需要窑工对原料有清楚的认识和对炉温的合理把握。

1.3 釉层裂纹的形成及特征

在传统工艺条件下烧制的琉璃构件，其釉层表面均分布着粗细不等的裂纹。琉璃构件表面釉层的裂纹，并非像南宋窑窑与官窑的釉面开片，是一种刻意追求的艺术效果，而是传统工艺条件下无法避免的釉面缺陷。釉层表面裂纹的形成，有原料和工艺两方面的原因，其一，坯釉之间热膨胀系数的不匹配，在釉中存在着一定的应力；其二，在琉璃构件烧成后的冷却过程中，由于琉璃构件从表至里存在着一定的温差，形成了一定的热应力。

在琉璃构件釉层的表面，其裂纹的分布如同龟背的纹饰走向，粗细交错，有些裂纹贯穿了整个釉层。裂纹的走向，反映了造成裂纹的应力属性；裂纹的粗细则是应力大小的一种反映。图1～图3分别为明珠琉璃制品厂（简称明珠）、振兴琉璃制品厂（简称振兴）、安河琉璃制品厂（简称安河）所产新琉璃筒瓦表面釉层的裂纹情况，这些裂纹均为琉璃构件在窑炉中冷却的过程中及出窑后的一段时间里形成的。裂纹的出现，削弱了釉层表面作为一个整体与坯体的结合强度。图4～图6分别为三个厂所产新琉璃筒瓦裂纹的纵向开裂情况。裂纹自釉层表面，穿过了坯釉结合层直至坯体，形成了外界水渗入坯体的一个途径，不同程度地影响了釉层对于坯体的防水作用，是后期釉层剥落的潜在隐患。

1.4 釉面流动感的形成与釉层厚度分布

琉璃筒瓦的釉层表面，有一个共同的特征，即自熊头向下，釉色由浅渐深，釉层由薄渐厚。在釉烧

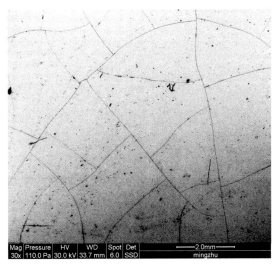

图 1 釉面裂纹分布（明珠）

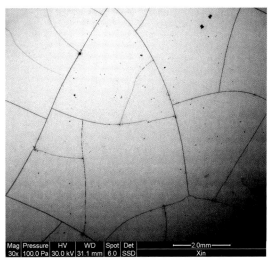

图 2 釉面裂纹分布（振兴）

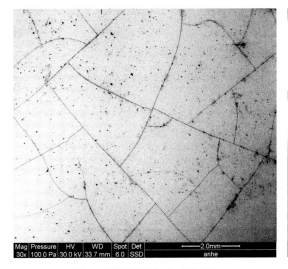

图 3 釉面裂纹分布（安河）

图 4 釉层裂纹纵向开裂情况（明珠）

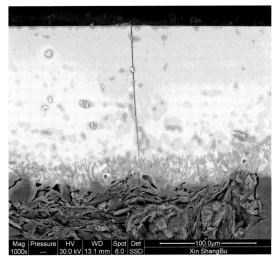

图 5 釉层裂纹纵向开裂情况（振兴）

图 6 釉层裂纹纵向开裂情况（安河）

的过程中，窑工们为了充分利用窑炉的空间，装窑时将筒瓦熊头向上一块一块地立在窑炉中，当炉温达到一定的程度时，易于流动的铅釉便会自上向下流动，形成了上薄下厚的釉层分布和具有动感的釉面效果。已有的研究表明[4]，釉层应有适当的厚度，釉层过厚，容易造成釉层表面的开裂。在琉璃筒瓦的样品中，可以看到一些如同图7~图10的样品剥釉情形，靠近熊头的部分釉面保存相对较好，而筒瓦的下部釉层相对较厚的部分，釉层剥落的较为严重。这表明，在坯釉其他条件相同的情况下，釉层的厚度也是造成釉层开裂以致后期剥落的一个因素。按照李家驹著《陶瓷工艺学》[5]和稻田博著《陶瓷坯釉结合》中的理论，上述现象可解释为，具有较薄釉层的琉璃构件在釉烧时，坯中具有较低热膨胀系数的 SiO_2 向釉中溶解，而釉中具有较高热膨胀系数且易于挥发的 PbO 其量值相对减少，从而降低了釉中的热膨胀系数，使坯釉热膨胀系数更为接近。就此而言，薄釉比厚釉的改变相对要大一些。同时，在釉烧过程中形成的坯釉结合层，就其厚度而言，相同的坯釉结合层厚度对厚釉和薄釉所起的缓解应力的作用是不同的，相对而言对薄釉更为有利。在本项研究中，釉面保存完好的琉璃筒瓦，其釉层厚度基本上在 90~160μm。

图 7　嘉庆三年款

图 8　窑户赵士林款

图 9　铺户白守福款

图 10　工部款

2　坯釉热膨胀系数的匹配关系对釉层剥落的影响

2.1　关于坯釉热膨胀系数匹配关系的一般规律

经高温素烧过的琉璃构件坯体施釉后，二次入窑焙烧，釉在高温熔融状态时，釉中并无应力存在。但当窑炉停火，炉温降至釉料冷却固化后，在釉料中会有两种应力存在。一种是由于窑炉降温过快，琉璃构件从釉层表面至内部存在一定的温差，而形成的热应力；另一种由于坯釉收缩率或曰热膨胀系数不同，在釉层中产生的应力。釉的收缩大于坯体，釉层中产生的应力为张应力；釉的收缩小于坯体，釉层中产生的应力为压应力。琉璃构件刚出窑时，以及出窑后的一段时间里，釉层表面出现的裂纹，是由这两种应力共同作用的结果。

在通常的陶瓷生产中，为了防止陶瓷表面釉层开裂，考虑到釉的抗压强度比抗张强度大得多，故在设计釉料配方时，一般的做法是使釉层的热膨胀系数略小于坯体的热膨胀系数。已有的研究工作认为[6]，釉比坯体的热膨胀系数小（1～2）×10^{-6}/℃，压应力值在500～900kg/cm^{2}范围内较为适宜，可使釉层承受适当的压应力。

2.2 琉璃构件坯体材料的热膨胀系数

把琉璃瓦坯体样品切割成25mm×5mm×5mm长方体，用德国耐驰公司的DIL-402C型热膨胀分析仪，在空气气氛中，以5℃/min的升温速率测量坯体的热膨胀系数，得到从室温至400℃温度范围内的平均热膨胀系数。测量结果见表1。

表1 琉璃构件坯体材料热膨胀系数 α 测量结果 （单位：10^{-6}/℃）

样品编号	1-5	6-8	8-1	8-2	18-1	19-2	19-3	35-2
α 值	4.29	5.21	7.09	6.78	6.73	6.10	6.53	6.36
样品编号	43-2	43-6	59-1	64-1	76-2	87-2	87-3	96-4
α 值	4.64	4.24	4.58	5.03	4.69	6.75	5.45	6.52
样品编号	98-2	99-1	99-2	99-3	99-5	100-2	100-3	109-5
α 值	6.45	6.56	6.55	6.71	6.88	6.83	6.15	5.99
样品编号	114-1	125-2	130-4	134-3	135-3	138-2	139-3	
α 值	7.77	5.07	4.62	5.35	5.64	5.96	5.07	

2.3 琉璃构件釉层材料的热膨胀系数

琉璃瓦表面釉层的平均厚度通常为130μm左右，无法采用热膨胀分析仪对样品的热膨胀系数直接测量。在本项研究中，首先用X射线荧光能谱仪在无损的情况下，对琉璃构件样品表面釉层的元素组成进行半定量分析。根据半定量分析结果，配制釉料，熔制成样块，用热膨胀分析仪直接进行测量。同时利用半定量分析结果，根据干福熹（简称干）提出的玻璃材料热膨胀系数计算方法进行理论计算[7]，得到釉料热膨胀系数的理论计算结果。上述结果分别见表2和表3。

表2 琉璃构件釉层元素组成半定量分析结果 （单位：%）

序号	样品编号	Na$_2$O	MgO	Al$_2$O$_3$	SiO$_2$	PbO	K$_2$O	CaO	TiO$_2$	Fe$_2$O$_3$	总量
1	1-5	0.00	0.28	3.28	32.95	59.24	0.43	1.12	0.19	2.37	99.86
2	6-8	0.25	0.29	3.60	31.76	58.94	0.43	0.93	0.15	3.62	99.72
3	8-1	0.50	0.27	3.87	32.78	57.23	0.69	0.88	0.26	3.48	99.46

续表

序号	样品编号	Na$_2$O	MgO	Al$_2$O$_3$	SiO$_2$	PbO	K$_2$O	CaO	TiO$_2$	Fe$_2$O$_3$	总量
4	8-2	0.25	0.28	3.21	33.10	57.92	0.55	0.64	0.18	3.82	99.7
5	18-1	0.00	0.30	1.73	32.37	59.01	0.28	0.70	0.12	5.47	99.98
6	19-2	0.00	0.29	1.85	33.78	58.28	0.38	0.59	0.14	4.70	100.01
7	19-3	0.42	0.28	2.24	34.51	56.88	0.40	0.53	0.18	4.55	99.57
8	35-2	0.54	0.45	3.79	33.04	56.73	0.77	0.66	0.13	3.84	99.41
9	43-2	0.16	0.12	6.11	34.45	54.17	0.66	0.86	0.36	3.12	99.85
10	59-1	0.08	0.27	2.85	31.60	60.78	0.44	0.82	0.20	2.91	99.87
11	64-1	0.00	0.30	4.06	31.87	59.42	0.63	0.55	0.23	2.99	100.05
12	76-2	0.00	0.30	4.62	35.83	54.44	0.55	0.56	0.27	3.36	99.93
13	81-3	0.14	0.39	6.08	33.56	55.24	0.55	0.66	0.24	3.13	99.85
14	87-2	0.41	0.12	4.60	33.20	56.03	0.47	0.68	0.24	4.20	99.54
15	87-3	0.55	0.12	3.17	31.24	58.77	0.31	0.62	0.19	4.96	99.38
16	96-4	0.50	0.27	2.32	32.85	58.02	0.51	0.37	0.18	4.90	99.42
17	98-2	0.71	0.20	4.63	35.58	52.30	1.25	0.38	0.22	4.69	99.25
18	99-1	0.53	0.11	2.40	31.89	58.51	0.28	0.35	0.17	5.70	99.41
19	99-2	0.90	0.40	4.20	34.02	53.66	1.06	0.43	0.22	5.03	99.02
20	99-3	0.21	0.30	3.90	34.57	54.32	0.64	0.47	0.25	5.27	99.72
21	99-5	0.37	0.28	3.33	33.98	55.77	0.55	0.53	0.22	4.85	99.51
22	100-2	0.69	0.24	3.63	33.09	55.91	0.95	0.42	0.19	4.82	99.25
23	100-3	0.61	0.22	4.24	34.67	54.24	0.92	0.42	0.18	4.46	99.35
24	109-5	0.34	0.28	2.51	32.02	56.82	0.62	0.73	0.12	6.48	99.58
25	114-1	0.78	0.33	4.67	31.67	56.84	0.69	0.44	0.21	4.32	99.17
26	125-2	0.11	0.23	2.62	35.65	57.34	0.26	0.43	0.12	3.17	99.82
27	130-4	0.64	0.39	2.78	38.65	53.09	0.53	0.55	0.11	3.22	99.32
28	134-3	0.32	0.34	2.46	36.44	56.01	0.46	0.58	0.15	3.19	99.63
29	135-3	0.52	0.46	3.41	35.84	55.60	0.48	0.58	0.10	2.94	99.41
30	138-2	0.34	0.62	5.27	30.59	58.68	0.73	0.73	0.21	2.78	99.61
31	139-3	0.48	0.23	2.46	35.23	56.53	0.48	0.60	0.17	3.74	99.44

表3　琉璃构件釉层材料热膨胀系数理论计算值和实测结果　　　　（单位：$10^{-6}/℃$）

样品编号	1-5	6-8	8-1	8-2	18-1	19-2	19-3
釉α理论值（干）	6.31	6.57	6.79	6.51	6.35	6.26	6.50
釉α实测值	6.89	7.17	7.00	7.17	7.46	6.66	7.06
样品编号	35-2	43-2	59-1	64-1	76-2	81-3	87-2
釉α理论值（干）	6.84	6.01	6.55	6.19	5.79	6.02	6.39
釉α实测值	7.50	6.26	6.88	7.25	6.64	6.04	7.32
样品编号	87-3	96-4	98-2	99-1	99-2	99-3	99-5
釉α理论值（干）	6.80	6.79	6.79	6.75	7.06	6.22	6.45
釉α实测值	7.09	6.76	7.19	7.13	6.75	6.28	7.19

样品编号	100-2	100-3	109-5	114-1	125-2	130-4	134-3
釉 α 理论值（干）	7.03	6.69	6.79	7.09	6.01	6.28	6.26
釉 α 实测值	7.14	7.14	7.23	7.20	6.57	7.00	6.91
样品编号	135-3	138-2	139-3				
釉 α 理论值（干）	6.39	6.75	6.52				
釉 α 实测值	6.85	7.52	7.06				

2.4 清代琉璃构件坯釉热膨胀系数匹配关系

本项研究中，针对釉层保存状况安排了两批样品：一批为琉璃构件表面釉层保存完好的样品；另一批为表面釉层大部分已经剥落，残存部分小于20%的样品。通过对表4和表5的分析比较，可以看到两个基本规律。第一，釉面保存完整的琉璃构件与釉面剥落严重的琉璃构件，在坯釉热膨胀系数的匹配关系上所呈现出来的规律性，基本上是一致的，即在本项研究中所涉及的清代琉璃构件样品坯釉热膨胀系数的匹配关系对琉璃构件表面釉层的剥落状况影响不明显。第二，两类样品坯釉热膨胀系数之间的匹配关系为，一部分样品釉与坯的热膨胀系数基本相当，另一部分样品釉的热膨胀系数略高于坯的热膨胀系数，即釉层中承受的应力为张应力。以往关于精陶坯釉应力的研究工作得到了如下的结论[8]，当坯与釉的热膨胀系数差值大于 $2\times10^{-6}/℃$、压应力值超过 $900kg/cm^2$ 以上时，精陶制品容易发生剥釉和炸裂。坯与釉的热膨胀系数差值为负值，即釉的热膨胀系数大于坯，且其值仅为 $0.4\times10^{-6}/℃$ 时，便已达到了釉的张应力极限，精陶制品容易出现釉裂。显然，琉璃构件坯釉热膨胀系数间的关系基本上没有落在压应力的范围内，而是超过或远超过上述张应力的极限值。因此，应该说琉璃构件表面釉层出现的裂纹应属张应力裂纹。

从表4和表5中反映出的琉璃构件坯釉间的热膨胀系数关系，并不符合陶瓷坯釉热膨胀系数匹配的一般规律，即为了防止表面釉层开裂通常釉的热膨胀系数略低于坯的热膨胀系数。在琉璃构件的坯釉材料中，琉璃构件坯体中 SiO_2 的含量与PbO在釉中的含量是相当的，均为50%以上。氧化铅具有较高的热膨胀系数[9]，在 $0\sim100℃$ 温度范围内PbO的体膨胀系数为 $4.2\times10^{-7}/℃$，而 SiO_2 的热膨胀系数相对较低，在 $0\sim100℃$ 温度范围内 SiO_2 的体膨胀系数仅为 $0.8\times10^{-7}/℃$。为了达到高光泽性的装饰效果，琉璃构件铅釉中，氧化铅的含量需在50%以上。在这种情况下，使铅釉和坯体间热膨胀系数的匹配关系，若要满足为防止釉面开裂而遵循的一般规律，是一件十分困难的事。从表4和表5中可以看到，釉的热膨胀系数高于坯是清代琉璃构件坯釉关系的总体趋势。由此，我们对于古代建筑琉璃构件为了达到高光泽性的装饰要求，而不得不面对琉璃构件釉层表面布满裂纹的现象，也就不难理解了。

表4　釉面完整琉璃构件坯釉热膨胀系数关系比较　　　　　　（单位：$10^{-6}/℃$）

序号	样品编号	坯 α 值	釉 α 实测值	釉 α（干）	坯 α —釉 α 实测	坯 α —釉 α（干）	款识
1	8-1	7.09	7.00	6.79	0.09	0.30	乾隆三十年
2	8-2	6.78	7.17	6.51	−0.39	0.27	乾隆三十年
3	19-2	6.10	6.66	6.26	−0.56	−0.16	宣统年官窑造
4	19-3	6.53	7.06	6.50	−0.53	0.03	宣统年官窑造

序号	样品编号	坯α值	釉α实测值	釉α（干）	坯α－釉α实测	坯α－釉α（干）	款识
5	43-2	4.64	6.26	6.01	−1.62	−1.37	铺户程遇墀
6	81-3	4.85	6.04	6.02	−1.19	−1.17	西作造
7	87-2	6.75	7.32	6.39	−0.57	0.36	工部造
8	87-3	5.45	7.09	6.80	−1.64	−1.35	工部造
9	99-1	6.56	7.13	6.75	−0.57	−0.19	工部（1）
10	99-2	6.55	6.75	7.06	−0.20	−0.51	工部（1）
11	99-3	6.71	6.28	6.22	0.43	0.49	工部（1）
12	99-5	6.88	7.19	6.45	−0.31	0.43	工部（1）
13	100-2	6.83	7.14	7.03	−0.31	−0.20	工部（2）
14	100-3	6.15	7.14	6.69	−0.99	−0.54	工部（2）
15	114-1	7.77	7.20	7.09	0.57	0.68	双环

表 5　釉面残存部分小于整个釉面 20% 的琉璃构件坯釉热膨胀系数关系比较　（单位：$10^{-6}/℃$）

序号	样品编号	坯α值	釉α实测值	釉α（干）	坯α－釉α实测	坯α－釉α（干）	款识
1	1-5	4.29	6.89	6.31	−2.60	−2.02	雍正八年
2	6-8	5.21	7.17	6.57	−1.96	−1.36	乾隆年制（3）
3	18-1	6.73	7.46	6.35	−0.73	0.38	嘉庆年（2）
4	35-2	6.36	7.50	6.84	−1.14	−0.48	窑户赵士林
5	59-1	4.58	6.88	6.55	−2.30	−1.97	三作张造
6	64-1	5.03	7.25	6.19	−2.22	−1.16	四作工造
7	76-2	4.69	6.64	5.79	−1.95	−1.10	五作成造（3）
8	96-4	6.52	6.76	6.79	−0.24	−0.27	工部（2）
9	98-2	6.45	7.19	6.79	−0.74	−0.34	工部（2）
10	109-5	5.99	7.23	6.79	−1.24	−0.80	南窑
11	125-2	5.07	6.57	6.01	−1.50	−0.94	方款□
12	130-4	4.62	7.00	6.28	−2.38	−1.66	一作成造工造
13	134-3	5.35	6.91	6.26	−1.56	−0.91	正四作成造工造
14	135-3	5.64	6.85	6.39	−1.21	−0.75	五作工造
15	138-2	5.96	7.52	6.75	−1.56	−0.79	西作成造
16	139-3	5.07	7.06	6.52	−1.99	−1.45	西作成造工造

3　坯体的烧结程度对釉层剥落的影响

3.1　琉璃构件坯体吸水率与显气孔率

坯体中的气孔由开口气孔（或称显气孔）和闭口气孔两部分组成，吸水率、气孔率（本项研究仅测显气孔率）是反映琉璃构件坯体烧结程度和结构特征的重要标志。吸水率、显气孔率的测量，参照国家标准 GB 2413—81 和 GB/T 3810.3—2006 进行。实验中把琉璃构件坯体切割成

20mm×10mm×5mm 的长方体，六面磨平，每块琉璃构件制备 5 个平行样品，采取煮沸法进行测量，取 5 个平行样品测量结果的平均值。为了便于问题的讨论，研究中把数据分成了三个大的类别，即釉面完整的琉璃构件、釉面残存小于 20% 的琉璃构件、同一款识的琉璃构件三种情况，分别列于表 6～表 8。

表 6 釉面完整琉璃构件坯体吸水率及显气孔率 （单位：%）

序号	样品编号	釉面状况	吸水率	显气孔率	款识
1	8-1	100	12.21	24.05	乾隆三十年
2	8-2	100	10.70	21.47	乾隆三十年
3	19-2	100	11.67	23.28	宣统年官窑造
4	19-3	99	12.16	24.01	宣统年官窑造
5	43-2	100	9.09	19.04	铺户程遇墀
6	81-3	100	9.28	19.31	西作造
7	87-2	100	10.57	21.55	工部造
8	87-3	100	12.26	24.34	工部造
9	99-1	99	11.40	23.03	工部（1）
10	99-2	100	12.94	25.32	工部（1）
11	99-3	100	11.98	23.86	工部（1）
12	99-5	99	11.99	23.96	工部（1）
13	100-2	100	11.79	23.51	工部（2）
14	100-3	99	12.21	24.15	工部（2）
15	114-1	100	11.81	23.71	双环

表 7 釉面残存部分小于整个釉面 20% 的琉璃构件釉面保存状况与坯体吸水率及显气孔率 （单位：%）

序号	样品编号	釉面情况	吸水率	显气孔率	款识
1	1-5	20	17.77	31.84	雍正八年
2	6-8	15	15.45	28.69	乾隆年制（3）
3	18-1	10	13.97	27.04	嘉庆年（2）
4	34-2	15	14.73	27.91	窑户赵士林
5	34-6	10	14.29	27.25	窑户赵士林
6	35-2	15	14.12	27.18	窑户赵士林
7	38-1	15	16.94	30.77	铺户白守福
8	40-4	20	15.87	29.19	铺户黄汝吉
9	55-1	10	15.25	28.51	三作造（满汉）
10	59-1	5	16.05	29.57	三作张造
11	59-2	5	15.59	28.66	三作张造
12	60-2	2	15.52	28.60	三作造文华
13	64-1	10	15.76	29.16	四作工造
14	69-3	15	16.56	30.11	正四作造造
15	73-2	5	14.86	27.94	五作造（满汉）

序号	样品编号	釉面情况	吸水率	显气孔率	款识
16	76-2	20	13.82	26.72	五作成造（3）
17	77-1	15	14.72	27.64	五作工造
18	78-5	5	16.77	30.03	五作造办
19	80-3	10	15.67	29.38	北五作
20	95-4	10	13.18	25.62	工部（1）
21	96-4	15	14.52	27.54	工部（2）
22	97-3	10	14.40	27.43	工部（1）
23	97-4	15	14.08	27.04	工部（1）
24	98-2	2	15.70	29.07	工部（2）
25	98-4	2	15.01	28.15	工部（2）
26	98-5	2	15.69	29.21	工部（2）
27	98-6	5	14.68	27.81	工部（2）
28	107-1	2	17.12	30.77	内庭
29	109-5	2	15.14	28.50	南窑
30	115-1	10	18.10	32.21	窑工应用
31	125-2	20	15.88	29.33	方款□
32	130-4	15	15.50	28.77	一作成造工造
33	131-3	15	15.07	28.29	三作工造
34	134-2	20	14.48	27.43	正四作成造工造
35	134-3	10	16.19	29.61	正四作成造工造
36	135-3	15	15.27	28.40	五作工造
37	137-4	10	15.97	29.57	西作工造
38	138-2	15	14.72	27.70	西作成造
39	139-2	5	16.32	29.91	西作成造工造
40	139-3	5	14.03	26.68	西作成造工造

表 8　同一款识琉璃构件釉面保存状况与坯体吸水率及显气孔率　　　　　　（单位：%）

序号	样品编号	釉面状况	吸水率	显气孔率	款识
1	96-1	50	12.78	25.00	工部（2）
2	96-2	85	12.52	24.72	工部（2）
3	96-4	15	14.52	27.54	工部（2）
4	100-1	80	12.68	25.00	工部（2）
5	100-2	100	12.79	23.51	工部（2）
6	100-3	99	12.21	24.15	工部（2）
7	100-4	75	12.45	24.51	工部（2）
8	97-1	25	13.91	26.68	工部（1）
9	97-3	10	14.40	27.43	工部（1）
10	97-4	15	14.08	27.04	工部（1）

序号	样品编号	釉面状况	吸水率	显气孔率	款识
11	97-5	40	14.16	27.17	工部（1）
12	97-6	85	12.78	24.94	工部（1）
13	98-2	2	15.70	29.07	工部（2）
14	98-4	2	15.01	28.15	工部（2）
15	98-5	2	15.69	29.21	工部（2）
16	98-6	5	14.68	27.81	工部（2）
17	99-1	99	11.40	23.03	工部（1）
18	99-2	100	12.94	25.32	工部（1）
19	99-3	100	11.98	23.86	工部（1）
20	99-5	99	11.99	23.96	工部（1）
21	78-2	90	11.27	22.53	五作造办
22	78-3	85	10.33	20.92	五作造办
23	78-4	85	12.34	24.24	五作造办
24	78-5	5	16.77	30.03	五作造办
25	78-6	60	13.16	25.16	五作造办

3.2 坯体吸水率与琉璃构件釉面保存状况的关系

吸水率和显气孔率均可作为表征坯体烧结程度的物理参数，习惯上人们通常用吸水率来讨论问题。研究中发现坯体的烧结程度和琉璃构件釉面的保存状况存在着一定的关系。

表 6 反映的是釉面保存完整琉璃构件吸水率与显气孔率之间的关系。表 6 中的样品均为清代不同时期的琉璃构件制品。这些琉璃构件虽历经百年，有些经历了数百年，但釉层表面保存完整，没有出现任何剥釉的迹象。在这些样品中，15 个琉璃筒瓦样品的吸水率均小于 13%。

表 7 反映的是釉面剥落严重、残存部分小于整个釉面 20% 的琉璃构件吸水率和显气孔率之间的关系。这 40 个样品款识各异，是清代不同时期、不同窑户烧造的琉璃构件，这批样品的共同特征是吸水率均大于或远大于 13%。

表 8 反映的是三种不同款识琉璃构件釉面保存状况与吸水率、显气孔率之间的关系。这三种不同款识样品反映出的共同规律是，釉面保存状况与吸水率值几乎存在一一对应的关系。吸水率低的样品，釉面保存状况好一些，吸水率高的样品，釉面保存状况相对差一些。

从表 6 可以看到，釉面保存完好的琉璃构件，其坯体的烧结程度是在一个适当的范围内，即吸水率为 9%~13% 的范围。这些琉璃构件与剥釉琉璃构件在同样的自然环境中，经历了百年甚至数百年而不剥釉，应该说这样的坯体烧结程度是合适的。从表 7 中看到，当吸水率较高时，琉璃构件表面釉层剥落的十分严重。分析剥落的原因，应该是琉璃构件在使用的过程中，因显气孔率过高，在含水的情况下，由于吸湿和冰冻引起的坯体膨胀较大，造成了釉面裂纹的形成、加大了釉面开裂的程度，导致了最终的剥落，而更高的烧结程度，即具有较低的吸水率的坯体，不利于釉料向坯体中的浸入，即挂不上釉。其结果，一方面影响琉璃构件的抗热震性能；另一方面影响釉的颜色和光泽。图 11 直观地反映了表 6 釉面完整琉璃构件，表 7 釉面剥落严重且残存部分小于整个釉面 20% 的琉璃构件釉面保存状况与坯体吸水率之间的关系。

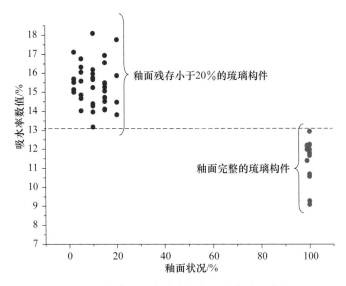

图 11　釉面保存状况与琉璃构件吸水率关系散点图

4　结论

低温铅釉、二次烧成的古代建筑琉璃构件，在自然环境中经历了百年甚至数百年春夏秋冬的气候变化，有的釉面保存完好，有的却剥落得非常严重已经面目全非，究其原因，有内因和外因两个方面。仅就内在因素而言，影响的因素也是多方面的，有釉层厚度的因素、有坯釉结合层的因素、有坯釉热膨胀系数匹配的因素、有坯体烧结程度的因素等多方面因素，本项工作通过对上述问题的研究，得到以下五点结论。

（1）琉璃构件表面釉层应有一个适当的厚度，至今釉面保存完整的琉璃构件其釉层厚度为 $90\sim160\mu m$ 的厚度范围内。釉层过薄影响釉的颜色和光泽，釉层过厚易于开裂。

（2）古代琉璃构件坯釉热膨胀系数的匹配关系，不符合陶瓷坯釉结合的一般规律。在一般的陶瓷生产中，为了防止陶瓷釉层开裂，釉的热膨胀系数通常略小于坯的热膨胀系数使釉呈压应力状态，而在琉璃构件生产中，为了满足琉璃构件高光泽的装饰要求，釉中氧化铅的含量基本上都在 50% 以上，致使釉的热膨胀系数往往大于坯体的热膨胀系数，使釉呈张应力状态，以致釉层表面出现裂纹在所难免。

（3）琉璃构件烧成后，表面釉层裂纹的形成是琉璃构件坯釉材料和烧制工艺两方面因素所致，是传统烧制工艺难以克服的缺陷。釉层裂纹的出现，削弱了釉层作为一个整体与坯体结合的强度。贯穿整个釉层断面及坯釉结合层的裂纹，则是环境中水渗入坯体的一个途径，是琉璃构件在后期使用中造成剥釉的一个隐患。

（4）琉璃构件坯体的烧结程度要适当，作为表征坯体烧结程度的重要参数，吸水率的值应控制在 9%～13% 范围之内。烧结程度过高，影响琉璃构件的抗热震性能，同时影响坯体在施釉时的吸附性，以致对釉面的颜色和光泽带来不利的影响。烧结程度过低的琉璃构件，在后期使用的过程中，容易因吸湿膨胀或冰冻膨胀造成坯体的过度膨胀，造成釉层的进一步开裂，以致釉层的剥落，同时对琉璃构件的强度造成影响。

（5）影响琉璃构件表面釉层剥落的因素是多方面的，在诸多的内在因素中，坯体的烧结程度是最为重要的因素。因此在古代剥釉琉璃构件的施釉重烧过程中，应对烧结程度较差的坯体进行高温复烧，以达到适当的程度。在新烧制琉璃构件的过程中，控制坯体的烧结程度，是琉璃构件在后期使用中，防止釉层剥落的关键环节。

参考文献

[1] 苗建民, 王时伟. 紫禁城清代剥釉琉璃瓦件施釉重烧的研究. 故宫学刊, 2004, (1): 472-488.

[2] 苗建民, 王时伟. 元明清建筑琉璃瓦的研究. 见: 郭景坤. '05 古陶瓷科学技术国际讨论会论文集. 上海: 上海科学技术文献出版社, 2005: 110.

[3] 宜兴陶瓷研究所, 宜兴日用精陶厂. 精陶釉裂因素的研究第一阶段技术小结. 江苏陶瓷, 1974, (2): 15-21.

[4] 稻田博. 陶瓷坯釉结合. 北京: 轻工业出版社, 1988: 89-106.

[5] 李家驹. 陶瓷工艺学. 北京: 中国轻工业出版社, 2005: 210-211.

[6] 朱肇春, 叶龙耕, 王满林. 日用精陶坯釉结合性能的研究. 硅酸盐学报, 1978, 6 (4): 270.

[7] 干福熹. 硅酸盐玻璃物理性质变化规律及其计算方法. 北京: 科学出版社, 1966: 124-128.

[8] 朱肇春, 叶龙耕, 王满林. 日用精陶坯釉结合性能的研究. 硅酸盐学报, 1978, 6 (4): 269.

[9] 西北轻工业学院, 等. 陶瓷工艺学. 北京: 中国轻工业出版社, 1993: 151.

Research on Internal Factor of Mechanism of Peeled Glazes of Building Glazed Tiles

Miao Jianmin   Wang Shiwei   Duan Hongying   Dou Yicun

Ding Yinzhong   Li Yuan   Li He   Kang Baoqiang   Zhao Lan

The Palace Museum

Abstract: Chemical compositions of glazes, thermal expansion coefficient between bodies and glazes, crack distribution were analyzed by EDXRF, thermodilatometric analyzer and SEM respectively. On the base of this work, peeled glaze problem was discussed in the view of traditional firing technique, matching of thermal expansion coefficient between bodies and glazes, and sintering degree of bodies. After revealing the internal factor of mechanism of peeled glazes, some references are provided on the conservation methods, such as refiring the glaze.

Keywords: building glazed tiles, mechanism of peeled glaze, internal factor, lead glaze, water absorption, thermal expansion coefficient

原载《故宫博物院院刊》2008 年第 5 期

清代剥釉琉璃瓦件施釉重烧的再研究

苗建民　王时伟　康葆强　段鸿莺　李　媛　李　合　窦一村　赵　兰　丁银忠

故宫博物院

摘　要：本文在《紫禁城清代剥釉琉璃瓦件施釉重烧的研究》[1]一文的基础上，对剥釉机理，紫禁城清代琉璃瓦件坯体热膨胀系数的分布规律，坯釉热膨胀系数的匹配关系，主含量元素、款识与烧成温度的关系，坯体复烧温度等方面进行了深入系统的研究。在此基础上，研发了具有不同热膨胀系数的仿古熔块釉，并提出了两种施釉重烧的技术方法，即提高坯体烧结程度的施釉重烧保护技术和改善坯釉匹配关系基础上的施釉重烧保护技术。在釉的研发过程中，利用混合碱效应研制了4种具有不同热膨胀系数的仿古熔块釉，该釉的特点是可在一定的范围内降低古代高铅琉璃釉的热膨胀系数，改善釉的化学稳定性，大幅度地降低了氧化铅的用量，同时保持了铅釉所具有的光泽度高的特性。

关键词：剥釉琉璃瓦件，热膨胀系数匹配，坯体烧结程度，施釉重烧，混合碱效应，仿古熔块釉

　　课题组在对北京、河北、山西、山东、浙江、江苏、湖北、广东、福建、辽宁等地的建筑琉璃构件进行病害调查的过程中看到，在琉璃构件开裂、风化、污染、泛碱、剥釉等诸多病害中，琉璃瓦件表面釉层剥落是最为严重、最为普遍的病害现象。琉璃瓦件作为载体，承载着多方面的历史信息。以紫禁城清代建筑琉璃瓦件为例，在琉璃瓦件的内侧可以看到多种类型的款识，如"雍正八年琉璃窑造斋戒宫用""乾隆年制""乾隆三十年春季造""嘉庆十一年官窑敬造""嘉庆拾贰年造"和"宣统年官琉璃窑造"等反映烧造年代的款识；"窑户赵士林，配色匠许德祥，房头许万年，烧窑匠李尚才""铺户程遇墀，配色匠张台，房头李成，烧色匠朱兴""一作造""三作张造""四作邢造""五作陆造"和"工部"等反映制品出处和烧造管理制度的款识。不仅如此，古代琉璃瓦件坯体还承载着所用原料、烧制温度等工艺方面的信息，以及样式、形制尺寸方面的信息。这些信息之所以能够伴随着琉璃瓦件保存至今，其中一个原因是历史上对剥釉琉璃瓦件采取了施釉重烧的处理方法。有文献记载，乾隆四十年对紫禁城内雨花阁进行修缮时，就曾对4593块剥釉琉璃瓦件进行施釉重烧[2]。在《乾隆会典则例》[3]中规定："用旧琉璃色釉脱落重新挂釉，照前定例价值铅斤，俱七折覆给"；嘉庆年间的《钦定工部续增则例》[4]也有类似的规定："用旧琉璃色釉脱落重新挂釉照定例价值铅觔俱七折核给"，可见在清代对剥釉琉璃瓦件进行施釉重烧已经成为一种常规的做法。在近些年的古代琉璃构件保护工作中，山西古建所曾做过施釉重烧的尝试，北京颐和园管理处也做过类似的探索[5]，故宫博物院则不仅在古建大修中同样采用了施釉重烧的保护方法，并且开展了专项的研究工作，对剥釉机理和施釉重烧问题进行了初步地研究[1]。由此可见，对剥釉古代琉璃瓦件进行施釉重烧的技术方法得到了人们的普遍认同。但到目前为止，对于琉璃瓦件的剥釉机理、施釉重烧的技术方法还缺乏深入系统的研究。

本项研究拟在剥釉机理的研究基础上，有针对性的采用一些技术方法，以期对剥釉古代琉璃瓦件进行合理有效的保护。

1 施釉重烧保护的基本思路

1.1 剥釉琉璃瓦件保护工作中的相关理念

当人们看到琉璃瓦件背面种种款识的时候，常常会惊奇的发现，这块琉璃瓦是嘉庆三年的！那块琉璃瓦还要早，竟是雍正八年的！这种历史信息的传递，靠的是以物质形式存在的一块块琉璃瓦件，这种信息传递方式和给人们带来的特殊感受是其他方式所不能取代的。当人们步入故宫，希望看到的是，它的宫殿是经历了数百年的建筑，它的一砖一瓦也是由古代的工匠所烧制。

在故宫博物院早些年前的古建修缮中，釉面剥落程度超过50%的琉璃瓦件便作为建筑垃圾丢掉了。不难想象，如果依此办理，维修一次就丢掉一批，久而久之，紫禁城的建筑屋面将会被新的琉璃瓦件所覆盖，古老的故宫也将会变得"焕然一新"。为了避免这种现象的发生，长期以来故宫人一直在探索对剥釉琉璃瓦件进行有效保护的技术方法。这种探索反映了故宫人对剥釉琉璃瓦件的保护态度和理念，这些琉璃瓦件尽管釉面已经严重剥落，但作为承载着诸多历史信息的物质载体仍十分宝贵。

有些文物保护专家在古代琉璃瓦件的保护问题上，提出了更深层面的保护要求。他们认为应保持琉璃瓦件所载历史信息的完整性，对剥釉琉璃瓦件的保护工作，不仅要保住瓦件本体，还希望在保护过程中所采用的技术方法，不对琉璃瓦件烧制温度等热事件方面的历史信息造成干扰，不对琉璃瓦件的形制尺寸造成明显影响。

社会公众对文物的理解和对文物欣赏的心理感受，文物保护专家对琉璃瓦件保护的深层次要求，是本项研究在确定科研路线和保护技术方法时的方向指引。

1.2 剥釉琉璃瓦件施釉重烧保护技术的基本思路

琉璃瓦件剥釉机理内在因素的研究[6]，揭示了导致琉璃瓦件表面釉层剥落的两个主要因素。其一，坯体烧结程度较差、显气孔率过高；其二，坯釉热膨胀系数不匹配。针对釉层剥落的两个主要因素，施釉重烧保护技术的基本思路是：第一，通过对坯体的高温复烧改善坯体的烧结程度，避免或减小因坯体显气孔率高，吸湿、冰冻膨胀率高对釉层剥落的影响；第二，调整坯釉热膨胀系数的匹配关系，避免或减少釉层表面的裂纹。

2 提高坯体烧结程度的施釉重烧保护技术

该项保护技术的基本思想是通过对坯体的高温复烧提高坯体的烧结程度，从而达到降低坯体显气孔率的目的；研究坯体热膨胀系数的规律，选择适当的釉层材料，改善坯釉热膨胀系数的匹配关系。

2.1 提高坯体的烧结程度

2.1.1 清代紫禁城琉璃瓦件坯体的烧成温度

采用文献［6，7］的实验分析方法对坯体的吸水率、显气孔率、热膨胀系数、坯体主含量元素进行了实验分析。采用周仁、李家治先生的实验分析方法[8]，用德国耐驰公司的 DIL-402C 型热膨胀分析仪，在空气气氛中，以 5℃/min 的升温速率测量坯体的热膨胀分析曲线，由此确定样品的烧成温度。为了便于问题的讨论，将 SiO_2 的含量大于 64%、Al_2O_3 的含量小于 28% 的元素分析数据，以及相应的吸水率、显气孔率、烧成温度、热膨胀系数的结果列在表 1 中；SiO_2 的含量小于 64%、Al_2O_3 的含量大于 28% 的元素分析数据，以及相应的吸水率、显气孔率、烧成温度的结果列在表 2 中。

表 1　坯体吸水率、显气孔率、烧成温度、主含量元素、热膨胀系数与款识

序号	编号	吸水率/%	显气孔率/%	烧成温度/℃	Al_2O_3/%	SiO_2/%	热膨胀系数/（10^{-6}/℃）	款识
1	5-2	10.92	22.09	1033	26.08	64.64	6.08	乾隆年造
2	8-2	10.70	21.47	1007	23.06	68.43	7.30	乾隆三十年
3	11-1	13.20	25.61	1024	23.92	67.92	6.25	嘉庆三年（2）
4	11-2	12.86	25.31	1007	23.84	67.86	6.34	嘉庆三年（2）
5	11-3	14.42	27.24	950	24.05	67.36	6.27	嘉庆三年（2）
6	15-1	12.79	24.99	1060	24.63	66.69	6.68	嘉庆十一年
7	16-1	10.82	22.00	1059	24.99	66.08	6.96	嘉庆十二年
8	18-1	13.97	27.04	1040	24.80	66.35	6.99	嘉庆年（2）
9	18-3	13.20	25.68	1042	24.73	66.51	7.16	嘉庆年（2）
10	19-2	11.67	23.28	1073	20.97	70.69	6.10	宣统年官窑造
11	19-3	12.16	24.01	1048	20.97	70.73	6.57	宣统年官窑造
12	34-2	14.73	27.91	984	25.29	65.86	6.21	窑户赵士林（2）
13	34-5	10.58	21.58	1033	24.62	66.55	7.30	窑户赵士林（2）
14	34-6	14.29	27.25	1021	24.73	66.45	6.36	窑户赵士林（2）
15	35-1	12.99	25.26	1022	25.42	65.29	6.18	窑户赵士林
16	35-2	14.12	27.18	1008	25.83	64.63	6.25	窑户赵士林
17	44-1	13.59	26.25	1040	25.19	64.85	6.58	一作造
18	45-1	12.45	24.63	1039	24.95	65.61	6.20	一作造
19	80-2	15.06	28.57	1002	23.77	64.45	6.32	北五作
20	80-3	15.67	29.38	930	23.74	64.68	7.43	北五作
21	87-2	10.57	21.55	1055	24.97	65.55	6.75	工部造
22	87-3	12.26	24.34	1046	28.30	61.28	5.21	工部造
23	89-2	13.06	25.51	979	24.81	65.66	6.51	工部（方款）
24	89-3	13.83	26.47	974	23.44	68.61	5.92	工部（方款）
25	89-7	10.54	21.52	1007	24.51	66.36	6.74	工部（方款）
26	92-1	9.59	19.92	1027	24.98	65.67	8.18	工部（圆款）（1）

序号	编号	吸水率 /%	显气孔率 /%	烧成温度 /℃	Al_2O_3 /%	SiO_2 /%	热膨胀系数 /（10^{-6}/℃）	款识
27	94-1	12.59	24.83	1009	25.09	65.98	7.70	工部（圆款）（2）
28	95-2	12.36	24.38	1042	25.16	65.85	6.51	工部（1）
29	95-5	12.65	24.83	1049	24.44	66.65	7.08	工部（1）
30	96-1	12.78	25.00	1021	24.29	66.97	7.46	工部（2）
31	96-2	12.52	24.72	1022	24.44	66.75	7.75	工部（2）
32	96-4	14.52	27.54	1013	24.50	66.95	6.52	工部（2）
33	97-1	13.91	26.68	997	24.37	66.89	7.73	工部（1）
34	97-3	14.40	27.43	950	25.14	65.82	7.26	工部（1）
35	98-2	15.70	29.07	988	25.27	66.08	6.38	工部（1）
36	98-4	15.01	28.15	1009	25.28	66.65	6.25	工部（1）
37	98-5	15.69	29.21	983	25.06	65.54	6.34	工部（1）
38	99-1	11.40	23.03	1067	24.34	66.92	6.56	工部（1）
39	99-2	12.94	25.32	1066	24.35	67.08	6.55	工部（1）
40	100-1	12.68	25.00	1049	24.75	66.06	6.58	工部（2）
41	100-2	11.79	23.51	1042	24.83	66.05	6.83	工部（2）
42	100-3	12.21	24.15	1053	24.85	66.44	6.15	工部（2）
43	101-2	13.88	26.53	1038	24.72	66.44	6.22	钦安殿
44	101-4	14.86	28.14	1019	24.57	66.84	6.72	钦安殿
45	109-4	11.93	23.69	1069	25.33	65.69	6.28	南窑
46	109-5	15.14	28.50	962	25.46	66.14	5.99	南窑
47	114-1	11.81	23.71	976	26.36	63.78	7.77	双环

注：表中样品元素组成特征均为高 SiO_2 和低 Al_2O_3。

表 2　坯体吸水率、显气孔率、烧成温度、主含量元素与款识

序号	编号	吸水率 /%	显气孔率 /%	烧成温度 /℃	Al_2O_3/%	SiO_2/%	款识
1	1-1	15.73	29.16	1026	30.85	59.32	雍正八年
2	1-3	15.52	28.83	1038	30.83	59.47	雍正八年
3	1-4	17.18	30.91	993	33.24	55.11	雍正八年
4	1-5	17.77	31.84	977	32.48	56.82	雍正八年
5	3-10	15.18	28.81	993	28.42	58.88	乾隆年制（2）
6	3-11	14.25	26.82	1012	31.13	58.03	乾隆年制（1）
7	6-6	10.58	21.35	1059	32.57	57.07	乾隆年制（3）
8	6-7	14.11	26.67	981	33.18	55.91	乾隆年制（3）
9	6-8	15.45	28.69	982	32.45	56.91	乾隆年制（3）
10	39-1	10.90	22.09	1078	33.66	56.36	铺户许承惠
11	39-3	12.97	25.31	1048	33.51	56.39	铺户许承惠
12	40-1	13.70	26.28	1093	31.73	59.37	铺户黄汝吉
13	40-4	15.87	29.19	1027	32.70	57.17	铺户黄汝吉

续表

序号	编号	吸水率 /%	显气孔率 /%	烧成温度 /℃	Al₂O₃/%	SiO₂/%	款识
14	41-1	13.07	25.48	1048	34.59	55.24	铺户黄汝吉
15	42-1	14.65	27.59	1028	28.40	62.65	铺户王羲
16	43-1	13.65	26.28	1014	31.97	58.42	铺户程遇埠
17	43-2	9.09	19.04	1099	32.31	58.01	铺户程遇埠
18	47-1	15.54	28.76	1045	31.72	59.63	一作成造
19	47-2	14.69	27.33	1041	31.62	59.29	一作成造
20	49-2	14.15	26.84	1073	31.45	60.68	一作做造
21	50-3	15.28	28.48	1076	30.96	60.45	一作徐造
22	50-6	15.49	28.74	1044	30.70	60.55	一作徐造
23	52-2	11.61	23.25	1084	31.64	59.39	三作造（1）
24	52-3	13.02	25.41	1029	31.69	59.47	三作造（1）
25	55-1	15.25	28.51	1045	29.42	63.20	三作造（2）
26	56-1	13.92	26.65	1032	34.41	55.69	三五作造
27	59-1	16.05	29.57	1015	28.67	63.31	三作张造
28	59-2	15.59	28.66	1033	28.29	62.58	三作张造
29	60-2	15.52	28.60	1008	30.29	60.68	三作造（3）
30	66-1	12.61	24.31	1071	30.33	61.37	正四作（1）
31	66-2	12.42	24.24	1088	29.96	61.68	正四作（2）
32	70-4	14.48	27.35	1039	30.18	60.96	五作陆造
33	70-5	12.51	24.27	1086	29.83	62.26	五作陆造
34	73-2	14.86	27.94	997	33.35	56.69	五作造（1）
35	78-2	11.27	22.53	1062	32.39	57.58	五作造办
36	78-3	10.33	20.92	1087	32.23	58.57	五作造办
37	78-4	12.34	24.24	1085	31.14	60.59	五作造办
38	78-5	16.77	30.03	1038	30.87	61.38	五作造办
39	78-6	13.16	25.16	1087	30.72	61.67	五作造办
40	81-1	12.35	24.32	1050	33.14	57.47	西作造
41	81-3	9.28	19.31	1112	33.77	56.24	西作造
42	83-1	14.68	27.69	989	28.64	62.34	四西作造
43	89-1	10.29	21.01	984	30.27	59.52	工部方款
44	106-1	15.39	28.64	1014	31.29	58.98	内庭
45	106-3	14.70	27.74	1017	31.06	59.40	内庭
46	106-4	14.52	27.49	1027	31.30	59.28	内庭
47	106-5	16.52	30.08	993	30.96	59.51	内庭
48	107-1	17.12	30.77	981	30.52	60.33	内庭
49	125-2	15.88	29.33	937	29.61	59.57	方框
50	129-1	13.69	26.25	1035	28.75	61.52	一作工造

序号	编号	吸水率 /%	显气孔率 /%	烧成温度 /℃	Al₂O₃/%	SiO₂/%	款识
51	129-3	15.19	28.46	1036	29.00	61.38	一作工造
52	130-2	14.53	27.43	1036	29.08	62.32	一作成造工造
53	130-4	15.50	28.77	1032	29.50	60.96	一作成造工造
54	131-1	14.51	27.58	1031	29.04	61.46	三作工造
55	131-3	15.07	28.29	1016	28.88	61.30	三作工造
56	132-1	15.53	28.90	1053	28.80	62.26	三作成造工造
57	132-2	14.68	27.85	1053	28.81	62.10	三作成造工造
58	133-1	13.88	26.75	1053	28.80	62.05	四作工造
59	134-3	16.19	29.61	1060	29.29	62.18	正四作成造工造
60	135-2	13.36	25.90	1026	28.87	61.53	五作工造
61	135-3	15.27	28.40	1014	28.96	61.24	五作工造
62	136-1	15.73	28.88	1062	29.44	62.52	工造
63	137-1	11.78	23.30	1039	28.86	62.00	西作工造
64	137-3	14.99	28.19	1025	28.84	61.91	西作工造
65	138-1	14.08	26.98	1019	28.53	61.47	西作成造
66	138-2	14.72	27.70	1018	28.98	61.35	西作成造
67	139-1	16.31	29.86	1013	29.24	61.42	西作成造工造
68	139-2	16.32	29.91	1040	29.10	61.38	西作成造工造
69	139-3	14.03	26.68	1048	29.11	61.28	西作成造工造

注：表中样品元素组成特征均为高 Al_2O_3 和低 SiO_2。

表 1 和表 2 的结果反映了紫禁城清代琉璃瓦件坯体所用原料的一般规律，表 1 所列样品的 SiO_2 含量基本上均大于 64%、Al_2O_3 的含量均小于 28%，表 2 所列样品的 SiO_2 含量均小于 64%、Al_2O_3 的含量均大于 28%，并且这一结果与瓦件的款识总体上存在着一一对应的关系。这一对应关系表明，上述琉璃瓦件坯体的原料组成大致可分为两类。

根据古代建筑琉璃构件剥落机理内在因素的研究[6]所得到的规律，即釉面保存完整的琉璃瓦件其吸水率值均在 9%～13% 的范围内，釉面剥落严重的琉璃瓦件其吸水率值均大于或远大于 13%。对表 1 和表 2 中吸水率值小于 13% 和大于 15% 样品的烧成温度平均值进行了计算。结果为，表 1 中吸水率值小于 13% 的样品有 27 个，烧成温度的平均值为 1035℃；吸水率值大于 15% 的样品有 6 个，烧成温度的平均值为 979℃；表 2 中吸水率值小于 13% 的样品有 17 个，烧成温度的平均值为 1065℃；吸水率值大于 15% 的样品有 28 个，烧成温度的平均值为 1021℃。

表 1 和表 2 勾画出了清代紫禁城建筑琉璃瓦件烧成温度的大致范围：高 SiO_2 和低 Al_2O_3 的一类样品，合适的烧成温度在 1035℃ 左右，明显欠烧的温度约在 980℃ 以下；高 Al_2O_3 和低 SiO_2 的一类样品，合适的烧成温度在 1065℃ 左右，明显欠烧的温度约在 1020℃ 以下。

2.1.2 坯体复烧温度的讨论

讨论坯体的复烧温度需要考虑的因素主要是三个方面：其一，坯体烧结程度的改善目标；其二，复烧引起的样品收缩是否在工程施工允许的尺寸偏差范围之内；其三，古代琉璃瓦件坯体的烧成温度。

（1）坯体烧结程度的改善目标

在讨论琉璃瓦件剥釉机理的过程中，通过对釉面保存完好和剥釉严重琉璃瓦件的对比分析发现，表征琉璃瓦件坯体烧结程度的物理性能参数吸水率、显气孔率的值分别处在小于13%和小于26%，其坯体是一个较为合适的烧结程度。而吸水率值大于13%或显气孔率大于26%的坯体烧结程度较差，相对应的琉璃瓦件釉层剥落较为严重。图1较为直观地反映了这一规律。

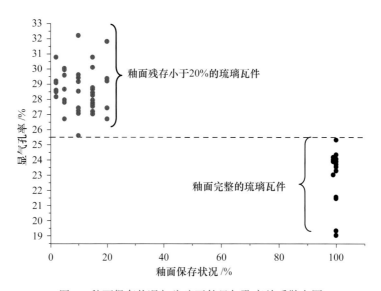

图1 釉面保存状况与琉璃瓦件显气孔率关系散点图

琉璃瓦件表面釉层的剥落是一个复杂的过程，在诸多的影响因素中坯体的烧结程度是一个非常重要的影响因素。图1所显现出的规律，既揭示了坯体烧结程度对釉层剥落的影响，又指出了通过高温复烧改善坯体烧结程度的方向与目标。

（2）复烧收缩与尺寸允许偏差

在对剥釉琉璃瓦件坯体进行高温复烧的过程中，随着坯体中玻璃相物质的产生，显气孔率的减小，瓦件会产生一定程度的收缩。如何将这种收缩控制在瓦件几何尺寸允许偏差范围内，实现坯体烧结程度的改善、显气孔率值的降低，是坯体高温复烧研究所探寻的技术条件。

发表在2007年第2期《砖瓦》刊物上的《烧结瓦》报批稿[9]，对烧结瓦的尺寸允许偏差做出了规定，规定见表3。

表3 烧结瓦尺寸允许偏差　　　　　　　　　　　　　　　　　　　　（单位：mm）

外形尺寸范围	优等品	合格品	外形尺寸范围	优等品	合格品
$L(b) \geqslant 350$	±4	±6	$200 \leqslant L(b) < 250$	±2	±4
$250 \leqslant L(b) < 350$	±3	±5	$L(b) < 200$	±1	±3

注：表中L为瓦件的长度；b为瓦件的宽度。

该《烧结瓦》国家行业标准的起草单位为西安墙体材料研究设计院和咸阳陶瓷研究设计院，两家单位分别是1998年《烧结瓦》和2006年《建筑琉璃制品》国家建材行业标准的起草单位，该《烧结瓦》报批件作为国家建材行业最新标准一经颁布，上述两个标准将同时作废。新版《烧结瓦》建材行业标准反映了这两家单位的最新研究结果。在本文讨论复烧收缩尺寸允许偏差的问题时，将这一标准作为研究工作中的一个参考。紫禁城清代各样筒瓦与表 3 的尺寸允许偏差相对应，得到了表 4 各样筒瓦的尺寸允许偏差。

表 4　清代筒瓦尺寸允许偏差　　　　　　　　（单位：mm）

外形尺寸范围	样别	长（宽）	尺寸允许偏差	
			《烧结瓦》	古建修缮
$L（b）\geqslant 350$	二样	400（208）	±4	4
	三样	368（192）	±4	4
	四样	352（176）	±4	4
$250\leqslant L（b）<350$	五样	336（160）	±3	3
	六样	304（138）	±3	3
	七样	290（130）	±3	3
	八样	272（112）	±3	3
	九样	260（96）	±3	3

《烧结瓦》作为国家建材行业质量标准，规范的对象较为广泛，相应的尺寸允许偏差也较大。为了实际了解故宫古建修缮中对琉璃瓦件的尺寸偏差要求，课题组分别咨询了有经验的工程施工人员、工程管理人员、琉璃瓦件的烧制人员，三方面的基本意见是，筒瓦的尺寸与样瓦差值的允许偏差应在 3～4mm 以内，也即需将《烧结瓦》中尺寸允许的正负两个方向的偏差，改成为单方向的偏差值。

由此可见，在剥釉琉璃瓦件的施釉重烧过程中，尺寸允许偏差问题显得比较复杂。一方面，清代琉璃瓦件各批产品之间的差值本身就超过了上述标准，以课题组对 2007 年慈宁宫修缮时卸下来的 6 样筒瓦的测量结果表明，款识为"北五作"的筒瓦其长度基本上是在 30.2cm 左右，而款识为"一作造"筒瓦的长度则均在 29.4cm 左右，两者的差值已有近 1cm；另一方面，在对剥釉琉璃瓦件坯体进行高温复烧的过程中，随着坯体结构上的变化，瓦件又会产生一定量的收缩，使尺寸产生单方向的变化。

如何根据有关的尺寸偏差标准，参照古建修缮中的实际要求，在坯体进行高温复烧的过程中合理控制瓦件的收缩量，是一项有待于进一步研究的工作。

（3）复烧温度

在对琉璃瓦件剥釉机理内在因素的研究中[6]，对釉层至今保存完整的琉璃瓦件和剥釉严重的琉璃瓦件的物理性能参数进行了对比分析，釉面保存完好的琉璃瓦件其坯体的吸水率值均在 9%～13% 的范围内，显气孔率值均在 26% 以下。这一规律表明，吸水率值、显气孔率值在这一范围内的坯体所对应的烧结程度是较为合适的，而表面釉层剥落严重的瓦件所对应的坯体吸水率值和显气孔率值均偏高，大多数样品的吸水率值在 15% 以上、显气孔率值在 28% 以上，这一规律使坯体的高温复烧有了改善的目标。

从上述对表 1 和表 2 所揭示出的规律中可以看到，清代紫禁城琉璃瓦件坯体的原料组成大致可分为两类：一类属高 SiO_2 和低 Al_2O_3；另一类属高 Al_2O_3 和低 SiO_2，并且这种元素含量组成上的特征与瓦件的款识存在着一定的对应关系。从原料组成和烧成温度之间的关系可以看到，古代工匠似乎已经认识到了原料与烧成温度间的关系，高 Al_2O_3 的坯体烧成温度就高一些，"正烧温度"和明显欠烧温度分别为 1065℃和 1020℃，低 Al_2O_3 的坯体烧成温度相对低一些，"正烧温度"和明显欠烧温度分别为 1035℃和 980℃。

根据以上研究，我们提出：在对那些吸水率值、显气孔率值比较高，坯体烧结程度较差的瓦件进行高温复烧时，首先应根据款识对坯体的原料组成进行分类，根据坯体的类别确定复烧温度。高 Al_2O_3 的坯体应将复烧温度定在 1065℃左右，低 Al_2O_3 的坯体应将复烧温度确定在 1035℃左右。在此温度条件下，综合考虑坯体烧结程度的改善目标和复烧收缩在尺寸上的允许偏差，通过控制复烧时的保温时间，使坯体烧结程度得到有效的改善。

2.2 改善坯釉热膨胀系数匹配关系

2.2.1 清代琉璃瓦件坯釉热膨胀系数匹配关系的一般规律

课题组通过对82个样品所进行的分析测试，得到了琉璃瓦件釉层元素组成半定量分析结果（其中31个样品的数据已发表[6]），又通过对150个样品所进行的分析测试，计算出釉层材料的热膨胀系数的理论值（其中31个样品的数据已发表[6]）。结果分别见表5和表6。

表 5　琉璃瓦件釉层元素组成半定量分析结果　　　　（单位：wt%）

序号	样品编号	Na_2O	MgO	Al_2O_3	SiO_2	PbO	K_2O	CaO	TiO_2	Fe_2O_3	总量
1	1-1	0.14	0.28	8.59	28.29	59.21	0.71	0.67	0.33	1.78	99.99
2	1-3	0.00	0.26	6.64	27.60	61.96	0.51	0.74	0.35	1.99	100.05
3	5-2	0.23	0.29	4.66	32.25	57.52	0.49	0.54	0.21	3.74	99.93
4	11-1	0.40	0.27	3.35	32.85	57.92	0.68	0.61	0.20	3.65	99.93
5	11-2	0.40	0.30	3.89	39.17	49.28	1.54	0.99	0.27	4.08	99.91
6	11-3	0.38	0.31	3.50	34.77	55.08	0.88	1.21	0.15	3.65	99.91
7	15-1	0.23	0.26	1.42	29.76	61.88	0.38	0.57	0.14	5.28	99.91
8	16-1	0.02	0.29	3.25	35.19	53.17	0.58	1.38	0.07	5.98	99.95
9	28-1	0.26	0.16	2.30	35.51	56.75	0.30	0.47	0.13	4.04	99.92
10	34-5	0.13	0.29	2.83	34.84	56.19	0.72	0.51	0.20	4.09	99.80
11	36-2	0.07	0.36	4.31	34.39	56.43	0.31	0.68	0.23	3.20	99.98
12	36-3	0.51	0.54	3.16	37.25	53.67	0.54	0.62	0.17	3.50	99.96
13	38-1	0.04	0.21	2.23	37.53	55.25	0.24	0.67	0.06	3.72	99.97
14	39-1	0.11	0.27	3.76	33.19	58.78	0.52	0.63	0.20	2.48	99.92
15	40-1	−0.20	0.31	4.86	34.25	56.08	0.43	0.65	0.26	3.35	99.98
16	42-1	0.06	0.29	2.90	32.92	58.80	0.42	1.34	0.17	3.04	99.94
17	43-1	0.16	0.33	5.05	31.76	58.40	0.53	0.76	0.21	2.76	99.96
18	43-6	−0.08	0.27	2.51	31.72	61.24	0.44	0.73	0.21	2.89	99.93
19	45-1	0.01	0.29	6.33	29.59	58.51	0.74	1.08	0.28	3.06	99.90
20	46-1	0.29	0.25	4.38	35.41	54.82	0.60	0.49	0.24	3.36	99.84
21	47-1	0.15	0.25	3.89	31.20	60.05	0.51	0.70	0.23	2.97	99.95
22	50-3	−0.02	0.32	5.93	34.32	54.72	0.54	0.79	0.23	3.12	99.95
23	52-2	0.55	0.45	4.29	33.33	56.46	0.47	0.54	0.19	3.71	99.99
24	55-1	0.33	0.40	3.37	34.47	56.76	0.61	0.67	0.13	3.22	99.96

序号	样品编号	Na₂O	MgO	Al₂O₃	SiO₂	PbO	K₂O	CaO	TiO₂	Fe₂O₃	总量
25	59-2	0.29	0.45	3.50	31.52	59.62	0.65	0.57	0.15	3.20	99.94
26	63-1	0.18	0.27	4.53	32.40	58.19	0.84	0.93	0.28	2.34	99.97
27	65-5	−0.08	0.28	3.49	31.63	59.98	0.37	0.65	0.24	3.36	99.93
28	66-2	0.00	0.29	2.72	33.32	58.69	0.40	0.68	0.17	3.64	99.92
29	69-2	0.27	0.26	3.43	32.22	59.01	0.53	0.60	0.21	3.38	99.92
30	70-5	−0.07	0.29	6.59	32.63	55.87	0.49	0.58	0.43	3.18	99.98
31	77-1	0.22	0.28	4.92	34.36	55.73	0.58	0.70	0.23	2.82	99.84
32	78-2	0.73	0.64	5.36	30.82	57.81	0.79	0.58	0.22	3.03	99.98
33	78-5	0.49	0.73	3.54	36.40	53.85	0.64	0.78	0.14	3.39	99.96
34	80-3	0.24	0.71	4.22	35.13	55.54	1.07	0.67	0.11	2.26	99.96
35	81-1	0.12	0.29	2.83	34.48	56.94	0.41	0.72	0.15	4.00	99.94
36	82-1	0.42	0.31	5.84	30.96	57.32	0.93	0.84	0.30	3.05	99.96
37	86-2	0.45	0.31	4.33	33.30	57.19	0.48	0.47	0.19	3.25	99.97
38	89-7	0.60	0.39	4.70	32.74	55.00	0.84	0.54	0.24	4.92	99.98
39	89-12	0.35	0.54	4.79	31.84	56.45	0.71	0.49	0.26	4.58	99.99
40	95-2	0.74	0.26	2.48	32.79	57.40	0.55	0.49	0.14	5.13	99.98
41	97-1	0.04	0.27	1.38	31.26	60.14	0.30	0.55	0.08	5.84	99.86
42	97-3	0.71	0.20	4.63	35.58	52.30	1.25	0.38	0.22	4.69	99.96
43	98-5	0.56	0.54	4.66	34.95	52.51	0.92	0.31	0.09	5.43	99.96
44	98-6	0.53	0.11	2.40	31.89	58.51	0.28	0.35	0.17	5.70	99.94
45	101-2	−0.03	0.26	1.68	30.37	61.79	0.30	0.48	0.15	4.84	99.84
46	107-1	0.21	0.39	3.10	33.00	58.99	0.49	0.58	0.13	3.08	99.96
47	109-4	0.33	0.13	3.30	34.16	55.05	0.31	0.71	0.22	5.78	99.99
48	115-1	0.18	0.40	3.38	33.43	57.58	0.47	0.59	0.13	3.78	99.94
49	129-1	0.19	0.18	1.58	34.33	58.23	0.54	0.79	0.13	3.91	99.87
50	131-1	0.42	0.21	1.60	34.31	58.50	0.45	0.65	0.13	3.62	99.88
51	131-3	0.22	0.62	2.65	35.69	55.88	0.59	1.08	0.09	3.08	99.90

表6 琉璃瓦件坯釉热膨胀系数　　　　　　　　　　（单位：10⁻⁶/℃）

序号	样品编号	釉层热膨胀系数（干法计算值）	坯体热膨胀系数	款识
1	1-1	6.37	5.29	雍正八年
2	1-3	6.46	5.58	雍正八年
3	1-7		5.55	雍正八年
4	3-3		5.74	乾隆年制（1）
5	3-10		5.67	乾隆年制（2）
6	3-11		6.07	乾隆年制（1）
7	3-13		5.3	乾隆年制（1）
8	3-14		5.97	乾隆年制（1）

续表

序号	样品编号	釉层热膨胀系数（干法计算值）	坯体热膨胀系数	款　识
9	5-2	6.36	6.08	乾隆年造
10	6-5		5.15	乾隆年制（3）
11	6-7		5.01	乾隆年制（3）
12	11-1	6.74	6.25	嘉庆三年，配色匠徐益寿，房头陈千祥
13	11-2	6.49	6.34	嘉庆三年，配色匠徐益寿，房头陈千祥
14	11-3	6.69	6.27	嘉庆三年，配色匠徐益寿，房头陈千祥
15	15-1	6.98	6.68	嘉庆十一年
16	16-1	6.18	6.96	嘉庆十二年
17	23-3		6.15	北平琉璃窑厂
18	25-2		5.35	北平琉璃窑厂
19	27-1		6.7	京西琉璃窑赵制
20	27-2		6.65	京西琉璃窑赵制
21	28-1	6.21	6.11	京西矿区协泰琉璃窑工人合作造
22	34-2		6.21	配色匠许德祥、房头许万年
23	34-5	6.36	7.3	配色匠许德祥、房头许万年
24	34-6		6.36	配色匠许德祥、房头许万年
25	35-1		6.18	配色匠徐益寿、房头陈千祥
26	36-2	5.97	4.43	配色匠张台、房头顾印
27	36-3	6.29	5.79	配色匠张台、房头顾印
28	37-2		5.4	配色匠张台、房头汪国栋
29	37-5		5.51	配色匠张台、房头汪国栋
30	38-1	5.82	4.69	配色匠张台、房头汪国栋
31	39-1	6.34	4.61	配色匠张台、房头何庆
32	39-3		5.51	配色匠张台、房头吴成
33	40-1	5.92	5.16	配色匠张台、房头何庆
34	40-4		4.23	配色匠张台、房头何庆
35	41-1		4.5	配色匠张台、房头何庆
36	42-1	6.45	4.84	配色匠张台、房头王奎
37	43-1	6.39	4.44	配色匠张台、房头李成
38	43-6	6.43	4.24	配色匠张台、房头李成
39	44-1		6.58	一作造
40	45-1	6.47	6.2	一作造
41	46-1	6.17	5.27	一作工造
42	47-1	6.57	5.19	一作成造
43	47-2		4.19	一作成造
44	48-1		4.3	一作成造
45	49-2		4.88	一作做造
46	50-3	5.87	4.28	一作徐造
47	50-6		4.91	一作徐造

序号	样品编号	釉层热膨胀系数（干法计算值）	坯体热膨胀系数	款　识
48	52-2	6.55	4.41	三作造（1）
49	53-1		4.46	三作造（1）
50	55-1	6.47	5.24	三作造（2）
51	56-1		5.38	三五作造
52	59-2	6.77	4.42	三作张造
53	60-2		5.48	三作造（3）
54	63-1	6.63	6.96	四作造（1）
55	65-1		5.28	四作邢造
56	65-5	6.32	4.95	四作邢造
57	66-1		4.23	正四作（1）
58	66-2	6.27	4.2	正四作（2）
59	67-1		4.73	正四作（2）
60	69-2	6.60	5.84	正四作成造
61	69-3		5.59	正四作成造
62	70-4		4.64	五作陆造
63	70-5	5.87	4.51	五作陆造
64	71-1		6.33	五作陆造
65	73-2		4.56	五作陆造
66	74-1		6.08	五作成造（1）
67	77-1	6.17	5.63	五作工造
68	78-2	7.07	5.34	五作造办
69	78-3		4.88	五作造办
70	78-5	6.39	3.98	五作造办
71	78-6		4.82	五作造办
72	80-2		6.32	北五作
73	80-3	6.53	7.43	北五作
74	81-1	6.22	4.28	西作造
75	82-1	6.82	5.44	西作造
76	85-1		4.93	西作造（2）
77	86-2	6.48	5.6	西作朱造
78	86-4		6.06	西作朱造
79	89-1		6.59	工部（方款）
80	89-3		5.92	工部（方款）
81	89-7	6.80	6.74	工部（方款）
82	89-12	6.59	6.27	工部（方款）
83	92-1		8.18	工部（圆款）（1）
84	93-1		6.5	工部（圆款）（1）
85	94-1		7.7	工部（圆款）（2）
86	95-2	7.04	6.51	工部（1）

序号	样品编号	釉层热膨胀系数（干法计算值）	坯体热膨胀系数	款　识
87	95-5		7.08	工部（1）
88	96-1		7.46	工部（2）
89	96-2		7.75	工部（2）
90	97-1	6.57	7.73	工部（1）
91	97-3	6.60	7.26	工部（1）
92	98-4		6.25	工部（2）
93	98-5	7.01	6.34	工部（2）
94	98-6	6.53	6.54	工部（2）
95	100-1		6.58	工部（2）
96	101-2	6.60	6.22	钦安殿
97	106-1		4.46	内庭
98	106-3		4.57	内庭
99	106-4		4.05	内庭
100	107-1	6.49	4.81	内庭
101	108-1		4.41	词堂
102	109-4	6.26	6.28	南窑
103	115-1	6.35	4.33	窑工应用
104	126-1		5.47	方框
105	129-1	6.56	6.47	一作工造
106	129-3		4.77	一作工造
107	130-2		4.78	一作成造工造
108	131-1	6.70	5.07	三作工造
109	131-3	6.40	5.06	三作工造
110	132-1		4.86	三作成造工造
111	132-2		5.23	三作成造工造
112	133-1		5.27	四作工造
113	135-2		5.28	五作工造
114	136-1		3.89	工造
115	137-1		6.43	西作工造
116	137-3		6.06	西作工造
117	139-1		4.21	西作成造工造
118	139-2		5.94	西作成造工造
119	138-1		5.53	西作成造

以上结果，反映了紫禁城清代琉璃瓦件坯体热膨胀系数的基本情况。在150个样品中热膨胀系数为（3~4）×10^{-6}/℃的样品2个、（4~5）×10^{-6}/℃的样品有44个、（5~6）×10^{-6}/℃的样品有44个、（6~7）×10^{-6}/℃的样品有49个、（7~8）×10^{-6}/℃的样品有10个、大于8×10^{-6}/℃的样品数仅为1个，各自所占的比例约为1%、29%、29%、33%、7%和小于1%。由此可见，故宫清代琉璃瓦件坯体

热膨胀系数主要集中在（4～7）×10^{-6}/℃的范围内。以上结果，反映了紫禁城清代琉璃瓦件坯体热膨胀系数的基本情况。

　　釉的热膨胀系数有两组数据：一组数据为采用干福熹的理论计算方法得到的结果；另一组为实际测量得到的结果。两组数据总的趋势是实测值大于理论计算值，两组数据尽管都存在不同程度的误差，但一般而言实测值比理论计算值更具参考价值。因此，在对坯釉热膨胀系数的匹配关系进行对比分析时，当两组数据都存在的情况下，则以釉的实测值与坯体进行比较。比较结果见图2和图3。

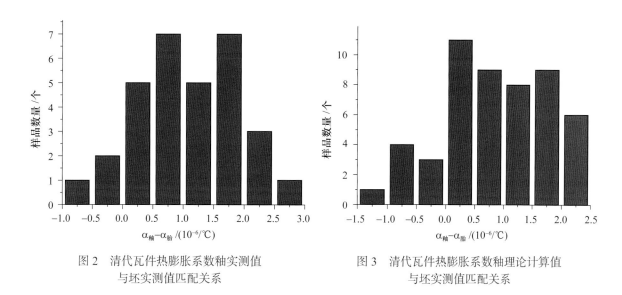

图2　清代瓦件热膨胀系数釉实测值　　　　图3　清代瓦件热膨胀系数釉理论计算值
　　　与坯实测值匹配关系　　　　　　　　　　　与坯实测值匹配关系

　　图2反映了31个琉璃釉料热膨胀系数实测值与坯体热膨胀系数之间的匹配关系。在31个样品当中有3个样品釉的热膨胀系数略小于坯，其余28个样品釉的热膨胀系数均大于坯，即釉呈张应力状态。图3反映了51个琉璃釉料热膨胀系数理论计算值与坯体热膨胀系数之间的匹配关系。在51个样品当中有8个样品釉的热膨胀系数小于坯，其余43个样品釉的热膨胀系数均大于坯，即釉呈张应力状态。综合图2和图3反映出的坯釉热膨胀系数匹配关系，82个样品中釉的热膨胀系数小于坯的为11个，占整个样品数的13.41%，釉的热膨胀系数大于坯的为71个，占整个样品数的86.59%。并且当釉呈压应力时，釉与坯的差值较小，均在1.5×10^{-6}/℃的范围内，而当釉呈张应力时，釉与坯的差值则基本上是在2.5×10^{-6}/℃的范围内，总的趋势为大多数样品的釉层呈较大的张应力状态。

2.2.2　坯体复烧后热膨胀系数的变化规律

　　琉璃瓦件坯体的热膨胀系数与其所用原料、焙烧条件、坯体结构有着密切的关联。在对剥釉琉璃瓦件施釉重烧的过程中，釉层材料与之匹配的坯体是经过高温复烧过的坯体，因此有必要掌握经过高温复烧后，坯体热膨胀系数的变化规律和具体的变化数值。

　　有关文献[10]指出，无机材料的热膨胀系数并非是一个常数，而是随着温度稍有变化，通常随温度的升高而增大。研究中，对坯体高温复烧的实验结果与上述文献的结论是一致的。以89-12号样品为例，该样品复烧前的热膨胀系数为6.48×10^{-6}/℃，在保温1h的条件下，分别在950℃、1000℃、1050℃、1100℃条件下进行高温复烧，复烧后热膨胀系数的变化很小仅是略有提高，具体数值分别为6.74×10^{-6}/℃、6.84×10^{-6}/℃、7.16×10^{-6}/℃和7.19×10^{-6}/℃。

2.2.3 釉的研发

（1）坯釉热膨胀系数匹配关系的相关论点

已有的研究工作表明[11]，陶瓷坯釉之间热应力的产生主要是坯釉热膨胀系数不同引起的，坯釉热膨胀系数的差值越大，所产生的应力越大，差值越接近，应力也越小。根据陶瓷工艺学的理论[12]，在考虑坯釉热膨胀系数的匹配关系时，由于釉的抗压强度大于抗张强度约50倍，故在考虑坯釉热膨胀系数匹配时，通常的做法是使釉层的热膨胀系数略小于坯体的热膨胀系数。有关文献[13]在讨论坯釉热膨胀系数合适的匹配关系时认为，釉的热膨胀系数比坯体的热膨胀系数小（0.4～1.0）×10^{-6}/℃时，是较为理想的匹配关系。也有文献[14]认为釉比坯的热膨胀系数小（1～2）×10^{-6}/℃是较为合适的匹配关系。上述两个文献研究结论其方向是一致的，综合考虑两个文献的研究结果，可在较大范围内考虑琉璃瓦件坯釉的热膨胀系数匹配关系。

在古代琉璃瓦件施釉重烧的过程中，调整坯釉的热膨胀系数匹配关系时受到了一定的限制。坯体的热膨胀系数受原料和工艺的影响已近成为定值，高温复烧后仅可在小范围内发生变化。调整坯釉之间的匹配关系，很大程度上要依赖于对琉璃釉的调整。

（2）仿古熔块釉的研发及特点

图2和图3所反映出的琉璃瓦件坯釉热膨胀系数匹配的一般规律和坯体高温复烧后热膨胀系数的变化趋势、有关文献关于坯釉热膨胀系数匹配关系的讨论，为琉璃瓦件釉的研发提供了可供参考的依据。

清代琉璃瓦件所用釉料为传统低温铅釉，氧化铅的含量通常可达60%左右。氧化铅是一种具有熔点低、光泽性好、热膨胀系数高、具有毒性的助熔材料，传统铅釉具有釉烧温度低、光泽性好、热膨胀系数高的几方面特点。研发出具有光泽度高、釉烧温度适当、热膨胀系数低的仿古熔块釉是一项难度很大的研究工作，在本课题研究中对此进行了初步地尝试。

在本项研究中，一方面采用预制熔块的方法，使氧化铅与石英粉熔融生成硅酸铅，降低其毒性；另一方面利用混合碱效应[15, 16]替代氧化铅的作用，通过长石、锂云母、硼砂、方解石、菱镁矿等材料的引入，达到增加釉的流动性、降低釉烧温度、增加釉层表面光泽的作用。

本项研究研发了4种可供选用的熔块釉，其各自的特点见表7。

表7　新研发的4种仿古熔块釉及相关特性

热膨胀系数	5×10^{-6}/℃	6×10^{-6}/℃	7×10^{-6}/℃	8×10^{-6}/℃
釉烧温度 /℃	1000	970	930	900
光泽度	70	80	82	90
氧化铅用量 /%	4	6.5	8.5	20

在讨论剥釉琉璃瓦件坯体复烧温度时所得到的结论为，将坯体的复烧温度定为1035℃左右（高SiO_2和低Al_2O_3类样品）或1065℃左右（高Al_2O_3和低SiO_2类样品）是较为合适的复烧温度。古代琉璃瓦件的烧制所用的传统烧制工艺为低温铅釉、二次烧成，第一次高温烧制坯体，第二次低温烧制釉料。剥釉琉璃瓦件施釉重烧的工艺类似于传统的烧制工艺，第一次在1035℃或1065℃的相对高温条件下烧制坯体，第二次在1000℃以下的温度烧釉。本次研发的四种熔块釉，其釉烧温度为900～1000℃，满足二次烧成的工艺要求。4种釉的光泽度值为70～90个相对单位，这一光泽度值与新烧制的琉璃瓦100个相对单位、清代琉璃瓦件50～60个相对单位相比，介于两者之间。在釉的研发过程中，因混合

碱效应的应用，使氧化铅的用量从 60% 降低到 20% 以下，氧化铅的最低用量仅为 4%。釉中铅用量的降低，提高了釉的化学稳定性。目前，釉面的光泽度虽然比新瓦的低一些，但其化学稳定性优于普通的高铅釉，可长期保持固有的光泽度。

3 改善坯釉匹配关系的施釉重烧保护技术

在古代剥釉琉璃瓦件施釉重烧的过程中，有些琉璃瓦件 SiO_2 含量较高，这类瓦件的特点是坯体的热膨胀系数均比较高，表 1 中 47 个样品热膨胀系数的平均值为 $6.67 \times 10^{-6}/℃$，坯体的烧成温度基本上在 1000℃ 以上，47 个样品烧成温度的平均值为 1020℃。具有上述两个特征的瓦件，尽管坯体烧结程度不佳，但可不对坯体进行高温复烧。高温复烧坯体的作用在于提高坯体的烧结程度，减小因坯体显气孔率过高，因吸湿或冰冻引起的膨胀过大造成琉璃瓦件表面釉层的剥落，其实质是减少外界环境水对坯体内部的渗入量。由于此类琉璃瓦件的坯体热膨胀系数较高，可通过选择本文研究的仿古熔块釉，进行坯釉热膨胀系数的合理匹配，如坯体热膨胀系数为 $6.67 \times 10^{-6}/℃$ 左右的瓦件，可选择热膨胀系数为 $(5 \sim 6) \times 10^{-6}/℃$ 的釉料进行匹配，通过这种坯釉匹配关系的调整，避免或减少琉璃瓦件表面釉层的裂纹，提高釉层的阻水作用。坯体产生吸湿膨胀的前提是坯体中有水的渗入，外界水进入坯体的途径被阻断了，相应的吸湿和冰冻膨胀的影响也就减弱或消除了。

改善坯釉热膨胀吸水匹配关系的施釉重烧保护技术的特点在于，实施起来方法比较简单，未对坯体的焙烧历史造成影响，使古代琉璃瓦件的固有信息得到了更为完整的保护。将剥釉古代琉璃瓦件表面处理干净，直接在坯体上施釉，入窑后在低温的条件下仅通过一次釉烧即可完成。由于釉烧温度低于坯体在历史上的焙烧温度，因此不对坯体热事件的历史造成干扰。此方法的特点在于，不仅实施方法比较简单，而且对坯体的焙烧历史未造成影响，从而使古代琉璃瓦件的固有信息得到了更为完善的保护。

4 结论

从《奏销档》《乾隆会典则例》和《钦定工部续增则例》等清代文献可见，在清代对剥釉琉璃瓦件进行施釉重烧已成为一种常规的处理方法，并且早在乾隆年间便已开始采用。但是，当时施釉重烧的具体做法，以及重烧后的质量效果，文献没有记载，目前即使采用现代科技方法对此也难以进行揭示和加以验证。一般意义上的施釉重烧可以理解为在剥釉的琉璃瓦件坯体上，再施一层釉，入窑后在低温条件下进行釉烧。应该说在一种不明剥釉机理的情况下，简单的施釉重烧处理，虽然剥釉的琉璃瓦件坯体经过釉烧被一层琉璃釉重新覆盖，但其影响釉层剥落的因素并未得到改善，有些情况下还会留下更大的隐患。

本课题通过对瓦件釉层表面剥落内在因素的研究，在认清坯釉热膨胀系数不匹配和坯体烧结程度不佳是造成瓦件釉面剥落的两个主要内在因素的前提下，采取在调整琉璃釉的热膨胀系数和提高坯体烧结程度基础上的施釉重烧技术。本项研究贯穿着对传统工艺的科学化认知和在传统工艺基础上的科学化的调整和改进。

本研究得到的主要结论如下：

1）150 个坯体样品热膨胀系数的测量结果表明，清代紫禁城琉璃瓦件坯体的热膨胀系数主要集中在（4～7）×10^{-6}/℃的范围内。在讨论坯釉热膨胀系数匹配关系时发现：所研究的 82 个样品中釉的热膨胀系数小于坯的样品占整个样品数的 13.41%，釉的热膨胀系数大于坯的样品占整个样品数的 86.59%。并且当釉呈压应力时，釉与坯的差值较小均在 1.5×10^{-6}/℃的范围内，而当釉呈张应力时，釉与坯的差值则基本上是在 2.5×10^{-6}/℃的范围内，总的趋势为大多数样品的釉层是处在较大的张应力状态。

2）表 1 和表 2 中 116 个样品坯体主含量元素的分析结果表明，清代紫禁城琉璃瓦件坯体所用原料可大致分为两类：其一为高 SiO_2、低 Al_2O_3 类；其二为高 Al_2O_3、低 SiO_2 类，并且这一类别与瓦件的款识有着一定的对应关系。

3）清代建筑琉璃瓦件中有一些至今釉层保存完好的瓦件，其坯体的吸水率值均在 9%～13% 的范围内[6]，由此认为这一参数范围内的坯体其烧结程度是合适的。研究中对 47 个高 SiO_2、低 Al_2O_3 类瓦件中吸水率值为 9%～13% 的样品烧成温度进行了统计，平均值为 1035℃，对吸水率值大于 15% 的样品烧成温度进行了统计，平均值为 980℃；对 69 个高 Al_2O_3、低 SiO_2 类瓦件中吸水率值为 9%～13% 的样品烧成温度进行了统计，平均值为 1065℃，对吸水率值大于 15% 的样品烧成温度进行了统计，平均值为 1020℃。由此认为两类瓦件的"正烧温度"分别约为 1035℃和 1065℃，而两类瓦件明显欠烧的温度分别约为 980℃和 1020℃。

通过对坯体的高温复烧改善其烧结程度，需要考虑烧结程度的改善目标、瓦件的收缩情况，以及坯体的原始烧成温度等多方面的因素。本文在综合考虑上述因素的基础上，认为高 SiO_2、低 Al_2O_3 类的琉璃瓦件坯体的复烧温度应在 1035℃左右，高 Al_2O_3、低 SiO_2 类的琉璃瓦件坯体的复烧温度应在 1065℃左右。在此温度条件下，通过控制保温时间，实现合理改善坯体烧结程度的目的。

4）混合碱效应在仿古熔块釉研发中的应用，有效地替代了氧化铅的作用。在一定的范围内降低了琉璃釉的热膨胀系数，提高了琉璃釉的化学稳定性，大幅度地降低了氧化铅的用量，同时保持了铅釉所具有的光泽度高的特性。

5）本文主要以紫禁城清代琉璃瓦件为研究对象，对剥釉琉璃瓦件施釉重烧的技术方法进行了研究。但作为对剥釉琉璃瓦件施釉重烧的技术方法，同样适用于其他地区、不同年代具有类似情况的剥釉琉璃瓦件。

参考文献

[1] 苗建民, 王时伟. 紫禁城清代剥釉琉璃瓦件施釉重烧的研究. 故宫学刊, 2004, (1): 472-488.

[2] 奏销档. 乾隆四十年五月十六日, 奏案05-0319-070.

[3] 乾隆会典则例. 卷一二八: 工部营缮清吏司物材.

[4] 钦定工部续增则例. 卷九. 嘉庆二十四年光刻本.

[5] 高大伟, 刘媛, 陈曲, 等. 北京颐和园琉璃构件研究初探. 文物科技研究 (第五辑), 北京: 科学出版社, 2007: 111-118.

[6] 苗建民, 王时伟, 段鸿莺, 等. 古代建筑琉璃构件剥釉机理内在因素的研究. 故宫博物院院刊, 2008, (5): 115-129.

[7] 段鸿莺, 梁国立, 苗建民. WDXRF 对古代建筑琉璃构件胎体主次量元素定量分析方法研究. 见: 罗宏杰, 郑欣淼. '09 古陶瓷科学技术国际讨论会论文集. 上海: 上海科学技术文献出版社, 2009: 119-124.

[8] 周仁, 李家治. 中国古陶瓷研究论文集. 北京: 中国轻工业出版社, 1982: 142-143.

[9] 路晓斌, 周景华, 周皖宁, 等. 烧结瓦 (报批稿). 砖瓦, 2007, (2): 56-62.

[10] 关振铎, 张中太, 焦金生. 无机材料物理性能. 北京: 清华大学出版社, 2002: 119-121.

[11] 宜兴陶研所, 宜兴日用精陶厂三结合科研小组. 精陶坯釉结合性能的研究. 江苏陶瓷, 1976, (3): 47-48.

[12] 李家驹. 陶瓷工艺学. 北京: 中国轻工业出版社, 2003: 206.

[13] 稲田博. 陶瓷坯釉结合. 北京: 轻工业出版社, 1988: 11.

[14] 朱肇春, 叶龙耕, 王满林. 日用精陶坯釉结合性能的研究. 硅酸盐学报, 1978, 6 (4): 269-270.

[15] 侯志远, 刘粤惠, 陈东丹, 等. 碲酸盐玻璃化学稳定性的研究. 玻璃与搪瓷, 2005, 33 (1): 8-10.

[16] 张雯. 微量元素保健釉的研究. 中国陶瓷, 2000, 36 (3): 41-42.

Research on Glaze-refiring Method on Building Glazed Tiles of the Qing Dynasty

Miao Jianmin   Wang Shiwei   Kang Baoqiang   Duan Hongying   Li Yuan

Li He   Dou Yicun   Zhao Lan   Ding Yinzhong

The Palace Museum

Abstract: On the base of previous work, research works on mechanism of peeled glaze, distribution of thermal expansion coefficient of bodies, matching of thermal expansion coefficient between bodies and glazes, major chemical compositions, relationship between inscriptions on bodies and firing temperature of bodies were carried out systematically and deeply. Several types of frit glaze with different thermal expansion coefficient were synthesized. Two glaze-refiring methods were proposed, one is to evaluate body sintering degree before glaze-refiring, the other is to apply glaze with suitable thermal expansion coefficient in order to match with body. In the glaze research work, four types of frit glaze with different thermal expansion coefficient were synthesized according to mixed alkali effect. The new glazes have lower thermal expansion coefficient than those of original ones and have better chemical stability. Also, they have lower amounts of lead oxide and keep high gloss.

Keywords: building glazed tiles with peeled glaze, matching of thermal expansion coefficient, body sintering degree, reglazing and refiring, mixed alkali effect, frit glaze imitating original glaze

原载《故宫博物院院刊》2008 年第 6 期

EDXRF 无损测定琉璃构件釉主、次量元素

李　合[1, 2]　丁银忠[1, 2]　段鸿莺[1, 2]　梁国立[1, 2]　苗建民[1, 2]

1. 故宫博物院；2. 古陶瓷保护研究国家文物局重点科研基地（故宫博物院）

摘　要：古代建筑琉璃构件釉层的厚度通常在 130μm 左右，难以将釉层剥离下来进行分析测试。目前，尚不见有关制备琉璃釉校准参考样品的报道，且很难找到与琉璃釉基体接近的标样进行定量分析。为此，在研制建筑琉璃校准参考样品的基础上，建立了用能量色散 X 射线荧光谱仪（EDXRF）无损测定琉璃釉料主、次量元素的分析方法，并对元素分析线在琉璃釉层中的饱和厚度问题，方法的检测限、精密度等问题进行了讨论。结果表明，所建立的无损测试方法可满足对琉璃釉主、次量元素测定的要求，为今后测试研究古代建筑琉璃构件釉料的元素组成特征打下基础。

关键词：EDXRF，建筑琉璃，主次量元素，无损分析

建筑琉璃制品的生产与使用历史源远流长，隋唐时期便有以琉璃制品为饰的琉璃建筑。明清以来，建筑琉璃制品的使用更加盛行，大量宫廷建筑、寺庙等均以琉璃为饰。以往的工作通常采用湿化学等有损分析方法对琉璃釉的元素组成进行分析测试[1~3]。琉璃釉是以 $PbO\text{-}SiO_2$ 为基釉，含有 3%～5% 的 Al_2O_3 和少量的 Na_2O、MgO、K_2O、CaO 等熔剂成分，并以过渡金属元素 Fe、Cu、Co、Mn 为着色剂，呈现黄、绿、蓝、紫等色[4]。古代建筑琉璃构件釉层的厚度通常在 130μm 左右，因此难以将釉层剥离下来进行分析测试。目前，尚不见有关制备琉璃釉校准参考样品的报道，且很难找到与琉璃釉基体接近的标样进行定量分析[5]。为此，本工作在研制琉璃釉校准参考样品的基础上，对利用能量色散 X 射线荧光谱仪（EDXRF）测量建筑琉璃釉的主、次量元素的无损分析方法进行了探讨。

本工作是国家"十一五"重点科技支撑项目"古代建筑琉璃构件保护技术及传统工艺科学化研究"课题中的一项基础研究内容。本测试方法的建立，为今后测试研究全国各地建筑琉璃构件釉料的元素组成特征打下基础。

1　实验仪器和方法

1.1　仪器和测量条件

实验采用的仪器为美国 EDAX 公司的 EAGLE Ⅲ XXL 大样品室微聚焦型 X 射线荧光能谱仪，X 射线管为铑靶，管电压最大 50kV，功率 50W，Si（Li）探测器，能量分辨率 145eV（对 MnK_α 5.9keV），束斑直径为 300μm。

仪器测量条件：X 光管电压为 25kV，电流为 500μA，死时间为 30% 左右，测量时间 600s，真空光路。

1.2 分析方法

1.2.1 校准参考样品的制备

由于 EDXRF 是一种相对的分析方法，用无损测试方法获得琉璃构件铅釉的定量或者近似定量结果，需要一组经过定值的高铅釉作为校准参考样品，该样品的化学组成和表面物理形态要与古代琉璃釉基本一致。利用参考样品在能谱仪上建立校准工作曲线，测量试样的 X 射线强度，即可求得相应元素的含量[6]。

我们参考有关琉璃釉的化学组成范围[1~3]，设计了一套包括琉璃釉中各种元素组成，且有一定含量梯度的琉璃釉系列校准参考样品。采用化学纯试剂配制，并在高温条件下烧制成参考样品，如图 1 所示。将部分参考样品研磨成粉，分别送至清华大学、国家地质实验测试中心、北京工业大学三家测试单位进行等离子发射光谱（ICP）和湿化学分析定值，取三家测试结果的加权平均值作为校准值，结果列于表 1。

图 1　制备的校准参考样品

表 1　参考样品元素百分含量　　　　　　　　（单位：%）

样品	Na₂O	MgO	Al₂O₃	SiO₂	PbO	K₂O	CaO	TiO₂	MnO	Fe₂O₃	CoO	CuO
L-1	0.42	0.20	2.06	26.42	63.91	0.40	0.41	0.20	0.05	5.05	0.01	0.05
L-2	0.53	0.41	4.95	28.58	54.81	0.52	1.04	0.30	0.53	3.10	0.62	4.39
L-3	1.00	0.51	2.95	29.99	59.30	0.99	0.80	0.10	0.03	0.60	0.09	2.68
L-4	1.98	1.03	9.86	38.23	40.70	2.76	0.20	0.15	0.44	1.99	0.27	1.98
L-5	3.14	0.32	1.55	57.72	21.57	8.37	0.62	0.06	0.01	0.51	0.02	3.39
L-6	0.13	0.73	1.13	22.83	70.16	0.12	0.34	0.03	0.09	4.07	0.36	0.96
L-7	1.39	0.53	3.55	29.82	58.86	1.24	0.53	0.01	0.00	1.00	0.14	2.82
L-8	3.49	0.41	1.55	57.10	23.81	6.36	0.66	0.01	0.00	0.39	0.00	3.76
L-9	0.03	0.02	0.23	31.15	68.43	0.07	0.13	0.01	0.00	0.14	0.00	0.00
L-10	0.09	0.06	2.42	32.62	62.04	0.13	0.22	0.05	0.01	2.64	0.00	0.01
L-11	2.72	0.40	2.74	37.25	48.32	0.18	1.16	0.05	0.00	0.17	0.02	3.12
L-12	1.32	0.25	2.55	35.15	55.20	0.17	0.67	0.04	0.01	1.42	0.01	1.58
L-13	0.84	0.52	1.67	47.12	44.78	1.92	1.58	0.29	0.18	0.06	0.60	0.01

1.2.2 分析条件的选择

元素特征 X 射线的测量强度与样品的厚度有关，当样品的厚度小于饱和厚度时，将影响分析结果[7]。为了确认琉璃铅釉对不同元素的分析线是否有足够的厚度以保证测试结果的可靠性，有必要对铅釉不同元素，尤其是铅的不同分析线的饱和厚度进行讨论。铅釉的密度是计算饱和厚度的前提，表2列出了13个参考样品的实测密度值。

表2　铅釉实测密度　　　　　　　　　　　　（单位：g/cm³）

样品编号	L-1	L-2	L-3	L-4	L-5	L-6	L-7	L-8	L-9	L-10	L-11	L-12	L-13
实测密度	4.89	4.59	4.57	3.66	2.92	5.53	4.64	3.15	4.93	4.61	3.96	4.28	3.65

有了铅釉的密度，以及相关元素的质量吸收系数[8]，根据 Lambert 定律，运用式（1）～式（3）计算了铅的不同分析线，以及钠、铁的分析线在不同铅釉中的饱和厚度，结果列于表3。

$$I=I_0\exp\left(-\mu_m\rho t\right) \tag{1}$$

$$t=\ln\left(\frac{I}{I_0}\right)\sin\theta/-\mu_m\rho \tag{2}$$

令 $\frac{I}{I_0}=0.01$，即以对入射 X 射线的吸收达 99% 时的釉层厚度作为饱和厚度 t_B：

$$t_B=4.6052\sin60°/\mu_m\rho \tag{3}$$

式中，I_0 为入射 X 射线的强度；I 为透射 X 射线的强度；能谱仪的出射角（θ）为 60°，$\mu_m=\sum_{i=1}^{j}\mu_{ij}w_j$（$\mu_{ij}$ 为共存元素 j 对 i 元素分析线的质量吸收系数；W_j 为共存元素 j 的质量分数）。

表3　铅釉中相关元素分析线的饱和厚度

元素分析线	能量 /keV	样品号	饱和厚度 /μm
NaK_α	1.04	L-1	2.34
		L-6	1.56
		L-9	1.84
		L-10	1.96
PbM_α	2.35	L-1	8.72
		L-6	8.05
		L-9	8.83
		L-10	9.22
FeK_α	6.4	L-1	32.23
		L-6	24.93
		L-9	28.09
		L-10	30.70
PbL_α	10.55	L-1	96.88
		L-6	83.18
		L-9	100.45
		L-10	110.82
PbL_β	12.61	L-1	155.60
		L-6	133.30
		L-9	161.70
		L-10	177.80

由表3可知，铅元素具有不同的分析线，其中 PbL_α 和 PbL_β 的平均饱和厚度分别约为 100μm 和 150μm。古代建筑琉璃构件釉层的平均厚度通常在 130μm 左右，但釉层厚薄不均，某些样品的琉璃釉

层厚度不足 100μm。如果采用 PbL_α 或 PbL_β 做分析线，则可能由于釉层厚度过薄而影响铅的分析结果。因此选择了饱和厚度较小的 PbM_α 分析线来计算铅的含量。分析线能量较高的 FeK_α 的饱和厚度也只有 30μm 左右，一般琉璃铅釉均有足够的厚度满足无损测定的要求。在测量过程中，各元素的分析线除铅元素选用 M_α 线外，其他元素均用 K_α 线。

1.2.3 校准曲线的建立

对于制备的校准参考样品，用能谱仪自带的无标样定量分析软件计算出各个元素分析线谱峰的面积，即分析线的净强度 I，根据式（4），由已知的元素百分含量 C 作出 C-I 校准曲线，求出各元素的校准与校证系数并保存备用。

$$C_i = K_i * I_i \left\{ 1 + \left(\sum S_{ij} * I_j \right) / K \right\} + D_i + \sum B_{ij} * I_j \tag{4}$$

式中，C_i 为分析组分百分含量；K_i 为分析元素校准曲线斜率；I_i 为元素分析线净强度；S_{ij} 为共存元素 j 对分析元素 i 的校正系数；I_j 为共存元素 j（重叠干扰元素）的净强度；D_i 为分析元素校准曲线截距；B_{ij} 为重叠干扰元素 j 对 i 元素的重叠干扰系数。

表 4 给出了各个分析元素校准曲线参数 K、D 及相关系数 r 和平均标准偏差 $\overline{SD}$。所有元素的相关系数均在 0.9 以上，表明分析元素的分析线净强度与含量具有较好的相关性。

表 4　校准曲线回归参数

元素及分析线	K	D	r	$\overline{SD}$
Na_2O	3.0812	−0.1536	0.976	0.179
MgO	0.6258	−0.0070	0.973	0.049
Al_2O_3	0.2814	−0.1180	0.995	0.211
SiO_2	0.0915	−0.4915	0.995	0.969
PbO	0.0519	−4.3527	0.999	0.573
K_2O	0.1473	−0.0059	0.997	0.117
CaO	0.0714	−0.0105	0.990	0.045
TiO_2	0.0514	−0.0706	0.937	0.027
MnO_2	0.0204	−0.0138	0.998	0.008
Fe_2O_3	0.0294	−0.0884	0.998	0.094
CoO	0.0196	−0.0245	0.997	0.013
CuO	0.0058	−0.0104	0.997	0.080

2　结果与讨论

2.1　检测限

通常把获得空白值标准偏差的 3 倍所对应的含量规定为检测限。测定下限的界定是根据分析的精度要求来确定的，一般是高于检测限的若干倍。由于铅釉的特殊性，在谱图的低能区，由于铅元素的 M 线造成的本底很高，从而影响了包括钠、镁、铝、钾、钙等元素的检测限[9]。考虑琉璃釉的组成元素，仅对钠、镁、铝、硅、铅、钾、钙、钛、铁、铜 10 个元素的检测限问题进行分析讨论。

在相同的仪器测量条件下，对 6 个校准参考样品不同部位测量 11 次，根据测量结果计算出每个样品中各个氧化物的标准偏差。再以含量和标准偏差作线性回归，算出零含量时的标准偏差，以零含量标准偏差的 3 倍算出本方法的检测限[10]，结果见表 5。

表 5　铅釉中氧化物的检测限　　　　　（单位：%）

氧化物	Na$_2$O	MgO	Al$_2$O$_3$	SiO$_2$	PbO	K$_2$O	CaO	TiO$_2$	Fe$_2$O$_3$	CuO
检测限	0.43	0.22	0.29	0.32	0.15	0.17	0.03	0.03	0.02	0.07

2.2　精密度

对 3 个不同年代黄色琉璃瓦样品在不同位置测量 11 次，统计了平均值、标准偏差及相对标准偏差，结果见表 6。从表 6 可以看出，氧化硅和氧化铅的相对标准偏差一般接近 1%，特别是新烧制的琉璃瓦，相对标准偏差更小，但钠、镁等轻元素的相对标准偏差较大，这与 EDXRF 测量方法的局限性、样品的高铅高背景，以及钠、镁元素含量较低有关。

表 6　不同样品测试的精密度　　　　　（单位：%）

样品	氧化物	平均值	标准偏差	相对标准偏差
乾隆年制	Na$_2$O	0.56	0.19	33.49
	MgO	0.28	0.19	66.36
	Al$_2$O$_3$	4.91	0.29	5.94
	SiO$_2$	32.33	0.44	1.37
	PbO	56.75	0.63	1.11
	K$_2$O	0.67	0.2	29.84
	CaO	0.45	0.02	5.15
	TiO$_2$	0.23	0.02	6.69
	Fe$_2$O$_3$	3.77	0.05	1.28
嘉庆三年	Na$_2$O	0.96	0.18	18.47
	MgO	0.24	0.21	89.51
	Al$_2$O$_3$	5.47	0.2	3.74
	SiO$_2$	40.19	0.44	1.10
	PbO	46.01	0.48	1.05
	K$_2$O	2.09	0.21	9.88
	CaO	0.63	0.04	6.43
	TiO$_2$	0.27	0.02	8.24
	Fe$_2$O$_3$	4.09	0.13	3.19
2007 年新瓦	Na$_2$O	1.35	0.19	13.8
	MgO	0.15	0.06	42.19
	Al$_2$O$_3$	2.45	0.12	5.05
	SiO$_2$	40.60	0.30	0.73
	PbO	50.82	0.36	0.71

续表

样品	氧化物	平均值	标准偏差	相对标准偏差
	K_2O	0.90	0.10	11.32
2007 年新瓦	CaO	0.81	0.04	5.44
	TiO_2	0.05	0.03	57.95
	Fe_2O_3	2.86	0.06	2.15

2.3 与文献值的比较

表 7 列出了一些古代琉璃样品的荧光能谱无损测量值，以及相关资料［2］中采用等离子发射光谱（ICP）和湿化学分析方法获得琉璃釉元素的组成范围，通过比较可见，主、次量元素含量范围大体相当。

表 7 EDXRF 测量值与相关资料［2］组成范围　　　　　（单位：%）

款识	荧光能谱仪测试结果					资料［2］含量范围
	乾隆年制	乾隆年制城工	乾隆三十年	嘉庆十一年	宣统年制	
Na_2O	0.23	0.25	0.50	0.23	0.42	0.15～0.51
MgO	0.29	0.29	0.27	0.26	0.28	0.07～0.28
Al_2O_3	4.66	3.60	3.87	1.42	2.24	1.34～9.37
SiO_2	32.25	31.76	32.78	29.76	34.51	21.71～35.36
PbO	57.52	58.94	57.23	61.88	56.88	53.80～66.27
K_2O	0.49	0.43	0.69	0.38	0.40	0.33～0.94
CaO	0.54	0.93	0.88	0.57	0.53	0.41～1.12
Fe_2O_3	3.74	3.62	3.48	5.28	4.55	2.46～5.59

3 结论

（1）以古代建筑琉璃构件黄釉为研究对象，建立了 EDXRF 无损测量琉璃釉主、次量元素的分析方法。其分析结果中的铅、硅、铝、铁等主量元素组成达到定量水平。对于钠、镁等较低含量的元素，因统计误差等原因，测量精度相对差一些。

（2）在选择元素分析线的过程中，针对琉璃构件釉层厚度不均匀的问题，对元素分析线在琉璃釉层中的饱和厚度问题进行了讨论，其中各元素的分析线除铅元素选用 M_α 线外，其他元素均用 K_α 线。

（3）考虑到琉璃构件样品釉层元素分布的均匀性问题且测试束斑过小（只有 300μm），因此釉层无损分析宜采用多个测量点的平均结果。

（4）无损分析应注意对样品表面的清理与测量点的选择。

致　谢：本项研究得到了国家"十一五"重点科技支撑项目（项目编号：2006BAK31B02）资助，在此谨致谢意。

参考文献

[1] 张子正, 车玉荣, 李英福, 等. 中国古代建筑陶瓷的初步研究. 中国古陶瓷研究. 北京: 科学出版社, 1987: 117.

[2] 苗建民, 王时伟. 紫禁城清代剥釉琉璃瓦件施釉重烧的研究. 故宫学刊, 2004, (1): 472-488.

[3] 苗建民, 王时伟. 元明清建筑琉璃瓦的研究. 见: 郭景坤. '05 古陶瓷科学技术国际讨论会论文集. 上海: 上海科学技术文献出版社, 2005: 108-115.

[4] 李家治. 中国科学技术史·陶瓷卷. 北京: 科学出版社, 2007: 472.

[5] 程琳, 冯松林, 徐清, 等. 古琉璃着色元素的同步辐射X荧光分析. 岩矿测试, 2004, 23 (2): 113-116.

[6] 吉昂, 陶光仪. X 射线荧光光谱分析. 北京: 科学出版社, 2003: 135-140.

[7] 梁钰. X 射线荧光光谱分析基础. 北京: 科学出版社, 2007: 16-17.

[8] 梁国立, 马光祖, 邓赛文, 等. X 射线荧光分析原理与应用. 北京: 中国理学协会, 2002: 226-239.

[9] 何文权, 熊樱菲. 清代粉彩彩料的初步分析研究. 见: 郭景坤. '05 古陶瓷科学技术国际讨论会论文集. 上海: 上海科学技术文献出版社, 2005: 446-451.

[10] 梁国立, 邓赛文, 吴晓军等. X 射线荧光分析检测限问题的探讨. 见: 理学中国用户论文集. 北京: 中国理学协会, 2007: 11-19.

Non-destructive Determination of the Major and Minor Elements of the Lead Glaze by EDXRF

Li He[1, 2]   Ding Yinzhong[1, 2]   Duan Hongying[1, 2]   Liang Guoli[1, 2]
Miao Jianmin[1, 2]

1. Palace Museum; 2. Key Scientific Research Base of Ancient Ceramics, State Administration of Cultural Heritage (The Palace Museum)

Abstract: The lead glaze's thickness of ancient building glazed tiles is usually 130μm, so it is difficult to peel the glaze layer off for analysis. At present, it is difficult to find the reference samples for the calibration. The article has determined the major and minor elements of the lead glaze by the EDXRF for non-destructive. Based the reference samples we made for the calibration, we have established the method for the element analysis of the lead glaze. The article discussed the question of the saturated thickness of the correlative elements in lead glazes. And also discussed the question of the detective limit and precisions of the test method we made. The results indicated that the non-destructive method for the element analysis of the lead glaze satisfied our test needs.

Keywords: EDXRF, building glazed tiles, major and minor element, non-destructive analysis

原载《文物保护与考古科学》2008 年第 4 期

WDXRF 对古代建筑琉璃构件胎体主次量元素定量分析方法研究

段鸿莺[1, 2] 梁国立[1, 2] 苗建民[1, 2]

1. 古陶瓷保护研究国家文物局重点科研基地（故宫博物院）；2. 故宫博物院文保科技部

摘　要： 古代建筑琉璃构件胎体主次量元素组分的分析测定是研究琉璃构件原料、烧制工艺、显微结构、物理化学性能及病害机理等方面工作的基础。目前可用于建筑琉璃构件胎体主次量元素组分定量分析的方法有很多，其中波长色散 X 射线荧光光谱（WDXRF）以其分析精度高、准确性好、分析速度快等优点，成为较理想的分析测试方法。为了古代建筑琉璃构件胎体主次量元素组分测定数据的准确性和连续性，本文针对古代建筑琉璃构件胎体元素组分特征，选用岩石、土壤、水系沉积物、矿石、建材等系列国家标准物质 20 多个，对建筑琉璃构件胎体中 Na_2O、MgO、Al_2O_3、SiO_2、P_2O_5、K_2O、CaO、TiO_2、MnO、Fe_2O_3 的化学组成进行了定量分析，建立了一种适用于古代建筑琉璃构件胎体主次量元素组分的定量分析方法。该方法精密度较高，各元素组分的精密度均优于 0.83%，主次量成分（包括烧失量）加和在 99.5%～100.03%。用该方法对岩石、土壤、水系沉积物、建材类国家标准物质进行测量，其结果与国标值相比，误差均较小，表明本方法的准确性较好，能满足相关研究工作的需要。目前，该方法已用于不同年代不同地区建筑琉璃构件的测定分析。本文对如何提高该方法定量分析古代建筑琉璃构件的精密度和准确性等问题进行了讨论。

关键词： 古代建筑琉璃构件，胎体，主次量元素，成分，WDXRF

琉璃构件作为一种防水、耐用、光泽、美观的建筑材料，一方面具有重要的建筑结构作用，另一方面具有重要的建筑艺术的装饰作用。琉璃构件烧制技术及琉璃文化的发展，离不开历代建筑的不断发展。早在宋代，《营造法式》就对琉璃的烧制技术有系统的论述，随着历史的不断发展，历代皇家建筑，如皇宫、皇城、庙坛、园林、陵墓、寺院的不断修建，琉璃构件的制作工艺也不断发展。测定分析不同年代和产地的建筑琉璃构件，对研究中国古代建筑琉璃构件传统工艺及琉璃文化具有重要意义。目前可用于建筑琉璃构件胎体主次量元素组分定量分析的方法有很多，其中 WDXRF 以其分析精度高、准确性好、分析速度快等优点，成为较理想的分析测试方法。本文使用 X 射线荧光光谱仪，针对古代建筑琉璃构件胎体元素组分特征，以熔融法制样，使用基本参数法校正基体效应，测定了古代建筑琉璃构件胎体的 Na_2O、MgO、Al_2O_3、SiO_2、P_2O_5、K_2O、CaO、TiO_2、MnO、Fe_2O_3 成分，建立古代建筑琉璃构件胎体主次量元素 XRF 定量分析方法。

1 实验

1.1 仪器及测量条件

荷兰 PANalytical AXIOS 型 X 射线荧光光谱仪（端窗铑靶 X 射线管，SuperQ 软件），BB51 型颚式粉碎机，PM200 型行星式球磨机，Analysette 3 PRO 型筛分仪，GGB-2 型高频感应熔样机。测量条件见表 1。

表 1　分析元素的测量条件

分析线	分析晶体	准直器/μm	探测器	电压/kV	电流/mA	$2\theta/$（°）			测量时间/s			PHD1	PHD2
						峰值	背景 1	背景 2	峰值	背景 1	背景 2		
Na K_α	PX1	700	F-PC	30	120	27.6418	1.4984	−1.4330	30	10	10		24～76
Mg K_α	PX1	700	F-PC	30	120	22.8824	−1.3896	1.6264	30	12	12		25～75
Al K_α	PE002	300	F-PC	30	100	144.9364			20				26～76
Si K_α	PE002	300	F-PC	30	100	109.1042			20				28～74
P K_α	GE111	300	F-PC	30	120	140.9712	−1.2394		40	16			32～71
K K_α	LiF200	300	F-PC	50	60	136.7308	1.9038		20	8			31～70
Ca K_α	LiF200	300	F-PC	50	60	113.1498	−0.8904	1.3556	30	12	12		32～70
Ti K_α	LiF200	300	F-PC	50	60	86.1852	−0.8564		20	10		10～23	35～64
Cr K_α	LiF200	150	DU	50	60	69.3648	1.1802		20	10		13～28	37～67
Mn K_α	LiF200	300	DU	50	72	62.9834	1.5050		40	16		15～32	37～63
Fe K_α	LiF200	150	DU	50	60	57.5242	0.8114		12	4		14～34	36～64
Zn K_α	LiF200	150	SC	60	50	41.7702	0.7106		10	4			26～73
Br K_α	LiF200	150	SC	60	50	29.9282	−0.4972		10	4			29～72
Zr K_α	LiF200	150	SC	60	50	22.4506	−0.4452	0.5604	16	6	6		30～70

注：DU 为 F-PC 和 S-PC 串联探测器，以提高探测效率；真空光路，通道面罩 ϕ27mm，样杯面罩为 ϕ27mm；K 表示 X 射线谱线。

1.2 样品制备

将 $Li_2B_4O_7$ 在 700℃下灼烧 2 小时，冷却，放入干燥器备用。样品、LiF 在 105℃烘箱内恒温 2 小时，冷却，放入干燥器备用。

依次准确称取 4.5000g $Li_2B_4O_7$、0.5000g LiF、0.5000g 标样，约 0.2g NH_4NO_3，搅拌混匀，放入高频感应熔样机中，700℃预氧化 120s，加入 10mg NH_4Br，1150℃熔融 300s，同时摇摆加自旋，自动定时冷却，脱膜制成均匀直径为 32mm 的玻璃片，编号保存，待上机测量。

1.3 标准样品的选择与制备

由于市场上尚没有合适的古琉璃胎体分析用标准物质，根据古琉璃胎体样品成分的特征，选取地质与建材类国家标准物质制作校准样品。根据文献中古代建筑琉璃构件胎体，以及相似样品元素含量[1~3]，针对胎体元素含量范围，选择岩石类、水系沉积物类、矿物类、土壤类、高岭土类国家标准物质 21 个，另外还在选中的国家标准物质中，按照一定的比例进行组合，共 27 个校准样品。这套校准样品在化学组成上与被测样品相似，各元素具有足够宽的含量范围和适当的含量梯度，能覆盖住古代建筑琉璃构件胎体样品各组分的含量范围。表 2 为该套校准样品各元素的浓度范围。

表 2　校准样品元素浓度范围

组分	含量范围 /%	组分	含量范围 /%
SiO_2	30.51~88.89	MgO	0.068~38.34
Al_2O_3	0.21~38.62	CaO	0.1~34.56
Fe_2O_3	0.24~18.76	Na_2O	0.028~7.16
TiO_2	0.004~3.3667	K_2O	0.009~7.48
MnO	0.0054~1.53	P_2O_5	0.003~6.06

1.4　校准与校正

将标准物质按上述方法制备熔融片，上机测量，建立各元素的校准曲线，并做烧失量校正。将标准物质中各元素所测的 X 射线强度与其含量的关系按以下数学公式进行回归计算[4~6]：

$$C_i = D_i + \sum L_{ij} Z_j + E_i R_i (1 + \sum \alpha_{ij} Z_j)$$

式中，i 为分析元素；j 为重叠或共存元素；C_i 为分析元素 i 的浓度；D_i 为分析元素 i 的校准曲线的截距；L_{ij} 为重叠元素 j 对分析元素 i 重叠干扰校正系数；Z_j 为元素 j 的浓度；E_i 为分析元素 i 的校准曲线的斜率；R_i 为分析元素 i 的净强度；α_{ij} 为元素 j 对元素 i 的基体校正系数。

2　结果与讨论

2.1　检测限

选取几个同类标准物质，各制备一个熔融玻璃片，按表 1 的条件重复测量 11 次，然后进行统计，计算出每个标样中各元素所对应的标准偏差（σ），将含量与标准偏差回归，求出零含量时的标准偏差。根据检测限定义，以 3 倍零含量时的标准偏差定为本方法的检测限[7]。本方法的测定范围及检测限见表 3。

表 3　各元素分析浓度范围及检测限　　　　　　　（单位：%）

成分	Na_2O	MgO	Al_2O_3	SiO_2	P_2O_5
范围	0.028~7.16	0.068~38.34	0.21~38.62	30.51~88.89	0.012~6.06
检测限	0.013	0.007	0.017	0.121	0.004

成分	K_2O	CaO	TiO_2	MnO	Fe_2O_3
范围	0.009~7.48	0.05~34.56	0.004~3.3667	0.0054~1.53	0.1~18.76
检测限	0.006	0.005	0.003	0.0012	0.007

2.2 精密度

将国家标准物质 GBW07105 重复制备 11 个样品，测定的结果进行统计，计算出每个元素的标准偏差与相对标准偏差，得到本方法的精密度。将同一个样片重复测量 11 次，计算每个元素的标准偏差与相对标准偏差，得到仪器与计数涨落精密度，结果见表 4。

表 4 精密度结果 （单位：%）

11 个样片测量统计				单个样片测量 11 次统计			
组分	平均含量	SD	RSD	组分	平均含量	SD	RSD
Na_2O	3.416	0.010	0.289	Na_2O	3.406	0.008	0.261
MgO	7.802	0.043	0.547	MgO	7.766	0.006	0.074
Al_2O_3	13.927	0.099	0.712	Al_2O_3	13.834	0.017	0.123
SiO_2	44.692	0.246	0.550	SiO_2	44.467	0.036	0.082
P_2O_5	0.969	0.008	0.827	P_2O_5	0.963	0.001	0.135
K_2O	2.306	0.019	0.821	K_2O	2.319	0.004	0.176
CaO	8.911	0.042	0.469	CaO	8.880	0.005	0.058
TiO_2	2.368	0.009	0.384	TiO_2	2.359	0.003	0.140
MnO	0.172	0.001	0.432	MnO	0.172	0.000	0.276
Fe_2O_3	13.279	0.039	0.296	Fe_2O_3	13.249	0.009	0.068

注：左为方法精密度，右为仪器与计数涨落精密度。

2.3 准确度

采用本法将岩石、土壤、水系沉积物、高岭土类国家标准物质（GBW07103 等）或外单位检测过的样品作为未知样进行测定，其结果见表 5。可以看出本法的测定结果与国标值或外测结果非常接近，加和值在 99.52%～100.03%。

表 5 方法准确度结果 （单位：%）

组分	GBW07103		GBW07104		GBW07304		GBW07306		GBW07402	
	本法	标准值	本法	标准值	本法	标准值	本法	标准值	本法	标准值
Na_2O	3.160	3.13	3.948	3.86	0.311	0.3	2.309	2.3	1.644	1.62
MgO	0.415	0.42	1.695	1.72	0.992	1.02	3.010	3	1.049	1.04
Al_2O_3	13.514	13.4	16.215	16.17	15.693	15.69	14.229	14.16	10.475	10.31
SiO_2	73.066	72.83	60.548	60.62	52.572	52.59	61.077	61.24	73.021	73.35
P_2O_5	0.092	0.093	0.236	0.236	0.104	0.108	0.233	0.234	0.099	0.102
K_2O	5.015	5.01	1.854	1.89	2.274	2.23	2.430	2.43	2.599	2.54
CaO	1.567	1.55	5.225	5.2	7.585	7.54	3.935	3.87	2.392	2.36
TiO_2	0.287	0.287	0.509	0.515	0.889	0.890	0.768	0.773	0.457	0.452
MnO	0.061	0.060	0.077	0.078	0.107	0.107	0.126	0.125	0.066	0.066

续表

组分	GBW07103		GBW07104		GBW07304		GBW07306		GBW07402	
	本法	标准值	本法	标准值	本法	标准值	本法	标准值	本法	标准值
Fe_2O_3	2.149	2.14	4.846	4.9	5.912	5.91	5.887	5.88	3.501	3.52
LOI	0.7		4.44		13.13		5.88		4.40	
Sum	100.026	99.62	99.593	99.629	99.569	99.515	99.884	99.892	99.703	99.76

组分	GBW07403		GBW07408		GBW03121		琉璃瓦样 14		琉璃瓦样 15	
	本法	标准值	本法	标准值	本法	标准值	本法	外测	本法	外测
Na_2O	2.760	2.71	1.747	1.72	0.041	0.015	0.713	0.60	0.707	0.58
MgO	0.588	0.58	2.346	2.38	0.132	0.12	0.381	0.41	0.353	0.42
Al_2O_3	12.316	12.24	11.887	11.92	31.445	31.41	27.555	27.56	27.044	27.12
SiO_2	74.805	74.72	58.358	58.61	54.348	54.55	62.920	63.38	63.469	63.76
P_2O_5	0.070	0.073	0.174	0.178	0.109	0.099	0.060	0.06	0.053	0.05
K_2O	3.056	3.04	2.425	2.42	0.353	0.34	3.066	3.10	3.142	3.14
CaO	1.278	1.27	8.367	8.27	0.058	0.052	0.361	0.36	0.418	0.42
TiO_2	0.368	0.373	0.640	0.634	0.674	0.69	1.273	1.28	1.219	1.24
MnO	0.040	0.039	0.084	0.084	0.004	0.003	0.009	0.01	0.011	0.02
Fe_2O_3	1.994	2	4.460	4.48	0.503	0.5	1.996	2.00	1.949	1.98
LOI	2.67		9.12		11.94		1.37		1.5	
Sum	99.945	99.715	99.608	99.816	99.607	99.719	99.704	100.13	99.865	100.23

3 结论

本文采用四硼酸锂、氟化锂作为试样的熔剂，通过试验确定了试样熔融条件和测量条件，基本消除了试样的粒度效应和矿物效应，再以基本参数法校正基体效应，对比分析，结果表明，本法分析结果的准确度和精密度较好，主次量元素组成的精密度优于 0.83%，主次量组分加和值为 99.52%～100.03%，能满足古代建筑琉璃构件胎体元素组成的测定分析工作。目前，该方法已用于检测元、明、清时期北京、河北、山西、辽宁、湖北、安徽、江苏、广东、福建等地区建筑琉璃构件胎体的元素组成，并能对不同时期不同地区建筑琉璃构件的原料、工艺、病害机理等研究提供基础信息。

致 谢：感谢帕纳科公司应用工程师高新华教授对本文相关工作的指导。本项研究受到国家"十一五"重点科技支撑项目课题（项目编号：2006BAK31B02）资助。

参考文献

[1] 陈士萍，陈显求. 中国古代各类瓷器化学组成总汇. 见：李家治，陈显求，张福康，等. 中国古代陶瓷科学技术成就. 上海：上海科学技术出版社，1984: 31-131.

[2] 苗建民，王时伟. 元明清建筑琉璃瓦的研究. 见：郭景坤. '05古陶瓷科学技术国际讨论会论文集. 上海：上海科学技术文献出版社，2005: 108-115.

[3] 张子正，车玉荣，李英福，等. 中国古代建筑陶瓷初步研究. 见：中国科学院上海硅酸盐研究所. 中国古陶瓷研究. 北京：

科学出版社, 1987: 117-122.

[4] 吉昂, 陶光仪, 卓尚军, 等. X 射线荧光光谱分析. 北京: 科学出版社, 2003: 154-186.

[5] 梁钰编. X 射线荧光光谱分析基础. 北京: 科学出版社, 2007: 72-106.

[6] AXIOS & SuperQ Version 4 System User's Guide. Second Edition, 2005.

[7] 梁国立, 邓赛文, 吴晓军, 等. X 射线荧光光谱分析检测限问题的探讨与建议. 岩矿测试, 2003, (4): 291-296.

The WDXRF Quantitative Analysis Method Research on the Major and Minor Element Compositions of the Bodies of Ancient Building Glazed Tiles

Duan Hongying[1, 2]   Liang Guoli[1, 2]   Miao Jianmin[1, 2]

1. Key Scientific Research Base of Ancient Ceramics, State Administration of Cultural Heritage (The Palace Museum); 2. Conservation Technology Department of the Palace Museum

Abstract: Determining and analyzing the major and minor element compositions of the bodies of ancient building glazed tiles is the basis of researching the material, firing technology, microstructure, physical properties and disease mechanism. Many quantitative analytical methods could be utilized to determine the major and minor element compositions of the bodies. Among these methods, X-ray wavelength dispersive fluorescence spectrometry (WDXRF) becomes an ideal analytical method because of its high sensitivity, good accuracy and quick analysis speed. For the accuracy and continuity of experimental data, the quantitative analytical method which is suitable for the ancient building glazed tiles has been established in this work. According to the characteristics of element compositions of the bodies of ancient building glazed tiles, over twenty National Standard Substances which belongs to different kinds (such as rock, soil, stream sediment, ore and kaoline, et al.) were chosen as calibration samples. The chemical component of Na_2O, MgO, Al_2O_3, SiO_2, P_2O_5, K_2O, CaO, TiO_2, MnO, Fe_2O_3 of them were determined. This method showed a high precision, and the precision of each element was better than 0.83%. The sum of the determined major and minor element compositions (including LOI) is between 99.5% and 100.03%. The determination results of National Standard Substances (rock, soil, stream sediment, and kaoline kinds) as unknown samples were quite consistent with the certified value, indicating that our method has a high accuracy and can greatly satisfy our research work. So far, this method has been applied to analyze the bodies of ancient building glazed tiles of different ages and area and good results have also been obtained.

Keywords: ancient building glazed tile, body, primary and minor element, component, WDXRF

原载《'09 古陶瓷科学技术国际学术讨论会论文集》

紫禁城清代建筑琉璃构件显微结构研究

李　媛[1]　张汝藩[2]　苗建民[1]

1. 故宫博物院；2. 中国科学院地质与地球物理研究所

摘　要： 为科学揭示紫禁城清代建筑琉璃构件显微结构特征，探索清代建筑琉璃工艺的时代特征。利用配置有 X 射线能谱仪的扫描电子显微镜对 60 件紫禁城清代建筑琉璃构件胎体、釉层和胎釉结合层进行了观测和分析。研究表明：①清代紫禁城琉璃构件胎体由基质、颗粒物质和孔隙组成；②颗粒物质主要为莫来石、残余石英、长石残骸、云母残骸、叶蜡石残骸、白云石残骸和方解石残骸等，粒度多小于 100μm，且大多数颗粒物质外形为棱角状或半滚圆状，占胎体的 10%～30%；③胎体中的孔隙为 20%～40%，根据孔隙形态、数量和分布规律，胎体中的孔隙可分为四种类型；④琉璃构件胎体的基质占 30%～50%；⑤研究还发现琉璃构件的胎釉结合层中可能包含有铅钾长石的微晶。

关键词： 建筑琉璃构件，显微结构，原料残骸

　　具有装饰性和防水性两大功能的建筑琉璃构件，是在我国历代传统琉璃建筑上大放光彩的一种建筑材料。北京紫禁城宫殿是琉璃技艺精华集大成者[1]，因此可以说紫禁城的建筑琉璃构件是我国历代琉璃技艺的典型代表。然而，历经百年以后，紫禁城的部分琉璃构件出现了剥釉、风化和变色等不同情况和不同程度的病害。因此，开展建筑琉璃构件的保护研究工作迫在眉睫。

　　清代建筑琉璃构件的胎体多存在不同程度生烧[2]，因此研究胎体中矿物残骸的颗粒形态、矿物的微观形貌特征，以及矿物组分、分布及烧制过程中的析晶转变信息，对科学揭示建筑琉璃传统技术、剥釉机理及开展合理的保护方案都是有益的。

　　本文在以往工作的基础上[3]，采用扫描电镜及能谱分析，对紫禁城清代建筑琉璃构件的显微结构进行了分析。

1　仪器和方法

　　采用美国 FEI 公司的 Quanta 600 大样品室环境扫描电子显微镜对建筑琉璃构件的胎体、釉层，以及胎釉结合层显微结构进行观测分析。显微结构实验的测试条件为：钨灯丝电子枪，背散射探头，高真空模式，采用电压为 20kV，束斑为 6，二次电子图像分辨率为 3.5nm。

　　采用与上述扫描电镜相配的美国 EDAX 公司 Genenis 型 X 射线能谱仪对清代建筑琉璃构件的胎、釉，以及结合层的微区的元素组成进行测试分析。微区元素组成实验的测试条件为：扫描电镜电压 20kV，电子束束斑 6，分辨率 129eV，测量时间为 60s。

本工作所分析的 60 件紫禁城清代建筑琉璃构件，由故宫博物院文保科技部和古建部提供。由于清代建筑琉璃构件属于普通硅酸盐体系，为不导电材料，因此不符合扫描电镜高真空工作模式的样品要求，故在观测前需对标本样品进行预处理，采用列支敦士登 BALTEC 公司的 SCD050 型离子溅射仪在琉璃构件观测面上溅射导电层。

2 结果及讨论

传统琉璃构件的烧制过程，是首先烧制胎体，然后在烧好的胎体上施釉，再进行釉烧，二次烧成后在胎体上形成具有防水性能和装饰性能的釉层。釉层一般具有鲜艳的颜色，结构致密，且具有肉眼可见的开片。

2.1 琉璃构件的结构

采用扫描电镜对琉璃构件的自然断面进行观测，可看到琉璃构件的结构，如图 1 所示。由图中可看出，琉璃构件具有三层结构，下方是结构较为疏松的胎体，上方是结构致密的釉层，而在胎体和釉层之间，有一个明显的胎釉结合层。

2.2 胎体的显微结构

采用扫描电镜对琉璃构件的胎体进行观测，结果如图 2 所示。

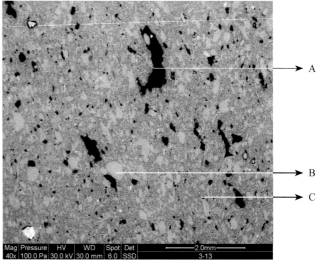

图 1 紫禁城清代建筑琉璃构件自然断面的
背散射图像
A. 釉层；B. 胎釉结合层；C. 胎体

图 2 紫禁城清代建筑琉璃构件胎体的
背散射图像
A. 孔隙；B. 颗粒；C. 基质

由图 2 可见，胎体由基质、不均匀分布的颗粒物质和孔隙组成；颗粒物质的分布不是非常均匀，形态大多为棱角状或半滚圆状，少数为尖角或圆球状；孔隙的分布也不均匀，尺寸和形态差别较大。利用图像分析软件对大量典型图像分析统计可知，在琉璃构件的胎体中，颗粒物质所占组分为20%～40%，孔隙所占组分为10%～30%，基质所占组分为30%～50%。

2.3 胎体中颗粒物质的显微结构

对胎体中的颗粒物质进行 SEM 观测的同时，还采用 EDS 对其进行元素分析，发现大部分紫禁城清代琉璃构件所含颗粒物质主要为莫来石、残余石英、长石残骸、云母残骸、叶蜡石残骸、白云石残骸和方解石残骸等，其显微结构如图 3 和图 4（d）所示。

这些颗粒物质在胎体中的分布不是非常均匀，粒度多小于 300μm，而且大多为棱角状或半滚圆状，少数为尖角状或圆球状，与自然界中的天然矿物原始形貌相比，这些颗粒物质的尺寸与形貌显然经过一些工艺过程，如粉碎、过筛、高温熔融等。由此可推测，在清代制备琉璃构件的过程中，工匠们首先对原材料进行了选料、粉碎和过筛等。

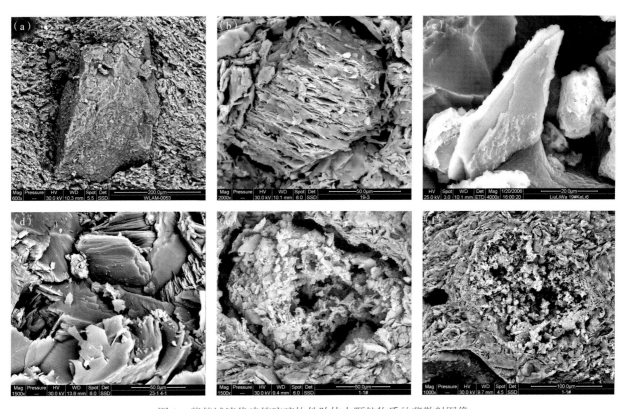

图 3　紫禁城清代建筑琉璃构件胎体中颗粒物质的背散射图像
（a）石英；（b）长石；（c）白云母；（d）叶蜡石；（e）白云石；（f）方解石

2.4 胎体中基质的显微结构

胎体的基质即胎体中较为细小的物质，多由原料所含黏土矿物及其伴生矿物经过高温烧制所形成，因其高温烧制过程中会形成数量不等的玻璃相，因此，其在胎体中起到了黏接作用。在烧结程度较低的琉璃构件胎体中，尚可见到黏土矿物较典型的显微结构：水云母为圆化的尖角片状，表面稍有弯曲；累脱石为水云母和蒙脱石1∶1规则间层矿物，为不规则片状，多小褶皱；高岭石，为叠板片状细粒，一般在胎中很少见（图4（a）～（c））。上述黏土矿物在胎体烧成过程中，当温度在1100℃以上[4]，开始玻化并生成细针状莫来石微晶，如图4（d）所示。在另外一些烧结程度较高的琉璃构件胎体中，基质中黏土矿物的显微结构特征多已减少甚至完全消失，形成玻化或半玻化的枝条状物质（图5（c））。

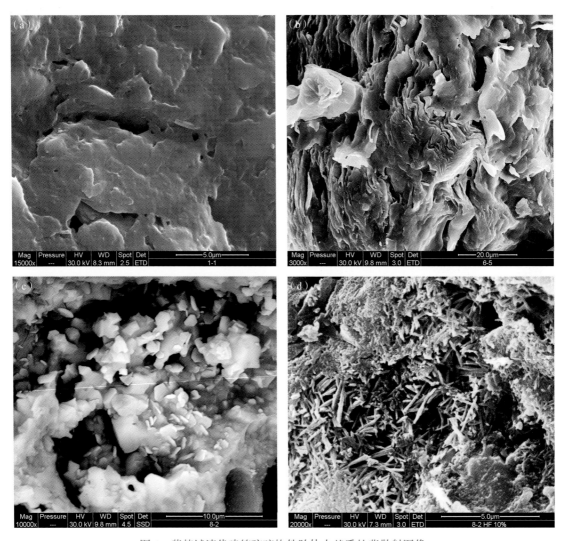

图4　紫禁城清代建筑琉璃构件胎体中基质的背散射图像
（a）伊利石；（b）累托石；（c）高岭石；（d）莫来石

2.5　胎体中孔隙的显微结构

胎体中孔隙的大小和形态差别很大，分布位置也不相同，通过扫描电镜观测，可根据孔隙的显微结构特征，将其大致可分为四类，如图3（e）、（f）及图5（a）～（d）所示。

图3（e）、（f）中颗粒物质与周围基质形成的缝隙，以及颗粒内部的孔洞为第一类微孔隙，其多少及分布直接取决于在胎体原料中可形成这类微孔隙的颗粒物质数量和分布；图5（a）中孔隙为坑洞，

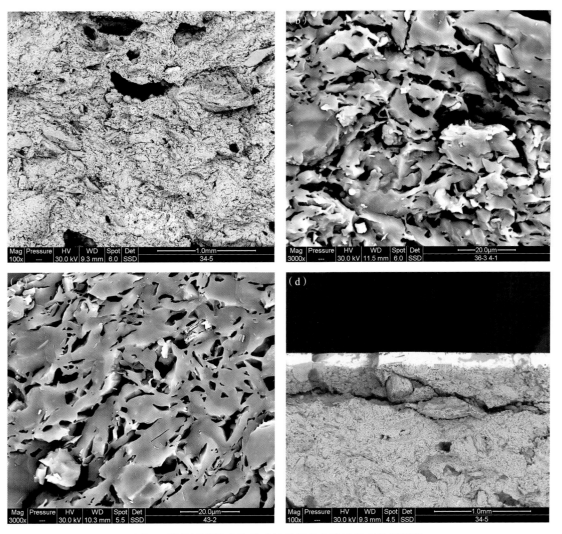

图 5　紫禁城清代建筑琉璃构件胎体中孔隙的背散射图像

（a）坑洞；（b）较低玻化程度黏土矿物微孔隙；（c）较高玻化程度黏土矿物微孔隙；（d）釉层下方狭长裂隙

尺寸为 0.5～1mm 或更大，这一类型的孔隙在胎体中分布不均匀且数量不等，但在坯胎中普遍存在；图 5（b）中的微孔隙其长度大多小于 10μm，在基质中存在数目较多，当这类孔隙存在于釉面保留相对较多的琉璃构件胎体中时，其微孔隙结构多表现为圆形或椭圆形气孔，如图 5（c）所示；图 5（d）中的孔隙是与釉层裂纹相连通的狭长裂隙，尺寸一般在 5mm 以上，且一般位于釉层下 1mm 以下的区域内，这类孔隙常常在釉面保留相对较少即釉面剥落严重的胎体中可见。

第一类微孔隙所形成的原因可能是由于原料中存有少量的黄铁矿、白云石、石膏、方解石、菱铁矿等物质，而胎体烧制的温度超过它们的分解温度，烧制过程中，这些物质发生分解，产生并放出 SO_2、CO_2 气体，随之在胎体中形成微孔隙，因此这类孔隙的数量会因原料所含此类物质的多少而有所增减，如图 3（e）、（f）所示。

第二类孔隙——坑洞所形成的原因可能是在坯胎制作工序中未将胎泥中的空气完全排除，使得制坯过程中形成坑洞，或与黏土矿物颗粒伴生的炭质和细小煤屑在胎烧制过程中，生成 CO_2 气体，气体排出后形成坑洞，如图 5（a）所示。

第三类长度小于10μm的微孔隙所形成的原因可能是原料中黏土矿物多呈片状，在坯胎烧制过程中，发生一系列脱水、分解的物理化学变化，黏土矿物团粒收缩形成孔隙，在烧结程度较低的情况下，形成一定方向排列的网状孔隙基质，它们呈半开口型，且连通性较好，如图5（b）所示，随着烧结程度的增加，孔隙在高温下被液相封闭，充填，引起孔隙缩小，闭口孔隙增多，当局部玻态物质为主时，孔隙在玻态物质中形成圆形或椭圆形气孔，如图5（c）所示，多为闭口气孔，且后者常见于釉面保存相对较好的琉璃构件胎体中。

第四类与釉层裂纹相连通的狭长裂隙，较普遍存在于釉层病害严重的胎体中，如图5（d）所示，这可能是由于在反复的外界水循环过程中，结构较为疏松的胎体吸湿和排湿所造成的。

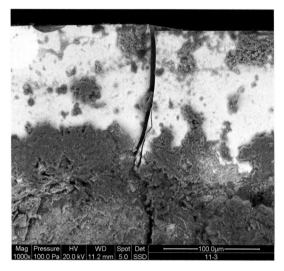

图6　紫禁城清代建筑琉璃构件釉层贯穿
裂纹的背散射图像

2.6　釉层的显微结构

琉璃构件的釉层主要由玻璃相构成。经扫描电镜观察，可知釉层一般较薄，一般为90～160μm，釉层的厚度并不是均匀的，某些琉璃构件上釉层最薄处与最厚处相差约100μm。对釉层断面进行观察，可见多数釉层裂纹贯穿釉面始终，有的甚至开裂至胎体较深的位置处，如图6所示。

从釉层表面来看，贯穿裂纹彼此互相交错形成开片，经过对60块琉璃构件的观察，发现平均开片面积小（约0.3mm²）的琉璃构件釉面保存相对完好，而平均开片面积大（约3.2mm²）的琉璃构件釉面保存相对不好。釉面开片情况见图7。

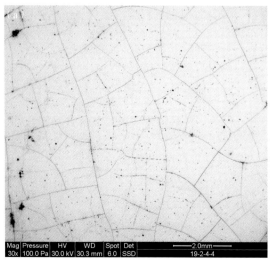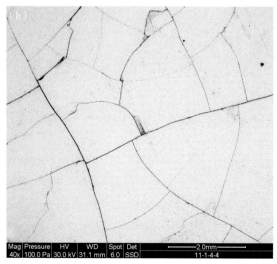

图7　紫禁城清代建筑琉璃构件釉面开片的背散射图像
（a）剥落较少釉面；（b）剥落较多釉面

2.7 胎釉结合层的显微结构

扫描电镜可获得所观测样品的二次电子图像和背散射图像，其中，背散射图像可反映样品的成分衬度，原子序数较大的元素在背散射图像中比较亮，原子序数较小的元素图像则比较暗。图 8 为胎釉结合层的背散射图像照片。如图 8 所示，图像中较亮的部分为釉层，图像中较暗的部分为胎体，胎釉结合层呈现灰色，其亮度介于釉层与胎体之间。由此说明，胎釉结合层的元素组成既不同于釉层，也不同于胎体，而是介于釉层与胎体之间。

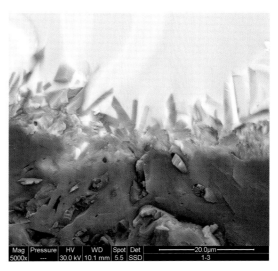

图 8　紫禁城清代建筑琉璃构件胎釉
结合层的背散射图像

从图 8 中可看出，胎釉结合层包括微晶带和熔蚀带两部分，微晶带位于熔蚀带上方，主要为菱片状、长片状和针状的微晶，微晶较小且厚度较薄（＜1μm），多数微晶均自胎向釉层方向生长；熔蚀带厚 5～40μm，是高温液相铅釉熔蚀胎体物质所形成。

采用 EDS 对微晶进行了初步测定（由于微晶较小且周围均存在玻璃相包裹，因此可能有较大误差），测得微晶成分以 PbO、SiO_2、Al_2O_3 和 Fe_2O_3 为主（Fe_2O_3 为着色组分），还有少量的 K_2O、Na_2O，因此推测微晶可能为铅钾长石，这与以往的研究结果也是一致的[5]。采用 EDS 对熔蚀带进行分析，结果表明，熔蚀带中存在 PbO，同时在微晶周围的釉层中 Si、Al 等的含量明显高于釉中的 Si、Al 含量，正因为上述元素的分布规律，形成了背散射图像的成分衬度特征。

综上所述，在二次烧成工艺中，由于低温铅釉的较强助熔作用，在胎釉之间形成了一层结构、成分与胎体、釉层都不同的物质，这层物质可能有益于增强琉璃构件的釉层与胎体之间的结合能力。

3　结论

（1）从显微结构角度来讲，清代紫禁城琉璃构件具有三层结构，分别是较疏松的胎体、致密的釉层和胎釉结合层。

（2）琉璃构件的胎体由基质、颗粒物质和孔隙组成，颗粒物质所占组分为 10%～30%，孔隙所占组分为 20%～40%，基质所占组分为 30%～50%。

（3）琉璃构件胎体中的颗粒物质主要为莫来石、残余石英、长石残骸、云母残骸、叶蜡石残骸、白云石残骸和方解石残骸等，粒度多小于 100μm，大多为棱角状或半滚圆状。在清代的琉璃构件的制备过程中，原材料煤矸石经过了粉碎和过筛。

（4）在玻化程度较低的琉璃构件胎体中的基质呈黏土矿物较典型的显微形态；在另外一些玻化程度较高的琉璃构件胎体中基质已呈玻化或半玻化的枝条状。

（5）在琉璃构件胎体中共发现了四种类型的孔隙，它们的形态、大小和产生原因是完全不同的。

（6）琉璃构件的釉层厚度并不是均匀的，多数釉层裂纹贯穿釉面始终，有的甚至开裂至胎体较深的位置处，并与胎体内狭长的缝隙相连通。

（7）开片面积小的琉璃构件釉面保存相对完好，而开片面积大的保存相对不好。

（8）在二次烧成工艺中，由于低温铅釉的较强助熔作用，在胎釉之间形成了一层结构、成分与胎体、釉层都不同的物质，包括微晶带和熔蚀带两部分，其中微晶可能为铅钾长石。胎釉结合层应有益于增强琉璃构件的釉层与胎体之间的结合能力。

致　谢：本课题获得国家"十一五"科技支撑重点项目课题"古代建筑琉璃构件保护技术及传统工艺科学化研究"（项目编号：2006BAK31B02）资助，在此谨致谢意。

参考文献

[1] 李全庆, 刘建业. 中国古建筑琉璃技术. 北京: 中国建筑工业出版社, 1987: 3-9.
[2] 苗建民, 王时伟. 紫禁城清代剥釉琉璃瓦件施釉重烧的研究. 故宫学刊, 2004, (1): 472-488.
[3] 苗建民, 王时伟. 元明清建筑琉璃瓦的研究. 见: 郭景坤. '05古陶瓷科学技术国际讨论会论文集. 上海: 上海科学技术文献出版社, 2005: 108-115.
[4] 刘康时. 陶瓷工艺原理. 广州: 华南理工大学出版社, 1990: 126-135.
[5] Molera J, Pradell T, Salvado N. Interactions between clay bodies and lead glazes. Journal of the American Ceramic Society, 2001, 84 (3): 1120-1128.

Research on the Microstructure of Architectural Glazed Tile of Qing Dynasty in the Forbidden City

Li Yuan[1]　　Zhang Rufan[2]　　Miao Jianmin[1]

1. The Palace Museum; 2. Institute of Geology and Geophysics, Chinese Academy of Science

Abstract: The microstructure of more than 60 pieces architectural glazed tiles of Qing dynasty in the Forbidden City was investigated by scanning electron microscopy coupled with energy-dispersive X-ray detection (SEM-EDS). The bodies, the glaze layers and the reaction regions in the samples were examined and the features of their microstructure were discussed. The body of the architectural glazed tile of Qing dynasty in the Forbidden City was composed by matrix, particulate matters and pores. The particulate matters are mainly residual quartz, feldspar residue, mica residue, pyrophyllite residue, dolomite residue and calcite residue, the particles sizes are mostly less than 100μm and their shape are mostly angular-semi-circular. The particulate matters are about 10% to 30% of the bodies, while the matrix is about 30% to 50% of the bodies. Four types of pores were found in the bodies, and they are almost 20% to 40% of the bodies. A number of unfolding was found in the glaze layer of the tiles, and the thickness of the glaze layer was found not uniform. The reaction regions of the tiles may contain lead aluminosilicate process crystallites.

Keywords: architectural glazed tile, microstructure, raw material residue

原载《'09古陶瓷科学技术国际学术讨论会论文集》

X 射线衍射法对紫禁城明清琉璃构件中脱水叶蜡石的判定研究

康葆强[1, 2]   窦一村[1, 2]   吕光烈[3]   苗建民[1, 2]

1. 故宫博物院；2. 古陶瓷保护研究国家文物局重点科研基地（故宫博物院）；3. 浙江大学

摘　要：琉璃瓦是明清时期用于皇家宫殿、坛庙等的一种重要建筑材料。根据其胎釉的烧成温度分类可归为釉陶。紫禁城作为明清两代的皇宫接近 600 年，几乎每处建筑上都使用了琉璃瓦。对它们进行系统的科学研究，对保护工作来说至关重要。本文对 100 多个明清琉璃瓦胎体进行了 X 射线衍射（XRD）分析。分析结果中除了石英、莫来石、金红石物相以外，$d=9.35Å$、$d=4.67Å$ 和 $d=3.11Å$ 的衍射峰似属于滑石的衍射峰，但是这些衍射峰的相对强度却与滑石明显不同。有的图谱中同时出现的 $d=4.41Å$ 周围的衍射峰用滑石解释更不合适。进一步解谱发现，这些衍射峰与脱水叶蜡石（一种叶蜡石的受热产物）的 d 值匹配，但相对强度不同。为了确定脱水叶蜡石是否存在，对现代琉璃瓦厂的生坯和叶蜡石加热并作 X 射线衍射分析，确认了明清琉璃瓦胎体中存在脱水叶蜡石。并且发现脱水叶蜡石的衍射峰随温度的升高，强度逐渐减弱，直至消失。因此，脱水叶蜡石有可能作为温度指示矿物。

关键词：紫禁城，琉璃瓦，X 射线衍射法，脱水叶蜡石

故宫又称"紫禁城"，是明清两代的皇宫，建成于明永乐十八年（1420 年），历经明正统、嘉靖、万历，清顺治、康熙、雍正各朝的重建重修，及乾隆年间大规模的添建、改建、重修，成今日之规模。琉璃构件既是紫禁城金碧辉煌装饰的重要组成部分，又是保护木结构的建筑材料。2002 年，武英殿修缮工程揭开了故宫大修的序幕，陆续有多个重要的建筑得到修缮，包括太和殿、神武门、太和门、慈宁宫、寿康宫等。施工过程中拆卸下大量各个年代种类丰富的琉璃构件。对它们进行科学的研究，揭示其制作工艺，对古建琉璃的保护和传统工艺的发掘都有很重要的意义。本工作以前期工作为基础[1, 2]，主要运用 X 射线衍射法对琉璃构件中的脱水叶蜡石物相进行研究。

1　样品及实验条件

100 多块分析样品采集于故宫院内的各个修缮工地，均为黄色釉面的筒瓦和板瓦，在露胎处具有款识，其年代的判别主要根据款识和形制。对于无款识的琉璃构件进行了热释光分析，分析工作由上海博物馆的夏君定老师完成。

对这批琉璃构件的胎体进行了 XRD 分析，所用仪器为故宫博物院古陶瓷检测研究实验室的理学

D/max-2550PC 型多晶 X 射线衍射仪，解谱软件为美国 MDI 公司的 Jade6.5，数据库为国际衍射数据中心（ICDD）的 PDF-2 标准衍射卡片。对北京门头沟振兴琉璃渠瓦厂的一个生坯样品及叶蜡石进行了电炉加热实验，并对加热前后的样品也进行 XRD 分析。

古代琉璃构件分析条件：X 射线管压 40kV，管流 150mA，步长 0.02°，扫描速度 8°/min，DS＝SS＝1°，RS＝0.3mm，扫描范围 $2\theta＝5°\sim70°$；制样方法：把块状琉璃瓦切去釉层及外表面，粉碎后用玛瑙研钵研磨到手触没有颗粒感，把粉末填入长宽深 20mm×20mm×0.5mm 的玻璃样品槽内。样品 143-4 的扫描角度范围为 $2\theta＝3°\sim90°$，所用样品板为长宽深 20mm×20mm×1.5mm 的铝样品板，背压法，其他条件同上。

生坯及生坯加热样品分析条件：管压 40kV，管流 150mA，步长 0.02°，扫描速度 8°/min，可变狭缝，RS＝0.15mm，扫描范围 $2\theta＝1°\sim90°$；制样方法：生坯及加热后样品经粉碎、研磨到手触没有颗粒感填入铝样品槽，采用背压法。

叶蜡石及叶蜡石加热后样品分析条件：管压 40kV，管流 100mA，步长 0.02°，扫描速度 8°/min，DS＝SS＝1°，RS＝0.15mm，扫描范围 $2\theta＝5°\sim80°$；叶蜡石粉末及加热到 700℃ 保温 1h 的样品填入铝样品槽作分析，采用背压法。

电炉为德国 Nabertherm 公司 HT40/16 型电炉。900-3h、1010-3h、1030-3h、1050-3h、1100-3h 分别为生坯加热到 900℃、1010℃、1030℃、1050℃、1100℃的样品，升温速率为 3℃/min，达到设定温度后保温 3h。

2　实验结果及讨论

图 1～图 3 只出现衍射间距 $d＝9.35Å$ 左右、$4.67Å$ 左右及 $3.11Å$ 的三个衍射峰，因此很容易判断为滑石物相。三张图谱的下部分别为滑石（PDF#13-0558）和脱水叶蜡石（PDF#25-0021）的标准峰位，可以看出脱水叶蜡石的 $d＝4.42Å$ 峰是区别两个物相的关键，如图中黑色箭头所指处。

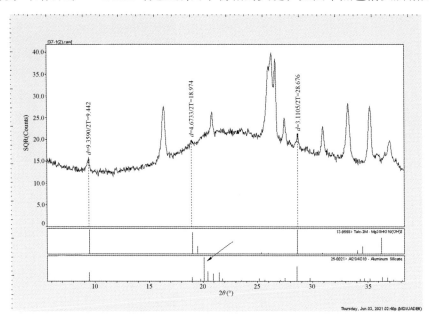

图 1　样品 37-1（2）的 XRD 图谱

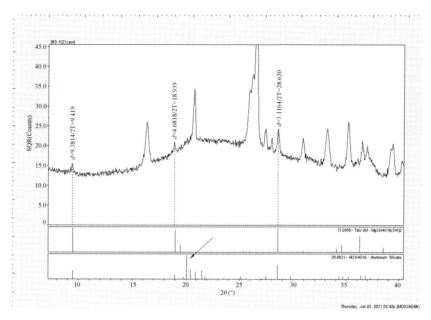

图 2　样品 83-1（2）的 XRD 图谱

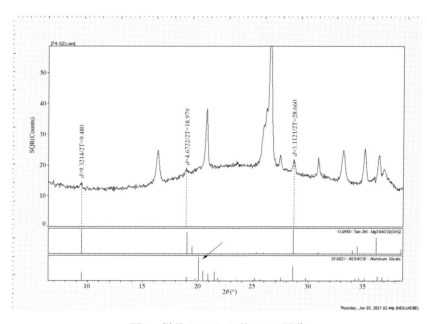

图 3　样品 74-1（2）的 XRD 图谱

这三个样品的 XRD 结果表明，当脱水叶蜡石谱峰强度比较弱的情况下，很容易判为滑石物相。但是滑石相的最强峰 d 值是 9.35Å，图中三个未知峰中的最强峰是 3.11Å。图 4～图 6 除了出现与图 1～图 3 相近的三个峰以外，还出现 d＝4.40～4.43Å 的衍射峰；图 7～图 9 中还有 d＝4.15～4.17Å 处的衍射峰；图 10～图 12 中又增加了 d＝4.32～4.33Å 处的衍射峰，见表 1。在对图 7～图 12 等图谱的反复寻峰匹配后，发现脱水叶蜡石比滑石更匹配。结合北京门头沟琉璃厂的老艺人对制瓦用原料的陈述，近几十年有时在胎料中加入适量叶蜡石的做法[3]；《窑厂账簿》[4] 中也提到的琉璃制胎原料里有"叶蜡石"。

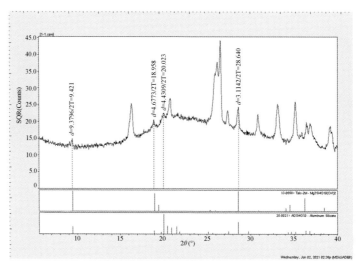

图 4　样品 1-1 的 XRD 图谱

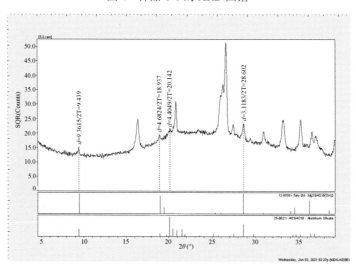

图 5　样品 3-3 的 XRD 图谱

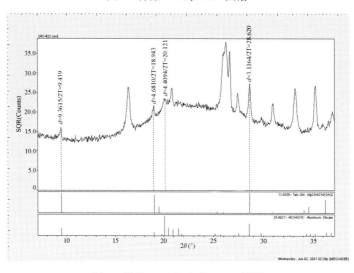

图 6　样品 40-4（2）的 XRD 图谱

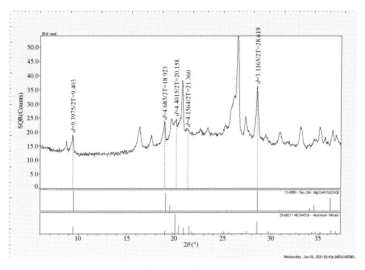

图 7 样品 6-8 的 XRD 图谱

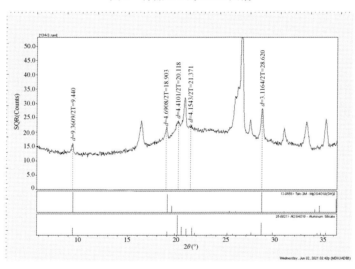

图 8 样品 134-3 的 XRD 图谱

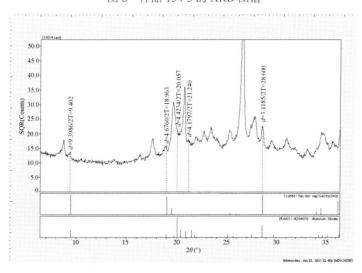

图 9 样品 143-4 的 XRD 图谱

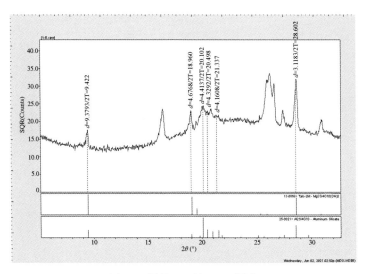

图 10　样品 1-6 的 XRD 图谱

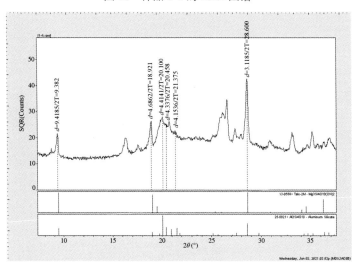

图 11　样品 1-4 的 XRD 图谱

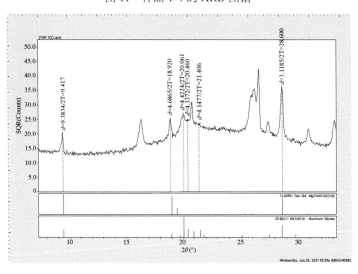

图 12　样品 106-1（2）的 XRD 图谱

表 1　明清琉璃构件 XRD 结果中未知谱峰 d 值特征

样品编号	年代	对应图谱	"未知"衍射峰衍射间距 d/Å
37-1（2）	清代	图 1	9.35，4.67，3.11
83-1（2）	清代	图 2	9.38，4.68，3.11
74-1（2）	清代	图 3	9.32，4.67，3.11
1-1	清代	图 4	9.37，4.67，3.11，4.43
3-3	清代	图 5	9.36，4.68，3.11，4.40
40-4（2）	清代	图 6	9.36，4.68，3.11，4.40
6-8	清代	图 7	9.39，4.68，3.11，4.40，4.15
134-3	清代	图 8	9.36，4.69，3.11，4.41，4.15
143-4	明代	图 9	9.39，4.67，3.11，4.42，4.17
1-6	清代	图 10	9.37，4.67，3.11，4.41，4.16，4.32
1-4	清代	图 11	9.41，4.68，3.11，4.41，4.15，4.33
106-1（2）	清代	图 12	9.38，4.68，3.11，4.42，4.14，4.33

　　于是对北京门头沟振兴琉璃渠瓦厂的琉璃瓦生坯进行分析，见图 13，发现生坯中含有叶蜡石物相，如黑色箭头所指物相。对其进行加热并对加热后的样品进行了 XRD 分析。图 14 为生坯和生坯加热到 900℃ 保温 3h 的图谱比较，加热后生成的脱水叶蜡石与生坯中的叶蜡石相比，d 值增大，对应的衍射峰向低角度方向移动，这一现象与魏存弟等[5]的实验结果一致。在 900℃ 保温 3h 的图谱中，属于脱水叶蜡石的 $d=9.36$Å、$d=4.67$Å、$d=3.11$Å、$d=4.45$Å、$d=4.14$Å、$d=4.35$Å 峰与图 10～图 12 老瓦的分析结果基本一致，给明确判断这类谱峰的归属提供了有力依据。图 15 中从下至上依次为 1010-3h、1030-3h、1050-3h、1100-3h 的图谱比较，可以看到：1010-3h 图谱与 900-3h 相比 $d=4.35$Å，$d=4.14$Å 消失，到 1030-3h 图中，$d=4.40$Å 几乎消失，再到 1050-3h 图中，$d=9.36$Å 和 $d=4.68$Å 峰也消失，1100-3h 中脱水叶蜡石的各谱峰彻底消失，见表 2。

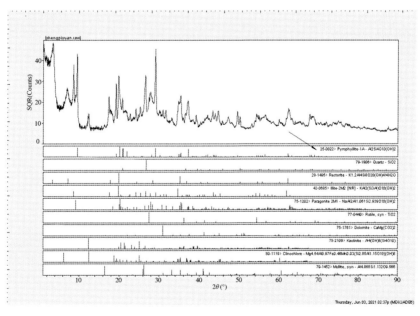

图 13　现代瓦厂生坯的 XRD 图谱

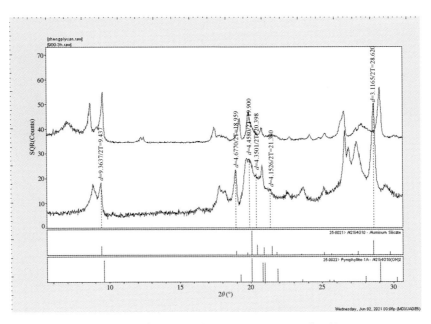

图 14　现代瓦厂生坯与 900-3h 的 XRD 图谱比较

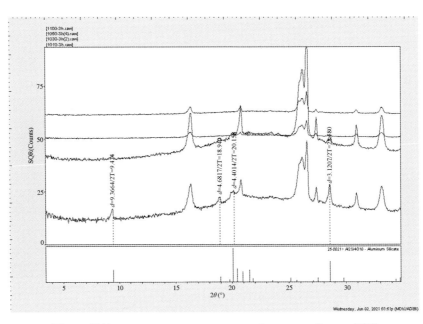

图 15　样品 1010-3h、1030-3h、1050-3h 和 1100-3h 的 XRD 图谱

表 2　生坯不同温度下的未知谱峰 d 值

样品标号	"未知"衍射峰衍射间距 $d/\text{Å}$	样品标号	"未知"衍射峰衍射间距 $d/\text{Å}$
900-3h	9.36、4.67、3.11、4.45、4.14、4.35	1050-3h	3.12
1010-3h	9.36、4.68、4.40、3.12	1100-3h	各个衍射峰彻底消失
1030-3h	9.36、4.68、3.12		

　　上述老瓦及生坯加热实验说明：随着温度的升高，琉璃胎体中的脱水叶蜡石各衍射峰强度降低，谱峰数目减少直至消失。老瓦中脱水叶蜡石的残存峰的不同状况正是其不同受热程度的反映。

3 讨论

用Jade解谱软件解出的脱水叶蜡石标准谱与故宫老瓦样品、现代瓦厂生坯加热生成的脱水叶蜡石在衍射峰位置上基本相同，但强度分布不同。故宫老瓦样品和现代瓦厂生坯加热后所含脱水叶蜡石的最强峰都处于3.11Å，而解谱得到PDF#25-0021的最强衍射峰在$d=4.42$Å。图16为振兴琉璃瓦厂叶蜡石的XRD结果，含有叶蜡石、水铝石、金红石和少量高岭石。加热叶蜡石到700℃保温1h，生成脱水叶蜡石和刚玉，见图17。生成的脱水叶蜡石与故宫老瓦胎体、振兴瓦厂生坯加热后的脱水叶蜡石非常相近，与PDF#25-0021（三斜晶系叶蜡石的受热产物[6]）的谱峰强度分布上存在差异。张振禹[7]、魏存弟[8]等用XRD法分别对福州和日本的叶蜡石加热相变过程进行了研究，得到的脱水叶蜡石衍射峰的相对强度与本文中的一致，而与PDF#25-0021不同。

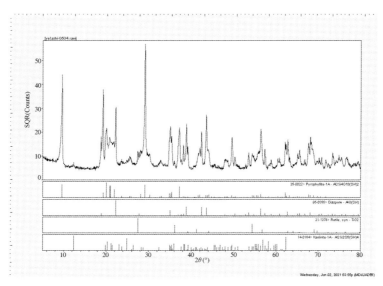

图16 振兴琉璃瓦厂叶蜡石的XRD图谱

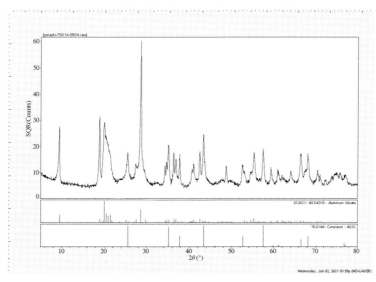

图17 振兴琉璃瓦厂叶蜡石加热到700℃保温1h后的XRD图谱

4 结论

（1）容易把 d 值在 9.35Å 左右、4.67Å 左右及 3.11Å 的三个衍射峰判断为滑石的原因是脱水叶蜡石的谱峰数量随着温度的提高逐渐减少，在某个温度范围恰好与滑石的标准谱匹配；

（2）根据现代瓦厂胎体的加热实验和明清琉璃样品的实验数据，脱水叶蜡石的谱峰数量逐渐减少，并且存在一定的规律性，可以作为温度指示矿物；

（3）故宫明清老瓦样品中的脱水叶蜡石物相与 ICDD 的 PDF-2 数据库中的 PDF#25-0021 的谱峰位置（d 值）基本匹配，但谱峰的强度分布不同，前者的最强峰在 3.11Å，后者的最强峰在 d=4.42Å；

（4）烧制紫禁城明清琉璃构件的胎体原料中存在叶蜡石，而且在现代琉璃瓦厂的原料中仍然存在；从陶瓷工艺的角度研究它对琉璃胎体烧制工艺、琉璃胎体物理化学性能的影响，对阐释传统琉璃工艺的科学内涵有重要意义。

致　谢：本研究获得国"十一五"重点科技支撑项目课题（项目编号：2006BAK31B02）资助。感谢实验室外聘专家周国信老师在工作期间与作者进行了有益并具有启发意义的探讨。

参考文献

[1] 苗建民, 王时伟. 紫禁城清代剥釉琉璃瓦件施釉重烧的研究. 故宫学刊, 2004, (1), 472-488.

[2] 苗建民, 王时伟. 元明清建筑琉璃瓦的研究. 见: 郭景坤. '05 古陶瓷科学技术国际讨论会论文集. 上海: 上海科学技术文献出版社, 2005: 108-115.

[3] 苗建民, 王时伟. 元明清建筑琉璃瓦的研究. 见: 郭景坤. '05 古陶瓷科学技术国际讨论会论文集. 上海: 上海科学技术文献出版社, 2005: 113.

[4] 中国科学院自然科学史研究所. 中国古代建筑技术史. 北京: 科学出版社, 1985: 270.

[5] 魏存弟, 赵峰, 马鸿文, 等. 叶蜡石加热相变及其演化特征. 吉林大学学报 (地球科学版), 2005, 35 (2): 150-154.

[6] Wardle R, Brindley G W. The crystal structures of pyrophyllite, 1Tc, and of its dehydroxylate. American Mineralogist, 1972, 57, 732-750.

[7] 张振禹, 汪灵. 叶蜡石加热相变特征的X 射线粉晶衍射分析. 硅酸盐学报, 1998, 26 (5): 618-623.

[8] 魏存弟, 赵峰, 马鸿文, 等. 叶蜡石加热相变及其演化特征. 吉林大学学报 (地球科学版), 2005, 35 (2): 150-154.

Study on Dehydroxylated Pyrophyllite in Building Glazed Tiles of the Forbidden City in Ming and Qing Dynasties by XRD

Kang Baoqiang[1, 2]   Dou Yicun[1, 2]   Lv Guanglie[3]   Miao Jianmin[1, 2]

1.The Palace Museum; 2. Key Scientific Research Base of Ancient Ceramics, State administration of Cultural Heritage (The Palace Museum); 3. Zhejiang University

Abstract: Glazed tile is an important architectural material for imperial palace, altar, temple in Ming and Qing dynasties of China. According to its firing temperature, it can fall into glazed earthenware. The Forbidden City was the imperial palace of Ming and Qing dynasties for near 600 years. Glazed tile was used on almost every building. Systemic scientific research on it is crucial for conservation. In this work more than 100 glazed tiles were analyzed by powder X-ray diffraction. Some phases such as quartz, mullite, rutile can be confirmed while some peaks can't be attributed to a certain phase.

A series of peaks around $d=9.35\text{Å}$, around $d=4.67\text{Å}$ and $d=3.11\text{Å}$ in some pattern seems to be attributed to Talc. However their relative intensities are obviously different from Talc. At the same time several peaks around $d=4.41\text{Å}$ can not be explained by Talc. After iterative search matches of several samples with strong above peaks, we find the peaks have same d value but different relative intensity in comparison with dehydroxylated pyrophyllite, a product formed by heating pyrophyllite. In order to confirm this phase, unfired body and pyrophyllite from modern factory was fired under increasing temperature with electric furnace and analyzed by XRD. The results show above peaks belong to dehydroxylated pyrophyllite assuredly. Also it can be seen that peaks of dehydroxylated pyrophyllite become weak and disappear with evaluated temperature regularly. Thereby it can be taken as indicator of firing temperature.

Keywords: the Forbidden City, glazed tile, XRD, dehydroxylated pyrophyllite

原载《'09 古陶瓷科学技术国际讨论会论文集》

黄瓦窑琉璃构件胎釉原料及烧制工艺研究

康葆强[1,2]　段鸿莺[1,2]　丁银忠[1,2]　李　合[1,2]　苗建民[1,2]　赵长明[3]　富品莹[3]

1. 故宫博物院；2. 古陶瓷保护研究国家文物局重点科研基地（故宫博物院）；3. 辽宁鞍山市博物馆

摘　要：黄瓦窑位于我国辽宁省鞍山市海城地区，经专家考证它是专门为清代辽宁地区烧制皇家建筑琉璃构件的窑厂。本文利用 X 射线荧光波谱法、X 射线衍射法、热膨胀分析等方法研究了黄瓦窑琉璃的胎釉原料及烧制工艺情况。研究表明：黄瓦窑烧制的建筑琉璃为低温铅釉、二次烧成，胎体属于我国陶瓷史上比较少见的 $MgO\text{-}Al_2O_3\text{-}SiO_2$ 三元体系，胎体的热膨胀系数比釉层高（2～3）×10^{-6}/℃。

关键词：黄瓦窑，建筑琉璃构件，原料组成，工艺

　　黄瓦窑遗址位于我国辽宁省鞍山市海城地区，遗址面积近 16 万 m²。2002 年 4 月 10 日至 2006 年 5 月，鞍山市博物馆考古队对黄瓦窑遗址进行了调查，在遗址及附近的缸窑岭村采集了建筑构件标本约 100 件，发现了一批具有"永陵""福陵""昭陵""清宁宫"和"北镇庙"等文字标识的构件。根据历史文献记载及采集实物的情况来看，黄瓦窑应为烧造沈阳故宫及关外三陵、北镇庙等处琉璃构件的窑厂[1]。本工作主要从科技检测的角度对黄瓦窑琉璃的胎釉原料及烧制工艺情况进行了研究。

1　实验样品

　　实验中用到的黄瓦窑遗址样品及辽宁地区古建筑琉璃样品都由鞍山市博物馆提供，遗址样品为鞍山市博物馆考古队在遗址发掘调查过程中采集，古建筑琉璃样品来自于古建筑维修卸下的构件。样品编号 WLLM-0008～WLLM-0048 为黄瓦窑遗址的样品，WLLM-0049～WLLQ-0062 为沈阳故宫、北镇市北镇庙、沈阳福陵、抚顺新宾永陵的古建筑琉璃样品。辽阳八角金殿的琉璃样品为黄瓦窑的早期制品[2]。另外，鞍山市博物馆考古队在黄瓦窑遗址调查时发现"采白土区"和"采红土区"两个原料采集点[3]，LY-0014 为从"采白土区"采集的白色黏土，hongtu-hwy 为从"采红土区"采集的红色黏土。样品具体情况见表 1。

　　分析样品的釉色有红褐釉、黄釉、绿釉、孔雀蓝釉和黄绿两色釉。其中红褐釉样品 18 个，黄釉样品 8 个，绿釉样品 5 个，孔雀蓝釉样品 2 个，黄绿釉样品 1 个。釉色情况见图 1～图 4。胎体情况：大多数样品的胎体基体中存在夹杂物，基体呈橘黄至橘红色，夹杂物以白色颗粒物为主，也有褐色、黑色颗粒物，见图 5。

表 1　黄瓦窑样品及辽宁古建筑琉璃样品基本信息

序号	样品编号	样品名称	款识	来源
1	WLLM-0008	黄釉琉璃构件	无	黄瓦窑遗址
2	WLLM-0010	红褐釉筒瓦	无	黄瓦窑遗址
3	WLLM-0011	红褐釉筒瓦	无	黄瓦窑遗址
4	WLLM-0012	红褐釉板瓦	无	黄瓦窑遗址
5	WLLM-0013	黄釉板瓦	无	黄瓦窑遗址
6	WLLM-0014	黄釉琉璃构件	无	黄瓦窑遗址
7	WLLM-0015	黄釉勾头	无	黄瓦窑遗址
8	WLLM-0018	红褐釉琉璃构件	无	黄瓦窑遗址
9	WLLM-0021	红褐釉当沟	无	黄瓦窑遗址
10	WLLM-0025	孔雀蓝釉琉璃构件	无	黄瓦窑遗址
11	WLLM-0029	孔雀蓝釉琉璃构件	无	黄瓦窑遗址
12	WLLM-0030	红褐釉勾头	无	黄瓦窑遗址
13	WLLM-0031	红褐釉滴水	无	黄瓦窑遗址
14	WLLM-0033	绿釉琉璃构件	无	黄瓦窑遗址
15	WLLM-0038	绿釉筒瓦	无	黄瓦窑遗址
16	WLLM-0039	黄釉筒瓦	无	黄瓦窑遗址
17	WLLM-0044	红褐釉构件	无	黄瓦窑遗址
18	WLLM-0045	黄釉滴水	无	黄瓦窑遗址
19	WLLM-0046	红褐釉构件	福陵角娄□脊	黄瓦窑遗址
20	WLLM-0047	红褐釉勾头	无	黄瓦窑遗址
21	WLLM-0048	红褐釉构件	昭陵角楼	黄瓦窑遗址
22	WLLM-0049	黄绿釉套兽	大正殿	沈阳故宫维修拆卸
23	WLLE-0050	绿釉龙纹垂脊兽	北镇庙前山门	辽宁省北镇市北镇庙调拨
24	WLLE-0051	绿釉龙纹滴水	无	辽宁省北镇市北镇庙拆卸
25	WLLE-0052	绿釉龙纹滴水	无	辽宁省北镇市北镇庙拆卸
26	WLLE-0053	红褐釉垂脊兽	福陵角娄	沈阳福陵维修拆卸
27	WLLQ-0054	红褐釉垂脊兽	永陵四碑娄	辽宁省新宾永陵遗址采集
28	WLLQ-0055	红褐釉垂脊兽	啟运殿	辽宁省新宾永陵遗址采集
29	WLLQ-0056	黄釉脊筒残件	永陵□□	辽宁省新宾永陵遗址采集
30	WLLQ-0057	黄釉套兽	永陵碑楼	辽宁省新宾永陵遗址采集
31	WLLQ-0058	红褐釉龙纹脊筒残件	无	辽宁省新宾永陵遗址采集
32	WLLQ-0059	红褐釉筒瓦	无	辽宁省新宾永陵遗址采集
33	WLLQ-0061	红褐釉混砖	永陵	辽宁省新宾永陵遗址采集
34	WLLQ-0062	红褐釉大吻残件	无	辽宁省新宾永陵遗址采集
35	LY-0014	白色黏土	无	黄瓦窑遗址
36	hongtu-hwy	红色黏土	无	黄瓦窑遗址

注："□"表示不能确定的文字，下同。

图 1　WLLM-0047（红褐釉）

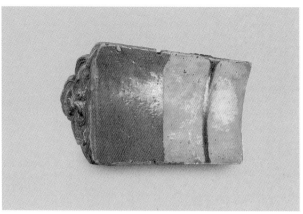

图 2　WLLM-0045（黄釉）

图 3　WLLQ-0051（绿釉）

图 4　WLLM-0049（黄绿两色釉）

图 5　WLLM-0048 胎体的断面

2 实验结果与讨论

2.1 胎体的化学组成和物相组成

对表1琉璃样品胎体及白色、红色黏土进行了元素分析和物相分析。元素分析方法见《WDXRF 对古代建筑琉璃构件胎体主次量元素定量分析方法研究》[4]，红色黏土的元素组成利用 WDXRF 的 IQ 法，使用压片法制样，未测烧失量；物相分析使用理学 D/max-2550PC 型 X 射线衍射仪，工作条件为：管压 40kV，管流 150mA，扫描角度范围 3°～90°，扫描速度 8°/min，DS＝SS＝1°，RS＝0.3m，制样用铝样品槽，背压法。元素分析结果见表2。

表2　黄瓦窑样品及辽宁古建筑琉璃胎体的元素分析结果　　　（单位：wt%）

序号	样品编号	Na_2O	MgO	Al_2O_3	SiO_2	P_2O_5	K_2O	CaO	TiO_2	MnO	Fe_2O_3	LOI	合计
1	WLLM-0008	0.58	19.95	15.15	54.29	0.10	1.61	1.18	0.63	0.06	3.53	2.71	99.80
2	WLLM-0010	0.53	19.31	15.81	53.15	0.12	2.10	1.91	0.63	0.05	3.47	3.36	100.42
3	WLLM-0011	0.64	16.37	16.89	55.83	0.12	2.33	1.11	0.68	0.06	3.98	1.79	99.80
4	WLLM-0012	0.44	22.04	14.96	51.65	0.11	1.44	1.57	0.60	0.05	3.20	3.72	99.76
5	WLLM-0013	0.47	20.40	15.23	53.37	0.13	1.41	1.54	0.62	0.06	3.37	3.71	100.29
6	WLLM-0014	0.58	18.60	15.16	54.09	0.12	1.61	1.66	0.63	0.06	3.55	3.93	100.00
7	WLLM-0015	0.63	20.21	15.33	54.51	0.11	1.59	1.09	0.64	0.06	3.54	2.73	100.42
8	WLLM-0018	0.46	19.59	14.90	52.73	0.13	1.67	1.60	0.61	0.06	3.54	4.50	99.80
9	WLLM-0021	0.60	18.40	15.82	54.63	0.10	1.98	0.93	0.64	0.06	3.65	3.00	99.80
10	WLLM-0025	0.52	19.08	15.71	53.89	0.11	1.86	1.53	0.63	0.06	3.46	3.38	100.23
11	WLLM-0029	0.60	18.29	15.51	54.50	0.12	1.92	1.56	0.64	0.07	3.75	3.28	100.23
12	WLLM-0030	0.51	20.58	15.59	52.28	0.10	2.03	1.05	0.62	0.05	3.33	3.89	100.02
13	WLLM-0031	0.53	18.68	16.23	54.49	0.12	2.00	1.36	0.65	0.06	3.56	2.73	100.41
14	WLLM-0033	0.62	17.88	15.56	54.51	0.09	1.94	1.19	0.63	0.06	3.63	3.64	99.76
15	WLLM-0038	0.54	17.57	15.82	54.89	0.12	2.07	1.25	0.64	0.06	3.55	3.21	99.72
16	WLLM-0039	0.45	19.88	15.39	52.97	0.12	1.68	1.60	0.62	0.05	3.25	4.03	100.04
17	WLLM-0044	0.64	18.66	15.24	53.77	0.13	1.60	2.01	0.66	0.06	3.43	3.61	99.80
18	WLLM-0045	0.82	18.98	15.19	53.56	0.09	1.88	1.15	0.63	0.06	3.64	3.79	99.80
19	WLLM-0046	0.65	16.29	15.86	54.35	0.14	2.11	1.83	0.66	0.07	4.15	3.70	99.80
20	WLLM-0047	0.61	20.36	14.85	53.80	0.11	1.51	1.21	0.62	0.06	3.49	3.20	99.80
21	WLLM-0048	0.64	19.52	15.36	54.34	0.10	2.01	0.95	0.62	0.05	3.41	2.80	99.80
22	WLLM-0049	0.62	21.16	15.17	51.34	0.10	1.35	1.79	0.63	0.05	3.04	4.55	99.80
23	WLLE-0050	0.58	15.15	16.39	54.83	0.10	2.65	1.20	0.67	0.06	4.62	3.56	99.80
24	WLLE-0051	0.60	18.38	15.63	54.15	0.09	1.70	1.65	0.64	0.06	3.48	3.41	99.80
25	WLLE-0052	0.59	18.35	15.69	54.46	0.10	1.78	1.38	0.64	0.06	3.49	3.26	99.80
26	WLLE-0053	0.55	17.47	15.94	54.11	0.09	1.95	1.44	0.66	0.06	3.87	3.67	99.80

续表

序号	样品编号	Na₂O	MgO	Al₂O₃	SiO₂	P₂O₅	K₂O	CaO	TiO₂	MnO	Fe₂O₃	LOI	合计
27	WLLQ-0054	0.57	18.19	16.33	55.11	0.09	1.96	0.89	0.66	0.05	3.54	2.41	99.80
28	WLLQ-0055	0.56	20.03	15.79	54.09	0.10	1.70	0.94	0.65	0.05	3.44	2.43	99.80
29	WLLQ-0056	0.46	22.29	14.23	50.40	0.10	1.41	0.96	0.59	0.05	3.22	6.08	99.80
30	WLLQ-0057	0.45	21.63	15.16	51.27	0.11	1.60	1.30	0.60	0.05	3.29	4.34	99.80
31	WLLQ-0058	0.56	19.68	15.51	53.43	0.11	1.69	1.29	0.64	0.05	3.48	3.37	99.80
32	WLLQ-0059	0.46	24.28	13.30	50.05	0.09	0.92	1.13	0.57	0.05	2.94	6.02	99.80
33	WLLQ-0061	0.51	16.90	16.39	54.84	0.09	1.92	1.37	0.67	0.06	3.88	3.18	99.80
34	WLLQ-0062	0.68	16.10	15.35	55.49	0.10	1.82	1.91	0.69	0.07	3.93	3.66	99.80
35	LY-0014	0.08	33.16	8.38	31.10	0.05	0.75	0.49	0.27	0.01	1.12	24.38	99.80

从对表 2 的分析可以看出，黄瓦窑及辽宁古建筑琉璃胎体属于我国陶瓷史上比较少见的 MgO-Al₂O₃-SiO₂ 三元系统。MgO 含量 15%~25%，Al₂O₃ 含量 13%~17%，SiO₂ 含量 50%~56%，三种氧化物占总体的 86%~90%。另外，胎体中的 Fe₂O₃ 含量较高，胎体颜色偏红应与此有关。李文杰等[5]总结了我国新石器时代至汉代制陶所用的黏土，其中的高镁质易熔黏土 MgO 含量在 18.66%~29.36%，Al₂O₃ 含量在 5.41%~5.84%，SiO₂ 含量在 54.85%~68.06%，具有此类化学组成特征的器物有湖北枝城北遗址城背溪文化的白陶、关庙山遗址大溪文化的白陶、广东后沙湾遗址新石器时代文化的白陶、内蒙古敖汉旗夏家店上层文化的陶串珠。李家治[6]对新石器时代中、晚期白陶的化学组成进行总结时也发现 MgO 较高、Al₂O₃ 较低的类型，指出大溪文化的白陶属于该类型。黄瓦窑、辽宁古建筑琉璃胎体与上述新石器时代的陶器相比，SiO₂ 含量较低，Al₂O₃ 含量较高，助熔成分中 K₂O 含量较高。

黄瓦窑样品及辽宁古建筑琉璃胎体的 X 射线衍射物相结果见表 3。所有琉璃样品都含石英、镁橄榄石、顽火辉石和微斜长石。其中，镁橄榄石和顽火辉石为特征矿物，化学式分别为 Mg₂SiO₄、MgSiO₃，与胎体含镁量较高的化学组成相符。部分样品中存在白云母、钠长石、尖晶石，少量样品中存在滑石。WLLM-0045 和 WLLQ-0057 的 X 射线衍射图谱见图 6 和图 7。

表 3 黄瓦窑样品及辽宁古建筑琉璃胎体的 X 射线衍射物相结果

序号	样品编号	物相种类
1	WLLM-0008	石英、镁橄榄石、顽火辉石、尖晶石、微斜长石、钠长石
2	WLLM-0010	石英、镁橄榄石、顽火辉石、微斜长石
3	WLLM-0011	石英、镁橄榄石、顽火辉石、尖晶石、微斜长石
4	WLLM-0012	石英、镁橄榄石、顽火辉石、微斜长石
5	WLLM-0013	石英、镁橄榄石、顽火辉石、微斜长石
6	WLLM-0014	石英、镁橄榄石、顽火辉石、微斜长石、钠长石、云母
7	WLLM-0015	石英、镁橄榄石、顽火辉石、尖晶石、微斜长石
8	WLLM-0018	石英、镁橄榄石、顽火辉石、微斜长石、钠长石、云母
9	WLLM-0021	石英、镁橄榄石、顽火辉石、微斜长石、钠长石、云母
10	WLLM-0025	石英、镁橄榄石、顽火辉石、尖晶石、微斜长石
11	WLLM-0029	石英、镁橄榄石、顽火辉石、微斜长石
12	WLLM-0030	石英、镁橄榄石、顽火辉石、微斜长石、云母

序号	样品编号	物相种类
13	WLLM-0031	石英、镁橄榄石、顽火辉石、微斜长石、钠长石、云母
14	WLLM-0033	石英、镁橄榄石、顽火辉石、微斜长石、钠长石、云母、滑石
15	WLLM-0038	石英、镁橄榄石、顽火辉石、微斜长石、云母
16	WLLM-0039	石英、镁橄榄石、顽火辉石、微斜长石、钠长石、云母
17	WLLM-0044	石英、镁橄榄石、顽火辉石、微斜长石
18	WLLM-0045	石英、镁橄榄石、顽火辉石、尖晶石、微斜长石
19	WLLM-0046	石英、镁橄榄石、顽火辉石、微斜长石、钠长石、云母
20	WLLM-0047	石英、镁橄榄石、顽火辉石、微斜长石、钠长石、云母、滑石
21	WLLM-0048	石英、镁橄榄石、顽火辉石、微斜长石、钠长石、云母、滑石
22	WLLM-0049	石英、镁橄榄石、顽火辉石、微斜长石
23	WLLE-0050	石英、镁橄榄石、顽火辉石、微斜长石、云母
24	WLLE-0051	石英、镁橄榄石、顽火辉石、尖晶石、微斜长石
25	WLLE-0052	石英、镁橄榄石、顽火辉石、尖晶石、微斜长石
26	WLLE-0053	石英、镁橄榄石、顽火辉石、微斜长石、云母
27	WLLQ-0054	石英、镁橄榄石、顽火辉石、尖晶石、微斜长石
28	WLLQ-0055	石英、镁橄榄石、顽火辉石、尖晶石、微斜长石
29	WLLQ-0056	石英、镁橄榄石、顽火辉石、微斜长石、云母、滑石
30	WLLQ-0057	石英、镁橄榄石、顽火辉石、微斜长石、云母、滑石
31	WLLQ-0058	石英、镁橄榄石、顽火辉石、微斜长石、钠长石、云母
32	WLLQ-0059	石英、镁橄榄石、顽火辉石、微斜长石、钠长石
33	WLLQ-0061	石英、镁橄榄石、顽火辉石、微斜长石、云母
34	WLLQ-0062	石英、镁橄榄石、顽火辉石、微斜长石
35	LY-0014	菱镁矿、斜绿泥石、滑石、石英、白云母、白云石
36	hongtu-hwy	石英、斜绿泥石、钠长石、微斜长石、白云母、滑石、菱镁矿

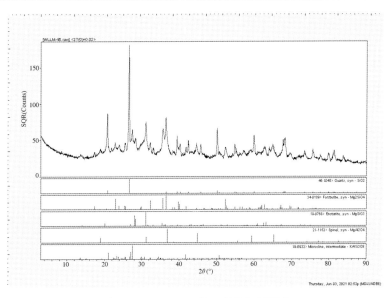

图 6　WLLM-0045 的 X 射线衍射图谱

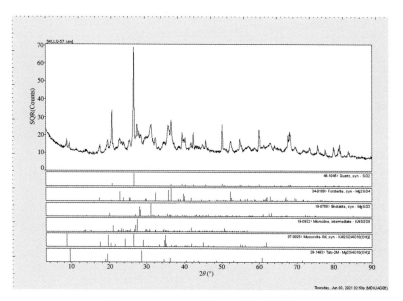

图 7　WLLQ-0057 的 X 射线衍射图谱

　　刘敦桢先生在《琉璃窑轶闻》[7]中提到了黄瓦窑烧琉璃所用的原料情况："用料以白马牙石与坩子土、赭石为大宗，皆产海城。又坩子土及白泥土出沈阳城东二十里王家沟，但白土仍须向海城取之。"白马牙石和赭石可能为配制釉的原料，坩子土和白土可能为制胎原料。白色黏土 LY-0014 的元素分析和物相分析结果表明：样品的 MgO 和烧失量都很高，分别为 33.16% 和 24.38%，扣除烧失量后其主要元素组成为：43.97% MgO，11.12% Al_2O_3，41.23%SiO_2，1%K_2O，1.49%Fe_2O_3。与琉璃样品的胎体相比，LY-0014 的 MgO 含量较高，Al_2O_3、SiO_2、Fe_2O_3 含量较低；其物相结果为菱镁矿、斜绿泥石、滑石、石英、白云母、白云石。红色黏土中元素含量在 1% 以上的成分为：0.99%Na_2O，5.12%MgO，18.44%Al_2O_3，64.58%SiO_2，2.56%K_2O，1.05%CaO，5.71%Fe_2O_3。与白色黏土相比，SiO_2、Al_2O_3 含量较高，MgO 含量较低，并含有一定量 Na_2O、K_2O、CaO 助熔成分，含有较高 Fe_2O_3 的黏土。这一成分特征恰好可以弥补白色黏土与胎体相比"缺失"的部分。从红色黏土含有长石的物相特征来看，也满足胎体的原料要求。

　　结合琉璃样品胎体的物相分析结果来看，胎体中镁橄榄石和顽火辉石可能为斜绿泥石受热的产物。"加热到 700℃后，斜绿泥石脱去层间片中羟基……当加热到 1000℃时，出现镁橄榄石和顽火辉石的特征峰，峰形清晰，以前者为主。继续加热到 1200℃，仍为上述两种矿物，但顽火辉石的衍射强度大大提高。"[8]顽火辉石也可能是滑石的受热产物。滑石脱羟后形成顽火辉石和非晶质二氧化硅[9]，其变化为：

$$Mg_3Si_4O_{10}（OH）_2 \rightarrow 3MgSiO_3 + SiO_2 + H_2O$$
$$\text{滑石} \qquad\qquad \text{顽火辉石}$$

　　根据元素、物相分析结果可初步判断，白色黏土和红色黏土经过一定比例地配制可作为黄瓦窑制作琉璃胎体的原料。白色黏土是胎体中 MgO 的主要来源，红色黏土的 SiO_2、Al_2O_3、Fe_2O_3 含量较高，含有一定量 Na_2O、K_2O、CaO 助熔成分，物相组成中含有微斜长石、钠长石。

2.2 烧制工艺及高温实验

采用周仁、李家治先生的实验方法[10]，用德国耐驰公司的DIL-402C型热膨胀分析仪，在空气气氛中以5℃/min的升温速率测量胎体的热膨胀分析曲线，由此确定样品的烧成温度。利用电钻对釉层进行取样，利用北京电影机械研究所生产的高温物性测试仪对釉的软化点、半球点和流动点进行观测，半球点到流动点的温度范围即为釉的熔融温度范围，见表4。表中17个样品中测量了15个样品胎体的烧成温度，以及7个样品釉的熔融温度范围，对5个样品胎体和釉层都做了测量。

表4　黄瓦窑及辽宁古建筑琉璃胎体的烧成温度及釉层的熔融温度范围　　　　（单位：℃）

序号	样品编号	烧成温度	软化点	半球点	流动点	熔融温度范围
1	WLLM-0008	1010±20	/	/	/	/
2	WLLM-0012	/	700	820	920	820～920
3	WLLM-0013	1000±20	/	/	/	/
4	WLLM-0014	970±20	/	/	/	/
5	WLLM-0015	/	690	830	930	830～930
6	WLLM-0021	1000±20	660	780	930	780～930
7	WLLM-0033	990±20	/	/	/	/
8	WLLM-0038	980±20	/	/	/	/
9	WLLM-0039	980±20	690	770	920	770～920
10	WLLM-0044	1000±20	710	850	940	850～940
11	WLLM-0045	1030±20	630	730	860	730～860
12	WLLM-0046	980±20	/	/	/	/
13	WLLM-0047	990±20	660	850	920	850～920
14	WLLM-0048	980±20	/	/	/	/
15	WLLM-0049	1010±20	/	/	/	/
16	WLLE-0053	970±20	/	/	/	/
17	WLLQ-0061	970±20	/	/	/	/

注：/代表未测量。

从表4可以看出，黄瓦窑及辽宁古建筑琉璃胎体的烧成温度在970～1030℃，釉的熔融温度范围在700～950℃，应为先进行素烧，随后施釉进行釉烧。结合鞍山市博物馆对黄瓦窑的抢救发掘过程中[11]发现素烧窑的事实，黄瓦窑的琉璃烧造为二次烧成。

鉴于黄瓦窑及辽宁古建筑琉璃胎体的烧成温度较低（大多低于1000℃），对MgO含量相差近5%的两个建筑琉璃样品WLLE-0049和WLLQ-0061进行了高温实验。把两个样品分别切取两个样块，用高温电炉加热至1050℃、1100℃保温1h。对加热后的样品进行了X射线衍射分析。结果发现：在温度升高过程中，石英和微斜长石的含量下降，顽火辉石的量增加，尖晶石含量增加或大量出现。两个样品随温度升高不同的变化为：WLLQ-0061在加热到1050℃后，云母消失（WLLE-0049样品中不含云母，见表3）；WLLE-0049中镁橄榄石的量变化不明显，WLLQ-0061的镁橄榄石量降低。它们随温度升高表现出略有差异的变化，应与两者MgO和SiO$_2$的相对比例不同以及K$_2$O、CaO、Fe$_2$O$_3$等助熔成分的含量不同有关，见表2。

结合表 3 和表 4 可以看出，胎体烧成温度在 1000℃以下的样品，如 WLLM-0014、WLLM-0033、WLLM-0038、WLLM-0039、WLLM-0046、WLLM-0047、WLLM-0048、WLLE-0053 和 WLLQ-0061 都存在云母，而没有尖晶石；1000℃以上样品，如 WLLM-0008、WLLM-0045 和 WLLM-0049 不存在云母，WLLM-0008、WLLM-0045 中有尖晶石。云母和尖晶石在不同烧成温度胎体内的存留情况与上述高温实验结果是相符的。

2.3 胎釉的物理性能

利用 X 荧光能谱仪对黄瓦窑及辽宁古建筑琉璃的红褐釉和黄釉的元素组成进行半定量分析，结果见表 5。利用表 5 的结果，根据干福熹法[12]计算釉的热膨胀系数，见表 6。

表 5　黄瓦窑及辽宁古建筑琉璃釉层（红褐釉和黄釉）元素的半定量分析结果　　（单位：wt%）

序号	样品编号	Na_2O	MgO	Al_2O_3	SiO_2	PbO	K_2O	CaO	TiO_2	Fe_2O_3	SnO_2	ZnO
1	WLLM-0008	0.20	1.01	1.59	36.42	55.84	0.70	0.66	0.03	3.37		
2	WLLM-0010	0.31	0.36	1.55	33.02	56.11	0.52	0.69	0.03	3.63	3.67	
3	WLLM-0011	0.31	1.91	4.33	34.07	52.15	0.93	0.82	0.15	5.06		0.12
4	WLLM-0012	0.30	0.95	2.29	35.03	55.65	0.73	0.73	0.06	3.26	0.86	
5	WLLM-0013	0.24	0.41	1.61	35.64	58.94	0.67	0.53	0.03	1.73		0.1
6	WLLM-0014	0.28	0.82	1.81	40.58	53.64	0.64	0.53	0.06	1.55		
7	WLLM-0015	0.36	1.91	3.75	32.89	56.88	0.65	0.42	0.13	2.89		
8	WLLM-0018	0.15	0.78	2.51	33.81	54.57	1.88	0.88	0.05	4.59		0.65
9	WLLM-0021	0.33	0.49	1.50	33.08	58.97	0.49	0.53	0.04	4.47		
10	WLLM-0031	0.31	0.69	2.38	32.40	59.12	0.39	0.27	0.02	3.63	0.73	
11	WLLM-0039	0.27	0.63	1.94	32.89	59.48	0.44	0.65	0.03	3.45	0.10	0.1
12	WLLM-0044	0.32	1.15	2.84	35.00	54.84	0.75	0.58	0.04	4.34		
13	WLLM-0045	0.31	0.82	1.65	33.67	59.87	0.37	0.45	0.08	2.65		
14	WLLM-0046	0.36	0.31	1.59	33.90	58.94	0.52	0.46	0.03	3.72		
15	WLLM-0047	0.22	0.69	2.86	29.74	59.09	0.63	1.27	0.02	5.17		0.15
16	WLLM-0048	0.25	0.46	1.81	34.11	57.71	0.57	0.45	0.03	4.47		
17	WLLM-0049	0.34	0.9	2.43	42.36	50.32	0.9	0.63	0.02	1.88		
18	WLLE-0053	0.26	0.63	2.49	35.14	56.18	0.64	0.42	0.06	4.01		
19	WLLQ-0054	0.29	0.63	2.18	36.26	51.14	1.82	1.31	0.07	6.11		0.1
20	WLLQ-0055	0.32	1.08	3.08	34.32	54.30	1.16	0.34	0.08	5.20		
21	WLLQ-0056	0.31	0.62	2.87	33.98	57.66	0.35	0.75	0.03	3.22	0.12	
22	WLLQ-0057	0.20	0.60	3.19	35.34	55.81	0.53	0.98	0.02	3.14		
23	WLLQ-0058	0.33	0.62	2.35	33.85	56.05	0.76	0.41	0.03	5.45		
24	WLLQ-0059	0.38	0.63	3.70	35.60	54.86	0.44	0.71	0.04	3.39		
25	WLLQ-0061	0.20	1.07	2.43	35.47	54.78	0.70	0.87	0.05	4.15		
26	WLLQ-0062	0.38	0.54	2.78	36.65	54.36	0.43	0.71	0.07	3.90		

表6 黄瓦窑及辽宁古建筑琉璃胎体及釉层的热膨胀系数匹配情况 （单位：10^{-6}/℃）

序号	样品编号	a 胎－a 釉理论（干）	a 釉理论（干）（50～400℃）	a 胎（50～400℃）
1	WLLM-0008	2.47	6.39	8.86
2	WLLM-0010	—	6.29	/
3	WLLM-0011	—	6.45	/
4	WLLM-0012	—	6.45	/
5	WLLM-0013	3.09	6.51	9.6
6	WLLM-0014	3.16	5.93	9.09
7	WLLM-0015	2.11	6.57	8.68
8	WLLM-0018	—	7.1	/
9	WLLM-0021	3.02	6.73	9.75
10	WLLM-0031	—	6.51	/
11	WLLM-0039	2.63	6.64	9.27
12	WLLM-0044	2.77	6.47	9.24
13	WLLM-0045	2.09	6.58	8.67
14	WLLM-0046	2.37	6.67	9.04
15	WLLM-0047	2.25	6.97	9.22
16	WLLM-0048	2.08	6.53	8.61
17	WLLM-0049	3.17	5.83	9.00
18	WLLQ-0053	—	6.38	/
19	WLLE-0054	—	6.96	/
20	WLLQ-0055	—	6.67	/
21	WLLQ-0056	—	6.4	/
22	WLLQ-0057	—	6.26	/
23	WLLQ-0058	—	6.63	/
24	WLLQ-0059	—	6.22	/
25	WLLQ-0061	2.62	6.38	9.00
26	WLLQ-0062	—	6.21	/

注：—代表无法得到数据；/代表未测量。

从表6可以看出，黄瓦窑及辽宁古建筑琉璃釉的热膨胀系数在（5～7）×10^{-6}/℃，胎体的热膨胀系数在（8～10）×10^{-6}/℃。釉层的热膨胀系数与故宫清代琉璃釉层接近，胎体的热膨胀系数明显高于故宫的胎体[13]。从胎釉的热膨胀匹配关系来看，黄瓦窑及辽宁古建筑琉璃胎体比釉层的热膨胀系数高（2～3）×10^{-6}/℃，釉层承受胎体的压应力。肉眼观察，釉面裂纹不同于故宫清代琉璃样品。

参照国家标准 GB 2413—81 和 GB/T 3810.3—2006，对黄瓦窑及辽宁古建筑琉璃胎体的吸水率进行了分析，分析结果见表7。从表中可以看出，胎体的吸水率较高，平均值约为16%。

表7 黄瓦窑及辽宁古建筑琉璃胎体的吸水率 （单位：%）

序号	样品编号	吸水率	序号	样品编号	吸水率
1	WLLM-0008	16.79	4	WLLM-0012	16.07
2	WLLM-0010	15.47	5	WLLM-0013	17.27
3	WLLM-0011	16.83	6	WLLM-0014	16.45

续表

序号	样品编号	吸水率	序号	样品编号	吸水率
7	WLLM-0015	17.35	17	WLLM-0049	12.30
8	WLLM-0018	16.05	18	WLLE-0053	14.38
9	WLLM-0021	16.34	19	WLLQ-0054	12.78
10	WLLM-0031	15.44	20	WLLQ-0055	16.12
11	WLLM-0039	19.19	21	WLLQ-0056	15.08
12	WLLM-0044	18.01	22	WLLQ-0057	15.42
13	WLLM-0045	16.96	23	WLLQ-0058	14.80
14	WLLM-0046	17.27	24	WLLQ-0059	14.13
15	WLLM-0047	16.18	25	WLLQ-0061	17.55
16	WLLM-0048	15.34	26	WLLQ-0062	16.30

3 结论

（1）黄瓦窑及辽宁古建筑琉璃胎体属于我国陶瓷史上比较少见的 MgO-Al_2O_3-SiO_2 三元体系。胎体中 MgO 含量 15%～25%，Al_2O_3 含量 13%～17%，SiO_2 含量 50%～56%，三种元素之和占总体的 86%～90%。胎体中的 Fe_2O_3 含量较高，胎体颜色偏红应与此有关。所有样品中都含石英、微斜长石、镁橄榄石和顽火辉石。其中，镁橄榄石和顽火辉石为特征矿物，化学式分别为 Mg_2SiO_4、$MgSiO_3$，与胎体含镁量较高的化学组成相符。部分样品中存在白云母、钠长石、尖晶石，少量样品中存在滑石。

（2）根据元素、物相分析结果可初步判断，白色黏土和红色黏土经过一定比例地配制可作为黄瓦窑制作琉璃胎体的原料。白色黏土是胎体中 MgO 的主要来源，红色黏土的 SiO_2、Al_2O_3、Fe_2O_3 含量较高，含有一定量 Na_2O、K_2O、CaO 助熔成分，物相组成中含有微斜长石、钠长石。白色黏土和红色黏土中均含有滑石、菱镁矿，反映出海城当地的地质矿产特征。

（3）黄瓦窑及辽宁古建筑琉璃胎体的烧成温度在 970～1030℃，胎体的吸水率较高，平均值约为 16%。釉的熔融温度范围在 700～950℃，为低温铅釉、二次烧成的产品。

（4）黄瓦窑及辽宁古建筑琉璃胎体比釉层的热膨胀系数高（2～3）×10^{-6}/℃，釉层承受胎体的压应力，釉面的裂纹特征不同于故宫清代的琉璃样品。

致　谢：本研究得到了国家"十一五"重点科技支撑项目（项目编号：2006BAK31B02）和国家文物局指南针计划试点项目"黄瓦窑琉璃制作工艺科学揭示与建立多媒体数字化展示平台的研究"的资助。感谢鞍山市博物馆的李刚、张旗、白文勋在协同遗址调查、取样过程中付出的辛勤劳动。

参考文献

[1] 富品莹，路世辉. 辽宁海城黄瓦窑遗址调查报告. 沈阳故宫博物院院刊, 2007, (4): 6-22.

[2] 富品莹，路世辉. 辽宁海城黄瓦窑遗址调查报告. 沈阳故宫博物院院刊, 2007, (4): 6-22.

[3] 富品莹，路世辉. 辽宁海城黄瓦窑遗址调查报告. 沈阳故宫博物院院刊, 2007, (4): 6-22.

[4] 段鸿莺，梁国立，苗建民. WDXRF 对古代建筑琉璃构件胎体主次量元素定量分析方法研究. 见: 罗宏杰，郑欣淼. '09 古陶瓷科学技术国际讨论会论文集. 上海: 上海科学技术文献出版社, 2009: 119-124.

[5] 李文杰. 中国古代制陶工艺研究. 北京: 科学出版社, 1996: 332.

[6] 李家治. 中国科学技术史·陶瓷卷. 北京: 科学出版社, 1998: 32.

[7] 刘敦桢. 琉璃窑轶闻. 刘敦桢全集 (第一卷). 北京: 中国建筑工业出版社, 2007.

[8] 杨雅秀, 张乃娴, 苏昭冰, 等. 中国粘土矿物. 北京: 地质出版社, 1994: 152.

[9] 杨雅秀, 张乃娴, 苏昭冰, 等. 中国粘土矿物. 北京: 地质出版社, 1994: 72.

[10] 周仁, 等. 中国古陶瓷研究论文集. 北京: 轻工业出版社, 1983.

[11] 富品莹, 路世辉. 辽宁海城黄瓦窑遗址调查报告. 沈阳故宫博物院院刊. 2007, (4): 6-22.

[12] 干福熹. 硅酸盐玻璃物理性质变化规律及其计算方法. 北京: 科学出版社, 1966: 124-128.

[13] 古代琉璃构件保护与研究课题组. 清代剥釉琉璃瓦件施釉重烧的再研究. 故宫博物院院刊, 2008, (6): 117-119.

Research on Raw Materials and Firing Technique of Architectural Glazed Tiles of Huangwa Kiln, Liaoning Province

Kang Baoqiang[1, 2]   Duan Hongying[1, 2]   Ding Yinzhong[1, 2]   Li He[1, 2]
Miao Jianmin[1, 2]   Zhao Changming[3]   Fu Pinying[3]

1. The Palace Museum; 2. Key Scientific Research Base of Ancient Ceramics, State administration of Cultural Heritage (The Palace Museum); 3. Anshan Museum

Abstract: Huangwa kiln is located at Haicheng area, Anshan City, Liaoning Province. According to historical documents and archaeological investigations, it is an imperial kiln for producing architectural glazed tiles in the Qing dynasty. The present research concentrates on manufacturing technology and properties of architectural glazed tiles produced by Huangwa kiln. In the research, several techniques such as WDXRF, XRD, thermal expansion analysis were used. Some important results are as follows: the glazed tiles are low-fired lead glazes and twice-fired products; chemical compositions of the bodies fall into the $MgO\text{-}Al_2O_3\text{-}SiO_2$ ternary system, which is a rare system in the history of ancient ceramics in China; the coefficients of thermal expansion of the bodies are $(2\sim3)\times10^{-6}/℃$ higher than those of the glazes.

Keywords: Huangwa kiln, architectural glazed tile, raw material, technology

原载《南方文物》2009 年第 3 期

北京故宫和辽宁黄瓦窑清代建筑琉璃构件的比较研究

李　合[1, 2]　段鸿莺[1, 2]　丁银忠[1, 2]　窦一村[1, 2]　侯佳钰[1, 2]

苗建民[1, 2]　富品莹[3]　赵长明[3]

1. 故宫博物院；2. 古陶瓷保护研究国家文物局重点科研基地（故宫博物院）；3. 鞍山市博物馆

摘　要： 为了更好地揭示清代不同地区建筑琉璃构件的原料、烧制工艺及其性能关系，本工作以北京故宫和辽宁黄瓦窑清代建筑琉璃构件为研究对象，利用 WDXRF、EDXRF 测定琉璃构件胎、釉的化学组成，利用热膨胀仪和理论计算方法测试计算胎、釉的热膨胀系数。在此基础上，研究了两地清代建筑琉璃构件胎釉的化学组成规律和胎釉热膨胀系数的匹配性关系。结果表明：两地琉璃构件釉料的化学组成基本一致，而琉璃构件胎体原料不同，北京故宫清代琉璃构件胎体化学组成属于硅－铝体系，辽宁黄瓦窑的琉璃构件则属于硅－铝－镁体系，因此两地胎釉热膨胀系数的匹配关系也不同。

关键词： 建筑琉璃构件，化学组成，胎釉匹配

　　北京是元、明、清封建王朝的皇都所在地，留存了大量的宫殿、寺庙、陵寝等建筑，且多以琉璃构件为饰。经考证：北京地区烧造琉璃的赵氏自元代由山西迁来，初在海王村，后门头沟琉璃渠村，烧造了元、明、清三代宫殿陵寝坛庙所需的琉璃构件[1]。辽宁"黄瓦窑"又称"黄瓦厂"，位于辽宁省鞍山市海城析木镇缸窑岭村[2, 3]，窑主侯氏系山西介休人，万历三十五年迁居于此，顺治修大政殿设琉璃窑，侯氏主其事[4]。据清雍正《大清会典》卷二一九《盛京工部》记载："凡陵寝、宫殿需用黄绿砖瓦，兽头等物，定例于海城县所属四门城地方烧造。"2002 年，鞍山博物馆对海城黄瓦窑遗址进行了实地调查并采集了大量的琉璃样品[5]。文献[1～3, 6]表明，两地的琉璃匠人均由山西迁入，因此两地琉璃构件的烧制工艺及釉料的配方多受山西琉璃制作技术的影响。

　　为了更好地揭示清代不同地区建筑琉璃构件的原料、烧制工艺及其性能关系，本工作以北京故宫和辽宁黄瓦窑清代建筑琉璃构件为研究对象，利用 WDXRF、EDXRF 测定胎釉料的化学组成，利用热膨胀仪及理论计算方法测试和计算胎釉的热膨胀系数。在此基础上，结合相关文献记载，初步研究了两地琉璃构件胎釉料的化学组成规律及胎釉热膨胀系数的匹配关系。

1　实验方法和样品

　　实验采用美国 EDAX 公司的 EAGLE Ⅲ XXL 大样品室能量色散 X 射线荧光光谱仪测试琉璃釉的

化学组成[7]。采用荷兰帕纳科公司的 Axios 型 WDXRF 测试琉璃胎体化学组成[8]。用德国耐驰公司的 DIL-402C 型热膨胀分析仪测量胎体的热膨胀系数，根据干福熹提出的玻璃材料热膨胀系数计算方法[9]，对釉料热膨胀系数进行理论计算。

实验选取北京故宫清代黄色琉璃构件 18 块，辽宁黄瓦窑遗址出土的琉璃构件及福陵、永陵的琉璃构件 23 块。总体而言，两地琉璃釉呈现不同的黄、棕红色甚至酱色。北京故宫、辽宁典型建筑琉璃构件见图 1 和图 2。

图 1　北京故宫建筑琉璃构件　　　　　　　图 2　辽宁黄瓦窑建筑琉璃构件

2　实验结果与讨论

2.1　两地琉璃构件釉料成分的比较

尽管我国很早就掌握了琉璃釉的配制方法，但对于详细的配方，在古代却很少有记载。多数情况下，釉料的配方秘不外传，匠人素有"父传子，子传孙，琉璃不传外姓人"和"传子不传女"的习惯[1, 10]。经过时代更迭变迁，配方难免失传，因此目前保留下来的琉璃釉的配方，少之又少。因此，研究琉璃釉料的组成、揭示琉璃釉料配方显得尤为重要。表 1 和表 2 列出了两地琉璃釉料的化学组成。

表 1　北京故宫清代琉璃构件釉层化学组成　　　　　　　　（单位：%）

编号	款识	Na$_2$O	MgO	Al$_2$O$_3$	SiO$_2$	PbO	K$_2$O	CaO	TiO$_2$	Fe$_2$O$_3$
1-1	雍正八年	0.14	0.28	8.59	28.29	59.21	0.71	0.67	0.33	1.78
1-3	雍正八年	0.09	0.26	6.64	27.60	61.96	0.51	0.74	0.35	1.99
1-4	雍正八年	0.29	0.28	1.92	36.87	56.02	0.42	1.22	0.15	2.68
1-5	雍正八年	0.00	0.28	3.28	32.95	59.24	0.43	1.12	0.19	2.37
5-1	乾隆年造	0.00	0.28	3.34	30.53	59.54	0.39	0.65	0.24	5.05
5-2	乾隆年造	0.23	0.29	4.66	32.25	57.52	0.49	0.54	0.21	3.74
6-6	乾隆年制	0.13	0.31	3.60	32.66	57.57	0.42	0.80	0.21	4.19
6-8	乾隆年制	0.25	0.29	3.60	31.76	58.94	0.43	0.93	0.15	3.62
8-1	乾隆三十年	0.50	0.27	3.87	32.78	57.23	0.69	0.88	0.26	3.48

续表

编号	款识	Na₂O	MgO	Al₂O₃	SiO₂	PbO	K₂O	CaO	TiO₂	Fe₂O₃
8-2	乾隆三十年	0.25	0.28	3.21	33.10	57.92	0.55	0.64	0.18	3.82
11-1	嘉庆三年	0.40	0.27	3.35	32.85	57.92	0.68	0.61	0.20	3.65
11-3	嘉庆三年	0.38	0.31	3.50	34.77	55.08	0.88	1.21	0.15	3.65
15-1	嘉庆十一年	0.23	0.26	1.42	29.76	61.88	0.38	0.57	0.14	5.28
16-1	嘉庆拾贰年造	0.02	0.29	3.25	35.19	53.17	0.58	1.38	0.07	5.98
18-1	嘉庆＊年	0.00	0.30	1.73	32.37	59.01	0.28	0.70	0.12	5.47
18-3	嘉庆＊年	0.45	0.18	2.46	31.76	58.64	0.36	0.51	0.17	5.45
19-2	宣统	0.00	0.29	1.85	33.78	58.28	0.38	0.59	0.14	4.70
19-3	宣统	0.42	0.28	2.24	34.51	56.88	0.40	0.53	0.18	4.55

注：＊表示辨认不清。

表 2 辽宁黄瓦窑清代琉璃构件釉层化学组成　　　　　　　　　（单位：%）

样品编号	Na₂O	MgO	Al₂O₃	SiO₂	PbO	K₂O	CaO	TiO₂	Fe₂O₃	SnO₂	ZnO
WLLM-0010	0.31	0.36	1.55	33.02	56.11	0.52	0.69	0.03	3.63	3.67	
WLLM-0011	0.31	1.91	4.33	34.07	52.15	0.93	0.82	0.15	5.06		0.12
WLLM-0012	0.30	0.95	2.29	35.03	55.65	0.73	0.73	0.06	3.26	0.86	
WLLM-0013	0.24	0.41	1.61	35.64	58.94	0.67	0.53	0.03	1.73		0.10
WLLM-0014	0.28	0.82	1.81	40.58	53.64	0.64	0.53	0.06	1.55		
WLLM-0015	0.36	1.91	3.75	32.89	56.88	0.65	0.42	0.13	2.89		
WLLM-0018	0.15	0.78	2.51	33.81	54.57	1.88	0.88	0.05	4.59		0.65
WLLM-0021	0.33	0.49	1.50	33.08	58.97	0.49	0.53	0.04	4.47		
WLLM-0031	0.31	0.69	2.38	32.40	59.12	0.39	0.27	0.02	3.63	0.73	
WLLM-0039	0.27	0.63	1.94	32.89	59.48	0.44	0.65	0.03	3.45	0.10	0.06
WLLM-0044	0.32	1.15	2.84	35.00	54.84	0.75	0.58	0.04	4.34		
WLLM-0045	0.31	0.82	1.65	33.67	59.87	0.37	0.45	0.08	2.65		
WLLM-0046	0.36	0.31	1.59	33.90	58.94	0.52	0.46	0.03	3.72		
WLLM-0047	0.22	0.69	2.86	29.74	59.09	0.63	1.27	0.02	5.17		0.15
WLLM-0048	0.25	0.46	1.81	34.11	57.71	0.57	0.45	0.03	4.47		
WLLE-0053	0.26	0.63	2.49	35.14	56.18	0.64	0.42	0.06	4.01		
WLLQ-0054	0.29	0.63	2.18	36.26	51.14	1.82	1.31	0.07	6.11		0.10
WLLQ-0055	0.32	1.08	3.08	34.32	54.30	1.16	0.34	0.08	5.20		
WLLQ-0056	0.31	0.62	2.87	33.98	57.66	0.35	0.75	0.03	3.22		
WLLQ-0057	0.20	0.60	3.19	35.34	55.81	0.53	0.98	0.02	3.14	0.12	
WLLQ-0058	0.33	0.62	2.35	33.85	56.05	0.76	0.41	0.03	5.45		
WLLQ-0059	0.38	0.63	3.70	35.60	54.86	0.44	0.71	0.04	3.39		
WLLQ-0062	0.38	0.54	2.78	36.65	54.36	0.43	0.71	0.07	3.90		

　　由表1、表2可知，北京故宫琉璃黄釉主要由27.60%～36.87%的 SiO_2、53.17%～61.96%的 PbO、1.42%～8.59%的 Al_2O_3 及1.78%～5.98%的 Fe_2O_3 组成；辽宁黄瓦窑釉料主要由29.74%～40.58%的 SiO_2、

51.14%～59.87% 的 PbO、1.50%～4.33% 的 Al_2O_3 及 1.55%～6.11% 的 Fe_2O_3 组成。

在实验分析的基础上，根据相关文献记载，如明代万历年间的《工部厂库须知》记载的琉璃釉料配方、清康熙年间孙廷铨的《颜山杂记》以及清光绪三十年（1904年）北京门头沟琉璃窑各色釉料配方，不难得到：两地清代琉璃构件黄色釉层主要由氧化硅（SiO_2）、作为助熔剂的氧化铅（PbO）和作为着色剂的氧化铁（Fe_2O_3）三部分组成的。氧化硅作为琉璃釉中最重要的成分之一，通常由洛河石、马牙石等[1]引入。而氧化铅作为琉璃釉的助熔材料，可以使琉璃构件产生耀眼的光泽[11]。古代引入氧化铅的原料主要是黄丹、铅末、铅粉（官粉）等[1]。铅丹（Pb_3O_4），俗称黄丹，古代用人工方法可炒制黄丹。宋《营造法式》记载，"凡合琉璃药所用黄丹阙，炒造之制，以黑锡（铅）、盆硝等入镬，煎一日为粗，第三日炒成"。古代琉璃釉中引入氧化铁的目的是着色。明宋应星著《天工开物》中有"其制为琉璃瓦者……赭石、松香、蒲草等涂染成黄"。赭石又称代赭石，即赤铁矿（Fe_2O_3），《天工开物》有"代赭石，殷红色，处处山中有之，以代郡者为最佳"。明代《工部厂库须知》琉璃釉原料配方中写作"黛赭石"，"黛"可能同"代"。此外，古代琉璃釉中引入氧化铁的原料还有红土（石）等[12]。据文献所载：黄色琉璃构件有少黄（娇黄）、中黄（明黄）、老黄（深黄）之说，少黄多用于园林，中黄多用于宫殿，老黄多用于陵寝[13]。此外，氧化铝也是琉璃釉的重要组成，虽然关于琉璃釉配方中引入氧化铝的文献记载少见，但在古代所使用的原料中，氧化铝不可避免以共存、共生的形式存在于马牙石、紫石、赭石等矿物当中。因此，在所测釉料元素组成当中，都含有一定量的氧化铝。

从上述结果可知，两地清代琉璃构件釉层基本由 50%～60% 的 PbO、30%～40% 的 SiO_2、1%～9% 的 Al_2O_3 和 2%～6% 的 Fe_2O_3 组成，这与文献［10～14］的结论基本一致。琉璃的制作，起始于山西，盛行于山西，而向外流传到各处烧造的，又是山西一个系统，似无可疑[3]。

2.2 两地琉璃构件胎体成分的比较

明沈榜的《宛署杂记》中记载"对子槐山，在县西五十里。山产甘（坩）子土，堪烧琉璃"。这表明在明代，北京地区已经使用门头沟琉璃渠一带的坩子土烧制琉璃胎体了。而辽宁黄瓦窑胎体原料主要取自海城，"用料以白马牙石与矸子土、赭石为大宗，皆产海城。又坩子土及白泥土出沈阳城东二十里王家沟，但白土仍需向海城取之"[2]。由此可见，两地琉璃构件胎体原料都是就地取材的。为了比较两地琉璃胎体原料成分的差异，表3、表4列出了两地清代琉璃构件胎体的化学组成。

表 3　北京故宫清代琉璃构件胎体样品的化学组成　　　　　（单位：%）

样品编号	款识	Na$_2$O	MgO	Al$_2$O$_3$	SiO$_2$	P$_2$O$_5$	K$_2$O	CaO	TiO$_2$	MnO	Fe$_2$O$_3$
1-1	雍正八年	0.88	0.35	30.85	59.32	0.06	2.71	0.31	1.34	0.02	2.51
1-3	雍正八年	0.88	0.35	30.83	59.47	0.06	2.64	0.34	1.35	0.02	2.52
1-4	雍正八年	1.18	0.43	33.24	55.11	0.06	2.77	0.45	1.27	0.03	3.56
1-5	雍正八年	1.04	0.40	32.48	56.82	0.07	2.63	0.41	1.28	0.03	2.97
5-1	乾隆年造	1.36	0.35	25.94	65.04	0.05	3.19	0.23	1.11	0.01	1.31
5-2	乾隆年造	1.38	0.37	26.08	64.64	0.05	3.13	0.25	1.12	0.01	1.32
6-6	乾隆年制	1.30	0.41	32.57	57.07	0.05	3.61	0.33	1.26	0.02	2.05
6-8	乾隆年制	1.25	0.48	32.45	56.91	0.09	3.54	0.38	1.24	0.02	1.99
8-1	乾隆三十年	1.62	0.29	23.22	68.59	0.05	2.68	0.26	1.08	0.00	1.04

样品编号	款识	Na$_2$O	MgO	Al$_2$O$_3$	SiO$_2$	P$_2$O$_5$	K$_2$O	CaO	TiO$_2$	MnO	Fe$_2$O$_3$
8-2	乾隆三十年	1.65	0.28	23.06	68.43	0.05	2.76	0.23	1.08	0.00	1.02
11-1	嘉庆三年	1.22	0.30	23.92	67.92	0.05	2.98	0.18	1.08	0.01	0.88
11-3	嘉庆三年	1.28	0.39	24.05	67.36	0.05	3.02	0.22	1.08	0.01	0.83
15-1	嘉庆十一年	1.69	0.28	24.63	66.69	0.05	2.93	0.23	1.13	0.01	1.10
16-1	嘉庆拾贰年造	1.73	0.29	24.99	66.08	0.05	2.99	0.25	1.15	0.01	1.31
18-1	嘉庆＊年	1.67	0.29	24.80	66.35	0.08	2.92	0.27	1.12	0.01	1.14
18-3	嘉庆＊年	1.75	0.30	24.73	66.51	0.05	2.88	0.23	1.13	0.01	1.12
19-2	宣统	1.03	0.29	20.97	70.69	0.05	2.77	0.23	1.09	0.02	1.67
19-3	宣统	1.03	0.29	20.97	70.73	0.05	2.81	0.23	1.10	0.01	1.65

注：＊表示辨认不清。

表4　辽宁黄瓦窑清代琉璃构件胎体样品的化学组成　　　　（单位：%）

样品编号	Na$_2$O	MgO	Al$_2$O$_3$	SiO$_2$	P$_2$O$_5$	K$_2$O	CaO	TiO$_2$	MnO	Fe$_2$O$_3$
WLLM-0010	0.53	19.31	15.81	53.15	0.12	2.10	1.91	0.63	0.05	3.47
WLLM-0011	0.64	16.37	16.89	55.83	0.12	2.33	1.11	0.68	0.06	3.98
WLLM-0012	0.44	22.04	14.96	51.65	0.11	1.44	1.57	0.60	0.05	3.20
WLLM-0013	0.47	20.40	15.23	53.37	0.13	1.41	1.54	0.62	0.06	3.37
WLLM-0014	0.58	18.60	15.16	54.09	0.12	1.61	1.66	0.63	0.06	3.55
WLLM-0015	0.63	20.21	15.33	54.51	0.11	1.59	1.09	0.64	0.06	3.54
WLLM-0018	0.46	19.59	14.90	52.73	0.13	1.67	1.60	0.61	0.06	3.54
WLLM-0021	0.60	18.40	15.82	54.63	0.10	1.98	0.93	0.64	0.06	3.65
WLLM-0031	0.53	18.68	16.23	54.49	0.12	2.00	1.36	0.65	0.06	3.56
WLLM-0039	0.45	19.88	15.39	52.97	0.12	1.68	1.60	0.62	0.05	3.25
WLLM-0044	0.64	18.66	15.24	53.77	0.13	1.60	2.01	0.66	0.06	3.43
WLLM-0045	0.82	18.98	15.19	53.56	0.09	1.88	1.15	0.63	0.06	3.64
WLLM-0046	0.65	16.29	15.86	54.35	0.14	2.11	1.83	0.66	0.07	4.15
WLLM-0047	0.61	20.36	14.85	53.80	0.11	1.51	1.21	0.62	0.06	3.49
WLLM-0048	0.64	19.52	15.36	54.34	0.10	2.01	0.95	0.62	0.05	3.41
WLLE-0049	0.62	21.16	15.17	51.34	0.10	1.35	1.79	0.63	0.05	3.04
WLLE-0053	0.55	17.47	15.94	54.11	0.09	1.95	1.44	0.66	0.06	3.87
WLLQ-0054	0.57	18.19	16.33	55.11	0.09	1.96	0.89	0.66	0.05	3.54
WLLQ-0055	0.56	20.03	15.79	54.09	0.10	1.70	0.94	0.65	0.05	3.44
WLLQ-0056	0.46	22.29	14.23	50.40	0.10	1.41	0.96	0.59	0.05	3.22
WLLQ-0057	0.45	21.63	15.16	51.27	0.11	1.60	1.30	0.60	0.05	3.29
WLLQ-0058	0.56	19.68	15.51	53.43	0.11	1.69	1.29	0.64	0.05	3.48
WLLQ-0059	0.46	24.28	13.30	50.05	0.09	0.92	1.13	0.57	0.05	2.94
WLLQ-0062	0.68	16.10	15.35	55.49	0.10	1.82	1.91	0.69	0.07	3.93

从表3可见，北京故宫清代琉璃构件胎体主要由55.11%～70.73%的SiO$_2$、20.97%～33.24%的Al$_2$O$_3$、2.64%～3.61%的K$_2$O及0.83%～3.56%的Fe$_2$O$_3$组成。从表4可见，辽宁黄瓦窑清代琉璃构件胎

体主要由 50.05%～70.73% 的 SiO_2、15.15%～22.29% 的 MgO、13.30%～16.89% 的 Al_2O_3、0.92%～2.65% 的 K_2O 及 3.22%～4.62% 的 Fe_2O_3 组成。对表 3 和表 4 数据中 Na_2O、MgO、Al_2O_3、SiO_2、P_2O_5、K_2O、CaO、TiO_2、MnO、Fe_2O_3 十个氧化物的含量进行主因子分析，使这十种氧化物的主要信息显示在因子 1、2 当中，用来观察两地清代琉璃构件胎体间成分的差异。因子 1 和因子 2 的特征值之和为 92.2%，即涵盖所有数据中的 92.2% 的信息。从图 3 可见，北京故宫清代琉璃构件胎体化学组成与辽宁黄瓦窑清代琉璃胎体化学组成分布在不同的区域内，这表明两地的琉璃胎料组成明显不同。此外，结合表 3 的分析结果，北京故宫清代琉璃构件胎体化学组成也可分为两小类：一类为高硅

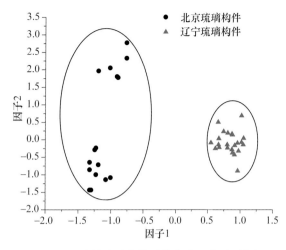

图 3 两地清代琉璃构件胎体化学组成因子分析

低铝；另一类为高铝低硅。北京故宫和辽宁黄瓦窑胎体原料的差异具体可见康葆强的工作[15]。从上述分析结果来看，北京故宫清代琉璃构件胎体属于硅－铝体系；辽宁黄瓦窑的琉璃构件则属于硅－铝－镁体系。

2.3 琉璃构件胎釉匹配关系的比较

在以往的工作中，曾系统的对北京地区清代琉璃构件剥釉机理的内在因素进行了研究，其中胎釉的热膨胀系数不匹配是造成釉面开裂、后期剥釉的原因之一[11]。根据两地清代琉璃构件胎釉化学分析结果（表 1～表 4）可知，两地的琉璃釉料化学组成是基本一致的，而胎体化学组成则差别很大。这样的组成模式，显然对两地琉璃构件胎釉的匹配关系有显著的影响。表 5、表 6 分别列出两地部分琉璃构件胎釉的热膨胀系数及匹配情况。

表 5 北京故宫清代琉璃构件胎体及釉层的热膨胀系数 （单位：$10^{-6}/℃$）

样品编号	$a_{胎}$（50～400℃）	$a_{釉理论}$（20～400℃）	$a_{胎}-a_{釉理论}$
1-1	5.29	6.31	−1.02
1-3	5.58	6.41	−0.83
1-4	4.78	6.30	−1.52
1-5	4.29	6.30	−2.01
5-2	6.08	6.31	−0.23
6-6	5.53	6.30	−0.77
6-8	5.20	6.55	−1.35
8-1	7.09	6.74	0.35
8-2	6.78	6.48	0.30
11-1	6.25	6.68	−0.43
11-3	6.27	6.61	−0.34
15-1	6.68	6.95	−0.27

续表

样品编号	$a_{胎}$（50～400℃）	$a_{釉理论}$（20～400℃）	$a_{胎}$—$a_{釉理论}$
16-1	6.96	6.13	0.83
18-1	6.73	6.35	0.38
18-3	7.16	6.74	0.42
19-2	6.10	6.25	−0.15
19-3	6.53	6.47	0.06

表6　辽宁黄瓦窑清代琉璃构件胎体及釉层的热膨胀系数　　（单位：10^{-6}/℃）

样品编号	$a_{胎}$（50～400℃）	$a_{釉理论}$（20～400℃）	$a_{胎}$—$a_{釉理论}$
WLLM-0013	9.60	6.51	3.09
WLLM-0014	9.09	5.93	3.16
WLLM-0015	8.68	6.57	2.11
WLLM-0021	9.75	6.73	3.02
WLLM-0039	9.27	6.64	2.63
WLLM-0044	9.24	6.47	2.77
WLLM-0045	8.67	6.58	2.09
WLLM-0046	9.04	6.67	2.37
WLLM-0047	9.22	6.97	2.25
WLLM-0048	8.61	6.53	2.08
WLLM-0049	9.00	5.83	3.17

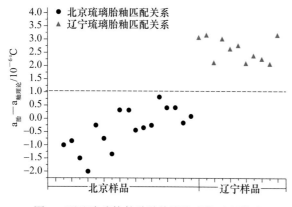

图4　两地琉璃构件胎釉热膨胀系数匹配关系

从表5、表6可以看出，北京故宫清代琉璃釉层的热膨胀系数在（6～7）×10^{-6}/℃，这与辽宁黄瓦窑清代建筑琉璃样品釉层的热膨胀系数是非常接近的，而北京故宫琉璃构件胎体的热膨胀系数在（4～7）×10^{-6}/℃，辽宁黄瓦窑清代建筑琉璃构件胎体的热膨胀系数在（8～10）×10^{-6}/℃，差别很大。

从图4的两地清代琉璃构件胎釉匹配关系（$a_{胎}$—$a_{釉理论}$）来看，北京故宫琉璃构件胎的热膨胀系数与釉层的热膨胀系数接近或略低一些，即$a_{胎}$—$a_{釉理论}$多为负值。在这种匹配关系下琉璃釉层承受胎体的张应力，其釉层上的裂纹应表现为张应力裂纹。而辽宁黄瓦窑胎的热膨胀系数比釉层的热膨胀系数一般要高（2～3）×10^{-6}/℃，显然琉璃釉层承受胎体的压应力。在通常情况下，釉的抗压强度比抗张强度大得多[16]。已有的研究工作也认为[17]，釉比胎体的热膨胀系数小（1～2）×10^{-6}/℃较为适宜，可使釉层承受适当的压应力，即当釉层的热膨胀系数略小于胎体的热膨胀系数时，釉层不易开裂。从这个角度来看，辽宁黄瓦窑清代琉璃构件的胎釉热膨胀系数匹配性要好于北京故宫清代琉璃构件。至于胎釉匹配关系对釉层开裂、剥落的影响还有待于进一步研究。

3 结论

两地的琉璃匠人多由山西迁入，因此两地琉璃构件的烧制，以及釉料的配方多受山西琉璃制作技术的影响。同时，北京门头沟琉璃渠和辽宁黄瓦窑均属清代不同时期的官窑，在官府的统一监督管理[4]下，两地有琉璃制作技术的交流，如"侯氏厂工与北平官窑赵氏通，有大工则互助挹注"[2]。因此，两地古代建筑琉璃构件存在相似性。但是北京地区使用门头沟琉璃渠一带的坩子土烧制琉璃胎体，而辽宁黄瓦窑胎体原料主要取自海城[2]，因此两地古代建筑琉璃构件也存在着差异。通过本文的研究得到以下三点结论。

（1）两地清代琉璃构件黄色釉层的化学组成基本一致，均由 50%～60% 的 PbO、30%～40% 的 SiO_2、1%～9% 的 Al_2O_3 和 2%～6% 的 Fe_2O_3 组成，均属于铅－硅－铝体系。

（2）两地清代琉璃构件胎体原料不同，北京故宫清代琉璃构件胎体化学组成属于硅－铝体系，辽宁黄瓦窑的琉璃构件则属于硅－铝－镁体系。

（3）北京故宫清代琉璃构件胎的热膨胀系数比釉层的热膨胀系数一般要低一些，琉璃釉层承受胎体的张应力；而辽宁黄瓦窑胎的热膨胀系数比釉层的热膨胀系数一般要高（2～3）×10^{-6}/℃，琉璃釉层承受胎体的压应力。

致　谢：本工作得到了国家"十一五"重点科技支撑项目资助（项目编号：2006BAK31B02）和国家文物局指南针计划试点项目"黄瓦窑琉璃制作工艺科学揭示与建立多媒体数字化展示平台的研究"资助，谨致谢意。

参考文献

[1] 潘谷西. 中国古代建筑史. 北京: 中国建筑工业出版社, 2001: 492-498.

[2] 刘敦桢. 琉璃窑轶闻. 见: 刘敦桢全集. 北京: 中国建筑工业出版社, 2007: 58-60.

[3] 陈万里. 陈万里陶瓷考古文集. 北京: 紫禁城出版社, 1997: 210-217.

[4] 王光尧. 中国古代官窑制度. 北京: 紫禁城出版社, 2004: 102-115.

[5] 富品莹, 路世辉. 辽宁海城黄瓦窑遗址调查报告. 沈阳故宫博物院院刊, 2007, (4): 6-22 .

[6] 李全庆. 中国古建筑琉璃技术. 北京: 中国建筑工业出版社, 1987: 5-6.

[7] 李合, 丁银忠, 段鸿莺, 等. EDXRF 无损测定琉璃构件釉主、次量化学. 文物保护与考古科学, 2008, 20 (4): 36-40.

[8] 段鸿莺, 梁国立, 苗建民. WDXRF 对古代建筑琉璃构件胎体主次量化学定量分析方法研究. 见: 罗宏杰, 郑欣淼. '09 古陶瓷科学技术国际讨论会论文集. 上海: 上海科学技术文献出版社, 2009: 119-124.

[9] 干福熹. 硅酸盐玻璃物理性质变化规律及其计算方法. 北京: 科学出版社, 1966: 124-128.

[10] 苗建民, 王时伟. 紫禁城清代剥釉琉璃瓦件施釉重烧的研究. 故宫学刊, 2004, (1): 472-488.

[11] 苗建民, 王时伟, 段鸿莺等. 古代建筑琉璃构件剥釉机理内在因素研究. 故宫博物院院刊, 2008, (5): 115-129.

[12] 中国科学院自然科学史研究所. 中国古代建筑技术史. 北京: 科学出版社, 1985: 265-270.

[13] 刘大可. 明清官式琉璃艺术概论 (上). 古建园林技术, 1995, (4): 29-32.

[14] 苗建民, 王时伟. 元明清建筑琉璃瓦的研究. 见: 郭景坤. '05 古陶瓷科学技术国际讨论会论文集. 上海: 上海科学技术文献出版社, 2005: 108-115.

[15] 康葆强, 段鸿莺, 丁银忠, 等. 黄瓦窑琉璃构件胎釉原料及烧制工艺研究. 南方文物, 2009, (3): 116-122.

[16] 李家驹. 陶瓷工艺学. 北京: 中国轻工业出版社, 2003, 205-208.

[17] 朱肇春, 叶龙耕, 王满林. 日用精陶坯釉结合性能的研究. 硅酸盐学报, 1978, 6 (4): 270-275.

The Contrast Study on the Architectural Glazed Tiles of Qing Dynasty of the Palace Museum of Beijing and Huangwa Kiln of Liaoning

Li He[1, 2]   Duan Hongying[1, 2]   Ding Yinzhong[1, 2]   Dou Yicun[1, 2]

Hou Jiayu[1, 2]   Miao Jianmin[1, 2]   Fu Pinying[3]   Zhao Changming[3]

1. the Palace Museum; 2. Key Scientific Research Base of Ancient Ceramics, State Administration of Cultural Heritage (The palace Museum); 3. Anshan Museum

Abstract: For revealing the different materials and technology of the architectural glazed tiles of Beijing and Liaoning, the article has presented the chemical composition of the body and lead glaze of the architectural glazed tiles of Beijing and Liaoning by WDXRF and EDXRF; and the thermal expansion coefficient of the body and glaze was investigated by thermal expansion instrument and theoretical calculation method. The general rule of chemical contents of the body and lead glaze of the architectural glazed tiles of Beijing and Liaoning was studied. The chemical composition and the matching of the thermal expansion coefficient of the body and lead glaze were compared especially in this paper.

Keywords: architectural glazed tile, chemical composition, matching

原载《文物保护与考古科学》2010 年第 4 期

南京报恩寺塔琉璃构件胎体原料来源的科技研究

丁银忠[1]　段鸿莺[1]　康葆强[1]　吴军明[2]　苗建民[1]

1.故宫博物院；2.景德镇陶瓷大学

摘　要： 南京报恩寺塔是明初重要的皇家琉璃建筑之一，具有较高历史、文化和科技研究价值。相关学者根据考古发掘和相关文献记载推断南京报恩寺塔琉璃构件胎体原料来源于安徽当涂，但这一说法缺少相关科技测试数据做支持。针对这一问题，本文采用波长色散 X 射线荧光谱仪（WDXRF）、电感耦合等离子质谱（ICP-MS）和 X 射线衍射仪（XRD）Rietveld 全谱拟合分析方法，分别对南京报恩寺塔、安徽当涂琉璃窑的明代琉璃构件胎体的主次元素、微量元素、物相含量进行了分析；并运用多元统计方法和稀土元素配比模式对测试结果进行相应讨论和研究。通过对两地琉璃样品胎体分析结果的关联性进行分析研究，初步证实南京报恩塔琉璃构件胎体原料来源于安徽当涂，该研究将对南京报恩寺塔的复建工作具有一定帮助。

关键词： 南京报恩寺塔，建筑琉璃构件，元素组成，原料产地

　　南京报恩寺塔是中国文化的标志性建筑代表之一，与罗马大斗兽场、比萨斜塔，中国万里长城，英国的石围圈，土耳其的索菲亚大教堂，利比亚沙漠边缘的亚历山大地下陵墓一道称为中世纪世界七大奇迹。南京报恩寺塔遗址位于南京（118°50′E，32°02′N）中华门外雨花路，该塔始建于明永乐十年（1412 年），宣德三年（1428 年）竣工；营建工程浩大，耗时 16 年，耗资巨大，据清嘉庆《江南报恩寺琉璃宝塔全图》记载，其费用合计白银达 248 万两。南京报恩寺塔九层八面，高达 78.2m；塔的表面以白色琉璃砖和黄、绿、红、白、黑五色琉璃构件贴面，塔身上下有金刚佛像万千，拱门两侧用琉璃构件砌成卷门，琉璃构件色彩鲜艳，造型独特有狮子、白象、飞天、飞羊等佛教题材造型，为前代未见，是中国古代最精美的琉璃建筑[1]。相关研究[2,3]认为南京聚宝山琉璃窑就是《明会典》中的聚宝山琉璃官窑所在地，也是南京报恩寺琉璃塔琉璃构件的烧制地；《明会典》《天工开物》和《太平府志》的文献记载和 20 世纪 50 年代的南京聚宝山琉璃窑考古发掘[2]都认为南京聚宝山琉璃窑以安徽当涂白土为原料烧制琉璃构件胎体，南京报恩寺塔琉璃构件在南京聚宝山琉璃窑烧制，进而推断南京报恩寺塔琉璃构件胎体是以安徽当涂白土为原料，但以上结果皆从社会考古学角度出发对南京报恩寺塔琉璃构件胎体原料来源问题加以讨论研究，缺少相关科技测量数据做支持；为此，本文利用科学分析手段对胎体主次量元素、微量元素、稀土元素，以及胎体物相含量进行分析研究，拟利用科学分析数据对南京报恩寺琉璃塔胎体原料来源于安徽当涂这一说法加以论证。

1 实验样品及方法

1.1 实验样品

实验所用样品总数为 12 块，其中安徽当涂明代建筑琉璃样品共 6 块，都来源于安徽马鞍山市当涂琉璃窑，为黄绿建筑琉璃筒瓦或构件残件，胎体呈灰白色。江苏南京明代建筑琉璃样品共 6 个，其中南京明故宫太庙黄釉琉璃构件 1 块；南京报恩寺塔琉璃样品 5 块，皆为黄绿建筑琉璃构件，胎体都呈灰白色；其中南京报恩寺塔样品编号 JM-76、JM-77 和 JM-78 由南京博物院提供，南京报恩寺塔样品编号 JM-80、JM-81 和南京太庙 JM-45 由南京市博物馆提供，南京报恩寺塔的部分样品照片见图 1。

（a）JM-77

（b）JM-78

（c）JM-80

（d）JM-81

图 1　南京报恩寺塔琉璃构件样品

1.2 测试方法及结果

本文采用荷兰 PANalyticalAXIOS 型 WDXRF（端窗铑靶 X 射线管），SuperQ 软件对安徽当涂、南京琉璃样品胎体的主、次量元素化学组成进行定量分析，测试样品详细制备方法和主、次量元素化学组成定量分析的测试条件见文献［4］，样品的主、次量元素组成定量分析结果如表 1 所示；利用日本理学公司的 D/max-2550PC，18kW 转靶 XRD，测试条件为管压 40kV、管流 300mA，定量分析软件为 Mauad；采用 Rietveld 全谱拟合分析方法对两地区琉璃样品胎体的物相含量做定量分析，其分析结果见表 2。采用 ICP-MS 法对两地区明代建筑琉璃构件胎体中 Sc、V、Cr、Co、Ni、Cu、Zn、Ga、Rb、Sr、Y、Zr、Nb、Ba、La、Ce、Pr、Nd、Sm、Eu、Gd、Tb、Dy、Ho、Er、Tm、Yb、Lu 等 28 种微量元素进行测试分析，使用文献［5］中相同测试仪器、测试样品制备方法和测试条件，琉璃样品胎体的微量元素测试结果见表 3，采用德国耐驰有限公司的 DIL402C 型热膨胀仪测定琉璃胎体的烧制温度，测试样品规格为 5mm×5mm×25mm，测试升温速率 5℃ /min，测试气氛为氮气，部分胎体样品烧制温度测定结果见表 2。

表 1 琉璃样品胎体主次量元素化学组成 （单位：%）

序号	来源	样品编号	质量分数										
			Na_2O	MgO	Al_2O_3	SiO_2	P_2O_5	K_2O	CaO	TiO_2	MnO	Fe_2O_3	LOI
1	安徽当涂琉璃窑	AM-56	0.42	0.77	20.76	69.32	0.07	3.69	0.23	0.94	0.02	1.81	1.77
2		AM-57	0.25	0.78	20.19	70.01	0.07	3.86	0.26	0.93	0.02	1.92	1.51
3		AM-58	0.31	0.82	21.64	68.19	0.06	4.20	0.19	0.93	0.02	1.63	1.54
4		AM-64	0.28	0.82	20.11	69.96	0.06	3.88	0.24	0.93	0.02	1.85	1.41
5		AM-65	0.40	0.81	20.26	69.45	0.05	3.94	0.28	0.95	0.02	2.18	1.47
6		AM-67	0.38	0.82	20.18	70.67	0.05	3.76	0.22	0.94	0.02	1.75	1.32
7	南京太庙	JM-45	0.33	0.73	19.95	70.62	0.06	4.12	0.22	0.91	0.02	1.69	1.15
8	南京报恩寺塔	JM-76	0.36	0.68	19.90	70.51	0.05	4.14	0.17	0.92	0.01	1.73	1.32
9		JM-77	0.34	0.72	19.65	70.77	0.05	4.10	0.20	0.92	0.02	1.84	1.19
10		JM-78	0.30	0.72	19.70	70.62	0.05	4.22	0.22	0.92	0.02	1.79	1.27
11		JM-80	0.38	0.73	19.49	70.79	0.05	4.06	0.24	0.93	0.02	1.95	1.15
12		JM-81	0.39	0.72	19.56	70.88	0.07	3.90	0.23	0.91	0.02	1.88	1.22

表 2 琉璃样品胎体的 XRD 物相定量分析结果及烧制温度

来源	样品编号	质量分数 /%								烧制温度（±20℃）
		非晶相	莫来石	石英	金红石	伊利石	刚玉	尖晶石	合计	
南京报恩寺塔	JM-76	42.3	9.8	38.6	0.8		1.2	7.4	100.1	960
	JM-77	42.3	8.2	39.5	0.6	1.5	2	5.9	100	980
安徽当涂琉璃窑	AM-56	42.3	7.8	36.9	0.4	1.6	2.3	8.8	100.1	940
	AM-57	41.8	9.9	37.3	0.8		2.7	7.5	100	950

表 3 琉璃样品胎体微量元素含量 （单位：ppm）

来源	安徽当涂琉璃窑						南京太庙	南京报恩寺塔				
序号	1	2	3	4	5	6	7	8	9	10	11	12
元素	AM-56	AM-57	AM-58	AM-64	AM-65	AM-67	JM-45	JM-76	JM-77	JM-78	JM-80	JM-81
Sc	20.6	16.8	16.4	12.7	17.1	12.5	16	9.62	19.6	13.2	21.2	12.3
V	111	118	123	114	117	114	103	106	102	100	105	103

续表

来源	安徽当涂琉璃窑						南京太庙	南京报恩寺塔				
序号	1	2	3	4	5	6	7	8	9	10	11	12
Cr	109	106	103	98.7	104	97.5	95.9	93.8	96.8	98.7	94.6	93.3
Co	42.3	45.7	38.1	43.6	42.8	35.7	53.7	49.5	57	37.9	59.4	44.6
Ni	20.8	22.5	20.5	17.4	20.4	17.3	21.5	18.3	20.1	18.3	21.1	18.9
Cu	30.1	37	32.3	24.7	37.2	23.2	58.9	52.6	56.5	52.3	63.5	105
Zn	47.4	41.3	48.5	34.6	47.9	31.8	37.5	42.4	51.8	56	46.2	43.7
Ga	29.7	30.4	29.6	27.2	29	27.9	26.7	26.1	28.2	27.3	28.5	26.6
Rb	200	172	167	131	166	131	154	114	188	154	191	127
Sr	63	49.2	38.6	36.3	43.9	30.7	42.6	28.6	50.8	36	55.9	35
Y	42.8	36.3	37	29.1	35.7	35.8	33.2	20.8	40.4	29.8	44.3	27.8
Zr	206	224	189	202	209	212	206	197	207	190	204	201
Nb	19.8	20.7	20.1	19.4	20.1	19.8	19	18.2	18.9	18.9	19.3	18.7
Ba	648	549	535	462	549	471	595	429	663	489	780	491
La	66.7	53.4	53.2	46.8	53.7	45.6	48.7	36.8	56.7	47.7	60.5	45.7
Ce	136	101	101	81.2	110	59.4	91.9	60.4	120	81.1	132	72.3
Pr	14.8	12.1	12.1	11.1	12.2	10.8	11.4	9.17	13	11.3	13.7	11.2
Nd	54.4	45.8	45.6	40.7	45	40.7	42.4	34.7	49	42.3	50.9	42
Sm	10.2	8.55	8.93	7.68	8.58	7.82	7.99	6.55	9.2	8.23	10	8.14
Eu	1.83	1.51	1.64	1.32	1.51	1.38	1.39	1.07	1.56	1.43	1.76	1.39
Gd	8.64	7.04	7.38	6.07	7.35	6.51	6.6	4.98	7.75	6.52	8.15	6.48
Tb	1.23	1.08	1.09	0.89	1.07	0.99	0.96	0.71	1.15	0.93	1.19	0.92
Dy	7.59	6.63	6.87	5.45	6.78	6.39	5.95	4.27	6.9	5.64	7.53	5.36
Ho	1.45	1.33	1.37	1.13	1.34	1.33	1.17	0.85	1.4	1.11	1.49	1.08
Er	4.26	3.73	3.8	3.21	3.81	3.76	3.52	2.48	3.92	3.34	4.37	3.11
Tm	0.6	0.53	0.57	0.48	0.56	0.55	0.5	0.37	0.56	0.45	0.62	0.46
Yb	3.82	3.59	3.65	3.13	3.57	3.63	3.52	2.57	3.55	3.13	4.05	3.05
Lu	0.55	0.53	0.55	0.45	0.54	0.53	0.52	0.39	0.55	0.46	0.61	0.45

注：ppm 为百万分之一。

2 结果与讨论

2.1 主次量元素分析及物相含量分析

建筑琉璃构件胎体的主次量元素组成的氧化物种类较多，若以每一种元素对应一元坐标轴，琉璃胎体的元素组成则对应于多维空间中的一个点，难以用直观的图形方式来描述或比较其化学组成的异同。本文采用因子分析方法对安徽当涂和南京的 12 个琉璃样品胎体主次量元素化学组成测试数据进行研究，该方法是主因子分析方法上的继承和发展，除了尽可能用最少的几个综合因子 F_1、F_2 等（$F_i = x1iA + x2iB$

＋……，A、B，……是元素含量；x_{1i}，x_{2i}，……是通过相应程序计算得到的正负加权因子）去提取研究对象的绝大部分信息外，既可反映样品点间的关系，即邻近样品点具有相似的性质而属同一类，也可反映出变量和样品间的关系，即同类型的样品点将被邻近的变量所表征。两地区琉璃胎体主次量元素化学组成因子分析结果见图 2。

据表 1 知：①安徽当涂琉璃构件样品的化学组成中 SiO_2 的含量在 68.2%～70.7% 变化，Al_2O_3 的含量在 20.1%～21.6% 变化，Fe_2O_3 的含量在 1.6%～2.2% 变化，助熔剂 Na_2O+K_2O 的含量在 4.1%～4.5% 变化。②南京报恩寺塔样品的 SiO_2 的含量在 70.5%～70.9% 变化，

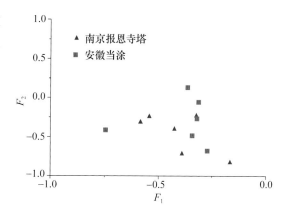

图 2　安徽当涂和南京琉璃构件胎体
主次量元素组成因子分析图

Al_2O_3 的含量在 19.5%～20% 变化，Fe_2O_3 的含量在 1.7%～2.0% 变化，助熔剂 R_2O（Na_2O+K_2O）的含量在 4.3%～4.5% 变化。南京报恩寺塔和太庙胎体与安徽当涂胎体的 SiO_2、Al_2O_3、Fe_2O_3 和 K_2O 主量元素含量和 Na_2O、CaO、MgO、P_2O_5 和 MnO 次量元素含量都非常接近；在图 2 主次元素化学组成因子分析结果上，南京报恩寺塔与安徽当涂胎体样品都相对比较集中，且相互交叉重叠在一个较小区域内，说明两部分胎体主次元素化学组成基本相同；从主次量元素组成方面支持安徽当涂和南京采用相近原料制备琉璃胎体。据表 2 中知，安徽当涂和南京样品烧制温度都在 940～980℃，胎体物相组成十分相似，主要由非晶相、石英、莫来石、尖晶石为主，含有少量刚玉、金红石，并且各物相百分含量也十分接近，可以推断两地原料的矿物组成也比较接近，即物相组成方面也说明安徽当涂和南京采用相同原料制备琉璃胎体。又依据文献［6］明代安徽当涂建筑琉璃构件胎体烧制是就地取材选用当地的白土为原料这一研究结果，进而推断南京大报恩寺塔琉璃构件胎体是以安徽当涂白土为原料的。

2.2　微量元素

陶瓷主次元素化学组成与古陶瓷的烧制工艺、烧成后的物理化学性质具有直接关系，往往受所使用的陶瓷原料种类变化不同影响，也受原料加工工艺及原料配比等工艺过程影响；而古陶瓷的微量元素和稀土元素含量微乎其微，是人工不能控制的，而且基本上不受工艺过程的影响，它主要反映原料来源的自然属性特征，因此微量元素和稀土元素分析是研究判定古陶瓷产地、陶瓷原料来源较为有效的方法。本文通过对安徽当涂、南京太庙和南京报恩寺塔 12 个琉璃样品的微量元素及稀土元素进行测试分析，并对测试结果进行聚类分析研究，其聚类分析结果如图 3 所示。安徽当涂与南京太庙、报恩寺塔样品相互穿插聚为同类，说明两地区琉璃样品胎体在微量元素和稀土元素含量上具有很大的相似性，推断两地区采用非常类似的原料烧制琉璃样品胎体。

通过对表 3 中安徽当涂和南京琉璃胎体的微量元素测量数据对比研究，发现两地区样品中微量元素含量都比较接近，其中元素 Ba、Rb、Sr、Zr 含量具有一定差异，可作为区域判定的特征元素。为了直观比较不同地区特征微量元素含量差异，本文采用产地研究中常用 Ba/Sr、Rb/Zr 等特征元素比值变化规律，来对琉璃胎体原料产地情况做进一步研究，其特征元素比值如图 4 所示。安徽当涂和南京琉璃胎体的特征元素 Ba、Rb、Sr、Zr 含量分布区域都相互重叠，且聚集在较小区域内，其中元素 Ba、Rb、Sr 分布相对比较分散，其含量波动比较大；元素 Zr 分布比较集中，其含量波动较小，两地区元

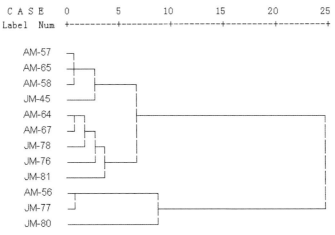

图 3　安徽当涂和南京琉璃构件胎体微量元素分析结果聚类分析图

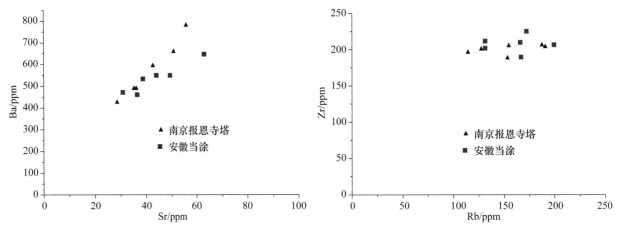

图 4　安徽当涂、南京报恩寺塔琉璃胎体微量特征元素对比图

素含量上都呈现了富 Rb、Ba、Zr 而贫 Sr 的元素特征。安徽当涂与南京琉璃胎体中 Ba/Sr 和 Zr/ Rb 的值也十分接近，安徽当涂琉璃胎体 Ba/Sr 的值在 10.2～15.3，Zr/ Rb 的值在 1.1～1.6，而南京太庙与报恩寺的琉璃胎体 Ba/Sr 的值在 13.1～14，Zr/ Rb 的值在 1.1～1.6，表明了安徽当涂和南京琉璃胎体微量元素比较接近，进一步说明两地区采用相同原料烧制琉璃样品胎体。

2.3　稀土元素分析

同一产地成因相同的玉石和采用相同原料烧制的陶瓷其稀土元素（REE）的特征应该相似的，而且 REE 在低级变质、风化和热液蚀变等地质作用中保持相对的不活泼性，较好保留其原始信息[7]。稀土元素 δCe、δEu 分别是反映轻稀土元素 Ce、重稀土元素 Eu 相对于其他稀土元素分离程度的重要参数，它能够灵敏地反映出所研究体系的地球化学特征，对产地判断具有重要意义和价值。陶瓷原料的精细加工过程对稀土元素影响较少，特别对 La/Yb 的值没有影响[8]。本文分别利用 La/Yb 的值为横坐标，δCe、δEu 的值为纵坐标作图（图 5）研究两地区重轻元素分布特征，为了避免自然界中原子序数的奇偶效应，较好对比较安徽、南京琉璃胎体的稀土元素分布特征，本文以球粒陨石中的稀土元素含量为标准对琉璃胎体稀土元素进行标准化处理，并将标准化处理后两地区琉璃构件胎体的稀土元素绘图，得到如图 6 所示的稀土标准化模式配分图。

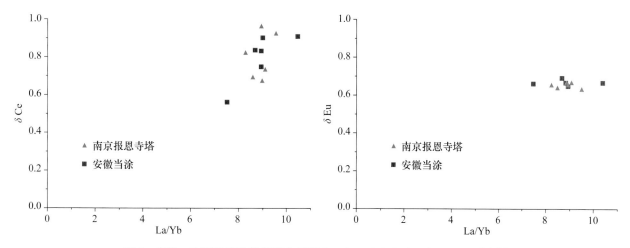

图 5 安徽、南京琉璃胎体的稀土元素 δCe 与 La/Yb 和 δEu 与 La/Yb 对比图

$\delta Eu = Eun/(Smn*Gbn)^{1/2}$，Eun、Smn、Gbn 为元素球粒陨石标准化值；$\delta Ce = Cen/(Lan*Prn)^{1/2}$，Cen、Lan、Prn 为元素球粒陨石标准化值

图 5 直观描述了安徽当涂与南京报恩寺塔样品的 δCe、δEu、La/Yb 分布区域相互交叉重叠，聚集在一个较小区域内；且 δCe、La/Yb、δEu 的数值都十分接近，其数值也相互包含和交叉，具有相同区域分布特征；图 6 中安徽当涂和南京琉璃胎体经过球粒状陨石标准化处理的稀土元素配分模式也十分类似，都呈现富轻稀土元素，贫重稀土元素的稀土元素特点，也具有相同地域分布特征，从稀土元素分布规律上也说明两地胎体原料来源相同。

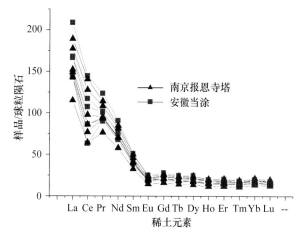

图 6 安徽、南京琉璃胎体的稀土元素配分模式
（球粒状陨石数值取自［9］）

3 结论

通过对安徽当涂和南京报恩寺塔琉璃构件胎体的主、次量元素、物相组成和微量元素组成及含量综合研究发现：安徽当涂和南京报恩寺塔的琉璃构件胎体的主次量元素、物相组成、微量元素和稀土元素配分模式均具有极大的相似性，表明南京报恩寺塔和安徽当涂琉璃样品胎体具有相同地域元素分布特征和矿物组成特征，推测安徽当涂和南京报恩寺塔的琉璃构件胎体所用原料来源应该相同，研究结果不仅为南京报恩寺塔琉璃胎体原料来源于安徽当涂白土的文献记载之说提供了科学依据，还为开展我国重要历史文化遗产之"南京报恩寺塔"的复建工作打下了一定的基础。

致　谢：感谢南京博物院和南京市博物馆为本研究提供的样品支持和帮助。本项研究获国家文物局重点科研基地课题"古陶瓷物相的 X 射线衍射全谱拟合定量分析研究"（课题合同号：20080217）资助。

参考文献

[1] 汪永平. 举世闻名的南京报恩寺琉璃塔. 中国古都研究 (第二辑). 杭州: 浙江人民出版社, 1986: 214-222.

[2] 南京博物院. 明代南京聚宝山琉璃窑. 文物, 1960, (2): 41-48.

[3] 陈钦龙. 明代南京聚宝山琉璃窑的几个问题. 江苏地方志, 2009: 30-33.

[4] 段鸿莺, 梁国立, 苗建民. WDXRF 对古代建筑琉璃构件胎体主次量元素定量分析方法研究. 见: 罗宏杰, 郑欣淼. '09 古陶瓷科学技术国际讨论会论文集. 上海: 上海科学技术文献出版社, 2009: 119-124.

[5] 古丽冰, 邵宏翔, 陈铁梅, 等. 电感耦等离子体质谱法测定商代原始瓷中的稀土. 岩矿测试, 2000, (1): 70-73.

[6] 卢茂村. 当涂县明代琉璃窑考察记. 东南文化, 1996, (1): 113-114.

[7] Rollison H R; 杨学明译. 岩石地球化学. 合肥: 中国科学技术大学出版社, 2000: 110.

[8] 李宝平, 赵建新. 电感耦合等离子体质谱分析在中国古陶瓷研究中的应用. 科学通报, 2003, (7): 659-664.

[9] 王中刚, 于学元, 赵振华. 稀土元素地球化学. 北京: 科学出版社, 1989: 310-313.

Study on the Provenance of Raw Materials of the Body of the Architectural Glazed Tiles from Nanjing Bao'ensi Pagoda

Ding Yingzhong[1]   Duan Hongying[1]   Kang Baoqiang[1]   Wu Junming[2]

Miao Jianmin[1]

1. The Palace Museum；2. Jingdezhen Ceramic Institute

Abstract: The Nanjing Bao'ensi Pagoda is an important imperial glazed building in early Ming dynasty, it has high historical, cultural and scientific research value. Based on archaeological excavations and records from ancient literatures, some scholars drawed the conclusion that the raw materials of the body of the glazed tiles from Nanjing Bao'ensi Pagoda sourced from Dangtu in Anhui province, however this conclusion is lack of supporting by relatively testing data. In this paper, the major, minor elements, trace elements and content of crystal phase of the body of glazed tiles were determined using WDXRF、ICP-MS and Rietveld XRD methods respectively. And the experimental data obtained were studied by Multi-variable statistical analysis and REE distribution pattern. According to this scientific analysis, the ancient record about the raw materials of the body of the glazed tiles from the Nanjing Bao'ensi Pagoda have been discussed, and it was verified, then this paper will supply some basic data the rebuilding of Nanjing Bao'ensi Pagoda.

Keywords: Nanjing Bao'ensi Pagoda, architectural glazed tiles, element compositions, provenance of raw materials

原载《中国陶瓷》2011 年第 1 期

我国古代建筑琉璃构件胎体化学组成及工艺研究

段鸿莺[1,2]　丁银忠[1,2]　梁国立[1,2]　窦一村[1,2]　苗建民[1,2]

1. 古陶瓷保护研究国家文物局重点科研基地（故宫博物院）；2. 故宫博物院文保科技部

摘　要：本文利用波长色散 X 射线荧光光谱仪（WDXRF）对北京、江苏、辽宁、湖北、安徽等 13 个省（市）398 个古代建筑琉璃构件胎体的化学组成进行测试，将测试数据进行因子分析和胎式组成分析，得到我国不同地区琉璃构件胎体化学组成特征及分类结果，并对胎体原料进行分析研究。研究表明：我国南方琉璃构件胎体元素组成大多高硅低铝，使用高硅质黏土或瓷石原料；北方胎体大多为高铝低硅，使用高铝质黏土原料，这种胎体特点与我国南北方古代陶瓷胎体的元素组成特征相一致。此外，本文还对我国南北方琉璃构件胎体原料、工艺与性能进行对比研究。

关键词：琉璃构件，WDXRF，化学组成特征，原料，烧成温度，吸水率

建筑琉璃属于低温铅釉陶，是一种起防水和装饰作用的建筑材料。由于其华美的色泽和良好的防水性能，琉璃制品作为功能和艺术的统一体被广泛应用于古代及现代仿古建筑上。我国建筑琉璃构件的制作工艺历史悠久，最早的史籍记载见于北齐时魏收撰的《魏书》[1]，此后，随各朝各代琉璃烧制工艺的发展，遗存了许多宏伟的琉璃建筑和精美的建筑琉璃构件。

目前，关于古代建筑琉璃构件的研究工作相对较少，只是针对我国部分地区或年代的建筑琉璃开展一些研究[2~6]，本文在对我国古代琉璃建筑考察的基础上，收集了 1000 多块建筑琉璃构件样品，从中挑选出 398 个样品进行分析测试，样品覆盖了我国 13 个省份和地区，时代上从西夏到清代，能较为全面、系统地反映我国古代建筑琉璃构件的基本状况。

古代建筑琉璃构件胎体的化学组成取决于原料的化学组成，不同地区的建筑琉璃构件由于受当地原料及原料配方等因素影响而使其化学组成不同。分析不同产地建筑琉璃构件的化学成分，能为其原料、工艺、病害机理等研究提供基础信息，对研究我国古代建筑琉璃构件传统工艺及琉璃文化具有重要意义。能用于古陶瓷胎体主次量元素的分析方法有很多[7~9]，其中 X 射线荧光光谱分析以分析速度快、精密度高、准确性好等优势而被本文采用，本文在建立准确定量分析方法的基础上对上述 398 个古代建筑琉璃构件胎体样品 10 个主次量元素组成进行测试，将测试数据进行因子分析和胎式组成分析，得到我国不同地区琉璃构件胎体化学组成特征及分类结果，并对胎体原料进行分析研究。此外，本文还对我国南北方琉璃构件胎体原料、工艺与性能进行对比研究。

1 实验

1.1 样品信息

本文测试分析了北京、河北、山东、湖北、安徽、江苏、福建、广东、辽宁、陕西、山西、浙江、宁夏等 13 个省（市、区）的 398 个琉璃构件胎体样品，样品既有官式建筑琉璃，也有非官式建筑琉璃，基本覆盖了我国不同地区的琉璃构件样品，具体样品来源信息见表 1。

表 1   我国不同地区建筑琉璃构件样品信息及胎式结果表

样品编号	胎式 R_xO_y : Al_2O_3 : SiO_2	样品来源	样品编号	胎式 R_xO_y : Al_2O_3 : SiO_2	样品来源
1～7	1.65±0.46 : 1 : 6.00±0.84	北京故宫收藏的元代样品	286～287	0.76±0.36 : 1 : 6.17±0.18	湖北钟祥元佑宫
8～173	0.33±0.06 : 1 : 3.75±0.66	北京故宫明清样品	288～289	0.50±0.00 : 1 : 6.43±0.04	湖北钟祥显陵
174～184	0.36±0.03 : 1 : 3.39±0.25	北京天坛	290～292	0.46±0.00 : 1 : 7.39±0.29	安徽凤阳中都
185～215	0.38±0.02 : 1 : 4.47±0.22	北京皇史宬	293～300	0.59±0.22 : 1 : 6.41±1.24	安徽当涂窑厂
216～221	0.29±0.02 : 1 : 3.57±0.15	北京淳亲王府	301～306	0.24±0.10 : 1 : 3.89±0.79	福建晋江
222	0.38 : 1 : 4.50	北京历代帝王庙	307	0.29 : 1 : 5.24	福建泉州
223～225	0.52±0.10 : 1 : 5.40±0.64	北京智化寺 1#	308～310	0.17±0.02 : 1 : 5.41±0.38	广东佛山
226～227	2.50±0.15 : 1 : 6.46±0.28	北京智化寺 2#	311～315	0.30±0.00 : 1 : 6.51±1.36	广东广州
228～232	0.50±0.05 : 1 : 4.69±0.31	北京十三陵定陵	316～349	3.69±0.42 : 1 : 5.88±0.17	辽宁黄瓦窑及一宫三陵
233～241	0.49±0.09 : 1 : 4.59±0.61	北京十三陵茂陵	350～357	0.47±0.07 : 1 : 6.01±0.17	江苏南京报恩寺塔
242～245	0.50±0.05 : 1 : 4.92±0.41	北京十三陵康陵	358～369	0.52±0.13 : 1 : 4.92±0.82	山东曲阜
246～248	0.34±0.06 : 1 : 3.99±0.59	北京景山	370～371	0.24±0.02 : 1 : 3.39±0.09	山西浑源
249～250	0.34±0.06 : 1 : 4.00±1.12	北京宣仁庙	372～380	0.61±0.36 : 1 : 5.79±1.16	山西五台山
251～254	0.45±0.05 : 1 : 3.30±0.17	河北承德	381～385	0.26±0.05 : 1 : 3.20±0.51	山西太原
255～263	0.37±0.09 : 1 : 4.10±0.50	河北清东陵	386～389	0.28±0.01 : 1 : 3.93±0.29	陕西秦王府
264～275	0.43±0.06 : 1 : 4.89±0.52	河北清西陵	390～395	0.77±0.27 : 1 : 9.51±1.69	浙江文澜阁
276～283	0.51±0.04 : 1 : 5.97±0.11	湖北武当山	396～398	2.32±0.01 : 1 : 6.17±0.17	宁夏西夏王陵
284～285	0.45±0.02 : 1 : 2.16±0.04	湖北襄樊山陕会馆			

注：# 根据智化寺样品的外观以及胎体元素特征，将其分为两类。

1.2 样品处理

切除样品釉层和内外表层，用蒸馏水清洗。用碳化钨罐研磨样品并过筛，使得样品粒径小于 75μm，样品在 105℃下烘 2 小时待用。

1.3 测量方法及数据处理

采用 WDXRF 方法测定上述样品胎体的元素组成，分析方法见《WDXRF 对古代建筑琉璃构件胎体主次量元素定量分析方法研究》[10]，烧失量（LOI）的测定参照《岩石矿物分析》第一分册中的分析方法[11]，元素分析胎式结果见表 1，用均值和标准差方式来表达。用 SPSS 多元统计软件对元素分析结果进行因子分析，将多个分析变量转换成不相关的线性综合指标，反映这些元素含量之间的内在联系。

2 结果与讨论

2.1 我国古代建筑琉璃构件胎体元素组成特征

我国古代建筑琉璃构件胎体化学组成主要有 SiO_2、Al_2O_3 及助熔剂氧化物 Na_2O、MgO、K_2O、CaO、Fe_2O_3 等，不同地区琉璃构件胎体的元素组成具有一定的差异。胎体的化学组成取决于原料的化学组成，陶瓷原料一般遵循就地取材的原则，因此这些琉璃构件胎体元素组成的差异可以反映出我国古代不同地区琉璃构件原料的差异。

根据元素分析结果，对琉璃构件胎体中元素氧化物的含量采用主成分分析进行数据处理，使这些氧化物的主要信息显示在因子 1、2、3 当中，用来观察不同地区琉璃构件元素组成的差异。因子 1、因子 2 和因子 3 的特征值之和为 75.877%，即 3 个因子共占总信息量 75.877%，基本反映了分析数据的绝大部分信息，因子分析散点图如图 1 所示。

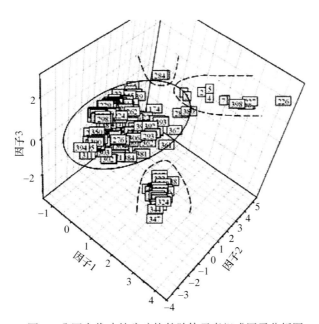

图 1　我国古代建筑琉璃构件胎体元素组成因子分析图

从图 1 中可见，大部分样品分布在图的左方，即图中实线圆圈部分，这些样品占所有样品总数的 88.44%，基本能代表我国古代主要地区建筑琉璃构件胎体元素组成特征。这些样品胎体 SiO_2 的含量为 54.20%～82.94%，Al_2O_3 的含量为 11.11%～34.90%，两者加和约为 90%，胎体中助熔剂 K_2O、Fe_2O_3、Na_2O、MgO 及 CaO 的含量为 3.79%～14.79%，主要助熔剂为 K_2O。这些样品主要是北京、河北、山西、山东、陕西、湖北、安徽、江苏、福建、广东、浙江的琉璃构件，这些样品的元素组成与我国大部分新石器时代中晚期不同地区的陶器胎、商周至西汉时期陶器胎、印纹硬陶胎及原始瓷胎的元素组成模式相同，仅 Fe_2O_3 的含量低于上述样品 Fe_2O_3 的含量[12]。

2.2 我国南北方建筑琉璃构件胎体元素组成特征

按照表1中的胎式对图1圆圈中的样品作图，结果见图2。图中"＋"代表北京、河北、山东、山西、陕西地区的琉璃构件样品，"△"代表湖北、安徽、江苏、广东、浙江地区的琉璃构件样品。我们以 RO_2 等于5.2画线，如图中所示，"＋"所代表的样品基本在线的左侧，即北京、河北、山东、山西、陕西这些北方地区琉璃构件胎体的 RO_2 值基本小于等于5.2，说明这些样品胎体中含有较低的 SiO_2 和较高的 Al_2O_3；而"△"所代表的样品基本在线的右侧，即湖北、安徽、江苏、广东、浙江这些南方地区琉璃构件胎体的 RO_2 值基本大于等于5.2，表明这些样品胎体中含有较高的 SiO_2 和较低的 Al_2O_3。上述为我国南北方古代建筑琉璃构件胎体元素组成特征，但从图中也发现少数不符合上述规律的"特殊"样品，如"◇"所代表的福建地区7个样品属于南方地区样品，却分布在画线的左边；"☆"所代表的山西五台山狮子窝9个样品属于北方样品，却分布在画线的右边，这有待于对这些样品和当地原料做进一步分析。从图中我们还可以看到北方样品分布较为集中，这可能与这些样品中大部分是官式建筑琉璃构件、大部分属于北京地区样品相关，官式琉璃构件在原料和工艺都控制较为严格；而南方样品分布比较分散，可能与大部分样品为民用建筑琉璃构件相关，使得这些琉璃构件在元素组成上有一定的离散性。

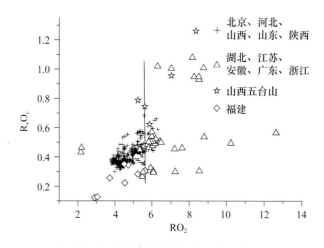

图2　我国南北方古代建筑琉璃构件胎体元素组成胎式图

我国北方地区盛产质量较好的黏土，而且大部分出产在煤区附近，多为二次沉积黏土[13]，这类黏土在化学组成上的特点是 Al_2O_3、TiO_2 和有机物含量都比较高，北方琉璃构件的胎体就是由这类黏土为主配制而成的，因此从化学组成来说北方琉璃构件胎体的特点是高铝质的。我国南方地区，特别是江西、安徽、浙江等省盛产瓷石，它们是某些品种的花岗岩经后期热液侵蚀风化而生成的产物[13]，这种原料 SiO_2 含量较高，用这种原料来烧制琉璃构件，必然造成南方琉璃构件胎体高硅质的特点。正是北方各窑区附近所产原料和南方有区别，而琉璃构件胎体原料遵循就地取材的原则，形成了我国南方琉璃构件胎体高硅低铝、北方琉璃构件胎体高铝低硅的特点，这也与我国南北方古代陶瓷胎体的元素组成特征一致。

2.3 对特殊组成的古代建筑琉璃构件的讨论

在图 1 中，可以看出有一些地区的琉璃构件胎体元素组成与我国南北地区大部分琉璃构件胎体元素组成存在一定的偏离。

（1）如图 1 所示，34 个样品位于图的下方，这类样品主要是辽宁黄瓦窑和一宫三陵的琉璃构件，结合元素分析结果发现该类样品胎体含有 15.15%～24.28% 的 MgO，Al_2O_3 和 SiO_2 的含量均低于第一类，分别为 13.30%～16.89% 和 50.05%～55.83%，属于 $MgO-Al_2O_3-SiO_2$ 系统，且胎体还含有一定量的 Fe_2O_3。在我国古代陶瓷中，与其胎体成分类似的有湖北、广东、内蒙古等地区的白陶和陶串珠[14]。

（2）12 个样品位于图 1 的右中位置，这类样品主要有宁夏的西夏王陵样品、故宫收藏元代样品和智化寺收集到的两个样品。结合元素分析结果发现该类样品中 SiO_2 和 Al_2O_3 的含量均较低，含量分别为 55.06%～65.92% 和 12.97%～21.25%，而助熔剂的含量较高，为 15.19%～25.26%，其中 CaO 的含量明显高于其他样品，最高的达到 10.48%。其胎体成分与之类似的有我国河南、山西、甘肃、青海、四川、辽宁、西藏等地区的部分彩陶、夹砂红陶[15]。

（3）图中上方的两个样品是湖北襄樊山陕会馆的两个琉璃构件，胎体中含有 37.58%～38.15% 的 Al_2O_3 和 48.02%～48.60% 的 SiO_2，这与其他样品完全不一致。具有这种相似组成的有河南安阳殷墟商代晚期白陶，他们的化学组成与典型的高岭土十分接近[16, 17]。

2.4 我国南北方建筑琉璃构件胎体原料、工艺及性能对比研究

《中国古代制陶工艺研究》一书根据陶胎中 SiO_2、Al_2O_3 的含量，以及助熔剂总和的高低，将新石器时代至汉代制陶所用的黏土分为四类：普通易熔黏土、高镁质易熔黏土、高铝质黏土和高硅质黏土或瓷石[18]。根据书中的分类方法将我国古代建筑琉璃构件胎体原料进行如下分类：北方地区大多使用高铝质黏土为原料，南方地区大多使用高硅质黏土或瓷石，辽宁地区使用高镁质易熔黏土，北京元代及宁夏使用普通易熔黏土，但与普通黏土又有一定的差别，这类样品中 CaO 的含量较高，可能在普通黏土的基础上又增加了含 Ca 的原料。

陶瓷胎体的性能与原料、工艺等因素均有关系，我国南北方琉璃构件所采用的胎体原料不同，为了探索琉璃构件胎体原料与性能之间的关系，我们对南北方琉璃构件胎体的耐火度、烧成温度及吸水率进行对比研究，结果见表 2。耐火度的计算公式及适用条件见文献[19]，烧成温度及吸水率的测试方法见文献[20]，表中列出的为南北方琉璃构件胎体耐火度、烧成温度及吸水率值的平均值。

表 2 我国南北方地区琉璃构件胎体耐火度、烧成温度及吸水率平均值对比

地区	耐火度 /℃	烧成温度 /℃	吸水率 /%
我国北方	1526	1022	13.60
我国南方	1418	955	13.65

注：表中耐火度和烧成温度的个位数值仅作为参考。

胎体的烧成温度直接能影响胎体中方石英的转化率和胎体的吸水率，吸水率较高的胎体，釉烧时可生成较厚的胎釉结合层，既有利于胎釉的结合，又增强了热稳定性，但对抗后期龟裂性能却有不良影响；烧成温度过高，由于石英熔解量增多，方石英和石英晶相总量减少，致使胎体吸水率和热膨胀系数都减小，此时虽然可提高抗后期龟裂性能，但却降低了热稳定性，所以烧成温度一般以胎体的吸水率来确定，一般以胎体的吸水率在 10%～15% 时的烧成温度来确定素烧的最终温度[21]。表中可以看出，南北方琉璃构件胎体的吸水率平均值分别为 13.60% 和 13.65%，这是较为适合的数值。耐火度、烧结温度与原料的元素组成相关，从表 2 中可以看出南北方原料的差异导致它们耐火度相差 100 多摄氏度，不同的原料最后却有相近的吸水率，必然需要采用不同的烧成温度，表中北方地区琉璃构件胎体的烧成温度比南方高约 70℃，这说明南北方地区在烧制琉璃构件时，工匠们遵循就地取材的原则，采用了不一样的胎体原料，通过调整工艺，选择不同的烧成温度，最终得到了吸水率合适、物理性能相近的琉璃构件。

3　结论

通过对 398 个我国古代建筑琉璃构件胎体进行主次量元素分析，结果表明我国主要地区古代建筑琉璃构件胎体中含有 Al_2O_3 和 SiO_2，两者加和值约为 90%，胎体中主要助熔剂为 K_2O，助熔剂的含量约为 10%。南方地区琉璃构件胎体中含有相对较高含量的 SiO_2 和相对较低含量的 Al_2O_3，胎式中 RO_2 值基本大于等于 5.2，元素组成分布较为分散，使用的是高硅质黏土或瓷石；北方地区琉璃构件胎体中含有较高含量的 Al_2O_3 和较低含量的 SiO_2，胎式中 RO_2 值基本小于等于 5.2，元素组成分布较为集中，使用的是高铝质黏土。我国南方琉璃构件胎体高硅低铝、北方琉璃构件胎体高铝低硅的特点与我国南北方古代陶瓷胎体的元素组成特征一致。南北方工匠们通过调整烧成工艺，采用不同的原料获得物理性能相近的琉璃构件。

此外，辽宁地区琉璃构件样品胎体属于 $MgO-Al_2O_3-SiO_2$ 系统，使用的是高镁质易熔黏土，北京元代样品、宁夏地区样品胎体低 SiO_2、低 Al_2O_3、高助熔剂，使用的是普通易熔黏土。

致　谢：本项研究受到国家"十一五"重点科技支撑项目（项目编号：2006BAK31B02）、国家文物局"指南针计划"项目"黄瓦窑琉璃制作工艺科学揭示与建立多媒体数字化展示平台的研究"的资助，在此谨致谢意。

参考文献

[1] [北齐] 魏收. 魏书. 北京: 中华书局, 1974.

[2] 苗建民, 王时伟. 元明清建筑琉璃瓦的研究. 见: 郭景坤. '05 古陶瓷科学技术国际讨论会论文集. 上海: 上海科学技术文献出版社, 2005: 108-115.

[3] 张子正, 车玉容, 李英福, 等. 中国古代建筑陶瓷的初步研究. 中国古陶瓷研究. 北京: 科学出版社, 1987: 117-122.

[4] 程琳, 冯松林, 吕智荣. 陕西西岳庙古琉璃胎料来源的 INAA 研究及多元统计分析. 原子核物理评论, 2005, (1): 135-137.

[5] 张福康, 陈尧成, 黄秀纯, 等. 龙泉务窑辽、金三彩器和建筑琉璃的研究. 见: 郭景坤. '99 古陶瓷科学技术国际讨论会论文集. 上海: 上海科学技术文献出版社, 1999: 45-47.

[6] 高大伟, 刘媛, 陈曲, 等. 北京颐和园琉璃构件研究初探. 文物科技研究 (第五辑). 北京: 科学出版社. 2005: 111-118.

[7] 郑乃章, 吴军明, 吴隽, 等. 古陶瓷研究和鉴定中的化学组成仪器分析法. 中国陶瓷, 2007, (5): 52-54.

[8] 吴瑞, 吴隽, 邓泽群, 等. 湖田窑出土黑釉瓷的产地研究. 中国陶瓷, 2005, (2): 77-81.

[9] 陈铁梅, 王建平. 古陶瓷的成分测定、数据处理和考古解释. 文物保护与考古科学, 2003, (4): 50-56.

[10] 段鸿莺, 梁国立, 苗建民. WDXRF 对古代建筑琉璃构件胎主次量元素定量分析方法研究. 见: 罗宏杰, 郑欣森. '09

古陶瓷科学技术国际讨论会论文集. 上海: 上海科学技术文献出版社, 2009: 119-124.

[11] 岩石矿物分析编写组. 岩石矿物分析 (第一分册) (第三版). 北京: 地质出版社, 1991: 61-62.

[12] 李家治. 中国科学技术史·陶瓷卷. 北京: 科学出版社, 1998: 17-94.

[13] 郭演仪. 中国制瓷原料. 见: 李家治, 陈显求, 张福康, 等. 中国古代陶瓷科学技术成就. 上海: 上海科学技术出版社, 1987: 285-299.

[14] 李文杰. 中国古代制陶工艺研究. 北京: 科学出版社, 1996: 332.

[15] 李家治. 中国科学技术史·陶瓷卷. 北京: 科学出版社, 1998: 33-59.

[16] 李文杰. 中国古代制陶工艺研究. 北京: 科学出版社, 1996: 342.

[17] 李家治. 中国科学技术史·陶瓷卷. 北京: 科学出版社, 1998: 56.

[18] 李文杰. 中国古代制陶工艺研究. 北京: 科学出版社, 1996: 329-342.

[19] 李家驹. 陶瓷工艺学. 北京: 中国轻工业出版社, 2005: 39.

[20] 古代琉璃构件保护与研究课题组. 清代剥釉琉璃瓦件施釉重烧的再研究. 故宫博物院院刊, 2008, (6): 106-124.

[21] 李家驹. 陶瓷工艺学. 北京: 中国轻工业出版社, 2005: 106-107.

The Chemical Composition Characteristic and Firing Technology Research on Ancient Building Glazed Tile Bodies in China

Duan Hongying[1, 2]   Ding Yinzhong[1, 2]   Liang Guoli[1, 2]   Dou Yicun[1, 2]

Miao Jianmin[1, 2]

1. Key Scientific Research Base of Ancient Ceramics, State Administration of Cultural Heritage (The Palace Museum); 2. Conservation Technology Department of the Palace Museum

Abstract: The chemical compositions of 398 ancient building glazed tile bodies of 13 different regions in China were determined by wavelength dispersive X-ray fluorescence spectrometer in this paper. Through the factor analysis and body formula analysis of those data, the body chemical composition characteristic and classification result of different region glazed tile in China were obtained. The body raw material was also studied. The results indicated that South China glazed tile bodies contained high silica and low alumina, which suggested clay of high silicon or porcelain stone had been used as raw material. While for North China glazed tile bodies, they contained low silica and high alumina, which suggested refractory clay had been used as raw material. The chemical composition characteristic of glazed tile body was in accordance with ancient ceramic body of China. The comparison research of material, firing technology and physical property between glazed tiles of South China and North China was also carried out.

Keywords: glazed tile, WDXRF, chemical composition characteristic, raw material, firing temperature, water absorption

原载《中国陶瓷》2011 年第 4 期

波长色散 X 射线荧光光谱法测定古陶瓷胎釉的主次痕量元素

段鸿莺[1, 2]　梁国立[1, 3]　苗建民[1, 2]

1. 古陶瓷保护研究国家文物局重点科研基地（故宫博物院）；2. 故宫博物院文保科技部；3. 国家地质实验测试中心

摘　要：采用压片制样法，用波长色散 X 射线荧光光谱仪对古陶瓷胎釉样品的 Na_2O、MgO、Al_2O_3、SiO_2、P_2O_5、K_2O、CaO、Sc、TiO_2、V_2O_5、Cr_2O_3、MnO、Fe_2O_3、CoO、NiO、CuO、ZnO、Ga、As、Br、Rb、Sr、Y、Zr、Nb、Sn、Sb、Cs、BaO、La、Ce、Nd、Sm、Hf、PbO、Bi 和 Th 共 37 个元素组分进行测定。使用经验系数法和康普敦散射、背景作内标校正基体效应。方法经土壤和水系沉积物国家标准物质校验，结果与标准值吻合，除个别组分，大多数元素 11 次测定的相对标准偏差（RSD）小于 10%。方法的检测限、精密度和准确度能满足古陶瓷样品的分析要求，应用于 7 个古陶瓷样品的分析检测，并将分析结果与其他分析方法对比，得到满意结果。

关键词：古陶瓷，波长色散 X 射线荧光光谱法，主次痕量元素

　　化学成分分析在古陶瓷研究中日显重要，古陶瓷胎釉主、次量元素的含量能提供古陶瓷原料配比、烧制工艺、烧成温度、显微结构等相关方面信息；古陶瓷胎釉痕量元素的含量能提供产地、年代、产品流通、真伪等相关方面的信息。因此，对古陶瓷胎釉主、次量及痕量元素进行分析测定，获得准确的分析结果是十分重要和必要的。目前古陶瓷化学成分研究中使用较多的是 X 射线荧光光谱法[1~3]、中子活化分析法[4~6]、电感耦合等离子体光谱法[7~9]等，其中，X 射线荧光光谱法因其分析速度快、精密度高、制样简单、可同时测量多种元素等优点而成为该领域最常用的分析方法之一[10, 11]。本文选取 36 个岩石、土壤、水系沉积物等国家一级标准物质，采取压片制样法，主次量元素使用经验系数法，痕量元素分别用靶元素 RhK_α 康普敦散射、背景散射内标结合经验系数法对基体效应进行校准和校正，建立了波长色散 X 射线荧光光谱同时测定古陶瓷胎釉中 37 个主、次、痕量元素定量分析方法。目前，在古陶瓷分析上，用 X 射线荧光光谱同时定量测定如此多元素的相关分析方法尚未见报道。用该方法检测了古代建筑琉璃构件胎体样品，选取其中 7 个样品的主次量元素分析结果与玻璃熔片 X 射线荧光光谱定量分析方法的分析结果相对比；痕量元素分析结果与等离子体发射光谱的部分元素分析结果相对比，均获得满意的结果。

1 实验部分

1.1 仪器及测量条件

荷兰 PANalytical AXIOS 型 X 射线荧光光谱仪（端窗铑靶 X 射线管，SuperQ 软件），4.0kW 满功率，X 光管最大电压 66kV，最大电流 125mA。BP-1 型压样机（丹东北方科学仪器有限公司）。各元素测量条件见表 1。

表 1　分析元素的测量条件

分析线	分析晶体	准直器 / μm	探测器	电压 u/kV	电流 i/mA	2θ/(°)			测量时间 / (t/s)			PHD1	PHD2
						峰值	背景 1	背景 2	峰值	背景 1	背景 2		
Sb K_α	LiF220	150	SC	60	60	18.9840	0.4100	−0.3000	30	10	10	33～65	
Sn K_α	LiF220	150	SC	60	60	19.8274	0.4500	−0.4000	30	10	10	31～67	
Ag K_α	LiF220	150	SC	60	60	22.6566	1.5000		30	10		28～78	
Bg1	LiF220	150	SC	60	60	19.4500			10			27～78	
Rh K_αC	LiF200	150	SC	60	60	18.3498			10			26～78	
Nb K_α	LiF200	150	SC	60	60	21.3332	−0.5776		30	10		29～72	
Zr K_α	LiF200	150	SC	60	60	22.4832	0.6000		20	10		29～72	
Y K_α	LiF200	150	SC	60	60	23.7436	0.8000		30	10		30～74	
Sr K_α	LiF200	150	SC	60	60	25.1006	0.6000		30	10		24～74	
Rb K_α	LiF200	150	SC	60	60	26.5700	−0.9000		30	18		29～69	
Th L_α	LiF200	150	SC	60	60	27.4106	2.1000		30	10		28～71	
Pb $L_{\beta1}$	LiF200	150	SC	60	60	28.2072	1.2700		36	10		24～74	
Br K_α	LiF200	150	SC	60	60	29.9234	0.8000		30	10		15～75	
Bi L_α	LiF200	150	SC	60	60	32.9616	−0.6000		30	10		35～68	
As K_α	LiF200	150	SC	60	60	33.9392	0.6000		30	14		26～76	
Ga K_α	LiF200	150	SC	60	60	38.8822	0.6600		30	10		11～73	
Zn K_α	LiF200	150	SC	60	60	41.7652	0.7000		30	10		18～78	
Cu K_α	LiF200	150	DU[①]	60	60	45.0024	1.6100		30	16		24～67	
Hf L_α	LiF200	150	DU	50	72	45.8634	0.9000		30	14		21～65	
Ni K_α	LiF200	150	DU	50	72	48.6492	1.2000		30	16		21～66	
Co K_α	LiF200	150	DU	50	72	52.7872	1.1000		32	20		20～35	39～62
Fe K_α	LiF200	150	DU	50	72	57.5282	2.4850		10	6		16～34	37～64
Mn K_α	LiF200	150	DU	50	72	62.9810	1.7000		20	10		15～31	37～65
Bg2	LiF200	150	DU	50	72	65.7000			20			19～78	
Cr K_α	LiF200	300	DU	50	72	69.3712	1.2600		40	12		14～27	35～69
Nd L_α	LiF200	150	DU	50	72	72.1532	2.2000		40	20		12～27	36～63
V K_α	LiF200	300	DU	50	72	76.9644	1.0714		40	12		11～26	35～66

续表

分析线	分析晶体	准直器/μm	探测器	电压 u/kV	电流 i/mA	2θ/(°)			测量时间/(t/s)			PHD1	PHD2
						峰值	背景1	背景2	峰值	背景1	背景2		
Ce L_α	LiF200	300	DU	50	72	79.0484	1.5000		40	20		11~24	35~66
La L_α	LiF200	300	DU	50	72	82.9444	1.5000		40	20		11~21	37~63
Ti K_α	LiF200	300	DU	50	72	86.1874	−1.2000		22	10		10~22	35~67
Ba L_α	LiF200	300	F-PC	50	72	87.1990	−2.2000		30	12		11~21	34~66
Cs L_α	LiF200	300	F-PC	50	72	91.8768	3.2000		40	20		8~21	33~67
Sc K_α	LiF200	300	F-PC	50	72	97.7048	−2.5000		30	14		11~21	37~64
Ca K_α	LiF200	300	F-PC	50	72	113.1446	2.4000		20	10		26~73	
K K_α	LiF200	300	F-PC	50	72	136.7270	−2.5000		20	10		32~68	
Sm L_α	LiF220	150	DU	50	72	101.1656	−1.0660		30	20		13~64	
P K_α	GE111	300	F-PC	30	120	140.9708	−2.2000		30	12		30~71	
Si K_α	PE002	300	F-PC	30	120	109.1064			10			24~78	
Al K_α	PE002	300	F-PC	30	120	144.9368			12			25~77	
Mg K_α	PX1	700	F-PC	30	120	22.8806	1.9100		16	8		24~76	
Na K_α	PX1	700	F-PC	30	120	27.6366	3.6300		30	10		25~76	

注：DU 为 F-PC 和 S-PC 串联探测器，以提高探测效率；真空光路，通道面罩为 27mm，样杯面罩为 27mm。

1.2 样品制备

方法要求各元素的检测限低及主、次、痕量元素同时分析，因此采用粉末压片制样。称取颗粒小于 75μm 的样品 4.5g，放入模具内，拨平，用低压聚乙烯镶边垫底，在 20t 的压力下保持 30s，压制成试样直径为 30mm、镶边外径为 40mm 的圆片。

1.3 标准物质的选择与样品制备

X 射线光谱粉末压片分析技术中标准样品选择的基本准则是选择与分析样品类型相近的标准物质作为标样，不仅要尽可能选择相近的化学元素组成，还要尽可能选择相近的物质结构。由于市场上尚没有合适的古陶瓷分析用标准物质，根据古陶瓷样品成分的特征，选取地质与建材类国家标准物质制作校准样品。根据文献中古陶瓷及相似样品元素种类[12~15]，针对样品各元素含量范围，选择岩石类、土壤类、水系沉积物类等国家一级标准物质 36 个。这套校准样品在化学组成上与被测样品相似，各元素具有足够宽的含量范围和适当的含量梯度，能覆盖住古陶瓷样品主、次、痕量元素组分的含量范围。表 2 为该套校准样品各组分的浓度范围。

表 2 校准样品各组分浓度范围

组分	w_B/(%)	组分	w_B/(μg/g)	组分	w_B/(μg/g)
Na₂O	0.028~7.16	CoO	2~635.7	Sb	0.04~500
MgO	0.054~38.34	NiO	2~3000	Cs	0.17~349

续表

组分	$w_B/$（%）	组分	$w_B/$（μg/g）	组分	$w_B/$（μg/g）
Al_2O_3	0.21～38.62	CuO	3.2～6259	BaO	11.7～11165
SiO_2	30.51～88.89	ZnO	20.3～6223	La	0.21～500
P_2O_5	0.003～6.06	Ga	0.38～39	Ce	0.4～1000
K_2O	0.009～7.48	As	0.21～500	Nd	0.18～210
CaO	0.1～34.56	Br	0.32～8	Sm	0.028～18
TiO_2	0.004～7.69	Rb	4.79～1326	Hf	0.65～34
MnO	0.0054～1.53	Sr	24～5000	PbO	3.4～6535.7
Fe_2O_3	0.24～23.26	Y	0.14～500	Bi	0.04～200
Sc	0.64～28	Zr	22.6～1540	Th	0.28～79.3
V_2O_5	29.4～1785.2	Nb	4～500		
Cr_2O_3	5.3～4200	Sn	0.8～500		

注：Sc 以后的组分含量单位为 μg/g。

1.4　古代建筑琉璃构件胎体样品

样品为北京十三陵茂陵（BM-51）、安徽马鞍山当涂窑厂（AM-56、AM-67）、江苏南京报恩寺塔（JM-77、JM-78、JM-80）、湖北钟祥显陵（HM-42）的琉璃构件样品。样品由碳化钨罐研磨并过 200 目筛，得到粒径小于 75μm 的粉末。

1.5　监控样的选择与仪器漂移校正

选择国家标准物质 GBW07105、GBW07311、GBW07406、GBW07708 作为监控样，按表 1 中的元素测量条件测量并存储监控样各元素分析线强度，用于仪器漂移校正。

2　基体效应及谱线重叠干扰的校正

采用粉末样品压片法制样，虽然样品粉碎至 75μm，但对分析线能量低的元素，仍存在颗粒效应，因此在进行基体校正时，不仅要考虑元素间吸收增强效应，还应考虑矿物效应和颗粒度效应。在标准物质足够多的情况下，采用经验系数法或与散射内标法相结合作基体效应的校正。

2.1　主次量元素基体效应及谱线重叠干扰的校正

对于 Na_2O、MgO、Al_2O_3、SiO_2、P_2O_5、K_2O、CaO、TiO_2、MnO、Fe_2O_3 等组分，采用经验系数法校正基体效应，将标准物质中各元素所测的 X 射线荧光强度与其含量的关系按式（1）进行回归计算。

$$C_i = D_i + \sum L_{ij}Z_j + ER_i(1 + \sum \alpha_{ij}Z_j)　　　　　　　（1）$$

式中，i 为分析元素；j 为重叠或共存元素；C_i 为分析元素 i 的浓度；D_i 为分析元素 i 的校准曲线的截距；L_{ij} 为重叠元素 j 对分析元素 i 重叠干扰校正系数；Z_j 为重叠或共存元素 j 的浓度或强度；E_i 为分析元素 i 的校准曲线的斜率；R_i 为分析元素 i 的净强度；α_{ij} 为共存元素 j 对分析元素 i 的基体校正系数。

2.2 痕量元素基体效应及谱线重叠干扰的校正

对于痕量元素，采用内标法和经验系数法相结合校正元素间的基体效应，其中 NiO、CuO、ZnO、Ga、As、Br、Rb、Sr、Y、Zr、Nb、Hf、PbO、Bi 和 Th 等痕量元素用铑靶 K_α 线的康普顿散射线作内标，Sn 和 Sb 两个痕量元素用低角度背景（Bg1）做内标，Sc、V_2O_5、Cr_2O_3、CoO、La、Cs、BaO、Ce、Nd 和 Sm 等痕量元素用高角度背景（Bg2）做内标。选取对痕量元素分析线有谱线重叠干扰元素的浓度或谱线强度，通过数学式（1）回归求取相应的谱线重叠干扰系数（L_{ij}）并作扣除校正。

3 结果与讨论

3.1 检测限

由于分析物是用粉末压片制样法进行分析，实质上不存在空白样品，因此选取多个同类标准物质，各制备压样片，按表 1 的条件重复测量 11 次，然后进行统计，计算出每个标准样品中各元素所对应的标准偏差，将含量与标准偏差回归，求出零含量时的标准偏差，根据检测限定义，以 3 倍零含量时的标准偏差定为本方法的检测限[16, 17]。本方法测定各组分的检测限见表 3。至于各组分的测定下限，则由测定的精密度要求而定。如果允许误差小于 ±16.6%，则其测定下限应为检测限两倍以上的含量。

表 3 各组分的测定检测限 （单位：µg/g）

组分	L_D	组分	L_D	组分	L_D
Na_2O	32.4	CoO	4.24	Sb	5.95
MgO	36.9	NiO	2.76	Cs	4.89
Al_2O_3	101.4	CuO	3.59	BaO	12.01
SiO_2	31.5	ZnO	4.01	La	8.78
P_2O_5	8.14	Ga	2.48	Ce	9.64
K_2O	9.51	As	2.61	Nd	5.02
CaO	7.16	Br	0.90	Sm	1.89
TiO_2	31.5	Rb	1.70	Hf	1.60
MnO	16.78	Sr	1.84	PbO	4.76
Fe_2O_3	26.01	Y	1.49	Bi	1.72
Sc	2.53	Zr	1.98	Th	2.93
V_2O_5	5.89	Nb	1.11		
Cr_2O_3	3.07	Sn	5.85		

3.2 精密度

将国家一级标准物质 GBW07406 和 GBW07311 同一个样品重复测量 11 次，主、次量元素用

GBW07311 的结果统计，痕量元素用 GBW07406 的结果统计，计算每个元素的标准偏差（SD）和相对标准偏差（RSD），得到本方法的精密度，由表 4 中的数据可知，除低含量的 CoO、Cs、Nd、Sm、Sc、Br、La、Hf 以外，其余各组分的 RSD 均小于 5%，说明本法的重现性好、精密度高。

表 4　精密度结果

组分	w_B/（%）		RSD/（%）	组分	w_B/（μg/g）		RSD/（%）	组分	w_B/（μg/g）		RSD/（%）
	平均含量	SD			平均含量	SD			平均含量	SD	
Na_2O	0.452	0.0013	0.29	CoO	11	1.39	12.42	Sb	65	2.79	4.29
MgO	0.650	0.0026	0.40	NiO	67	1.14	1.69	Cs	11	2.14	18.65
Al_2O_3	10.389	0.0135	0.13	CuO	536	4.84	0.90	BaO	122	7.75	6.33
SiO_2	75.063	0.1087	0.14	ZnO	130	1.72	1.33	La	47	3.60	7.68
P_2O_5	0.057	0.0006	1.03	Ga	30	0.36	1.20	Ce	69	3.26	4.73
K_2O	3.220	0.0091	0.28	As	207	1.49	0.72	Nd	20	2.87	14.35
CaO	0.443	0.0014	0.31	Br	8	0.51	6.56	Sm	5	0.68	14.06
TiO_2	0.341	0.0016	0.46	Rb	235	1.35	0.57	Hf	7	0.61	8.61
MnO	0.311	0.0014	0.44	Sr	42	0.51	1.21	PbO	356	2.75	0.77
Fe_2O_3	4.281	0.0172	0.40	Y	18	0.43	2.42	Bi	50	0.97	1.91
Sc	0.0016	0.000114	7.12	Zr	215	1.55	0.72	Th	24	1.14	4.71
V_2O_5	0.0237	0.000206	0.87	Nb	27	0.33	1.25				
Cr_2O_3	0.0109	0.000133	1.23	Sn	73	3.09	4.21				

3.3　准确度

本法选取未参加校准回归的土壤（GBW07402）、水系沉积物（GBW07312、GBW07311）国家一级标准物质作为未知样进行测定，其结果见表 5。可以看出本法的测定结果与标准值结果非常接近。

表 5　方法准确度分析结果[①]

组分	GBW07402		GBW07312		GBW07311	
	测量值	标准值	测量值	标准值	测量值	标准值
Na_2O/（%）	1.77	1.62	0.38	0.44	0.45	0.46
MgO/（%）	1.16	1.04	0.42	0.47	0.654	0.62
Al_2O_3/（%）	10.88	10.31	9.11	9.3	10.40	10.37
SiO_2/（%）	69.58	73.35	77.74	77.29	75.41	76.25
P_2O_5/（%）	0.1045	0.1022	0.0496	0.0538	0.0565	0.0584
K_2O/（%）	2.69	2.54	2.90	2.91	3.26	3.28
CaO/（%）	2.51	2.36	1.08	1.16	0.45	0.47
TiO_2/（%）	0.4786	0.4517	0.2527	0.2517	0.3479	0.35
MnO/（%）	0.0682	0.0658	0.1826	0.1807	0.3188	0.3214
Fe_2O_3/（%）	3.51	3.52	4.70	4.88	4.37	4.39
Sc/（μg/g）	10	10.7	5.4	5.1	6.2	7.4

续表

组分	GBW07402		GBW07312		GBW07311	
	测量值	标准值	测量值	标准值	测量值	标准值
V_2O_5/ (μg/g)	117.6	111	84.5	83.9	81.5	83.9
Cr_2O_3/ (μg/g)	78.1	69	48.3	51.2	51.3	58.5
CoO/ (μg/g)	13.7	11	13.6	11.2	11.8	10.8
NiO/ (μg/g)	26.8	25	16.4	16.3	17.3	18.2
CuO/ (μg/g)	21.1	20	1513.5	1531.2	107.9	98.4
ZnO/ (μg/g)	52.7	53	616.7	630.8	474.8	472.5
Ga/ (μg/g)	12.9	12	14.6	14.1	18.1	18.5
As/ (μg/g)	12.9	13.7	114.3	115	189.2	188
Br/ (μg/g)	4	4.5	1.4	(1.7)	2	(2.3)
Rb/ (μg/g)	87.3	88	270.2	270	406.9	408
Sr/ (μg/g)	178.7	187	25.5	24	29.7	29
Y/ (μg/g)	20.6	22	29.9	29	42.9	43
Zr/ (μg/g)	213.3	219	225.8	234	155.3	153
Nb/ (μg/g)	26.7	27	15.5	15.4	26.3	25
Sn/ (μg/g)	#	3	57.7	54	369	370
Sb/ (μg/g)	#	1.3	23.7	24	13.1	14.9
Cs/ (μg/g)	5.2	4.9	7	7.9	15.7	17.4
BaO/ (μg/g)	1033.6	1039.4	241.6	230.2	271.7	290.6
La/ (μg/g)	164.4	164	29.1	32.7	32.8	30
Ce/ (μg/g)	417.4	402	50.3	61	55.2	58
Nd/ (μg/g)	210.5	210	28.6	26	29.4	27
Sm/ (μg/g)	19.4	18	4.8	5.0	5	6.2
Hf/ (μg/g)	5.8	5.8	8.2	8.3	6.2	5.4
PbO/ (μg/g)	20	21.4	303.4	305.4	680	681.4
Bi/ (μg/g)	#	0.4	9.8	10.9	50.3	50
Th/ (μg/g)	16.7	16.6	20.2	21.4	24.1	23.3

注：标准值带（ ）的数据为推荐值，#表示该结果低于检测限，仅作为参考。

4 实际样品分析

应用所建立的方法对古代建筑琉璃构件胎体样品进行检测，选取其中 7 个样品，将得到的主次量元素分析结果与玻璃熔片 X 射线荧光光谱定量分析方法[18]的分析结果相对比；痕量元素分析结果与部分等离子体发射光谱的分析结果相对比，表 6 结果显示不同方法所得结果基本一致，本测试方法可以满足古陶瓷分析研究的要求。

表6　古陶瓷样品该方法与其他方法分析结果对比

组分	BM-51		AM-56		AM-67		JM-77		JM-78		JM-80		HM-42	
	本法	其他方法	本法	其他方法	本法	其他方法	本法	其他方法	本法	其他方法	本法	其他方法	本法	其他方法
Na_2O/（%）	0.933	0.902	0.472	0.418	0.416	0.376	0.361	0.340	0.290	0.297	0.407	0.385	0.280	0.276
MgO/（%）	0.410	0.429	0.822	0.766	0.863	0.821	0.764	0.722	0.771	0.718	0.756	0.731	0.801	0.707
Al_2O_3/（%）	19.875	20.547	20.335	20.758	19.347	20.181	19.043	19.650	19.419	19.704	18.706	19.487	19.318	18.758
SiO_2/（%）	71.296	70.520	69.733	69.324	71.098	70.669	71.423	70.768	71.071	70.623	71.712	70.789	71.126	71.506
P_2O_5/（%）	0.047	0.041	0.065	0.066	0.051	0.052	0.048	0.048	0.042	0.036	0.051	0.054	0.075	0.076
K_2O/（%）	2.771	2.938	3.500	3.694	3.685	3.765	3.920	4.100	3.987	4.218	3.834	4.063	3.834	3.857
CaO/（%）	0.298	0.297	0.242	0.234	0.228	0.222	0.213	0.201	0.217	0.220	0.236	0.241	0.315	0.318
TiO_2/（%）	1.066	1.076	0.934	0.938	0.938	0.943	0.888	0.920	0.877	0.915	0.890	0.926	0.920	0.948
MnO/（%）	0.006	0.009	0.018	0.021	0.015	0.017	0.016	0.019	0.013	0.016	0.016	0.018	0.017	0.020
Fe_2O_3/（%）	1.954	1.898	1.913	1.815	1.837	1.754	1.935	1.843	1.845	1.786	2.037	1.953	1.810	1.745
Sc/（µg/g）	19.3	20.0	15.9	20.6	17.5	12.5	15.7	19.6	16.7	13.2	14.8	21.2	16.7	17.0
V_2O_5/（µg/g）	250.4	230.3	212.1	202	212.9	204	204.8	182	203.5	179	203.5	187	201	178.5
Cr_2O_3/（µg/g）	125.7	117	154.6	159.3	145.9	142.5	143.6	141.5	143.8	144.2	142.9	138.3	134.4	135.5
CoO/（µg/g）	49.5	48.9	53.2	53.8	53.8	45.4	70.5	72.5	56.5	48.2	76	75.5	30.5	31.0
NiO/（µg/g）	32.5	29.0	27.5	26.5	27	22.0	28.7	25.6	27.5	23.3	29.7	26.8	28.4	24.0
CuO/（µg/g）	40.2	42.7	46.2	37.7	37.2	29.0	92.3	70.7	88	65.5	99.9	79.5	82.8	64.6
ZnO/（µg/g）	53.1	55	63.4	59	46.1	39	59	64	60.5	70	60.4	57	56.7	54
Ga/（µg/g）	25.4	29.2	26.2	29.7	25.5	27.9	25	28.2	24.4	27.3	24.9	28.5	24.2	26.2
Rb/（µg/g）	101.3	104	166.4	200	166.1	131	162.7	188	166.1	154	164.2	191	150.5	143
Sr/（µg/g）	263.4	287	65.5	63.0	48.6	30.7	54.8	50.8	53.3	36.0	55.1	55.9	71.9	61.9
Y/（µg/g）	44.2	44.4	38.4	42.8	47.6	35.8	39.2	40.4	37.9	29.8	40.4	44.3	40.9	37.1
Nb/（µg/g）	18.9	18.9	19.3	19.8	19.8	19.8	19	18.9	18.6	18.9	19.1	19.3	20.1	20.0
La/（µg/g）	77.5	66.3	73.8	66.7	75	45.6	66.6	56.7	72.9	47.7	68	60.5	71.2	57.8
Ce/（µg/g）	147.5	134	130	136	128.8		130.3	120	123.9	81.1	124.7	132	122.8	112
Nd/（µg/g）	56.1	56.8	47.5	54.4	44.4	40.7	44.1	49.0	44	42.3	43.6	50.9	52.6	48.6
Sm/（µg/g）	7.7	10.6	7.8	10.2	7.6	7.82	8.6	9.20	7.9	8.23	7.6	10.0	7.6	9.52

5　结语

　　本文采用压片制样法，通过试验确定了 X 射线荧光光谱的最佳测量条件，使用经验系数法和康普敦散射、背景作内标校正基体效应，建立了古陶瓷胎釉主次痕量元素的分析方法。对比分析结果表明，方法检测限低、精密度好、测试结果准确、分析效率高，能满足古陶瓷胎釉中主次痕量元素的测定分析工作。使用该方法对古陶瓷胎体的主次痕量元素进行测定，并选取其中 7 个样品，将分析结果与其他分析方法结果对比，得到满意的结果。目前，该方法已经完成 200 多个古陶瓷样品的分析测试。

致　谢：本项研究受国家"十一五"科技支撑重点项目（项目编号：2006BAK31B02）资助，在此谨致谢意。

参考文献

[1] 朱铁权, 王昌燧, 毛振伟, 等. 不同窑口古瓷断面能量色散X 射线荧光光谱线扫描分析. 岩矿测试, 2007, (5): 381-384.

[2] 吴隽, 李家治, 邓泽群. 中国景德镇历代官窑青花瓷的断代研究. 中国科学 (E 辑), 2004, (5): 516-524.

[3] 谢国喜, 冯松林, 冯向前, 等. 北京毛家湾出土古瓷产地的XRF 分析研究. 核技术, 2007, (4): 241-245.

[4] 李国霞, 赵维娟, 高正耀, 等. 中子活化分析在古陶瓷原料产地研究中的应用. 原子核物理评论, 2000, (4): 248-250.

[5] 谢国喜, 冯松林, 冯向前, 等. 龙泉窑古陶瓷年代断定的中子活化分析和Bayes 判别. 原子能科学技术, 2009, (6): 561-565.

[6] 赵维娟, 吴占军, 李国霞, 等. 清凉寺窑汝瓷和张公巷窑青瓷釉的起源关系. 硅酸盐学报, 2007, (11): 1556-1560.

[7] 朱铁权, 王昌隧, 李艳, 等. 不同窑口青白瓷瓷胎化学元素特征研究. 岩矿测试, 2006, (2): 114-118.

[8] 李宝平, 赵建新, Collerson K D, et al. 电感耦合等离子体质谱分析在中国古陶瓷研究中的应用. 科学通报, 2003, (7): 659-664.

[9] 古丽冰, 邵宏翔, 陈铁梅. 感耦等离子体质谱法测定商代原始瓷中的稀土. 岩矿测试, 2000, (1): 70-73.

[10] 何文权, 熊樱菲. 古陶瓷元素成分分析技术定量方法的探讨. 文物保护与考古科学, 2003, (3): 13-20.

[11] 朱剑, 毛振伟, 张仕定, 等. 古陶瓷的XRF 熔融玻璃片法测定. 中国科学技术大学学报, 2006, (10): 1101-1105.

[12] 陈士萍, 陈显求. 中国古代各类瓷器化学组成总汇. 见: 李家治, 陈显求, 张福康, 等. 中国古代陶瓷科学技术成就. 上海: 上海科学技术出版社, 1984: 31-131.

[13] 罗宏杰. 中国古陶瓷与多元统计分析. 北京: 中国轻工业出版社, 1997: 162-233.

[14] 李家治, 邓泽群, 吴隽, 等. 老虎洞窑和汝官窑瓷微量元素的研究. 建筑材料学报, 2003, 6 (2): 118-122.

[15] Li B P, Greig A, Zhao J X, el al. ICP-MS trace element analysis of Song dynasty porcelains from Ding, Jiexiu and Guantai kilns, north China. Journal of Archaeological Science, 2005, 32: 251-259.

[16] 梁国立, 邓赛文, 吴晓军, 等. X 射线荧光光谱分析检测限问题的探讨与建议. 岩矿测试, 2003, (4): 291-296.

[17] DZ/T D130—2006. 地质矿产实验室测试质量管理规范. 2006: 56-57.

[18] 段鸿莺, 梁国立, 苗建民. WDXRF 对古代建筑琉璃构件胎体主次量元素定量分析方法研究. 见: 罗宏杰, 郑欣森. '09 古陶瓷科学技术国际讨论会论文集. 上海: 上海科学技术文献出版社, 2009: 119-124.

Determination of 37 Major，Minor and Trace Elements in Ancient Ceramics by Wavelength Dispersive X-Ray Fluorescence Spectrometry

Duan Hongying[1, 2]　　Liang Guoli[1, 3]　　Miao Jianmin[1, 2]

1. Key Scientific Research Base of Ancient Ceramics, State Administration of Cultural Heritage (The Palace Museum); 2. Conservation Technology Department of the Palace Museum; 3. National Research Center for Geoanalysis

Abstract: A method for the determination of Na_2O, MgO, Al_2O_3, SiO_2, P_2O_5, K_2O, CaO, Sc, TiO_2, V_2O_5,

Cr_2O_3, MnO, Fe_2O_3, CoO, NiO, CuO, ZnO, Ga, As, Br, Rb, Sr, Y, Zr, Nb, Sn, Sb, Cs, BaO, La, Ce, Nd, Sm, Hf, PbO, Bi and Th in ancient ceramics body and glaze samples by wavelength dispersive X-ray fluorescence spectrometer with pressed power pellet sample preparation was reported in this paper. The matrix effect was corrected by experience coefficients and Compton scattering and background as internal standard for trace elements determination. The method has been verified by analyzing the soil and stream sediment national standard Reference Materials and the analytical results was in agreement with the certified values, and RSD (n＝11) of most elements (except four elements) are less than 10%, indicating that our method has a high accuracy and can greatly satisfy ancient ceramics research work. The method has been applied to the determination of seven ancient ceramics samples and satisfactory results were got by comparison with other analysis method results.

Keywords: ancient ceramics; wavelength dispersive X-ray fluorescence spectrometry; major, minor and trace elements

原载《岩矿测试》2011 年第 30 卷第 3 期

北京清代官式琉璃构件胎体的工艺研究

段鸿莺[1,2]　康葆强[1,2]　丁银忠[1,2]　窦一村[1,2]　苗建民[1,2]

1. 古陶瓷保护研究国家文物局重点科研基地（故宫博物院）；2. 故宫博物院文保科技部

摘　要：为揭示北京清代不同时期建筑琉璃构件原料、烧成温度等工艺特征，本文利用波长色散 X 射线荧光光谱仪、X 射线衍射仪、热膨胀分析仪、扫描电子显微镜等手段，对清代官式琉璃构件胎体的元素含量、物相组成、烧成温度、显微结构及物理性能进行测试与观察，并结合北京门头沟地区煤矸石原料进行讨论。结果表明清代不同时期官式琉璃构件胎体元素组成略有不同，古代工匠依据不同煤矸石原料物理化学性能的差异，有目的选择不同地层、不同地点的煤矸石或用不同比例的煤矸石原料来配制胎体。清代早期到晚期，胎体的耐火度逐渐降低，烧成温度基本相同，较清早期琉璃构件而言，清晚期琉璃构件胎体烧结程度高、性能好、结构致密。

关键词：琉璃构件，原料，煤矸石，烧结程度，吸水率

琉璃制品色泽华美且具备良好的防水性能，作为功能和艺术的统一体，早在北齐时，就被应用于建筑上，称为建筑琉璃构件。自此之后，琉璃烧制工艺不断发展，到明清两代，千余年积累下的丰富经验得以充分利用，琉璃烧制工艺的精华得到充分的运用。其中清代二百多年是我国古代建筑琉璃工艺的最高峰，清代官式琉璃构件应是整个封建王朝琉璃烧制工艺的最高代表。为研究传统琉璃制作工艺，我们系统地选取北京地区清代官式琉璃构件胎体进行多种分析测试，通过研究胎体原料组成、烧制工艺、显微结构、物理性能及彼此间的关系，为传统工艺科学化研究，以及保护研究提供基础信息。

1　实验

1.1　样品信息

清代康熙年琉璃构件样品 23 个（KX01～23），雍正年样品 6 个（YZ01～06），乾隆年样品 27 个（QL01～27），嘉庆年样品 8 个（JQ01～08），宣统年样品 2 个（XT01、02）。其中康熙年琉璃构件样品全部来自故宫太和殿，此部分样品没有相应的年代款识，据太和殿修缮资料记载[1]，琉璃构件应为康熙年间烧制，其他样品均带有相应的年代款识。样品大部分来源于故宫，少数样品来源于北京皇史宬、天坛和历代帝王庙等官式建筑。

1.2 测量方法

采用波长色散 X 射线荧光光谱分析方法[2]测量样品胎体和原料的元素组成，胎体分析结果见表 1；使用理学 D/max- 2550PC 型 X 射线衍射仪对样品胎体和原料进行物相分析，胎体分析结果见图 1；采用德国耐驰公司的 DIL-402C 型热膨胀分析仪对胎体热膨胀系数进行测试并确定烧成温度，结果见图 2（对不同元素组成琉璃胎体样品在电炉中用不同温度进行复烧，实验显示复烧样品热膨胀分析曲线的峰值与复烧温度更为接近，故本文取峰值作为样品烧成温度值并进行对比研究）；样品胎体吸水率、体积密度、显气孔率的测量参照国家标准 GB 2413—81 和 GB/T 3810.3—1999 进行；采用美国 FEI 公司 Quanta 600 型大样品室环境扫描电子显微镜对样品胎体显微结构进行观察。

表 1　清代北京官式琉璃构件胎体元素组成　　　　　　　　　　　　（单位：%）

样品	数量	Na$_2$O	MgO	Al$_2$O$_3$	SiO$_2$	P$_2$O$_5$	K$_2$O	CaO	TiO$_2$	MnO	Fe$_2$O$_3$	LOI
KX	23	0.86±0.11	0.40±0.04	29.0±0.23	61.8±0.46	0.07±0.01	2.77±0.26	0.26±0.05	1.22±0.05	0.01±0.00	2.04±0.11	1.42±0.15
YZ	6	1.02±0.16	0.38±0.04	32.2±1.47	57.2±2.22	0.06±0.01	2.73±0.11	0.38±0.05	1.30±0.06	0.03±0.01	2.93±0.43	1.54±0.13
QL1	20	1.24±0.31	0.52±0.11	30.7±1.83	58.6±1.86	0.06±0.02	3.28±0.46	0.50±0.25	1.22±0.07	0.02±0.01	2.29±0.68	1.38±0.31
QL2	7	1.50±0.13	0.35±0.07	24.5±1.46	66.6±1.79	0.05±0.01	2.98±0.23	0.26±0.06	1.10±0.03	0.01±0.01	1.25±0.26	1.26±0.13
JQ	8	1.50±0.23	0.32±0.04	24.5±0.47	66.8±0.77	0.05±0.01	2.98±0.08	0.25±0.05	1.11±0.03	0.01±0.01	1.05±0.17	1.20±0.18
XT	2	1.03±0.00	0.29±0.00	21.0±0.00	70.7±0.03	0.05±0.00	2.79±0.03	0.23±0.00	1.10±0.01	0.02±0.01	1.66±0.01	0.95±0.04

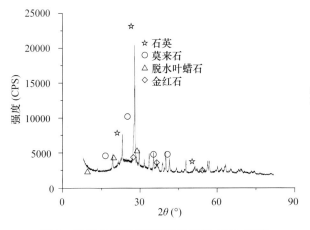

图 1　清代北京官式琉璃构件胎体 XRD 图谱

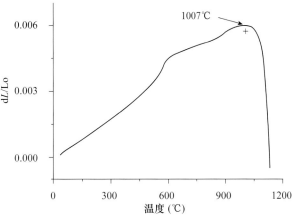

图 2　清代北京官式琉璃构件胎体热膨胀分析图谱

2　结果与讨论

2.1　原料

从表 1 可见，从清早期康熙年到晚期宣统年，除乾隆年外，同一年代烧制的琉璃构件胎体元素组成相近，乾隆年琉璃构件胎体元素分布在两个区域内，根据琉璃构件上款识将乾隆年琉璃构件分为两组：第一组样品编号为 QL01～07、QL11～17 和 QL22～27，为乾隆早期烧制的琉璃构件（QL1）；第二组样品编号为 QL08～10 和 QL18～21，为乾隆中期烧制的琉璃构件（QL2）。康熙、雍正及乾隆早期琉璃构件胎体元素组成相近，Al_2O_3 的含量约为 30.6%，SiO_2 的含量约为 59.2%，Fe_2O_3 的含量约为 2.4%；乾隆中期、嘉庆及宣统年间琉璃构件胎体元素组成较为相近，与清早期相比，胎体中 Al_2O_3、Fe_2O_3 含量下降，而 SiO_2 的含量升高。XRD 结果表明 66 个清代琉璃构件胎体物相组成较为相似，胎体中均含有石英、莫来石、金红石物相，部分样品含有脱水叶蜡石、伊利石等物相。

据文献记载，自明代起，北京门头沟地区的坩子土（煤矸石）原料就被用来为官府烧制建筑琉璃制品[3]，现在门头沟地区还在使用当地的原料来烧制建筑琉璃构件。我们对门头沟琉璃渠附近的对子槐山及潭柘寺石佛村的原料产地进行考察并对当地的煤矸石原料进行采集。煤矸石是一种在煤形成过程中与煤伴生、共生的岩石，构成的矿物质成分多达数十种之多，化学成分不稳定[4]。图 3 为对子槐山及潭柘寺石佛村收集到较为典型的三类煤矸石样品，从左至右分别为老矸、中矸和黏子矸土，元素分析和矿物分析结果见表 2 及图 4。

图 3　门头沟地区煤矸石原料（从左至右分别为：老矸、中矸及黏子矸土）

表 2　门头沟地区煤矸石原料元素分析结果范围　　　　　　　　　　（单位：%）

样品	Na₂O	MgO	Al₂O	SiO₂	P₂O₅	K₂O	CaO	TiO₂	MnO	Fe₂O₃	LOI
老矸	0.37～1.39	0.20～1.31	14.8～19.0	63.0～75.7	0.02～0.16	0.13～2.51	0.12～0.32	0.36～1.14	0.01～0.07	3.59～7.98	2.66～4.55
中矸	0.81～1.38	0.28～2.57	17.8～25.5	54.0～69.9	0.03～0.17	0.92～3.16	0.14～0.59	0.45～1.09	0.01～0.07	2.40～6.53	3.53～5.61
黏子矸土	3.33～4.33	0.10～0.30	32.4～37.0	46.7～53.2	0.02～0.06	0.87～2.54	0.34～1.00	1.13～1.48	0～0.02	0.33～0.97	5.89～7.32

从上述图表中可以看出老矸和中矸呈带棱角的块状，质地较硬，主要以脊性原料石英和可塑性较低、干燥后强度较差的白云母矿物为主；黏子矸土外观呈团块状，较潮湿，主要以可塑性较好的高岭石和累托石黏土矿物为主，还含有一定量的有机质，相比较而言具有较好的可塑性和成型性能，但烧成收缩大。上述三种煤矸石由于埋藏的位置和层位不同，故在质量、外观、性能等方面有一定的差别。关于清代琉璃构件胎体的原料组成有不同的说法，其一是叶蜡石、黏子土和页岩石（坩子土或煤矸石）按照不同比例配成[5]；其二是用坩子土作为胎的原料[6]。第一种说法我们在这里无从考证；对于第二种说法，由于煤矸石化学组成、矿物组成范围宽泛，如将不同地层或地点的煤矸石原料按照一定比例混合，则可能在元素组成、物相组成及性能上满足琉璃构件胎体的需求，说明煤矸石是可以作为琉

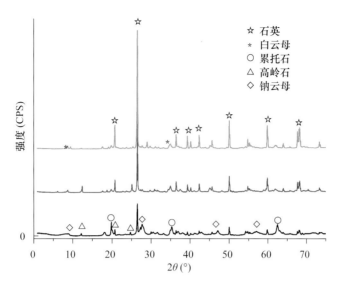

图4　门头沟地区煤矸石原料 XRD 图谱（从上至下分别为：老矸、中矸及黏子矸土）

璃构件的制胎原料。在清代，古代匠人无法对煤矸石原料进行分析测试，他们以"看""捏""舔""划"和"咬"等方式判断原料的性能，挑选合适的原料。清朝早期到晚期琉璃构件胎体元素不一致，可能是因为取用了不同地层、不同地点的煤矸石原料或者煤矸石的用料配比发生一定的改变。

2.2　烧成工艺

琉璃构件是二次烧成的低温铅釉陶，坯体原料经过晾晒、粉碎、陈腐、练泥、成型后用煤炭作为燃料进行高温素烧，施铅釉后用柴进行低温釉烧。琉璃构件胎体烧成温度的测试结果表明清代琉璃构件胎体烧成温度在950～1080℃，琉璃构件胎体粗糙多孔，烧结程度不高。烧结程度是胎体的烧成温度与耐火度的综合反映，按照表1中元素分析结果，参照耐火度计算公式[7]计算胎体的耐火度，并将计算结果按照年代进行平均值计算，结果见表3，表3还列出了清代不同时期琉璃构件胎体烧成温度的平均值。由表3可见，清代琉璃构件胎体的耐火度有逐渐降低之趋势，从乾隆早期到乾隆中期和从嘉庆到宣统年间有两个明显的下降，这说明在原料上发生了一定的变化；而在烧成温度上，琉璃构件胎体的烧成温度未发生明显变化，只是清朝晚期宣统年间有小幅升高。从清朝早期到晚期，工匠们熟练掌握原料的性质，逐渐有选择性的使用耐火度低的原料，采用相近的或更高的烧成温度，来获得质量更好的胎体。

表3　琉璃构件耐火度、烧成温度、吸水率、体积密度和孔隙度的平均值

样品	数量	耐火度 /℃	烧成温度 /℃	吸水率 /%	体积密度 / (g/cm³)	孔隙度 /%
KX	21	1667	1034	14.78	1.75	27.81
YZ	6	1681	1009	16.57	1.82	30.06
QL1	17	1674	1023	13.67	1.92	26.07
QL2	5	1642	1024	10.97	2.01	21.96
JQ	8	1645	1026	13.53	1.94	26.11
XT	2	1615	1049	11.92	1.99	23.65

2.3 性能和显微结构

表 3 中列出了清代不同时期琉璃构件的耐火度、烧成温度、吸水率、体积密度及孔隙度，从中可见，清代初期（康熙、雍正、乾隆早期）琉璃构件胎体的吸水率、孔隙度相对较高，其值分别大于 13% 和 26%。从此时期琉璃构件胎体显微图片（图 5（a））可见，胎体中一些黏土矿物仍保存其原来的矿物显微特征，胎体形成部分玻璃态物质，仍然保存有较多的微孔隙，这样的琉璃构件胎体密度低，吸水率和孔隙度高，抗折强度及其他物理性能差。清代后期（乾隆中期、嘉庆、宣统）烧制的琉璃构件胎体吸水率、孔隙度较低，其值分别小于 13% 和 26%，图 5（b）为此时期琉璃构件胎体的显微图片，从中可见胎体基质中黏土矿物已多烧结粘连在一起，自身间的微裂隙多已消失，胎体玻化程度较高，胎体吸水率和显气孔率相对较低，各项物理性能相对较好。清代早期到晚期，琉璃构件胎体原料发生了一定的变化，胎体的耐火度逐渐下降，而烧成温度相同或相近，故较早期琉璃构件而言，晚期琉璃构件胎体烧结程度高、吸水率低、胎体性能好。研究表明琉璃构件胎体的低烧结程度是影响琉璃构件剥釉的重要因素[8]，在对清代琉璃构件釉面保存情况调查中，发现乾隆中期（乾隆三十年）烧制的琉璃构件釉面保存情况最好，釉面保存率高达 95%，表 3 的数据也表明这些琉璃构件胎体的吸水率和孔隙度是最低的，表明这一期间琉璃构件胎体的烧结程度好。

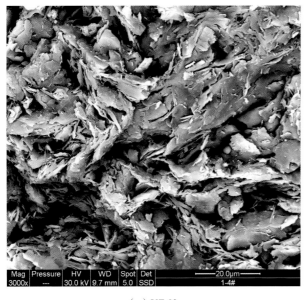 

（a）YZ-03 　　　　　　　　　　　　　　　　　　（b）QL-09

图 5　琉璃构件胎体基质显微结构（×3000）

3 结论

（1）北京门头沟地区的煤矸石可作为清代官式琉璃构件的胎体原料，不同时期胎体元素组成略有不同，可能是因古代工匠选择了不同地层、不同地点的煤矸石或改变煤矸石的用料配比所致。

（2）清代工匠已掌握琉璃构件的烧制工艺和原料的特性，逐渐有选择性的使用耐火度低的原料，采用相近的或更高的烧成温度，来获得质量更好的胎体。

（3）胎体的烧结程度与原料的耐火度及烧成温度相关，影响琉璃构件的显微结构和物理性能。清朝早期到晚期，琉璃构件胎体烧结程度逐渐提高。其中乾隆中期琉璃构件的吸水率和孔隙度最小，釉面保存情况最好。

致　谢：本研究受国家"十一五"科技支撑重点项目课题（项目编号：2006BAK31B02）、国家文物局重点科研基地项目（项目编号：20080217）、国家自然科学基金资助项目（项目编号：51102051）资助，在此谨致谢意。

参考文献

[1] 古建管理部. 故宫建筑物维修. 故宫博物院院刊, 1985, (3): 35-44.
[2] 段鸿莺, 梁国立, 苗建民. WDXRF 对古代建筑琉璃构件胎体主次量元素定量分析方法研究. 见: 罗宏杰, 郑欣淼. '09 古陶瓷科学技术国际讨论会论文集. 上海: 上海科学技术文献出版社, 2009: 119-124.
[3] 孙殿起. 琉璃厂小志. 北京: 北京古籍出版社, 2000: 2.
[4] 张长森. 煤矸石资源化综合利用新技术. 北京: 化学工业出版社, 2008: 25-26.
[5] 李全庆, 刘建业. 中国古建筑琉璃技术. 北京: 中国建筑工业出版社, 1987: 10-25.
[6] 齐鸿浩. 琉璃渠村话琉璃. 北京档案, 2001, (12): 46.
[7] 李家驹. 陶瓷工艺学. 北京: 中国轻工业出版社, 2009: 39.
[8] 古代建筑琉璃物件保护与研究课题组. 古代建筑琉璃构件剥釉机理内在因素研究. 故宫博物院院刊, 2008, (5): 115-129.

The Technology Research of Qing Dynasty Official Glazed Tile Bodies in Beijing

Duan Hongying[1,2]　Kang Baoqiang[1,2]　Ding Yinzhong[1,2]　Dou Yicun[1,2]　Miao Jianmin[1,2]

1. Key Scientific Research Base of Ancient Ceramics, State Administration of Cultural Heritage (The Palace Museum); 2. Conservation Technology Department of the Palace Museum

Abstract: To investigate raw material and firing temperature technology characteristics of Qing Dynasty official building glazed tiles, the chemical composition, crystal composition, firing temperature, microstructure and physical properties of bodies were determined and observed by wavelength dispersive X-ray fluorescence spectrometer (WDXRF), X-ray diffraction (XRD) thermomechanical analyzer and scanning electron microscope (SEM) in this paper. Gangue raw materials collected from Beijing Mentougou region were also analyzed and discussed. The results indicated chemical composition of different period Qing Dynasty official glazed tile bodies had a little difference. Ancient potters selected gangue from different place, different stratum or applied different ratio of gangue in Mentougou region purposefully to make glazed tile body according to their physical chemical properties. Refractoriness of Qing Dynasty glazed tile bodies decreased gradually and firing temperature kept similar, indicating that glazed tile bodies of Late Qing Dynasty had higher sintering degree, better physical properties and denser microstructure.

Keywords: glazed tile, raw material, gangue, sintering degree, water absorption

原载《建筑材料学报》2012 年第 15 卷第 3 期

元代建筑琉璃化妆土工艺的初步研究

李 媛 苗建民 段鸿莺

故宫博物院

摘 要：采用光学显微镜（OM）、扫描电子显微镜（SEM）、波长色散 X 射线荧光光谱（WDXRF）和 X 射线能谱仪（EDS），测试分析了六块元代建筑琉璃样品胎体、化妆土的显微结构和元素组成。结果表明：元代建筑琉璃胎釉之间的化妆土，厚度为 160～460μm，其原料经过了较为精细的处理，原料粒径为 10～100μm；与胎体相比，化妆土层耐火度低，烧结程度高，其外观比较致密且具有一定光泽；化妆土原料可分为两类：一类为高钾低铅；另一类为高铅低钾，其中高铅低钾类化妆土原料内可能添加了一定比例的釉料。

关键词：化妆土，建筑琉璃，WDXRF，SEM

元代建筑琉璃在釉色与制作方法上丰富多彩，黄、绿、蓝、白、赭、褐、酱等色同时并用[1]，亦可见到在蓝、黄、绿色釉下施加化妆土的建筑琉璃构件。化妆土是施于陶瓷器物胎、釉之间的一种材料，起修饰、美化与装饰器物的作用[2]。化妆土工艺与我国诸多传统名窑有着重要联系，如我国早期的邢窑、定窑[3]及磁州窑[4]等。

目前，对于化妆土工艺的科技研究，主要集中在利用岩相分析、微区元素分析、显微分析等技术，对我国不同时期、不同地区，如巩义窑、邢窑、磁州窑、耀州窑等瓷器化妆土进行的测试分析，探讨和研究了化妆土的组成、工艺及原料等[5~8]，但尚未见到对传统建筑琉璃中化妆土工艺的相关报道。

本项工作即在前期工作的基础上[9]，采用 OM、SEM、WDXRF 和 EDXRF 对元代建筑琉璃的化妆土、胎体进行成分分析，同时结合显微观察和岩相分析结果，探讨元代建筑琉璃化妆土的工艺特点。

1 样品描述与实验方法

1.1 样品描述

分析用 6 块元代建筑琉璃样品由北京故宫博物院文保科技部提供，其样品照片如图 1 所示，样品编号为 WLBY-0114～WLBY-0119。分析样品釉色有孔雀蓝、黄和绿三种颜色。其中孔雀蓝釉样品 3 个，孔雀蓝黄两色釉样品 2 个，黄绿两色釉样品 1 个。

图 1　元代建筑琉璃样品外观照片

1.2　实验方法

1.2.1　显微结构观测

采用德国 Leica 公司 MZ 16A 型实体显微镜（OM）对建筑琉璃构件标本的显微结构进行了观察。实验测试条件：观察建筑琉璃构件标本胎体、釉层及中间层断面（横截面）显微结构采用放大倍数 100 倍，同轴光；观察建筑琉璃构件标本釉层表面显微结构特征采用放大倍数 50 倍，同轴光。

采用美国 FEI 公司的 Quanta 600 大样品室环境扫描电子显微镜对建筑琉璃构件标本的胎体、釉层，以及胎釉中间层显微结构进行观察。实验测试条件为：钨灯丝电子枪，背散射探头，低真空模式，采用电压为 20～25kV，束斑为 6，二次电子图像分辨率为 3.5nm。

1.2.2　元素组成分析

采用荷兰 Panlytical 公司 Axios 型波长色散 X 射线荧光光谱仪对建筑琉璃构件标本胎体进行测试分析；采用与上述扫描电镜相配的美国 EDAX 公司 Genenis 型 X 射线能谱仪对建筑琉璃构件标本的胎、釉及中间层中微区元素组成进行测试分析。实验测试条件为：扫描电镜电压 20kV，电子束束斑 6，分辨率 129eV，测量时间为 60s。

2　结果与讨论

2.1　显微结构分析

利用光学显微镜对 6 块元代建筑琉璃样品断面进行了观察，6 块样品的胎釉之间均施有一层化妆土，如图 2（a）所示，厚度在 160～460μm，呈白色、细腻、致密且有一定光泽，说明其玻化程度较高，其原料颗粒度明显小于胎体原料颗粒度，粒径为 10～100μm，如图 2（c）所示。此外，所有样品的胎体中均存有夹杂物图 2（b），基体呈黄色至红色，夹杂物以白色颗粒物为主，白色颗粒其粒径最大者可达 1mm 左右，也有褐色、黑色颗粒物。以上分析表明，化妆土原料较胎体原料而言，原料粒径较为均匀、处理过程较为精细、烧结程度高。

 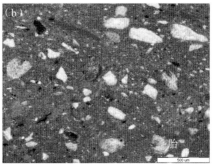 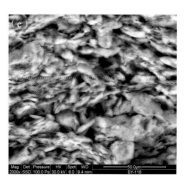

图 2　元代建筑琉璃显微照片

（a）样品 WLBY-0114 断面显微照片；（b）样品 WLBY-0118 胎体显微照片；（c）样品 WLBY-0116 化妆土背散射图像

2.2　元素组成分析

采用扫描电镜配置 X 射线能谱仪对样品化妆土断面进行微区元素组成分析，结果如表 1 所示。由表 1 可知，元代建筑琉璃化妆土主要元素为 Al_2O_3、SiO_2、K_2O 和 PbO，其中不同样品化妆土的 K_2O（1.6%～16.1%）和 PbO（2.0%～21.3%）的含量差别较大。

表 1　元代建筑琉璃化妆土化学组成　　　　　　　　　　（单位：wt%）

编　号	Na_2O	MgO	Al_2O_3	SiO_2	K_2O	CaO	TiO_2	Fe_2O_3	CuO	PbO
WLBY-0114	2.03	1.03	24.51	44.08	2.43	2.50	0.84	1.64	—	20.94
WLBY-0115	1.31	1.75	22.71	51.49	10.22	4.51	1.03	2.64	0.71	3.64
WLBY-0116	1.31	0.90	27.95	46.31	16.13	2.57	0.97	1.03	0.38	2.45
WLBY-0117	1.65	1.18	30.44	48.18	11.53	2.09	1.06	1.45	0.43	1.99
WLBY-0118	1.80	0.94	24.24	42.55	1.58	5.18	0.72	1.16	0.56	21.29
WLBY-0119	2.82	0.68	27.63	47.69	12.15	1.58	1.25	1.07	0.71	4.41

根据 K_2O 和 PbO 含量的不同，可分为两类：一类为高钾低铅类，包括样品 WLBY-0115、WLBY-0116、WLBY-0117 和 WLBY-0119，不同于以往大多数化妆土低钾低铁高铝的元素组成特点[10]，但与以往研究者对陶瓷胎釉间由于反应生成的白色中间层低铁高钾的特征[11]较为接近，这是陶工的一种人为的模仿抑或是原料配方使然，尚需进一步的研究；另一类为低钾高铅类，包括样品 WLBY-0114 和 WLBY-0118，在现代陶瓷工艺中，为使化妆土起到促进胎釉结合的作用，常将釉料与胎料混合配制成化妆土[12]。从这个角度来看，推测可能当时陶工为追求琉璃构件的抗剥釉能力，而向化妆土原料中添加了釉的原料。

元代建筑琉璃胎体元素组成结果如表 2 所示。由表 2 可知，元代建筑琉璃胎体中含有 3.8%～4.7% 的 Fe_2O_3，因而造成胎体外观呈黄色、橘红色；对比表 1，样品化妆土中 Fe_2O_3 的含量为 1%～1.6%，外观洁白，只有个别样品 WLBY-0115 化妆土中 Fe_2O_3 的含量达 2.6%，这从图 3 该样品的断面显微照片上也可看出，此化妆土颜色略呈浅黄色。由此可看出，元代建筑琉璃化妆土工艺中，相对于胎体原料而言，对于化妆土原料的筛选、淘洗，已形成一定的标准，在筛除不良着色剂方面陶工已具备了一定的能力。

表 2　元代建筑琉璃胎体化学组成　　　　　　　　　（单位：wt%）

编　号	sum	Na_2O	MgO	Al_2O_3	SiO_2	P_2O_5	K_2O	CaO	TiO_2	MnO	Fe_2O_3	LOI
WLBY-0114	99.80	2.25	2.54	16.36	60.26	0.12	2.42	7.93	0.79	0.08	4.33	2.72
WLBY-0115	100.02	1.96	2.59	15.14	60.26	0.15	2.58	8.71	0.72	0.10	4.70	3.11
WLBY-0116	99.80	1.98	2.71	14.77	60.33	0.13	2.55	8.97	0.70	0.10	4.71	2.85
WLBY-0117	99.80	2.46	2.15	19.04	60.79	0.13	2.52	6.44	0.90	0.08	3.99	1.29
WLBY-0118	99.80	2.72	1.43	21.25	61.68	0.14	2.42	3.93	0.93	0.06	3.76	1.48
WLBY-0119	99.80	2.28	2.16	19.81	59.44	0.15	3.06	6.27	0.87	0.09	4.54	1.14

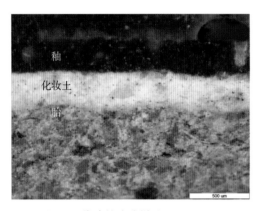

图 3　元代建筑琉璃样品 WLBY-0115
断面显微照片

由陶瓷工艺学可知，不同元素的助熔能力是不相同的，在陶瓷原料中，PbO 是最强的助熔剂，PbO 与 SiO_2 极易反应生成低熔点的硅酸铅[13]。另外，K_2O 和 Na_2O 是成瓷的主要组分，起强助熔作用；CaO 在少量情况下只与碱金属氧化物共同起着助熔作用[14]。从表 1 和表 2 可知，元代琉璃胎体的助熔剂主要为 CaO（4.0%～8.9%）和 K_2O（2.4%～3.0%），而样品化妆土中不仅助熔剂种类以 PbO 和 K_2O 为主，而且二者含量也远远大于胎体助剂含量，因此化妆土的耐火度要明显低于胎体耐火度，从而化妆土中形成较多玻璃相，烧结程度高于胎体，体现在外观上即致密、具有一定的光泽。

3　结论

（1）元代建筑琉璃胎釉之间的化妆土，厚度为 160～460μm，其原料经过了较为精细的处理，原料粒径为 10～100μm。

（2）与胎体相比，化妆土层耐火度低，烧结程度高，其外观比较致密且具有一定光泽。

（3）化妆土原料可分为两类：一类为高钾低铅；另一类为低钾高铅，其中低钾高铅类化妆土原料内可能添加了一定比例的釉料。

致　谢：本课题获得国家"十一五"科技支撑重点项目课题"古代建筑保护技术及传统工艺科学化研究"（项目编号：2006BAK31B02）资助，在此谨致谢意。

参考文献

[1]　杨静荣. 陶瓷装饰工艺材料——化妆土. 河北陶瓷, 1984, (3): 52-54.

[2]　冯先铭. 中国陶瓷. 上海：上海古籍出版社, 2001: 9.

[3] 叶喆民. 中国陶瓷史 (增订版). 北京: 生活・读书・新知三联书店, 2011: 373.

[4] 李家治. 中国科学技术史・陶瓷卷. 北京: 科学出版社, 1998: 400-407.

[5] 朱铁权, 王昌燧, 毛振伟, 等. 我国北方唐宋时期白瓷化妆土EDXRF 成分分析. 中国陶瓷, 2006, (3): 44-46.

[6] 凌雪, 姚政权, 魏女, 等. 耀州窑青瓷白色中间层和化妆土的EDXRF 光谱分析. 文物保护与考古科学, 2008, (1): 12-17.

[7] 凌雪, 毛振伟, 冯敏, 等. 巩窑唐代早期白瓷的EDXRF 线扫描分析. 光谱学与光谱分析, 2005, 25 (7): 1145-1150.

[8] 杨益民, 汪丽华, 朱剑, 等. 红绿彩瓷化妆土的线扫描分析. 核技术, 2008, (9): 653-657.

[9] 苗建民, 王时伟. 元明清建筑琉璃瓦的研究. 见: 郭景坤. '05 古陶瓷科学技术国际讨论会论文集. 上海: 上海科学技术文献出版社, 2005: 108-115.

[10] 钱伟军, 郭演仪, 高建华, 等. 宋代扒村窑黑彩白瓷电子探针研究. 见: 郭景坤. '99 古陶瓷科学技术国际讨论会论文集. 上海: 上海科学技术文献出版社, 1999: 69-74.

[11] 李媛, 贾翠, 王芬, 等. 钧窑月白釉及其中间层显微结构与艺术外观. 中国陶瓷, 2012, 12: 81-84.

[12] 吴基球, 文忠和, 李竟先, 等. 化妆土及其在红坯体墙地砖中的应用. 中国陶瓷, 2004, 5: 40-43.

[13] 李家驹. 陶瓷工艺学. 北京: 中国轻工业出版社, 2009: 168.

[14] 李家驹. 陶瓷工艺学. 北京: 中国轻工业出版社, 2009: 87.

Preliminary Research on the Technology of Slip in Ancient Architectural Glazed Tile of Yuan Dynasty

Li Yuan　　Miao Jianmin　　Duan Hongying

The Palace Museum

Abstract: The microstructure and chemical elements composition of six samples of architectural glazed tile of Yuan dynasty were measured and analyzed by different methods, such as OM, SEM, WDXRF, and EDS. The research results showed that the thickness of slip which located between the body and glaze in the tile is from 160μm to 460μm. Their raw materials were disposed carefully, and the grain diameter of the raw materials were between 10μm to 100μm. Compared with the body of the tile, the engobe has lower refractoriness and higher firing level, and has more compact appearance and some glossiness. There are two kinds of raw materials for the slip, one kind has higher kalium and lower lead, while the other kind has lower kalium and higher lead, in which some proportion of glaze maybe added in.

Keywords: slip, architectural glazed tile, WDXRF, SEM

原载《中国文物保护技术协会第七次学术年会论文集》

故宫神武门琉璃瓦年代和产地的初步研究

康葆强[1, 2]　王时伟[1]　段鸿莺[1, 2]　陈铁梅[3]　苗建民[1, 2]

1.故宫博物院；2.古陶瓷保护研究国家文物局重点科研基地（故宫博物院）；3.北京大学

摘　要：故宫是明清两代的皇宫，又称紫禁城，是世界上保存最完好的宫殿建筑群之一，保留了大量明清的建筑材料。区分明代和清代的建筑材料，是故宫古建筑研究与保护的重要内容。本文以故宫神武门大修中拆卸下的上层檐琉璃瓦件为研究对象，利用热释光测年技术对瓦件的年代进行测定，发现该类瓦件的热释光年代明显早于故宫清代瓦件；并通过 X 射线荧光法、X 射线衍射法对神武门瓦件及故宫清代琉璃瓦件的胎体元素组成、物相组成进行分析和比较，对神武门瓦件的年代进行了辅助判断。另外，根据明代文献中北京宫殿用琉璃瓦件来自安徽太平府的记载，比较了神武门瓦件和安徽当涂琉璃窑出土的明代琉璃瓦件、南京明代报恩寺琉璃瓦件的胎体元素组成和物相组成，说明其胎土产地不是安徽当涂。根据神武门瓦件胎体中物相组成与故宫清代瓦件总体上相近的情况来看，其胎土可能产自北京门头沟。

关键词：紫禁城，神武门，琉璃瓦，热释光，明代，年代

　　紫禁城始建于明永乐年间，历经正统、嘉靖、万历朝的大规模营建，又经清顺治、康熙、雍正、乾隆等朝的修缮、添建和改建，成目前的规模。故宫大修自 2002 年启动以来，武英殿、太和殿、神武门等一批古建筑陆续得到修缮。从揭下的琉璃瓦件当中，发现一批琉璃瓦件落有清代年款，如"雍正八年琉璃窑造斋戒宫用""乾隆年制""乾隆三十年春季造""嘉庆十一年官窑敬造"和"宣统年官琉璃窑造"[1]。有的瓦件上的款识为满文和汉文两种文字，也可判定为清代瓦件。但遗憾的是，至今仍未发现带有明代年款的琉璃瓦。

1　问题的提出

　　20 世纪 80 年代，古建筑专家考察紫禁城内的西南角楼、西华门、南熏殿几座明代建筑，发现了一些特殊形制的琉璃构件[2]，为判定明代琉璃瓦件奠定了基础。另外，长春宫、储秀宫、钟粹宫，以及神武门等古建筑，据考证，明清两代仅经过维修，并未改变明代初建时的构架形制[3]。神武门于 2006 年揭瓦修缮，使得本项工作得以开展。

　　神武门是紫禁城的北门，明永乐十八年（1420 年）建成[4]，为重檐庑殿黄琉璃瓦顶。观察神武门大修中拆卸下的琉璃瓦件，发现上层檐为四样瓦，下层檐为五样瓦[5]。下层檐的瓦件，根据形制特征应为清代瓦件，本文不做研究。上层檐的勾头、滴水上的龙纹，与明代瓷器上的龙纹特征相似。而筒

瓦和勾头瓦的熊头[6]部位有凸起的楞，被认为是明代瓦的特征[7]。神武门上层檐琉璃瓦件（以下简称神武门瓦件）是否可能为明代瓦件是本文讨论的第一个问题。

本文利用热释光测年技术对神武门瓦件，以及故宫清代琉璃瓦件进行热释光测年。通过 X 射线荧光法、X 射线衍射法对神武门瓦件，以及故宫清代琉璃瓦件的胎体元素组成、物相组成进行分析和比较，对神武门瓦件的年代进行辅助判断。

另外，关于北京明代宫殿所用琉璃瓦件的来源问题仍存在争议。据《天工开物》记载[8]，"若皇家宫殿所用……其土必取于太平府，舟运三千里方达京师"。该段资料表明，北京宫殿用琉璃需取自太平府（府治位于安徽省当涂县[9]）。是制瓦原料运送到北京，还是烧制好的成品运京，并不清楚。成书时间相近的《宛署杂记》[10]记载，"对子槐山，在县西五十里。山产坩子土，堪烧琉璃。本朝设有琉璃厂，内官一员主之。""在县西五十里"指明代宛平县西五十里，现属于北京门头沟地区。目前门头沟琉璃渠村以西仍有"对子槐山"这个地名，该地还留有古矿洞遗址[11]。从古代文献记载来看，北京明代宫殿的琉璃瓦原料有"南方说"（安徽当涂）和"本地说"（北京门头沟）两种。"南方说"如果成立，琉璃瓦的成本必然很高。特别是在北京本地有烧造琉璃用原料的前提下，"南方说"就更让人费解。但是学术界仍不否定北京明代宫殿的琉璃瓦件可能来自南方[12, 13]。

针对胎土原料的产地，通过比较神武门瓦件与安徽当涂琉璃窑出土的明代琉璃瓦件、南京明代报恩寺塔琉璃瓦件的胎体元素组成和物相组成，验证历史文献记载。

2 研究样品

神武门上层檐琉璃瓦件的规格比较一致，瓦件内部露胎处未发现文字款识。胎呈粉红色，胎质细腻，未见到明显的颗粒物。釉色黄中发红，开片细密。勾头和滴水上的龙纹比例匀称、雕刻精美，见图 1～图 3。

图 1 神武门上层檐西山北侧勾头和滴水
（照片由故宫博物院古建部黄占均提供）

图 2 神武门上层檐黄釉筒瓦

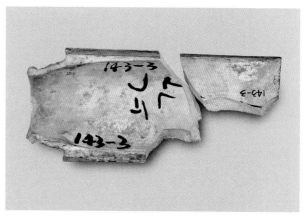

图 3 神武门上层檐黄釉筒瓦露胎处

从神武门古建修缮过程中上层檐揭下的琉璃瓦件中，选取了 5 块筒瓦进行分析测试。为了对比，对故宫大修过程拆卸下的带有雍正、乾隆、嘉庆、宣统年款，以及带有满文款识的瓦件进行了测试。

3 分析方法

3.1 热释光测年

采用热释光前剂量饱和指数法测定样品的古剂量。测量仪器为：丹麦 Risø 国立实验室生产的型号为 Risø TL/OSL-DA-15 的全自动释光测定年代系统。每个样品都进行了年剂量的测定，方法为：K 的含量是用美国热电公司生产的 QuanX 型能量色散 X 荧光分析仪，U、Th 含量是用英国 Littlemore 公司生产的 7286 型 α 计数仪。考虑了样品含水率对样品年代测定的影响，样品的含水率采用上海天平分析仪器厂生产的 DTG160 分析天平测得。因所测的大部分琉璃瓦样品处于重点古建文物保护的环境中，而无法测定其环境剂量。热释光年代由上海博物馆夏君定研究员测定。

3.2 波长色散 X 荧光法和 X 射线衍射法

采用波长色散 X 射线荧光法测试琉璃瓦胎体的元素组成，方法的准确度和精确度见参考文献［14］。多元统计软件为 SPSS15.0，分析类型为主成分分析。

利用 X 射线衍射法对神武门琉璃瓦件、清代瓦件胎体和北京门头沟对子槐坩子土进行物相分析，实验条件见参考文献［15］。

4 分析结果

4.1 热释光测年结果

表 1 为清代年款瓦件和神武门瓦件胎体的热释光结果。神武门上层檐的 5 块筒瓦因外观比较一致，因此只对一块筒瓦进行测试。

根据历史年表，雍正八年瓦件（编号 1-1）的制作年代约为公元 1730 年，距今 277 年，其热释光年代为距今 220 年左右。乾隆年瓦件（编号 3-3）的制作年代应在公元 1736～1795 年，距今 271～212 年，热释光年代为 285 年。嘉庆三年瓦件（编号 11-2）的制作年代约为公元 1789 年，距今 218 年，热释光年代距今约 235 年。宣统年瓦件（编号 19-3）的制作年代约为 1909～1911 年，距今 98～96 年，热释光年代为距今 95 年。铺户白守福款琉璃瓦件（编号 37-2），虽然没有清代年款，但满文和汉文两种文字的落款表明其年代为清代，热释光年代为距今 270 年。上述清代瓦件的制作年代和热释光年代总体上都比较相近，说明热释光前剂量饱和指数法能够得到合理的测年数据。而且可以看到，宣统年瓦件比雍正、乾隆、嘉庆年款的瓦件热释光年代晚一百多年，表明热释光技术能够区分清代早期和晚期的瓦件。但受到环境剂量测量等因素的影响，雍正、乾隆和嘉庆年瓦的测年结果相互重叠。神武门瓦件（编号 143-3）的热释光年代为距今 645 年，明显早于清代瓦件。

表 1　神武门瓦件和清代琉璃瓦的热释光测年结果及相关年代信息

样品编号	款识	款识反映的朝代	款识反映的公元纪年	热释光年代	热释光年代对应的朝代
1-1	雍正八年琉璃窑造斋戒宫用	清代	公元 1730 年（距今 277 年）	距今约 220 年	清代
3-3	乾隆年制	清代	公元 1736～1795 年（距今 271～212 年）	距今约 285 年	清代
11-2	嘉庆三年	清代	公元 1789 年（距今 218 年）	距今约 235 年	清代
19-3	宣统年官琉璃窑造	清代	公元 1909～1911 年（距今 98～96 年）	距今约 95 年	清代
37-2	铺户白守福 配色匠张台（满汉文）	清代	公元 1644～1911 年（距今 363～96 年）	距今约 270 年	清代
143-3	无	可能为明代	可能为公元 1368～1644 年（距今 639～363 年）	距今约 645 年	元－明

4.2　胎体的元素组成及多元数理统计

从表 2 可以看出，神武门上层檐瓦件和清代瓦件胎体的主要成分都为 Al_2O_3、SiO_2，含一定量的 K_2O、Na_2O、CaO、MgO、Fe_2O_3、TiO_2。助熔成分中 K_2O、Na_2O 含量较高，CaO、MgO 含量较低。

根据表 2 的数据，清代瓦件按胎体中 Al_2O_3、SiO_2 含量可分为两类。第一类为雍正和部分乾隆年瓦件（称为乾隆 I 型），Al_2O_3 含量 28%～35%，SiO_2 含量 54%～60%。第二类为另一部分乾隆年瓦件（称为乾隆 II 型）及嘉庆、宣统年瓦件，Al_2O_3 含量 20%～25%，SiO_2 含量 66%～71%。神武门瓦件胎体 Al_2O_3 含量均值为 28.35%，SiO_2 均值为 60.76%，与清代第一类瓦件相近。

表 2　神武门瓦件和故宫清代瓦件胎体的元素组成　　　　　（单位：wt%）

样品编号	年款	Na_2O	MgO	Al_2O_3	SiO_2	P_2O_5	K_2O	CaO	TiO_2	MnO	Fe_2O_3	LOI
143-11	无	2.18	0.48	28.62	60.62	0.07	2.88	0.82	1.22	0.02	1.39	1.52
143-3	无	2.14	0.50	28.31	60.80	0.07	2.88	0.85	1.19	0.02	1.43	1.61
143-5	无	2.12	0.45	28.52	60.86	0.06	2.96	0.70	1.21	0.02	1.36	1.54
143-6	无	1.91	0.56	28.08	60.82	0.07	3.21	0.86	1.21	0.02	1.48	1.58
143-9	无	2.11	0.51	28.23	60.69	0.07	3.06	0.93	1.20	0.02	1.41	1.57
1-1	雍正	0.88	0.35	30.85	59.32	0.06	2.71	0.31	1.34	0.02	2.51	1.44
1-3	雍正	0.88	0.35	30.83	59.47	0.06	2.64	0.34	1.35	0.02	2.52	1.35
1-4	雍正	1.18	0.43	33.24	55.11	0.06	2.77	0.45	1.27	0.03	3.56	1.68
1-5	雍正	1.04	0.40	32.48	56.82	0.07	2.63	0.41	1.28	0.03	2.97	1.67
1-6	雍正	1.24	0.42	34.48	54.20	0.06	2.93	0.42	1.19	0.03	3.31	1.51
1-7	雍正	0.91	0.35	31.37	58.41	0.05	2.72	0.35	1.35	0.02	2.69	1.58
3-3	乾隆	1.25	0.44	31.08	58.32	0.05	3.24	0.66	1.22	0.02	1.89	1.62
3-10	乾隆	1.25	0.87	28.42	58.88	0.12	2.72	0.81	1.18	0.02	4.02	1.52
3-11	乾隆	1.30	0.44	31.13	58.03	0.05	3.29	0.79	1.20	0.02	1.94	1.64
3-13	乾隆	1.32	0.44	31.42	57.93	0.05	3.32	0.75	1.21	0.01	2.01	1.35

续表

样品编号	年款	Na$_2$O	MgO	Al$_2$O$_3$	SiO$_2$	P$_2$O$_5$	K$_2$O	CaO	TiO$_2$	MnO	Fe$_2$O$_3$	LOI
3-14	乾隆	1.02	0.50	29.04	60.07	0.06	3.98	0.34	1.42	0.03	1.93	1.40
172-1	乾隆	1.63	0.32	23.27	68.3	0.04	2.84	0.22	1.10	0	0.99	1.10
180-1	乾隆	1.49	0.48	23.61	66.58	0.06	2.98	0.40	1.07	0.01	1.72	1.39
11-1	嘉庆	1.22	0.30	23.92	67.92	0.05	2.98	0.18	1.08	0.01	0.88	1.24
11-2	嘉庆	1.24	0.35	23.84	67.86	0.06	2.93	0.27	1.09	0.01	0.88	1.27
11-3	嘉庆	1.28	0.39	24.05	67.36	0.05	3.02	0.22	1.08	0.01	0.83	1.51
15-1	嘉庆	1.69	0.28	24.63	66.69	0.05	2.93	0.23	1.13	0.01	1.10	1.04
18-1	嘉庆	1.67	0.29	24.80	66.35	0.08	2.92	0.27	1.12	0.01	1.14	1.15
18-3	嘉庆	1.75	0.30	24.73	66.51	0.05	2.88	0.23	1.13	0.01	1.12	1.09
19-2	宣统	1.03	0.29	20.97	70.69	0.05	2.77	0.23	1.09	0.02	1.67	0.98
19-3	宣统	1.03	0.29	20.97	70.73	0.05	2.81	0.23	1.10	0.01	1.65	0.92

注：LOI 代表样品的烧失量。

在助熔成分方面，神武门瓦件 Na$_2$O 的均值为 2.09%，CaO 的均值为 0.83%，MgO 的均值为 0.50%，K$_2$O 的均值为 3.00%。清代瓦件 Na$_2$O 的均值为 1.25%，CaO 的均值为 0.39%，MgO 的均值为 0.39%，K$_2$O 的均值为 2.95%。神武门瓦件的 Na$_2$O、CaO 含量均高于清代瓦件，MgO 含量略高于清代瓦件，K$_2$O 含量与清代瓦件相近。

为了比较全面地比较神武门瓦件与清代瓦件的胎体成分，利用多元数理统计对胎体成分进行了主成分分析，分析结果见图 4。第一和第二主成分占总贡献的 77.63%，KMO 值为 0.22，分析的元素种类有 Na、Mg、Al、Si、K、Ca、Ti、Fe 共计 8 种元素。对第一主成分贡献较大的是 Si、Al、Ti。对第二主成分贡献较大的是 Na、Ca、Mg。从图 4 可以看出，故宫清代瓦件可以分为两类，雍正与乾隆 I 型瓦件聚为一类，乾隆 II 型瓦件与嘉庆、宣统年瓦件聚为另一类。神武门瓦件与两类清代瓦件分布在不同区域，在第一主成分和第二主成分与清代瓦件都有区别。

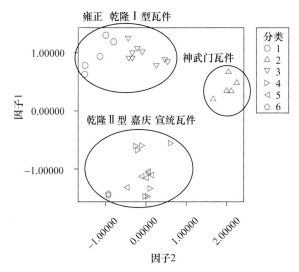

图 4　神武门瓦件与故宫清代瓦件的主成分分析
1.雍正；2.神武门瓦件；3.乾隆 I 型；4.乾隆 II 型；5.嘉庆；6.宣统

4.3 胎体物相组成

样品 143-11、143-3、143-9 胎体的物相组成为石英、莫来石、金红石、钠长石和非晶相（表3）。样品 143-5 和 143-6 还有未完全分解的脱水叶蜡石和伊利石。脱水叶蜡石是叶蜡石 500～800℃ 受热形成的产物，在 1150℃ 分解消失[16]。样品中存在伊利石表明，其烧成温度应低于 1000℃[17]。

神武门瓦件胎体的物相组成总体上与故宫清代琉璃瓦胎体[18]一致。不同的是，在神武门瓦件中都发现钠长石，与胎体中 Na_2O 含量较高的特征一致。钠长石的熔融温度范围[19]在 1120～1250℃。从神武门瓦件胎体中都含有较多的钠长石来看，其烧成温度应低于这一温度范围。

表3 神武门瓦件胎体物相结果

样品编号	物相结果
143-11	石英、莫来石、金红石、钠长石、非晶相
143-3	石英、莫来石、金红石、钠长石、非晶相
143-5	石英、莫来石、金红石、钠长石、脱水叶蜡石、伊利石、非晶相
143-6	石英、莫来石、金红石、钠长石、脱水叶蜡石、伊利石、非晶相
143-9	石英、莫来石、金红石、钠长石、非晶相

5 讨论

神武门瓦件和清代瓦件的热释光测年结果、胎体成分和胎体物相分析结果表明：两类瓦件的热释光年代、胎体元素组成、胎体物相组成都有区别。再结合神武门木结构保持了较好的明代建筑形制，初步判断上层檐琉璃瓦件的年代可能为明代。

第二个问题是，神武门瓦件的胎土原料是南方所产吗？尽管《天工开物》记载的太平府白土还没有分析测试，无法直接与神武门瓦件胎体的测试数据比较。但是，根据科技检测工作[20]，南京明代报恩寺琉璃构件和安徽明代当涂琉璃窑出土的瓦件为太平府白土所制。表4为安徽当涂、南京报恩寺塔以及北京故宫神武门琉璃瓦件胎体元素的分析结果。

表4 安徽、南京、故宫神武门琉璃瓦件胎体元素平均值 （单位：wt%）

样品来源	样品个数	Na_2O	MgO	Al_2O_3	SiO_2	P_2O_5	K_2O	CaO	TiO_2	MnO	Fe_2O_3	LOI
安徽当涂	6	0.34	0.80	20.52	69.60	0.06	3.89	0.24	0.94	0.02	1.86	1.50
南京报恩寺	5	0.35	0.71	19.66	70.71	0.05	4.08	0.21	0.92	0.02	1.84	1.23
故宫神武门	5	2.09	0.50	28.35	60.76	0.07	3.00	0.83	1.21	0.02	1.41	1.56

从表4可以看出，安徽当涂琉璃窑出土的琉璃构件与南京报恩寺琉璃的胎体成分一致，主要成分为约 70% 的 SiO_2，20% 的 Al_2O_3，4% 的 K_2O 和 1.8% 的 Fe_2O_3。神武门瓦件与安徽、南京样品相比：Al_2O_3 含量高 8% 左右，SiO_2 含量低 10%，Na_2O 含量也较高。从胎体元素组成来看，神武门瓦件与安徽、南京明代琉璃瓦件有较大差别。

从物相组成上，安徽和南京琉璃瓦胎体含石英、莫来石、金红石、伊利石等[21]，未检出脱水叶蜡石和钠长石，而在神武门瓦件胎体中均检出钠长石，个别样品还发现脱水叶蜡石。脱水叶蜡石的存在说明神武门瓦件的胎体制作原料中含叶蜡石。叶蜡石在中国古代制瓷原料中并不常见。从发表的数据来看，仅在东北地区辽三彩的化妆土中有发现[22]。在故宫清代琉璃瓦胎体[23]中发现脱水叶蜡石。因此，在神武门瓦件胎体中发现脱水叶蜡石表明，其胎土原料可能与故宫清代琉璃瓦一样，也产自北京门头沟[24]，而不是安徽当涂。为了验证这一判断，我们从明代《宛署杂记》记载的对子槐山（现位于北京门头沟琉璃渠村西）采集了几种坩子土样品，进行 X 射线衍射分析，发现一些坩子土样品中含有叶蜡石，见图5。图5中坩子土样品的主要物相为石英、白云母、叶蜡石、金红石和少量高岭石。

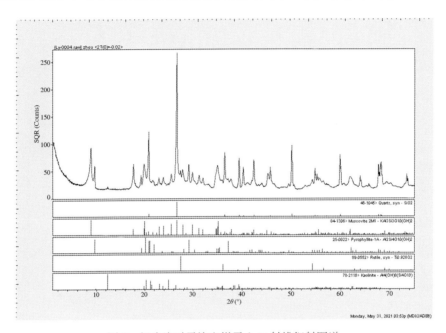

图5　门头沟对子槐山坩子土 X 射线衍射图谱

综上，一方面，故宫神武门瓦件胎体元素组成与安徽当涂、南京报恩寺塔的琉璃胎体相差较大；在物相组成上，除了含有与安徽、南京样品相同的石英、莫来石和金红石，还有钠长石和脱水叶蜡石。从元素组成和物相组成上看，神武门瓦件胎体原料不是安徽当涂所产。另一方面，神武门瓦件中含有脱水叶蜡石表明，其胎体制作原料含叶蜡石，这一特征与故宫清代琉璃瓦一致。因此，神武门瓦件的胎体原料可能为北京门头沟地区的坩子土。

6　结论及将来的工作

通过比较神武门瓦件与故宫清代瓦件胎体的热释光测年结果、胎体元素和物相组成，初步判定神武门上层檐瓦件为明代瓦件，主要依据如下：

（1）神武门瓦件胎体的热释光年代明显早于清雍正、乾隆和嘉庆年瓦件。

（2）胎体成分的多元统计分析结果中，神武门瓦件与清代雍正、乾隆、嘉庆和宣统年瓦件相比，单独聚为一类。神武门瓦件胎体 Na_2O、CaO 含量明显高于清代瓦件，且物相组成中均含有钠长石，可与清代瓦件区分。

针对明代文献中北京宫殿用琉璃瓦件来自安徽太平府的记载，比较了神武门瓦件胎体与安徽当涂明代琉璃窑出土的琉璃瓦件、南京明报恩寺琉璃的胎体元素组成和物相组成，发现有较大差异，不支持神武门瓦件的胎土原料来自安徽当涂。在神武门瓦件胎体中发现脱水叶蜡石表明，其胎土原料的产地可能为北京门头沟。

因热释光测年技术存在一定的测量误差，明代样品的热释光数据仅有一个，神武门瓦件的年代判定仍需要其他证据，包括比较琉璃勾头和滴水上的纹饰风格等。我们在英国牛津大学 Pitt Rivers 博物馆发现了一块黄釉龙纹勾头，与神武门琉璃勾头上的龙纹造型一致。经该馆工作人员确认，该件勾头来自北京明代墓葬，是英国人类学家 James Edge Partington 于 1912 年捐赠给该馆的。该件明代龙纹勾头为故宫神武门瓦件的年代提供了另外一个证据。

将来的工作还包括：进一步调查该类型瓦件在故宫、明十三陵及京郊寺庙的分布情况，考证瓦件与建筑的关系，进一步探明该类瓦件的年代，如明代早期，还是明代晚期。如果为明代早期，它与南京明故宫的瓦件在纹饰造型上的继承关系是怎样的等。另外，北京地区明代琉璃窑的面貌还有待进一步揭示。

致　谢：本项研究得到国家"十一五"重点科技支撑项目（项目编号：2006BAK31B02）资助以及国家文物局课题（课题编号：20080217）资助。故宫博物院古建部黄占均提供神武门大修的相关背景信息，英国威斯敏斯特大学陶瓷学教授 Nigel Wood 帮助确认英国牛津大学 Pitt Rivers 博物馆明代琉璃勾头的来源，在此一并致谢。

参考文献

[1]　古代琉璃构件保护与研究课题组. 清代剥釉琉璃瓦件施釉重烧的再研究. 故宫博物院院刊, 2008, (6): 106-124.

[2]　李全庆. 明代琉璃瓦、兽件分析. 古建园林技术, 1990, (1): 5-14.

[3]　郑连章. 紫禁城钟粹宫建造年代考实. 故宫博物院院刊, 1984, (4): 58.

[4]　孟凡人. 明代宫廷建筑史. 北京: 紫禁城出版社, 2010.

[5]　按照琉璃瓦件大小分为十样, 清代只有二样至九样。四样筒瓦的尺寸: 长35.2cm, 宽17.6cm, 高8.8cm; 五样筒瓦的尺寸: 长33.6cm, 宽16cm, 高8cm。

[6]　熊头为筒瓦一端的榫头, 与上面的另一块筒瓦相搭接。

[7]　李全庆. 明代琉璃瓦、兽件分析. 古建园林技术, 1990, (1): 5-14.

[8]　[明] 宋应星. 天工开物. 上海: 上海古籍出版社, 2008: 189.

[9]　郭红, 靳润成. 中国行政区划通史 (明代卷). 上海: 复旦大学出版社, 2007: 45.

[10]　[明] 沈榜. 宛署杂记. 北京: 北京古籍出版社, 1980: 28.

[11]　2007 年9 月古代建筑琉璃构件保护与研究课题组在对子槐山南坡和北坡进行考察并采集了坩子土样品。

[12]　王光尧. 明代宫廷陶瓷史. 北京: 紫禁城出版社, 2010: 313.

[13]　胡汉生. 明十三陵. 北京: 中国青年出版社, 1998: 72-73.

[14]　段鸿莺, 梁国立, 苗建民. WDXRF 对古代建筑琉璃构件胎体主次量元素定量分析方法研究. 见: 罗宏杰, 郑欣淼. '09 古陶瓷科学技术国际讨论会论文集. 上海: 上海科学技术文献出版社, 2009: 119-124.

[15]　康葆强, 段鸿莺, 丁银忠, 等. 黄瓦窑琉璃构件胎釉原料及烧制工艺研究. 南方文物, 2009, (3): 122-128.

[16]　张振禹, 汪灵. 叶蜡石加热相变特征的X射线粉晶衍射分析. 硅酸盐学报, 1998, 26 (5): 71-76.

[17]　Rice P. Pottery Analysis. Chicago: University of Chicago Press, 1987: 92.

[18]　段鸿莺, 康葆强, 丁银忠, 等. 北京清代官式琉璃构件胎体的工艺研究. 建筑材料学报, 2012, (3): 430-434.

[19]　李家驹. 陶瓷工艺学. 北京: 中国轻工业出版社, 2009: 59.

[20]　丁银忠, 段鸿莺, 康葆强, 等. 南京报恩寺塔琉璃构件胎体原料来源的科技研究. 中国陶瓷, 2011, (1): 70-75.

[21]　丁银忠, 段鸿莺, 康葆强, 等. 南京报恩寺塔琉璃构件胎体原料来源的科技研究. 中国陶瓷, 2011, (1): 70-75.

[22] 关宝琼, 叶淑卿, 丛文玉, 等. 辽三彩研究. 见: 中国古代陶瓷科学技术第二届国际讨论会 (论文摘要), China Academic Publishers, 1985: 26.

[23] 段鸿莺, 康葆强, 丁银忠, 等. 北京清代官式琉璃构件胎体的工艺研究. 建筑材料学报, 2012, (3): 430-434.

[24] [清] 张吉午纂修. 康熙顺天府志. 北京: 中华书局, 2009: 42. "货类: ⋯⋯琉璃出宛平县".

Research on Date and Provenance of Building Glazed Tiles from Shenwu Men (North Gate) of the Forbidden City

Kang Baoqiang[1, 2]   Wang Shiwei[1]   Duan Hongying[1, 2]
Chen Tiemei[3]   Miao Jianmin[1, 2]

1. The Palace Museum; 2. Key Scientific Research Base of Ancient Ceramics, State Administration of Cultural Heritage (The Palace Museum); 3. Peking University

Abstract: The Palace Museum, used to be the Forbidden City, is an imperial palace in the Ming and Qing dynasties. There are large quantities of building materials in the Forbidden City. To differentiate the date of building materials is a vital work for the restoration and research of the Forbidden City. Building glazed tile is an important building material in the Forbidden City. The production of glazed tiles accompanied with the construction and renovation of the Forbidden City during the Ming and Qing dynasties.

The glazed tiles of upper roof of Shenwu Men, north gate of the Forbidden City are thought to be the Ming dynasty according to their shape and dragon pattern. The first aim of this paper is to get some new clues as to the date of the building glazed tiles from upper roof of Shenwu Men. They were analyzed by thermoluminescence (TL), wavelength dispersive X-ray fluerence (WDXRF), X-ray diffraction (XRD) and compared with glazed tiles dated to the Qing dynasty. The TL results show that the date of Shenwu Men's glazed tile is rather earlier than the tiles of the Qing dynasty. Also, their chemical compositions and mineral phases are different.

The second aim is to find the provenance of raw materials of glazed tiles of Shenwu Men. The chemical compostions and mineral phases of bodies between Shenwu Men and Dangtu kiln, Anhui province and Bao'ensi Pagoda, Jiangsu Province were compared. The results suggest that their raw materials of bodies are different. On the other hand, the similarity of mineral phases in the bodies between Shenwu Men and Qing dynasty samples of the Forbidden City indicates that raw materials of Shenwu Men may come from Mentougou, Beijing.

Keywords: the Forbidden City, Shenwu Men, building glazed tile, TL, the Ming dynasty, date

原载《故宫学刊》2013 年第 2 期

我国古代建筑绿色琉璃构件病害的分析研究

段鸿莺 [1, 2]　苗建民 [1, 2]　李　媛 [1, 2]　康葆强 [1, 2]　李　合 [1, 2]

1.古陶瓷保护研究国家文物局重点科研基地（故宫博物院）；2.故宫博物院文保科技部

摘　要： 在对我国不同地区古代建筑绿色琉璃构件的调研中发现其主要病害是釉面存在白色或土灰色腐蚀物。为弄清这一病害的成因及危害，本文挑选 46 个我国不同地区古代建筑绿色琉璃构件样品，利用光学显微镜（OM）、X 射线衍射仪（XRD）、X 射线荧光光谱仪（XRF）、扫描电镜 - 能谱仪（SEM-EDS）等仪器，对琉璃构件表面腐蚀物的成分和结构进行分析与观察。结果表明绿色建筑琉璃构件表面腐蚀物为磷氯铅矿和硫酸铅的混合物，腐蚀物自釉层表面逐层向里层釉形成，其结构并不致密，呈蜂窝状。X 射线光电子能谱（XPS）结果表明铅在釉中以网络调节剂的形式存在，容易溶出，绿色琉璃釉中着色元素铜的存在会使铅的溶出量大大增加；溶出的铅离子会和大气粉尘中含磷、硫、氯元素的阴性离子化合物发生化学反应，沉积在绿色琉璃构件釉面形成腐蚀物。

关键词： 建筑琉璃构件，绿铅釉，病害，腐蚀物，铅溶出

　　建筑琉璃构件色彩丰富，常见的有黄色、绿色、黑色、蓝色、白色、紫色等，这些丰富的颜色不仅赋予建筑视觉的美感，也是封建等级的一种体现。据《魏书》记载，我国的建筑琉璃始于公元四世纪，自此以后，随各朝各代琉璃烧制工艺的发展，琉璃颜色不断丰富，造型日益精美，使用范围逐渐宽泛。宋代《营造法式》和明代万历年间的《工部厂库须知》对琉璃釉料的配方都有记载，不同颜色的釉料都是以黄丹（氧化铅）和洛河石或马牙石（二氧化硅）为基础釉料，加上不同的着色剂而烧成。其中绿色釉料的着色原料为铜末，铜以二价铜离子的形式存在使得釉呈绿色。本文借助"十一五"科技支撑重点项目课题"古代建筑琉璃构件保护技术及传统工艺科学化研究"的资助，对全国 16 个省（市）和地区的建筑绿色琉璃构件进行考察。在此过程中，我们发现大部分绿色琉璃构件的主要病害是釉面上有白色、土灰色或黑色物质，其中白色物质居多，而其他釉色琉璃构件却基本未见此现象。图 1 和图 2 充分体现了这一病害的普遍性和严重性，图 3 为绿色琉璃构件样品釉面腐蚀物的照片。

　　建筑琉璃釉属于低温铅釉，其釉料配方和唐三彩等中国传统低温色釉相似，我国早期的绿色低温铅釉陶，釉面常出现光亮的银色物质，大家称之为"银釉"，"银釉"在一段时间内曾成为鉴定汉代绿铅釉的手段之一。唐三彩也有"银釉"腐蚀物发生，腐蚀物常产生于铜绿釉上，而在铁黄釉与钴兰釉上则无腐蚀物产生[1]。对于绿色低温铅釉陶上的腐蚀物"银釉"，已有相关的研究工作。张福康通过分析对比"银釉"与绿铅釉的化学组成，发现"银釉"中磷和钙含量显著增加，他推测可能是与土壤中的磷酸钙发生化学作用而造成[2]；姜晓霞对汉代绿铅釉陶"银釉"进行分析，认为"银釉"为白铅矿与石英的混合物[3]；Nigel Wood 等通过分析认为，汉代绿铅釉侵蚀较多的部位硫和氯的化合物增多，可能是由于埋在地下时釉的表面与有机物、地面盐或有盐味的水相接触有关，且这些原因能加

图 1　故宫南三所屋顶　　　　　　　　图 2　河北普宁寺屋顶

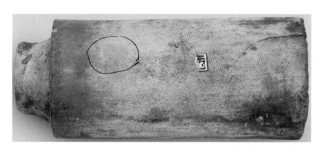 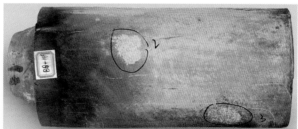

图 3　绿色琉璃构件样品釉面腐蚀物

速釉的损坏[4]；朱铁权等人对不同时期绿铅釉白色物质进行分析研究，通过物相分析、显微微区元素分析、红外分析，结果显示汉代绿釉陶上的白色物质为 $PbCO_3$，宋代绿釉陶上的白色物质为磷酸铅钙 $Pb_{10-x}Ca_x(PO_4)(OH)_2$，唐三彩上的白色物质为两者的混合物[5, 6]。上述研究工作主要是针对出土低温绿铅釉陶开展的，其釉面上不同的腐蚀物可能是由于这些低温绿铅釉陶的埋藏环境不一样而造成。对同为绿色低温铅釉陶的建筑琉璃构件而言，虽釉料配方相似，但自烧成后与上述低温铅釉陶所处环境不同，长期暴露在大气中，调研结果显示建筑绿色琉璃构件最主要、最普遍的病害是釉面上的白色腐蚀物，有些腐蚀物甚至已经开始酥粉化。这一病害不仅影响视觉效果，还可能会对琉璃构件造成进一步的危害。关于绿色建筑琉璃构件的病害研究工作，目前开展较少。惠任等对河南山陕会馆绿色琉璃构件上的粉状物质进行研究，认为琉璃釉面从大气中吸收水分子形成弱酸性水膜，釉层中的铅会以离子形式溶出，在釉表面富集并生成 $PbSO_4$[7]。为弄清腐蚀物的构成及对建筑琉璃构件的危害，为接下来的保护工作提供基础研究，本文对绿色建筑琉璃构件釉面腐蚀物进行深入系统的研究，对腐蚀物的形成过程进行推断分析，并对病害机理进行初步探讨。

　　本文在对全国 16 个地区的绿色建筑琉璃构件考察的基础上，挑选出 46 个具有代表性的样品，通过多种科学分析手段进行系统的分析，对不同地区样品的腐蚀物进行了研究，讨论腐蚀物的形成过程，并初步探讨腐蚀物病害形成的内在原因与外在原因，为下一步的保护工作奠定基础。

1　样品描述和实验方法

1.1　样品描述

　　表 1 为挑选的 46 个样品的具体信息，从表 1 中可见，尽管釉面腐蚀物表层的颜色有白色、土灰

色、黑色等，但里层均为白色，说明表层的颜色可能是因为白色腐蚀物被灰尘污染而形成的。

表1　样品信息与病害特征

样品来源	数量	年代	病害腐蚀物特征
北京故宫	10	清 未知	腐蚀物多集中于构件下部；腐蚀物表层呈白色、土灰色，里层呈白色；部分腐蚀物表面有光泽；腐蚀物层较为硬脆
北京醇亲王府	8	清	腐蚀物多集中于构件下部；腐蚀物表层呈白色、土灰色，里层呈白色；部分腐蚀物上能看见釉裂纹；个别腐蚀物已酥粉化
北京恭王府	2	清	腐蚀物面积较大；腐蚀物表层呈土灰色、黑色，里层为白色
北京天坛	2	清	腐蚀物面积较大；腐蚀物表层呈土灰色、白色，里层为白色；腐蚀物层较为硬脆
北京历代帝王庙	1	清	腐蚀物面积较大；腐蚀物表层呈黑色，里层为白色；腐蚀物层较薄
湖北武当山	1	未知	腐蚀物多集中于构件下部；呈白色；腐蚀物层薄且硬脆
山东曲阜	8	未知	腐蚀物面积较大；腐蚀物表层呈土灰色，里层呈白色；腐蚀物层硬脆
河北承德	2	未知	腐蚀物面积较大；腐蚀物表层呈黑色，里层呈白色；腐蚀物层硬脆
河北清东陵	6	清	腐蚀物面积较大；腐蚀物表层呈土灰色、白色；腐蚀物层硬薄
河北清西陵	6	清	腐蚀物多集中于构件下部；腐蚀物呈白色；腐蚀物层薄；部分腐蚀物上能看见釉裂痕

1.2　实验方法

1.2.1　显微结构观察（OM、SEM）

利用德国莱卡 MZ16A 实体显微镜及美国 FEI 公司 Quanta 600 型大样品室环境扫描电子显微镜对样品进行显微结构观察。在实体显微镜下观察时，样品先经树脂冷镶磨抛处理；在电镜下观察时，样品表面先喷金，再在高真空模式下进行观察。

1.2.2　X 射线衍射分析

用手术刀片刮取绿色琉璃构件釉面腐蚀物，在玛瑙研钵中将其磨细。采用单晶硅样品槽，利用日本理学公司 D/max 2550P 型 X 射线衍射仪对其进行分析测试，工作电压和电流分别为 40kV 和 150mA，扫描角度范围为 10°～80°，扫描速度为 5°/min。

1.2.3　X 射线荧光分析（EDXRF、WDXRF）

利用美国 EDAX 公司 EAGLE Ⅲ型能量色散 X 射线荧光光谱仪对绿色琉璃构件的绿釉及釉面腐蚀物进行分析测试，X 光管电压和电流分别为 25kV 和 500μA，束斑直径为 300μm。

利用荷兰 Panlytical 公司 Axios 型波长色散 X 射线荧光光谱仪对灰尘样品进行测试分析，测试直径 27mm，用仪器自带的 IQ 程序进行测定与近似定量分析。

1.2.4　扫描电镜－能谱分析

采用美国 EDAX 公司 GENESIS2000 型能谱仪对样品进行分析测试，低真空工作模式，工作电压为 15kV。

1.2.5 X 射线光电子能谱分析

采用美国 Thermo Scientific 公司的 ESCALab250 型 X 射线光电子能谱仪进行分析测试，激发源为单色化 Al K_aX 射线，能量为 1486.6eV，功率为 150W，窄扫描所用通透能为 30eV，分析时的基础真空约为 6.5×10^{-10}mbar，结合能用烷基碳或污染碳的 C1s 峰（284.8eV）校正。

2 结果与讨论

2.1 腐蚀物的测试分析

2.1.1 腐蚀物的显微结构观察

图 4 与图 5 为不同琉璃构件釉面腐蚀物的截面与表面显微图片，其中图 4 为实体显微镜下腐蚀物的截面显微图片；图 5 为扫描电镜下不同放大倍数观察到的表面显微图片。在图 4（a）中，样品剖面从上至下分别为表面腐蚀物、釉层和胎体，腐蚀物仅分布在釉面表面，并没有渗透到整个釉层。图 4（b）显示腐蚀物层厚度不均匀。据不完全统计，建筑绿色琉璃构件釉层厚度为 150~290μm，腐蚀层的厚度为 5~40μm。图 5（a）与图 5（b）可以看出腐蚀物具有层状结构，腐蚀物层一般具有 2~4 层，表明腐蚀物可能是逐层形成的，腐蚀物在釉面分布不均匀。继续增加放大倍数，观察到腐蚀物的显微结构为蜂窝状结构，如图 5（c）与图 5（d）所示，这说明腐蚀物的结构并不致密。

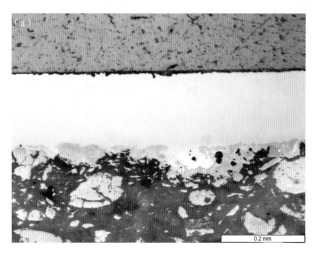
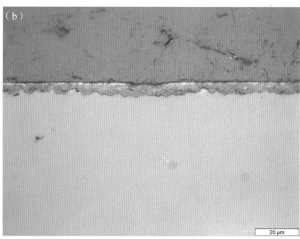

图 4　绿色琉璃构件釉面腐蚀物截面的 OM 显微图片
（a）×200；（b）×1000

2.1.2 腐蚀物的 XRD 分析

刮取琉璃构件釉面腐蚀物粉末并进行 XRD 测试分析，分析图谱见图 6。从 46 个样品的分析图谱看，腐蚀物样品的衍射图谱较为相似，谱峰位置都很接近，仅谱峰强度略有不同。如图 6 所示，衍射峰 d 值分别为 2.956、2.987、2.885、4.129 和 3.271，经检索与磷氯铅矿（Pb$_5$（PO$_4$）$_3$Cl，PDF89-4339）的一致；衍射峰 d 值分别为 3.005、3.332、4.264、2.066 和 3.217，经检索与硫酸铅（PbSO$_4$，PDF89-7356）的一致，这说明腐蚀物所含的主要物相为磷氯铅矿和硫酸铅。46 个绿色建筑琉璃构件

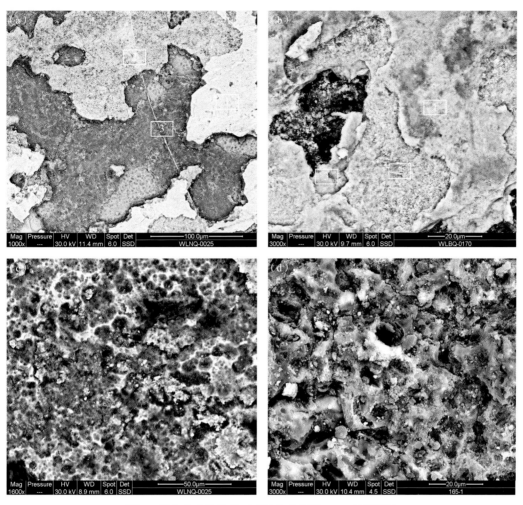

图 5　绿色琉璃构件釉面腐蚀物表面的 SEM 显微图片

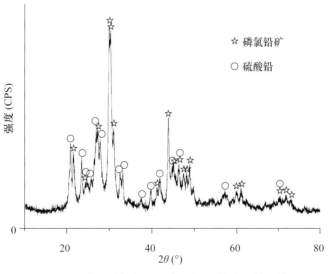

☆ 磷氯铅矿

○ 硫酸铅

图 6　绿色琉璃构件釉面腐蚀物 X 射线衍射图谱

163

釉面腐蚀物的 XRD 结果表明，我国古代绿色建筑琉璃构件釉面腐蚀物为磷氯铅矿和硫酸铅的混合物，只是在不同的样品中，两种物质的含量略有不同而已。少数几个样品 XRD 图谱中硫酸铅的谱峰不是特别明显，可能是由于其含量很低所致。

2.1.3 腐蚀物的 XRF 分析

利用能谱仪对琉璃构件绿釉及釉面腐蚀物进行测试分析，图谱见图 7，其中红色线条图谱为绿釉的分析图谱，蓝色线条图谱为腐蚀物的分析图谱。与绿釉的图谱相比，腐蚀物的图谱中新增了 P、S、Cl 元素。由于 S 元素的 K_α 峰与 Pb 元素的 M_α 峰峰位部分重合，而 Pb 元素是绿色琉璃构件的主要元素，其含量高达 50%，所以新增的 S 元素并不能在图谱中出现新峰，仅能使它们的重叠峰略向低能方向（即图谱中向左的方向）偏移。图 7 中黑色直线为 Pb 元素 M_α 峰的峰位置，Pb 的 M_α 峰峰形应该以此直线呈左右对称。而图 7 中腐蚀物图谱此处的重叠峰并未以此直线呈左右对称，峰略微向左偏移，说明腐蚀物中含有一定量的 S 元素。由于 Cl 元素的 K_α 峰与 Rh 元素的 L_α 峰峰位部分重合，能谱仪 X 光管的激发靶为 Rh 靶，故能谱图谱中必然存在 Rh 元素的 L_α 峰，Cl 的 K_α 峰会使重叠峰向低能方向（即图谱中向左的方向）偏移。实验中，我们发现当部分样品腐蚀物 Cl 元素的 K_α 峰不明显时，P 元素峰的强度也不大，反之亦然。这说明 P 与 Cl 元素在腐蚀物中的含量呈现一定的比例关系，它们可能是同一物质所含的元素。通过 46 个琉璃构件绿釉与釉面腐蚀物的图谱对比分析，和能谱仪半定量分析结果的对比，结果表明腐蚀物都新增了一定量的 P、Cl、S 元素，只是增加的幅度不尽相同，且腐蚀物中 P、Cl 两种元素可能来源于同一物质，此结果与 XRD 结果相吻合。

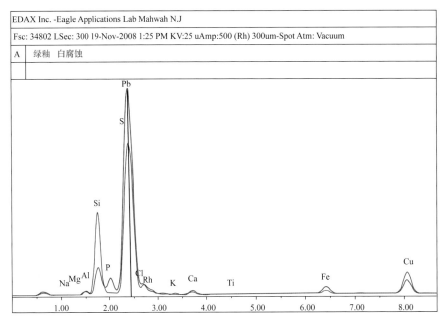

图 7　绿色琉璃构件绿釉与釉面腐蚀物的能谱分析图谱
（红色：绿釉，蓝色：釉面腐蚀物）

综上所述，从腐蚀物的显微结构观察、物相测试分析与元素测试分析结果看，尽管建筑绿色琉璃构件烧制时间、烧制地点，以及后期暴露的环境不同、釉面腐蚀物的颜色略有差别，建筑绿色琉璃构件釉面腐蚀物的分析结果却是相同的，主要为磷氯铅矿和硫酸铅的混合物，腐蚀物具有较为典型的层状结构，呈疏松的蜂窝状。

2.2 腐蚀物的形成过程

如图 5（a）、（b）所示，腐蚀物具有层状结构，可能是逐层形成的。为弄清腐蚀物的形成过程，我们挑选合适的样品，采用扫描电镜能谱对不同层的腐蚀物进行元素测试分析。该样品腐蚀物层厚度为 37μm，腐蚀层大致分为 3 层，每一腐蚀层我们选择一定大小的区域进行元素分析。图 8 为不同腐蚀层扫描电镜的能谱图，表 2 为不同层腐蚀物能谱测试的成分分析结果，从外层到里层分别为 1、2、3 层，第 4 层为截面里层绿釉的能谱图与成分结果。虽然分析结果是半定量的，但样品是在同一条件下测试与计算的，可反映绿釉不同部位的真实情况，完全满足相互对比的要求。从表 2 中的分析数据可见，第 4 层无腐蚀物的里层绿釉中并不含有 P、S、Cl 元素；而在第 1 层、第 2 层、第 3 层不同的腐蚀层中，则或多或少都含有这些元素。且从第 1 层到第 3 层，即从腐蚀物的外层至里层，P、S、Cl 元素的变化趋势相同，元素含量逐渐降低。上述分析说明，P、S、Cl 元素不是源于绿铅釉本身，而是来源于外界，腐蚀是开始于釉层表面且逐渐向里釉层发展的。

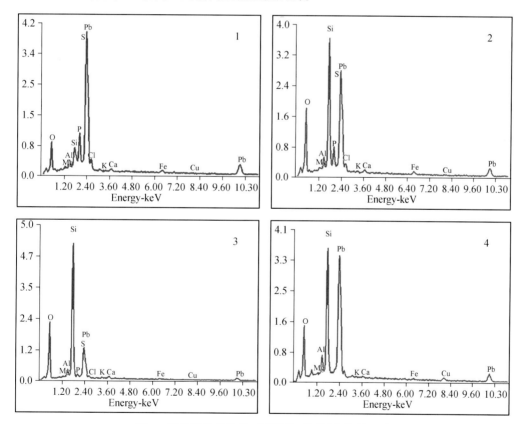

图 8 绿色琉璃构件釉面腐蚀物不同层位能谱图谱

表 2 绿色琉璃构件釉面腐蚀物不同层部位元素分析结果　　　　　　（单位：%）

测试层位	MgO	Al$_2$O$_3$	SiO$_2$	P$_2$O$_5$	SO$_3$	PbO	Cl$_2$O	K$_2$O	CaO	Fe$_2$O$_3$	CuO
1	0.84	3.27	7.53	10.11	12.03	60.84	1.48	0.15	0.77	2.38	0.62
2	1.09	4.20	30.57	6.96	9.18	41.97	1.14	0.38	0.99	2.80	0.75

续表

测试层位	MgO	Al$_2$O$_3$	SiO$_2$	P$_2$O$_5$	SO$_3$	PbO	Cl$_2$O	K$_2$O	CaO	Fe$_2$O$_3$	CuO
3	0.93	3.49	60.18	2.41	6.30	22.31	0.44	0.43	1.01	1.47	1.02
4	1.48	5.81	32.18			56.75		0.49	0.41	0.75	2.14

2.3 腐蚀物的形成机理初探

2.3.1 腐蚀物形成机理内因——铅溶出

绿色建筑琉璃构件釉中 PbO 的含量约为 55%，属高铅釉。铅在釉中可能以两种不同的结构存在：一种是网络调节剂，以 Si—O—Pb 键存在；另一种是网络形成体，以 Pb—O—Pb 键存在，不同的结构会使铅釉在外部介质下发生不同的反应[8, 9]。铅以不同的结构存在于釉中时，它的结合能级不一样，为验证铅存在的结构形式，我们采用 XPS 对釉进行测试。为对比腐蚀发生前后绿色铅釉中铅存在的结构形式，我们对已产生腐蚀的构件与新烧制的构件均进行 XPS 测试。对于已产生腐蚀物的老构件，我们除去釉面腐蚀物、取里层釉进行 XPS 实验；对新烧制的琉璃构件，我们则直接对釉进行测试，分析图谱见图 9。

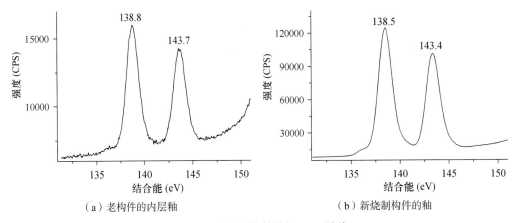

（a）老构件的内层釉　　　　　（b）新烧制构件的釉

图 9　绿色琉璃构件釉的 XPS 图谱

在图 9 中，我们能看见 Pb 4f 的结合能为 138.8（138.5）eV 及 143.7（143.4）eV，与 PbSiO$_3$ 或其他的铅硅酸盐较为相近[10, 11]，图中的结合能值应该为 Si—O—Pb 键。同时，我们在图中并没有找到网络形成体结构 Pb—O—Pb 键的结合能 137.2eV 和 PbO 的结合能 137.8eV[8]。因此，铅在釉中以网络调节剂的形式存在，釉中有典型的 Si—O—Pb 键。在这种结构中，当釉遇到酸性溶液时，容易发生下列离子交换反应[12]：

$$—Si—O—Pb—O—Si—\ +2H_3O^+ \Longrightarrow\ 2—Si—OH + Pb^{2+} + 2H_2O$$

在水合氢离子的作用下，釉中网络调节剂铅向釉面扩散，留下孔穴，水合氢离子进入到孔穴中进一步向釉层内部扩散，釉层内部的铅便进一步被溶出。

对于绿铅釉而言，着色元素是铜，铜以二价离子 Cu^{2+} 的形式存在。Cu^{2+} 在铅釉中的配位场为畸变的八面体[13]。研究表明随着 Cu^{2+} 的加入，釉的玻璃体结构发生变化，铜的加入量超过一定数值时，玻璃结构受到破坏，其结果造成铅溶出大大增加[14]。曾有研究人员关于铜对铅釉的不稳定性进行过试验，他们根据两个汉代铅釉陶的元素含量重新配料烧制了绿色铅釉陶，并按照英国国家标准的相关方法进行铅溶出的实验。结果表明加入 1.5%～3% 的氧化铜会使得铅溶出量增加 30～80 倍，而在相同的条件下，以铁作为着色元素的黄色铅釉的铅溶出量却很小[15]。我国古代建筑绿色琉璃构件釉中铜的含量约为 2%，这个含量能导致铅溶出量大大增加，这也是为何绿色琉璃构件釉不稳定、易在表面形成腐蚀物，而其他颜色铅釉，如着色元素为铁的黄釉，不易生成腐蚀物的原因。

铅在建筑绿色琉璃构件中以网络调节剂的形式存在，铅易从釉中溶出，绿色铅釉着色元素铜的存在能大大增加铅的溶出量，这是建筑绿色琉璃构件表面易发生腐蚀的内在原因。

2.3.2 腐蚀物形成机理外因——酸雨及外界粉尘污染物

由于工业高度发展，人类大量使用煤、石油、天然气等燃料，燃烧后产生的硫氧化物或氮氧化物，在大气中经过复杂的化学反应，形成硫酸或硝酸气溶胶，或为云、雨、雪、雾捕捉吸收，降到地面成为酸雨。酸雨是指 pH 小于 5.6 的雨雪或其他方式形成的大气降水（雾、霜）。据《中国环境状况公报》统计，2011 年我国监测的 468 个市（县）中，出现酸雨的市（县）为 227 个，占 48.5%。作者曾对北京地区降雨及降雪的 pH 进行测试，测试表明北京降水的平均 pH 为 5，与报道基本一致[16]。由于我国大面积范围酸雨的普降，给不同地区建筑绿色琉璃构件釉中铅的溶出提供了充分条件。

工厂排放的污染物，汽车、飞机、火车、轮船等交通工具排放的大量有害气体和粉尘，含硫燃料的燃烧，大量含磷肥料的生产和使用，大量城市生活污水特别是含磷洗涤剂产生的污水未经处理或处理不达标准即行排放，都能直接增加大气降水及粉尘中磷、硫、氯元素的含量。为探索腐蚀物中磷、硫、氯元素的来源，我们采集了紫禁城符望阁和东华门建筑上多年沉积的灰尘，利用 WDXRF 方法进行测试，表 3 列出了上述几处陈灰中 P、S、Cl 元素含量及其平均值。从表 3 中可见，在大气粉尘中，S 元素的含量非常高，平均含量为 11.40%；P 元素与 Cl 元素的平均含量分别为 0.58% 和 0.4%。

表 3　紫禁城建筑陈灰的元素分析结果

灰尘样品来源		元素含量 /%		
建筑	采样地点	P	S	Cl
符望阁	上檐南面东次间槛窗室外楞条上	0.39	16.59	0.43
符望阁	上檐北面东次间槛窗室内楞条上	0.66	9.75	0.40
东华门	北次间北缝天花梁上	0.57	11.45	0.40
东华门	上檐北梢间前檐平板枋上	0.68	7.80	0.36
平均值		0.58	11.40	0.40

对建筑绿色琉璃构件，当铅离子溶出时，来自于外界环境的一些阴性离子化合物会从铅溶出留下的孔穴溶进。在此过程中，铅离子会趋向于和这些阴性离子反应，在釉层沉淀转变成稳定、难溶的物质。在大气粉尘中，阴性离子元素含量最高的为 S 元素，S 元素化合物容易与溶出的铅离子反应生成硫酸铅，而且硫酸铅的溶度积低[17]（$Ksp=10^{-7.7}$，此数值表示 1kg 水中仅能溶解 0.04g 硫酸铅），这说明硫酸铅沉淀一旦生成不易溶解，能稳定存在于建筑绿色琉璃构件的釉面。此外，在含铅的化合物中，磷氯铅矿的溶度积最低（$Ksp=10^{-84.4}$）[17]，且磷氯铅矿的反应容易生成，产物稳定[18, 19]，粉尘中的 P 元素与 Cl 元素含量虽没有 S 元素那么高，但溶出的铅离子也极易与含磷、氯元素的阴性离子发生反

应形成沉淀腐蚀物。上述腐蚀物沉淀的具体反应方程式如下：

$$Pb^{2+} + SO_4^{2-} = PbSO_4$$

$$5Pb^{2+} + 3PO_4^{3-} + Cl^- = Pb_5(PO_4)_3Cl$$

在铅离子不断溶出的情况下，这些阴性离子物质不断在釉面或者进入孔穴通道与铅离子发生化学反应，生成沉淀物质，同时也推进了上述反应进一步向右进行，即进一步生成沉淀物，加剧了腐蚀程度。

我国大面积范围酸雨的普降，使不同地区建筑绿色琉璃构件釉中的铅溶出，大气粉尘中含有磷、硫、氯元素的阴性离子化合物能与溶出的铅离子反应，在釉面生成难溶、稳定的腐蚀物，这是建筑绿色琉璃构件表面发生腐蚀的外在原因。

3 结论

（1）尽管烧制时间、烧制产地与暴露环境有差别，我国古代建筑绿色琉璃构件釉面腐蚀物却不尽相同，为磷氯铅矿与硫酸铅的混合物，腐蚀物始于釉层表面、并逐层向里层釉发展，具有蜂窝状结构。

（2）铅在建筑绿色琉璃构件釉中以网络调节剂的形式存在，在酸雨环境下，铅易从釉中溶出，绿色铅釉的着色元素铜的存在能大大增加铅的溶出量；来自于外界环境的粉尘中含有 P、S、Cl 元素的阴性离子化合物会从铅溶出留下的孔穴溶进，并与溶出的铅离子发生化学反应，生成稳定的、难溶的腐蚀物，如磷氯铅矿与硫酸铅。

致　谢：本研究受国家"十一五"科技支撑重点项目课题"古代建筑琉璃构件保护技术及传统工艺科学化研究"（项目编号：2006BAK31B02）资助。感谢古建部赵鹏工程师在紫禁城符望阁、东华门建筑灰尘样品采集时给予的帮助与支持。

参考文献

[1] 张福康, 张志刚. 中国历代低温色釉的研究. 硅酸盐学报, 1980, (1): 9-19.

[2] 张福康, 张浦生. 自然环境对古代低温铅釉的蚀变作用. 见: 郭景坤. '05 古陶瓷科学技术国际讨论会论文集. 上海: 上海科学技术文献出版社, 2005: 133-137.

[3] 姜晓霞. 汉代铅绿釉陶器 "银釉" 的分析. 文物, 1992, (6): 79-83.

[4] Wood N, Watt J, Kerr R, et al. 某些汉代铅釉器的研究. 见: 李家治, 陈显求. '92 古陶瓷科学技术国际讨论会论文集. 上海: 上海古陶瓷科学技术研究会, 1992: 98-107.

[5] 朱铁权, 王昌燧, 王洪敏, 等. 宋代绿釉表面 "银釉" 的分析及其形成机理. 应用化学, 2007, (9): 977-981.

[6] 朱铁权, 王昌燧, 毛振伟等. 我国古代不同时期铅釉陶表面腐蚀物的分析研究. 光谱学与光谱分析, 2010, (1): 266-269.

[7] 惠任, 王丽琴, 梁嘉放, 等. 中国古建琉璃构件 "粉状绣" 之病变初探. 文物保护与考古科学, 2007, (2): 14-19.

[8] Bertoncello R, Milanese L, Bouquillon A, et al. Leaching of lead silicate glasses in acid environment: compositional and structural changes. Applied Physics A, 2004, (79): 193-198.

[9] Wang P W, Zhang L P. Structural role of lead in lead silicate glasses derived from XPS spectra. Journal of Non-Crystalline Solids, 1996, (194): 129-134.

[10] Moulder J F, Stickle W F, Sobol P E, et al. Handbook of X-ray photoelectron spectroscopy: a reference book of standard spectra for identification and interpretation of XPS data. United States: Perkin-Elmer Corporation, 1992: 189.

[11] Pederson L R. Two-dimensional chemical-state plot for lead using XPS. Journal of Electron Spectroscopy and Related Phenomena, 1982, (2): 203-209.

[12] Yoon S C, Krefft G B, Mclaren M G. Lead release from glazes and glasses in contact with acid solutions. American Ceramic Society Bulletin, 1975, (5): 496-499.

[13] 吴大清, 王辅亚, 姜泽春, 等. 粉彩颜料 (翡翠) 的谱学特征及铜的发色机制. 中国陶瓷, 1989, (4): 1-6.

[14] 吴大清, 江邦杰, 吕银忠, 等. 粉彩颜料铅溶出量与其它元素溶出量关系——兼论铅溶出机理. 中国陶瓷, 1990, (5): 7-11.

[15] Kerr R, Wood N. Science and civilization in China, Volume 5 Part XII : ceramic technology. Cambridge: Cambridge University Press, 2004: 484.

[16] 蒲维维, 张小玲, 徐敬, 等. 北京地区酸雨特征及影响因素. 应用气象学报, 2010, (4): 464-472.

[17] 王碧玲, 谢正苗, 孙叶芳, 等. 磷肥对铅锌矿污染土壤中铅毒的修复作用. 环境科学学报, 2005, (9): 1189-1194.

[18] Nriagu J O. Lead orthophosphates — IV formation and stability in the environment. Geochimica et Cosmochimica Acta, 1974, (6): 887-898.

[19] 王碧玲, 谢正苗, 李静, 等. 氯和磷对土壤中水溶——可交换态铅的影响. 环境科学, 2008, (6): 1724-1728.

Analytical Research on Disease of Ancient Architectural Green Glazed Tiles in China

Duan Hongying[1, 2]   Miao Jianmin[1, 2]   Li Yuan[1, 2]   Kang Baoqiang[1, 2]   Li He[1, 2]

1. Key Scientific Research Base of Ancient Ceramics, State Administration of Cultural Heritage (The Palace Museum); 2. Conservation Technology Department of the Palace Museum

Abstract: Through the investigation of ancient architectural green glazed tiles in different areas of China, we found the main disease was architectural green glazed tiles had white corrosion or dusty gray corrosion on glaze surface. To clarify the formation and damage of disease, in this study, forty-six ancient architectural green glazed tiles from different areas of China had been selected and analyzed. Composition and structure of corrosion on glaze surface were determined and observed by means of optical microscope (OM), X-ray diffraction (XRD), X-ray fluorescence (XRF) and scanning electron microscopy-energy dispersive spectroscopy (SEM-EDS). The results indicate that surface corrosion are mixture of pyromorphite and lead sulfate. Corrosion forms layer by layer from the glaze surface towards inner glaze. Corrosion has honeycomb shaped structure and it is not dense. X-ray photoelectron spectroscopy (XPS) results elucidate that lead is present as network modifier and is easy to leach. The existence of colorant element copper in green glaze greatly aggravates the leach of lead ions from glaze. Lead ions react with anionic components containing phosphorus, sulfur and chlorine from environment dusts and transform into corrosion on the glaze surface.

Keywords: architectural glazed tiles, green lead glaze, disease, corrosion, lead leaching

原载《故宫博物院院刊》2013 年第 2 期

北京明清建筑琉璃构件黄釉的无损研究

李 合[1] 丁银忠[1] 陈铁梅[2] 苗建民[1]

1. 古陶瓷保护研究国家文物局重点科研基地（故宫博物院）；2. 北京大学考古文博学院

摘 要：为了深入了解北京明清建筑琉璃釉的发展情况，本文以北京典型明清官式琉璃构件的黄釉为研究对象，利用 EDXRF 无损分析了釉料的化学组成，结合文献记载初步研究了北京明清官式琉璃构件釉料的变化规律。研究结果表明，明清琉璃黄釉的主要元素（硅、铅、铝、铁）含量在一定的范围内稍有波动，氧化铅的含量有逐渐降低的趋势。此外，明清釉料中氧化铝含量变化大体经历了由低到高，再由高到低的过程。从氧化铁的变化趋势来看，明代的釉料大体稳定，而清代则经历了由低到高的过程。这表明古代琉璃釉料的配方并非墨守成规、因循守旧，受技术进步、窑炉、政治经济、等级审美观念的多重影响，古代匠人在不断地摸索、改进配方。

关键词：琉璃釉，化学组成，EDXRF

北京是明清两代封建王朝的皇都所在地，大量的宫殿建筑、寺庙、陵寝均以琉璃构件为基本建材。为了适应皇家建筑的需要，永乐迁都北京后，在元代海王村琉璃窑基址上建厂设窑，后清代迁厂址到门头沟琉璃渠继续烧造[1]。据资料[2]记载，北京的赵氏琉璃匠人自元代由山西迁来，继续烧制的琉璃构件，承造了明、清宫殿陵寝坛庙，其中明十三陵和明清故宫（紫禁城）的琉璃建筑最为典型。北京官式琉璃构件的烧制及釉料的配方多受山西琉璃制作技术的影响。明清时期，琉璃匠人对琉璃釉配方的认识整体上讲是合理的。遗憾的是，由于历史的局限和传统观念的束缚，有关琉璃的技艺无人重视，特别是琉璃的配方属于化学范畴，有关原料的作用，以及烧制中的化学变化和形成机理，工匠往往只知其然，不知其所以然[1]。目前保留下来的琉璃釉配方，少之又少。因此，系统研究北京明清琉璃构件釉料的化学组成和变化规律，对揭示古代琉璃釉配方有着重要的意义。

本文以北京明清典型琉璃构件的釉料为研究对象，利用 EDXRF 分析釉料的化学组成。并结合已掌握的文献记载，探讨了明清官式琉璃构件釉料的元素组成的变化规律，并对琉璃黄釉配方的多重影响因素进行了初步讨论。

1 仪器与样品

1.1 仪器与测试条件

实验采用的仪器为美国 EDAX 公司的 EAGLE Ⅲ XXL 大样品室微聚焦型能量色散 X 射线荧光

光谱仪，X射线管为铑靶，Si（Li）探测器，能量分辨率145eV（对MnK_a5.9keV），束斑直径为300μm。

测量条件：X光管电压为25kV，电流为500μA，真空光路，死时间控制30%左右，测量时间600s，每个样品选三个点测试，用参考曲线校准后取平均值[3]。

1.2 样品

选取北京明十三陵样品12块（编号为1～12）、故宫神武门琉璃样品6块（编号为13～18），清故宫雍正到近代琉璃构件样品21块（编号为18～38），部分样品分别见图1～图3。根据热释光测试结果，从神武门采集的编号为143-3琉璃构件的距今年代为645±10%年，即属于明代早期的可能性较高。十三陵的WLBM-0028（定陵）和WLBM-32（茂陵）两块样品热释光测试结果分别为385±10%年和380±10%年，亦说明采自十三陵的样品为明代样品的可能性较高。

图1　北京明十三陵琉璃样品　　　　　　　图2　故宫神武门明代琉璃构件样品

图3　故宫清代琉璃构件样品

2　结果与讨论

表1～表3列出了明十三陵、故宫神武门、故宫清代琉璃构件釉料的化学组成。

表 1　明十三陵琉璃釉料化学组成　　　　　　　（单位：%）

序号	样品编号	陵名	Na$_2$O	MgO	Al$_2$O$_3$	SiO$_2$	PbO	K$_2$O	CaO	TiO$_2$	Fe$_2$O$_3$
1	WLBM-32	茂陵	0.30	0.25	2.70	27.90	63.70	0.37	0.37	0.21	4.03
2	WLBM-34		0.16	0.27	1.61	29.36	63.15	0.27	0.37	0.07	4.49
3	WLBM-36		0.14	0.26	1.48	31.90	61.35	0.32	0.45	0.08	3.83
4	WLBM-37		0.29	0.28	1.66	31.34	61.20	0.27	0.38	0.08	4.34
5	WLBM-82	康陵	0.29	0.28	1.23	30.44	63.29	0.30	0.40	0.02	3.61
6	WLBM-84		0.02	0.27	1.49	30.82	61.19	0.33	0.70	0.13	4.94
7	WLBM-0085		0.18	0.26	2.05	28.09	64.37	0.34	0.37	0.12	4.09
8	WLBM-0086		0.22	0.24	2.08	30.34	61.11	0.41	0.42	0.19	4.71
9	WLBM-0011	定陵	0.22	0.28	2.13	34.33	58.06	0.28	0.82	0.10	3.73
10	WLBM-0020		0.03	0.28	3.69	29.73	62.25	0.41	0.62	0.16	2.67
11	WLBM-0022		0.26	0.27	3.35	27.84	64.66	0.46	0.47	0.13	2.46
12	WLBM-0028		0.27	0.23	5.45	32.71	58.01	0.34	0.28	0.28	2.36

表 2　故宫神武门明代琉璃釉料化学组成　　　　　　　（单位：%）

序号	编号	Na$_2$O	MgO	Al$_2$O$_3$	SiO$_2$	PbO	K$_2$O	CaO	TiO$_2$	Fe$_2$O$_3$
13	143-3	0.47	0.22	1.86	37.05	55.66	0.21	0.30	0.12	4.09
14	143-4	0.75	0.28	2.11	40.55	51.34	0.33	0.41	0.18	4.04
15	143-5	0.26	0.26	2.05	33.91	58.42	0.34	0.52	0.14	4.08
16	143-6	0.17	0.26	1.44	31.74	61.54	0.27	0.43	0.17	3.92
17	143-9	0.30	0.28	2.16	34.57	57.37	0.33	0.54	0.20	4.22
18	143-11	0.17	0.31	3.14	36.85	53.32	0.38	0.67	0.26	4.84

表 3　故宫清代琉璃釉料化学组成　　　　　　　（单位：%）

序号	编号	款识	Na$_2$O	MgO	Al$_2$O$_3$	SiO$_2$	PbO	K$_2$O	CaO	TiO$_2$	Fe$_2$O$_3$
19	1-1	雍正八年琉璃窑造斋戒宫用	0.14	0.28	8.59	28.29	59.21	0.71	0.67	0.33	1.78
20	1-3		0.00	0.26	6.64	27.60	61.96	0.51	0.74	0.35	1.99
21	1-4		0.29	0.28	1.92	36.87	56.02	0.42	1.22	0.15	2.68
22	1-5		0.00	0.28	3.28	32.95	59.24	0.43	1.12	0.19	2.37
23	1-6		0.33	0.40	6.21	29.16	59.88	0.58	0.62	0.21	2.53
24	1-7		0.26	0.28	2.76	38.83	52.42	0.88	1.20	0.18	2.79
25	3-3	乾隆年制	0.27	0.28	4.09	33.17	57.47	0.80	0.53	0.22	2.93
26	3-10		0.24	0.22	2.56	32.95	59.76	0.33	0.64	0.15	2.91
27	3-11		0.14	0.30	2.43	34.13	57.36	0.47	0.64	0.15	4.16
28	3-13		0.28	0.46	7.13	35.22	51.38	0.93	1.00	0.33	3.08
29	3-14		0.24	0.29	5.92	34.01	54.09	0.74	0.95	0.20	3.08
30	5-1		0.00	0.28	3.34	30.53	59.54	0.39	0.65	0.24	5.05
31	5-2		0.23	0.29	4.66	32.25	57.52	0.49	0.54	0.21	3.74
32	5-3		0.17	0.09	4.25	34.76	55.79	0.47	0.56	0.25	3.63

序号	编号	款识	Na₂O	MgO	Al₂O₃	SiO₂	PbO	K₂O	CaO	TiO₂	Fe₂O₃
33	6-5		0.27	0.29	5.83	36.37	51.47	0.93	0.91	0.30	3.48
34	6-6		0.13	0.31	3.60	32.66	57.57	0.42	0.80	0.21	4.19
35	6-7	乾隆年制 城工	0.28	0.37	4.42	34.23	55.88	0.57	0.57	0.19	3.35
36	6-8		0.25	0.29	3.60	31.76	58.94	0.43	0.93	0.15	3.62
37	6-11		0.21	0.16	3.26	31.11	60.68	0.40	0.66	0.17	3.16
38	8-1	乾隆三十年春季造	0.50	0.27	3.87	32.78	57.23	0.69	0.88	0.26	3.48
39	8-2		0.25	0.28	3.21	33.10	57.92	0.55	0.64	0.18	3.82
40	11-1		0.40	0.27	3.35	32.85	57.92	0.68	0.61	0.20	3.65
41	11-2	嘉庆三年	0.40	0.30	3.89	39.17	49.28	1.54	0.99	0.27	4.08
42	11-3		0.38	0.31	3.50	34.77	55.08	0.88	1.21	0.15	3.65
43	15-1	嘉庆十一年官窑敬造	0.23	0.26	1.42	29.76	61.88	0.38	0.57	0.14	5.28
44	16-1	宁寿宫 嘉庆拾贰年造	0.02	0.29	3.25	35.19	53.17	0.58	1.38	0.07	5.98
45	18-1	嘉庆?年官窑敬造	0.00	0.30	1.73	32.37	59.01	0.28	0.70	0.12	5.47
46	18-3		0.45	0.18	2.46	31.76	58.64	0.36	0.51	0.17	5.45
47	19-2	宣统年官琉璃窑造	0.00	0.29	1.85	33.78	58.28	0.38	0.59	0.14	4.70
48	19-3		0.42	0.28	2.24	34.51	56.88	0.40	0.53	0.18	4.55

由表1～表3分析结果可知，明、清琉璃黄釉是以PbO-SiO_2-Al_2O_3系统为基釉，含有少量的Na_2O、MgO、K_2O、CaO等熔剂成分，并以氧化铁为着色剂，即明、清琉璃黄釉基本组成是一致的，这便说明，其配方有连续性和继承性。然而，十三陵和神武门琉璃构件的PbO的平均含量为60%，氧化硅平均含量为32%、氧化铝含量为2.3%；而清代琉璃样品中PbO的平均含量为57%、氧化硅平均含量为33%、氧化铝含量为3.8%。相比之下，明十三陵和神武门琉璃黄釉中氧化铅要略高于故宫清代琉璃样品，而SiO_2、Al_2O_3则低于故宫清代样品，这又提示我们明清釉料的配方存在差异。

2.1 明清釉料配方的演变

宋《营造法式》中记载，"凡造琉璃瓦等之制药，以黄丹、洛河石和铜末，用水调均"。其中黄丹为氧化铅、洛河石的主要成分是二氧化硅、铜末为引入氧化铜的原料。关于三种原料的比例，《营造法式》第二十七卷中有详细数据，"造琉璃瓦并事件，药料每一大料用黄丹二百四十三斤，每黄丹三斤，铜末三两，洛河石一斤"。明宋应星著《天工开物》中这样写道"其制为琉璃瓦者……成色以无名异、棕榈毛等煎汁涂染成绿黛，赭石、松香、蒲草等涂染成黄……但色料各有配合，采取不必尽同"。明代万历年间的《工部厂库须知》[4]记载的琉璃黄釉配方为"黄丹306斤、马牙石102斤、黛赭石8斤"，即明代官式建筑黄色琉璃釉料的黄丹（或铅末）和马牙石（石英）的比例是3∶1，这与《营造法式》中釉料的比例也非常接近，即说明宋代以后，琉璃釉的基本配比达到成熟。到了清代，琉璃釉料的品种越来越多。在清康熙年间孙廷铨的《颜山杂记》中，就提到了水晶色、正白、梅颚红、蓝色、秋黄、耿青、牙白、正黑、绿色、鹅黄共十种颜色。后到清光绪三十年（1905年），在北京门头沟琉璃窑的一本老账[5]，记载了各色琉璃釉的精确配方。其中黄色硬方黄丹（或铅）和马牙石（石英）的比例

2.5：1。到了民国，据《察哈尔省通志》卷二十三记载[6]，"琉璃所用原料，以铅及白火石（石英）为主要成分……随以白火石粉四成、铅粉六成、铁粉一钱五分（此系配红色，如配绿色，去铁粉，加铜粉……）"。此方中，铅粉和石英的比例为1.5：1。此外，根据山西阳城后则腰和太原马庄山头村等地老匠人提供的资料[7]，山西传统琉璃釉色配方是"黄丹1斤、石英7～8两、氧化铁0.8～1两"。即黄丹和石英的比例约为2：1（注：1斤＝16两），这与《营造法式》和《工部厂库须知》的釉料配方相比，黄丹的比例偏低。苗建民等[8]对北京门头沟琉璃窑厂的琉璃配方进行了整理，给出了目前琉璃窑厂使用的两种黄色琉璃瓦的釉料配方，其中配方一为"黄丹70%、石英大于20%、氧化铁3%"；配方二为"铅粉10斤、石英4斤半、氧化铁5两5钱、苏州土5两"。两个配方表述不一，且原料配比也不尽相同。其中艺人二给出配方中加入苏州土是对老釉配方所做的改进，苏州土具有一定的悬浮性和黏性，可减缓铅在釉中的沉淀，便于施釉。上述文献资料具体数据可见表4。

表 4　文献资料记载的黄色琉璃釉配比

来源	时代	黄丹（铅粉）	石英	氧化铁	其他	PbO：SiO$_2$	Fe$_2$O$_3$
《营造法式》	宋代	黄丹三斤	洛河石一斤		铜末三两	3：1	
《工部厂库须知》	明代	黄丹306斤	102斤	黛赭石8斤		3：1	1.9%
清光绪年琉璃窑老账①	清代	铅30斤	马牙石12斤	紫石28斤		2.5：1	
《察哈尔省通志》	民国	铅粉六成	白火石粉四成	铁粉一钱五分		1.5：1	
山西传统琉璃配方	近代	黄丹1斤	石英7～8两	0.8～1两		≈2：1	3.3%～4.3%
《紫禁城清代剥釉琉璃瓦件施釉重烧的研究》②	现代	黄丹70%	石英>20%	氧化铁3%		<3.5：1	3%
		铅粉10斤	石英4斤半	氧化铁5两5钱	苏州土5两	2.2：1	3.5%

注：①此配方中紫石加入28斤可能有误；②此配方中1斤折合成10两计算。

根据表1～表3数据，对明十三陵和故宫琉璃黄釉中的铅硅比进行了计算，结果见图4。从图4可见，明代十三陵的茂陵、康陵的琉璃釉料中铅硅比平均约为2：1，定陵的铅硅比相对比较分散且较低一些。故宫神武门的琉璃釉料的铅硅比大约只有1.5，这在所测的样品中是最低的。而清代雍正、乾隆、嘉庆、宣统年间的琉璃釉中铅硅比约为1.7：1，这要低于明代十三陵的釉料。从表4可知，明代及以前琉璃釉的铅硅比为3：1，而到了清代则基本上在1.5～2.5：1，即相对明代而言，清代琉璃釉中氧化铅的含量要降低一些，氧化硅的含量略有提高。这表明实测的铅硅比的变化趋势与文献记载基本吻合，仅是具体比值上存在差异。导致这种差异的主要原因可能在于：①文献记载中是釉料的初始配方，而在实际烧制琉璃釉的过程中，氧化铅存在一定程度上的挥发；②明清琉璃釉在使用过程中，釉中的铅极易随雨水等溶出，造成铅含量降低。

2.2　氧化铁的变化趋势

古代琉璃釉中引入氧化铁的原料主要是赭石、紫石、红土（石），引入一定量氧化铁的目的是着色。根据不同的氧化铁加入量，琉璃釉呈现不同的黄，甚至棕红色。明代宋应星著《天工开物》中这样写道"其制为琉璃瓦者……赭石、松香、蒲草等涂染成黄"。赭石又称代赭石，即赤铁矿（Fe$_2$O$_3$），在《天工开物》还有"代赭石，殷红色，处处山中有之，以代郡者为最佳"。明代《工部厂库须知》琉璃釉原料配方中写作"黛赭石"，"黛"可能同"代"。

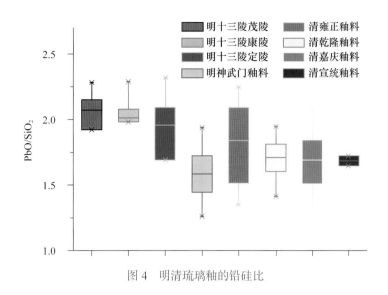

图 4　明清琉璃釉的铅硅比

结合图 5 和表 1～表 3 数据，明代十三陵的茂陵、康陵和故宫神武门釉料中氧化铁的含量较高，平均大于 4%；而定陵的样品多数在 2.5% 左右，其原因尚不清楚。到了清代，雍正及部分乾隆年间烧制的琉璃釉中氧化铁含量一般低于 3%；而部分乾隆和嘉庆时期的琉璃釉氧化铁含量在 3.5% 左右；部分嘉庆和宣统年间的琉璃釉则一般高于 4.5%。因此，从氧化铁的变化趋势来看，明代的釉料大体稳定，而清代则有由低到高的过程。

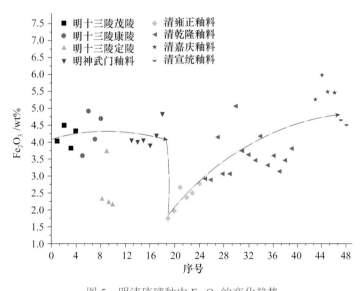

图 5　明清琉璃釉中 Fe_2O_3 的变化趋势

2.3　氧化铝的作用及趋势

虽文献中关于琉璃釉的配方中加入氧化铝的记载很少见，但在明刘基的《多能鄙事》卷五[9]有琉璃配方"黑锡四两、硝石三两、白矾二两、白石末二两"的记载。其中白矾又称明矾，为硫酸铝钾的水合物，化学式为 KAl（SO$_4$）$_2$·12H$_2$O。这说明在明代的某些琉璃釉料配方中引入了含有氧化铝原料。此外，古代所使用的原料中，氧化铝不可避免以共存、共生的形式存在于马牙石、紫石、赭石等矿物当中[10]。因此，在所测明清琉璃釉料元素组成中，都含有一定量的氧化铝。

从明清琉璃釉中氧化铝含量的变化趋势来看（图 6），明代十三陵中的茂陵、康陵和明代故宫神武门的琉璃釉中氧化铝平均含量只有 2.3%，含量相对较低；但明十三陵定陵的琉璃釉料中氧化铝含量波动较大。到了清代，部分雍正及乾隆年间的琉璃釉中氧化铝含量偏高，最高可达 8.59%；而部分雍正及乾隆年间琉璃釉中氧化铝含量又较低，为 3%～4%，少数接近明代十三陵茂陵、康陵和故宫神武门的含量；到了嘉庆年间，琉璃釉中氧化铝含量比乾隆时期的含量略有降低，后到宣统时期，其釉料中的氧化铝含量只有 2% 左右，与明代十三陵和神武门的釉料基本接近。因此，从上述明清釉料中氧化铝含量变化趋势来看，其大体经历了由低到高，再由高到低的反复过程。

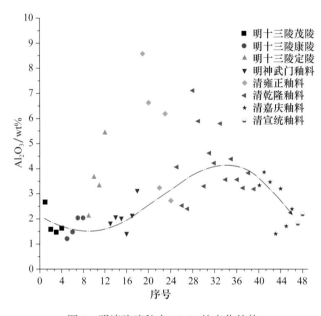

图 6　明清琉璃釉中 Al$_2$O$_3$ 的变化趋势

氧化铝是形成釉的网络中间体，既能与氧化硅结合，也能与碱性氧化物结合。氧化铝能改善釉的性能，氧化铝能调节釉熔融状态时的黏度，影响釉的玻化温度，并提高化学稳定性，硬度与弹性，并能降低釉的膨胀系数。对于建筑琉璃制品，还可以提高抗风化和抗化学侵蚀能力[11]。氧化铝的适当减少，在一定情况下可降低烧成温度，但同时也使铅釉的黏度降低、稳定性变差，则釉在熔融时就会向坯件底部流动，不能均匀地遮盖其表面。这就说明氧化铝在铅釉中应该有一个适当的比例，至于明清釉料中氧化铝的含量多少才是合适的，这有待于进一步研究。

2.4　釉料配方变化的原因

上述分析明清釉料中铅硅比、氧化铝、氧化铁的变化趋势，给我们这样的启示：釉料的配比不是简单墨守成规、因循守旧的，古代匠人在不断的摸索、改进配方。为什么明清琉璃釉中的铅硅比会降低，或者说氧化铅所占的比例会降低呢？为什么氧化铝、氧化铁会有如此的变化呢？本文试图从以下四个方面进行论述。

2.4.1 琉璃配方或者原料的不同

据资料记载，继元代赵氏匠师迁往大都之后，明代又有不少琉璃匠人远居外地，其中太原马庄苏氏迁居北京琉璃渠，与赵氏之后共同烧制明清宫殿、陵寝、坛庙等处各种琉璃制品[12]。在古代琉璃技术严格保密的社会背景下，不同的琉璃匠人对琉璃配方的理解可能是有差异的，这就可能直接导致了釉料化学组成的不同，如清雍正和乾隆年间的琉璃釉，似乎成分变化比较大，这可能与苏、赵二氏烧造有关；当然也可能跟原料的选择及后期处理工艺有关。

2.4.2 烧成技术的进步，窑炉温度的提高

随着时代的发展、技术的进步，窑炉结构的改进，相应的窑炉温度也随之提高。对于琉璃釉来说，也要经历调整与创新，如清代前，釉料只是简单的记载为黄色、绿色等配方；而到了清光绪三十年（1905年），在北京门头沟琉璃窑的一本老账[4]上，明确记载了琉璃釉有软硬配方之别，如黄色釉料实为"黄色硬方"，此外还有"绿色软方""绿色硬方""黑色软方"和"黑色硬方"等配方。相比之下，软方比硬方的氧化铅含量要高一些。这说明古代匠人根据窑炉内部温度分布不均的情况，巧妙的调整了釉料配方，使之有软硬之分。

2.4.3 政治经济的影响

根据《钦定大清会典则例》一百二十八卷记载："（乾隆朝十九年）琉璃瓦料照雍正元年定例价在一钱九分以上者，自二样至四样，银减一成，铅减二成；五样至七样，银减一成半，铅减二成；八样九样，银铅均减二成。价在一钱九分以下者，二样至四样，银铅均减一成；五样至七样，银减一成半，铅以二成减。"同时《钦定大清会典则例》六百七十一卷（工部）也记载了嘉庆时期的琉璃情况，"因核定琉璃瓦料，照雍正元年例，价在一钱九分以上者，自二样至四样，银减一成，铅减两成；五样至七样，银减一成半，铅减两成；八样九样，银铅均减两成"。上述记载说明，在乾隆、嘉庆时期，琉璃构件的生产受到了当时政治经济的影响，这势必影响琉璃釉料的原料配比。如果铅减两成，则釉料中氧化铅的含量也相应减少20%。照此计算，如果雍正琉璃釉料中氧化铅的含量在60%的话，则乾隆、嘉庆的部分釉料由于铅减少两成则变成48%。这与测试结果中乾隆、嘉庆时期的琉璃釉组成变化较大的情况是符合的，如部分琉璃釉料氧化铅含量一般在60%左右，也有部分琉璃构件釉料中氧化铅只有50%。

2.4.4 等级审美观念的改变

中国古建筑对瓦、墙的彩色十分讲究，琉璃瓦一般分为黄、绿、蓝、黑等色。它不仅反映了外观之美，而且具有强烈的封建政治色彩。黄色琉璃瓦专用于中国宫殿、陵墓、园林、庙宇等皇家建筑的瓦顶。明清两代在琉璃色彩上运用得宜，如黄色琉璃构件有少黄（娇黄）、中黄（明黄）、老黄（深黄）之分，且少黄多用于园林，中黄多用于宫殿，老黄多用于陵寝[13]。三种黄色恰如其分地体现着三种等级观念及审美观念的差异。在这样的等级需求下，琉璃匠人需要做的工作是在基础釉的基础上增减着色物（氧化铁）的用量，以达到琉璃釉层色彩上的差异。

3 结论

本文通过测试分析北京明清官式琉璃黄釉的元素组成，结合文献记载，得到了以下四点结论。

（1）明代十三陵的釉料其铅硅比平均为 2：1，而清代雍正、乾隆、嘉庆、宣统年间的琉璃釉总体上要低于明代十三陵的釉料；故宫神武门的琉璃釉料的铅硅比大约只有 1.5，这在所测的明清釉料中是最低的。

（2）从氧化铁的变化趋势来看，明代的釉料大体稳定，而清代则有由低到高的过程。根据不同的氧化铁加入量，琉璃釉呈现不同的黄，甚至棕红色。

（3）明清釉料中氧化铝含量变化大体经历了由低到高，再由高到低的过程。

（4）古代琉璃釉料的配方不是简单墨守成规、因循守旧的，配方受技术进步、窑炉、政治经济、等级审美观念的多重影响，古代匠人在不断地摸索、改进配方。

致　谢：本研究得到国家"十一五"重点科技支撑项目（项目编号：2006BAK31B02）资助，在此谨致谢意。

参考文献

[1]　潘谷西. 中国古代建筑史. 北京: 中国建筑工业出版社, 2001: 492-498.

[2]　李全庆, 刘建业. 中国古建筑琉璃技术. 北京: 中国建筑工业出版社, 1987.

[3]　李合, 丁银忠, 段鸿莺, 等. EDXRF 无损测定琉璃构件釉主、次量元素. 文物保护与考古科学, 2008, (4): 36-40.

[4]　李全庆. 中国古建筑琉璃技术. 北京: 中国建筑工业出版社, 1987: 17-18.

[5]　潘谷西. 中国古代建筑史. 北京: 中国建筑工业出版社, 2001: 492-498.

[6]　清华大学图书馆科技史研究组. 中国科技史资料选编. 北京: 清华大学出版社, 1981: 57-58.

[7]　潘谷西. 中国古代建筑史. 北京: 中国建筑工业出版社, 2001: 492-498.

[8]　苗建民, 王时伟. 紫禁城清代剥釉琉璃瓦件施釉重烧的研究. 故宫学刊, 2004, (1): 472-488.

[9]　清华大学图书馆科技史研究组. 中国科技史资料选编. 清华大学出版社, 1981: 57-58.

[10]　苗建民. 运用科学技术方法对清代珐琅的研究. 故宫博物院院刊, 2004, (1): 139-155.

[11]　李家驹. 陶瓷工艺学. 北京: 中国轻工业出版社, 1999.

[12]　柴泽俊. 山西琉璃. 北京: 文物出版社, 1991.

[13]　刘大可. 明清官式琉璃艺术概论 (上). 古建园林技术, 1995, (4): 29-32.

The Study on the Architectural Glazed Tiles of Ming and Qing Dynasties in Beijing

Li He[1]   Ding Yinzhong[1]   Chen Tiemei[2]   Miao Jianmin[1]

1. Key Scientific Research Base of Ancient Ceramics, State Administration for Cultural Heritage (The Palace Museum); 2. School of Archaeology and Museology, Peking University

Abstract: We provide a compositional perspective on the change of the yellow lead-glaze of the architectural tiles of Ming and Qing dynasties in Beijing of China. The EDXRF analysis results demonstrate that the main elements of the yellow lead-glaze are relatively stable, but slightly adjusted between Ming and Qing dynasty. The PbO/SiO_2 ratio is gradually reduced from Ming dynasty to Qing dynasty, and the Alumina and Iron content also have regularly variation from Ming dynasty to Qing dynasty. These date suggest that material rate of the lead-glaze is changing, and is influenced by the multiple factors, such as the technological process, politics, economy and aesthetics.

Keywords: lead-glaze, composition, EDXRF

原载《中国文物科学研究》2013 年第 2 期

南京大报恩寺塔建筑琉璃构件的科技研究

丁银忠[1]　李　合[1]　段鸿莺[1]　康葆强[1]　陈铁梅[2]　苗建民[1]

1. 故宫博物院；2. 北京大学考古文博学院

摘　要： 南京大报恩寺塔是明初重要的皇家琉璃建筑，是代表中国文化的标志性建筑之一，和罗马大斗兽场、比萨斜塔、中国万里长城等一道被称为中世纪世界七大奇迹，具有极高的历史、文化、科技研究价值。本文以南京大报恩寺塔的建筑琉璃构件为研究对象，利用波长色散 X 射线荧光分析仪（WDXRF）、能量色散 X 射线荧光分析仪（EDXRF）、X 射线衍射仪（XRD）、光学显微镜（OM）、热膨胀仪、高温测试仪等研究其胎釉化学组成、烧制温度、结构及物理性能，探讨南京大报恩寺塔建筑琉璃构件胎体原料来源和釉料配方的传承发展关系，揭示其制备工艺技术中所蕴含的科技内涵。

关键词： 南京大报恩寺塔，建筑琉璃构件，化学组成，工艺性能

　　南京大报恩寺塔遗址位于南京（118°50′E，32°02′N）中华门外雨花路，南京报恩寺塔始建于明永乐十年（1412 年），宣德三年（1428 年）竣工；营建工程浩大，耗时 16 年，耗资巨大，据清嘉庆《江南报恩寺琉璃宝塔全图》记载，其费用合计白银达 248 万两。南京大报恩寺塔九层八面，高达 78.2m；塔的表面以白色琉璃砖和黄、绿、红、白、黑五色琉璃构件贴面，塔身上下有金刚佛像万千，拱门两侧用琉璃构件砌成卷门。琉璃构件色彩鲜艳，造型独特，有狮子、白象、飞天、飞羊等佛教题材造型，为前代未见，是中国古代最精美的琉璃制品[1]。目前，南京大报恩寺塔琉璃构件研究工作[2, 3]主要侧重于其琉璃构件纹饰及窑炉结构研究，以及胎体原料来源、制备工艺和烧制技术方面的文献整理和相关问题的考证。由于样品珍贵和稀有，其琉璃构件的科技研究工作相对比较少。本工作有幸得到南京博物院及南京市博物馆的大力支持和帮助，能够对珍贵的南京大报恩寺琉璃塔的建筑琉璃构件开展科技研究工作。本文拟通过对南京大报恩寺琉璃塔的建筑琉璃构件胎釉化学组成、显微结构、物相结构及物理性能等方面系统分析研究；并通过同时期不同地区琉璃胎釉元素组成和技术对比研究，探讨南京大报恩寺塔的明初建筑琉璃构件胎体原料来源及釉料的配方技术的传承发展关系，揭示出南京大报恩寺琉璃塔明代建筑琉璃构件工艺技术的科技内涵，为提高明代琉璃构件仿制技术水平提供技术支持。

1　实验样品及测试方法

　　本实验选取了 8 块南京明代建筑琉璃构件，其中有太庙 2 件黄色建筑琉璃构件、1 件白釉琉璃瓦残块，大报恩寺塔 5 件黄绿彩建筑琉璃构件，样品详细信息见表 1。利用 WDXRF、EDXRF、XRD、OM、热膨胀分析仪、高温物性测试仪等设备，对实验样品的胎釉化学组成，胎体的矿物组成、显微结构和

热膨胀系数及烧制温度，釉的熔融温度范围和物理性能进行测试分析，其实验结果见表2～表5。

表1　南京大报恩寺塔及太庙琉璃样品的详细信息

序号	样品编号	年代	来源	样品名称
1	WLJM-45	明代	江苏南京市博物馆（原太庙）	黄釉琉璃构件残片
2	WLJM-46	明代	江苏南京市博物馆（原太庙）	黄釉板瓦残片
3	WLJM-75	明代	江苏南京报恩寺塔	白釉琉璃瓦残块
4	WLJM-76	明代	江苏南京博物院藏大报恩寺塔	黄绿彩琉璃构件残块
5	WLJM-77	明代	江苏南京博物院藏大报恩寺塔	黄绿彩琉璃构件
6	WLJM-78	明代	江苏南京博物院藏大报恩寺塔	黄绿彩琉璃构件
7	WLJM-80	明代	江苏南京市博物馆藏大报恩寺塔	黄绿彩琉璃构件
8	WLJM-81	明代	江苏南京市博物馆藏大报恩寺塔	黄绿彩琉璃构件

表2　南京大报恩寺塔和太庙建筑琉璃构件胎体化学组成

样品编号	地区	质量分数 /%											
		Na_2O	MgO	Al_2O_3	SiO_2	P_2O_5	K_2O	CaO	TiO_2	MnO	Fe_2O_3	LOI	合计
WLJM-45	太庙	0.33	0.73	19.95	70.62	0.06	4.12	0.22	0.91	0.02	1.69	1.15	99.80
WLJM-46		0.42	0.73	19.99	70.26	0.04	4.06	0.24	0.90	0.02	1.83	1.30	99.79
WLJM-75	大报恩寺塔	0.53	0.29	21.51	71.41	0.03	3.10	0.04	0.54	0.03	1.24	1.10	99.82
WLJM-76		0.36	0.69	19.91	70.51	0.05	4.14	0.17	0.92	0.01	1.73	1.32	99.80
WLJM-77		0.34	0.72	19.65	70.77	0.05	4.10	0.20	0.92	0.02	1.84	1.19	99.80
WLJM-78		0.30	0.72	19.70	70.62	0.04	4.22	0.22	0.92	0.02	1.79	1.27	99.80
WLJM-80		0.39	0.73	19.49	70.79	0.05	4.06	0.24	0.93	0.02	1.95	1.15	99.80
WLJM-81		0.39	0.72	19.56	70.89	0.08	3.90	0.23	0.92	0.02	1.88	1.22	99.80

表3　南京大报恩寺塔和太庙建筑琉璃构件釉层化学组成

编号	颜色	质量分数 /%												
		Na_2O	MgO	Al_2O_3	SiO_2	PbO	K_2O	CaO	TiO_2	MnO	Fe_2O_3	CuO	SnO_2	合计
WLJM-45	黄	0.51	0.40	3.39	34.45	56.70	0.70	0.29	0.17	0.01	3.37	0.03		100.01
WLJM-46		0.33	0.12	3.41	35.23	55.32	1.57	0.22	0.22	0.02	3.52	0.03		99.98
WLJM-75	白	1.66	0.26	15.94	76.35	0	3.11	2.05	0.06	0.06	0.47	0.01		99.97
WLJM-76	黄	0.18	0.17	3.88	31.96	56.65	1.08	0.61	0.26	0.01	5.14	0.06		100
WLJM-77		0.07	0.30	3.25	32.67	58.76	0.94	0.38	0.22	0.02	3.33	0.04		99.98
WLJM-78		0.29	0.19	3.46	36.85	53.28	0.97	0.42	0.24	0.01	4.26	0.05		100
WLJM-80		0.38	0.66	5.01	34.68	52.34	1.60	0.22	0.28	0.02	4.78	0.03		100
WLJM-81		0.22	0.16	2.43	33.00	59.68	0.78	0.45	0.24	0.01	2.99	0.14		99.91
WLJM-77	绿	0.39	0.21	2.94	39.01	53.72	0.93	0.23	0.17	0.02	0.81	1.43	0.13	100
WLJM-78		0.48	0.28	2.68	38.03	54.43	0.75	0.40	0.14	0.01	1.10	1.46	0.22	100
WLJM-80		0.49	0.16	2.72	39.33	53.53	0.69	0.30	0.15	0.01	1.00	1.56	0.06	99.07
WLJM-81		0.64	0.62	3.38	38.92	52.51	0.86	0.27	0.12	0.00	0.84	1.61	0.23	100

表 4　南京大报恩寺和太庙琉璃构件胎体物化性能、烧制温度及 XRD 定性结果和釉的熔融温度范围

样品编号	物相种类	胎体烧成温度 / （±20℃）	黄釉熔融温度 范围 /℃	体积密度 /（g/cm³）	吸水率 /%	显气孔率 /%
WLJM-45	石英、莫来石、金红石	950	790～850	1.97	12.10	23.81
WLJM-46	石英、莫来石、金红石	960	810～940	1.95	12.91	25.17
WLJM-75	石英、莫来石、赤铁矿	1200		1.31	4.15	9.07
WLJM-76	石英、莫来石、金红石	950	860～910	1.97	11.84	23.37
WLJM-77	石英、莫来石、伊利石、金红石	970		1.94	12.88	24.92
WLJM-78	石英、莫来石、伊利石、金红石、方解石	900		1.83	15.69	28.62
WLJM-80	石英、莫来石、金红石、刚玉	970	860～950	1.98	11.71	23.15
WLJM-81	石英、莫来石、伊利石、金红石、方解石	930		1.94	12.68	24.57

表 5　南京大报恩寺塔和太庙琉璃胎釉热膨胀系数匹配性　　　　　（单位：10^{-6}/℃）

序号	样品编号	α 胎	釉色	α 釉（理论）	α 釉（理论）－α 胎
1	WLJM-45	6.23	黄	6.57	0.34
2	WLJM-46	6.44	黄	6.67	0.23
3	WLJM-75	5.33	白	3.26	－2.07
4	WLJM-76	5.80	黄	6.69	0.89
5	WLJM-77	6.73	黄	6.55	－0.18
			绿	6.11	－0.62
6	WLJM-78	5.03	黄	6.33	1.30
			绿	6.32	1.29
7	WLJM-80	5.90	黄	6.62	0.72
			绿	6.07	0.17
8	WLJM-81	5.09	黄	6.77	1.68
			绿	6.22	1.13

2　实验结果与讨论

2.1　胎的化学组成

除了 WLJM-75 号样品比较例外，胎体中 SiO_2 含量在 70% 左右，Al_2O_3 含量为 20% 左右，助熔剂 K_2O 含量在 3% 左右，Fe_2O_3 含量在 1.24% 左右；其余具有"高硅低铝"化学组成特征。南京大报恩寺塔建筑琉璃构件胎体元素组成相对文献[4]记载的安徽祁门、江西和浙江等南方地区瓷石的 Al_2O_3 含量偏高，而 SiO_2 含量偏低；相对高岭土 Al_2O_3 含量明显偏低，SiO_2 含量明显偏高；又据表 4 中 XRD 分析结果，胎体在 900～1000℃烧制时，有一定量的莫来石生成，据此推测南京大报恩塔琉璃构件胎体采用具有一定风化程度的南方瓷石为原料。在图 1 中胎体主次元素化学组成因子分析结果上，南京报恩寺塔和太庙样品与安徽当涂样品都相对比较集中，且相互交叉重叠在一个较小区域内，说明两部分

胎体主次元素化学组成基本相同，但两者样品皆与北京故宫样品明显分开，这表明明代南京与安徽当涂采用类似原料制备胎体，而与明代北京故宫制备琉璃胎体所使用原料明显不同，明代北京故宫以北京门头沟产煤矸石为胎体主要原料[5]。综合相关研究[2, 3, 6]得出：南京报恩寺琉璃胎体以安徽当涂白土为原料，显示明代《天工开物》的"若皇家宫殿所用，大异于是。其制为琉璃瓦者……其土必取于太平府（今安徽当涂）……"的文献记载是可信的。

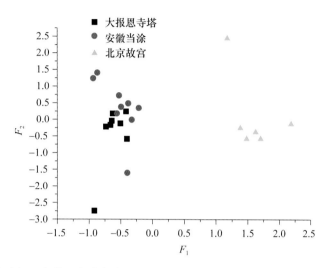

图 1　南京大报恩寺塔、安徽当涂和北京故宫明代琉璃胎体主、次量元素组成因子图
（北京故宫胎体主次元素数据摘自文献［5］，安徽当涂胎体主次元素数据摘自文献［6］）

南京大报恩寺塔建筑琉璃构件胎体之间主、次量元素标准偏差都小于 0.5%，各样间的主次量元素含量偏差都比较小，除了表明采用相同的原料外，也说明原料处理工艺相当严格；由图 2 中两块胎体光学显微照片看，太庙样品 JM-45 照片中原料粒度尺寸大小不均，具有较宽分布范围；而报恩寺样品 JM-77 照片知原料中颗粒度较为均匀且颗粒尺寸较小，说明南京大报恩寺样品胎体的原料粉碎较精细，淘洗程度较高，很大程度的改善原料成型工艺性能，因而能够制备出尺寸和规格较大琉璃构件。

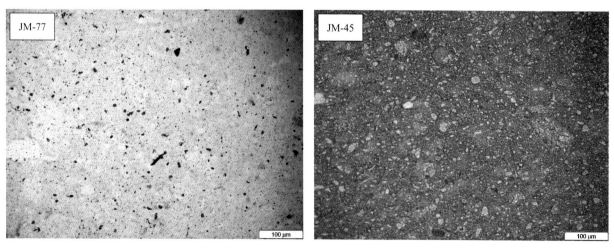

图 2　南京大报恩寺塔和太庙琉璃构件胎体光学显微照片

2.2 釉的元素组成

测试的南京大报恩寺塔建筑琉璃构件中釉的颜色有黄、绿和白三种，其中黄和绿色琉璃釉的化学组成都属于 PbO-SiO_2-Al_2O_3 体系的铅釉。黄色琉璃釉由 52.34%～59.68% 的 PbO，31.96%～36.85% 的 SiO_2，2.43%～5.01% 的 Al_2O_3 和 2.99%～5.14% 的 Fe_2O_3 着色剂组成；绿色琉璃釉由 52.34%～54.43% 的 PbO，38.03%～39.03% 的 SiO_2，2.68%～3.38% 的 Al_2O_3 和 1.43%～1.61% 的 CuO 着色剂组成，黄色琉璃釉与文献 [5] 中北京故宫明代黄色琉璃釉的元素组成比较接近，表明两者琉璃釉的配方是比较类似的，这与南京大报恩寺和北京故宫的琉璃瓦都属于明代皇家琉璃窑场生产，明代皇家琉璃窑场实行琉璃匠为轮班官匠，胎土、釉土原料和生产制度都有明确规定脱不了关系 [7]。釉呈白色 WLJM-75 样品，白色琉璃瓦釉的化学成分与黄、绿琉璃釉明显不同，PbO 的含量为零，为无铅的碱釉，不属于常规琉璃铅釉，据表 4 知该样品烧成温度为 1200±20℃，吸水率为 4.15%，接近瓷质性能标准，该样品有学者认为属于景德镇窑 [3]，为南京报恩寺塔烧造的瓷质样本。

2.3 琉璃构件的物相组成及相关物理性能

表 4 列出了样品的胎体烧成温度、物相种类、黄釉熔融温度范围、吸水率、显气孔率和体积密度。其中参照国家标准 GB2413—81 和 GB/T3810.3—1999 对样品的吸水率、显气孔率和体积密度进行测量。由表 4 可知，除 WLJM-75 号样品外，南京大报恩塔和太庙样品的吸水率在 11.7%～15.7%，显气孔率在 23.2～28.6%，体积密度在 1.8～2.0g/cm³；胎体物相主要有石英、莫来石和金红石构成，部分烧制温度比较低的样品内，还含有少量低温黏土成分伊利石。琉璃釉属于高铅釉 [8]，高温流动强，易流釉，高温处理时间不宜过长，黄色琉璃釉的熔融温度在 790～950℃；琉璃胎体以具有一定风化程度的瓷石为原料，原料富含有机质和水分，其胎体比较厚重，为了得到合适的烧结程度，必须在胎体烧制过程中先缓慢升温，再高温保温处理，胎体最高烧制温度一般为 900～1000℃；胎釉烧制工艺制度的巨大差异，是无法利用一次烧成来完成。据此推断南京报恩寺塔建筑琉璃构件烧制工艺采用高温素烧琉璃胎体后，再在稍低的烧制温度下进行釉烧的二次烧成工艺制度。

2.4 南京大报恩寺塔和太庙琉璃构件胎釉热膨胀系数匹配性

由于琉璃釉层较薄无法利用热膨胀仪进行测定，表 5 中釉的热膨胀系数是利用化学组成依据热膨胀系数理论计算方法 [9] 进行计算得到。南京大报恩寺塔和太庙琉璃构件胎体热膨胀系数在（5.03～6.73）×10⁻⁶/℃，黄色釉的理论热膨胀系数在（6.33～6.77）×10⁻⁶/℃，绿色釉的理论热膨胀系数在（6.07～6.32）×10⁻⁶/℃，除 WLJM-77、WLJM-75 样品釉的热膨胀系数比胎体的热膨胀系数小外，其他样品的釉热膨胀系数基本上都比胎体的大些，该结果与北京故宫琉璃胎釉热膨胀系数匹配性研究结果 [10] 相符，即琉璃构件胎体热膨胀系数基本上都比釉面的热膨胀系数小，即釉面基本都呈张应力。据陶瓷工艺学理论 [8]，釉抗压强度通常比抗张强度大 50 倍左右，受张应力的样品容易形成龟裂纹，这是琉璃构件釉面一般布满如同龟背纹饰一样裂纹的内在原因。

3 结论

（1）南京大报恩寺塔的建筑琉璃构件胎体化学组成与安徽当涂琉璃胎体比较接近，表明《天工开物》"其制为琉璃瓦者……其土必取于太平府（今安徽当涂）"的文献记载是可信的。

（2）南京大报恩寺塔的建筑琉璃构件样品以 Al_2O_3 含量较高的风化后瓷石为胎体原料，胎体间化学组成含量波动范围较小，胎体中原料颗粒度较小且颗粒大小均匀，表明胎体原料的选取、淘洗、混合等处理工艺比较严格。

（3）南京大报恩寺塔的建筑琉璃构件釉料属于高铅釉；采用高温素烧坯体、低温釉烧的二次烧制工艺；胎体热膨胀系数一般比釉的稍小，釉面呈张应力裂纹；与北京故宫明代琉璃瓦的工艺技术基本相当。

致　谢：本研究获得国家"十一五"重点科技支撑项目（项目编号：2006BAK31B02）和国家文物局重点科研基地课题"古陶瓷物相的 X 射线衍射全谱拟合定量分析研究"（课题合同号：20080217）资助，在此谨致谢意。

参考文献

[1] 汪永平. 举世闻名的南京报恩寺琉璃塔. 中国古都研究 (第二辑), 杭州: 浙江人民出版社, 1986: 214-222.

[2] 陈钦龙. 明代南京聚宝山琉璃窑的几个问题. 江苏地方志, 2009: 30-33.

[3] 南京博物院. 明代南京聚宝山琉璃窑. 文物, 1960, (2): 41-48.

[4] 李国桢, 郭演仪. 中国名瓷工艺基础. 上海: 上海科学出版社, 1985: 25-27.

[5] 苗建民, 王时伟. 元明清建筑琉璃瓦的研究. 见: 郭景坤. '05 古陶瓷科学技术国际讨论会论文集. 上海: 上海科学技术文献出版社, 2005: 100.

[6] 丁银忠, 段鸿莺, 康葆强, 等. 南京报恩寺塔琉璃构件胎体原料来源的科技研究. 中国陶瓷, 2011, (1): 70-75.

[7] 王光尧. 明代宫廷陶瓷史. 北京: 紫禁城出版社, 2010: 288-315.

[8] 李家驹. 陶瓷工艺学. 北京: 中国轻工业出版社, 2001: 206.

[9] 干福熹. 硅酸盐玻璃物理性质变化规律及其计算方法. 北京: 科学出版社, 1966: 124-128.

[10] 苗建民, 王时伟, 段鸿莺, 等. 古代建筑琉璃构件剥釉机理内在因素研究. 故宫博物院院刊, 2008, (5): 115-129, 160.

Scientific Study on the Architectural Glaze Tile from the Nanjing Bao'ensi Pagoda

Ding Yinzhong[1]　　Li He[1]　　Duan Hongying[1]　　Kang Baoqiang[1]　　Chen Tiemei[2]

Miao Jianmin[1]

1. The Palace Museum; 2. School of Archaeology and Museology, Peking University

Abstract: The Nanjing Bao'ensi Pagoda is an important imperial building decorated with glazed tiles and bricks in early Ming dynasty. It is regarded as one of the symbolic buildings in Chinese culture. Together with the Roman Colosseum, the Leaning Tower of Pisa and the Great Wall of China, the Bao'ensi Pagoda is known as one of the Seven World Wonders of the Middle Ages, it has high historical, cultural, scientific research value. In this paper, the chemical composition, firing temperature, microstructure and physical properties of the glazed samples from the Nanjing Bao'ensi Pagoda were examined by WDXRF, EDXRF, XRD, OM, Dilatometer, high temperature analyzer methods. The provenance of raw material of the architectural glazed tile bodies and the relationships of the glaze technology between Beijing and Nanjing samples were discussed.

Keywords: the Nanjing Bao'ensi Pagoda, architectural glazed tiles, chemical component, technology property

原载《南方文物》2013 年第 2 期

故宫清代年款琉璃瓦釉的成分及相关问题研究

康葆强[1, 2]   李 合[1, 2]   苗建民[1, 2]

1. 故宫博物院；2. 古陶瓷保护研究国家文物局重点科研基地（故宫博物院）

摘 要：在故宫古建大修中发现一批带有清代年款的琉璃瓦件，这些瓦件的制作原料、烧制工艺反映了当时的技术水平，同时也反映了宫廷对建筑琉璃生产的管理状况。本文着眼于琉璃瓦釉的研究，开展了成分分析、釉烧温度分析，并探讨了成分变化的原因，以及成分变化对釉的性能和胎釉匹配性的影响。研究结果表明：雍正至宣统时期，釉中 PbO 含量呈降低的趋势、SiO_2 含量呈升高的趋势，特别是雍正至乾隆时期变化较为明显。这一变化可能与乾隆元年对雍正朝琉璃瓦釉料用铅量的核减有关。釉的成分变化导致釉的流动点温度升高，釉的热膨胀系数降低。乾隆时期出现了一批胎釉热膨胀系数匹配性较好的瓦件。

关键词：故宫，清代，琉璃瓦，成分，原料，釉烧温度

2002 年武英殿大修，在修缮工地采集到一批带有年代款识的黄釉琉璃瓦件，如"雍正八年琉璃窑造斋戒宫用""乾隆年制""嘉庆五年官窑敬造"和"宣统年官琉璃窑造"，也有一些反映生产组织分工信息的款识，如"五作陆造""西作朱造"和"铺户黄汝吉、房头何庆、配色匠张台、烧窑匠张福"等。对紫禁城清代琉璃瓦已有不少研究工作，如胎体制作工艺[1]、剥釉机理[2]、剥釉瓦件施釉重烧研究[3, 4]、与辽宁黄瓦窑清代琉璃构件的比较研究[5]等。但是关于紫禁城清代琉璃瓦件釉的成分特征及时代变化规律还没有专门论述。理清这一问题，将有助于了解清代琉璃瓦的制作工艺，同时对一些琉璃瓦的年代辅助判别及保护技术研究等具有重要意义。

本文以苗建民等《紫禁城清代剥釉琉璃瓦件施釉重烧的研究》[6]一文中带有清代年款琉璃瓦釉的测试数据，以及"十一五"科技支撑课题"古代建筑琉璃构件保护技术及传统工艺科学化研究"的研究工作为基础，对清代琉璃瓦釉的成分及制作原料、性能等进一步研究。并结合清代档案文献，对釉的成分变化动因进行初步探讨。

1 分析方法及结果

利用等离子体发射光谱法（ICP-AES）分析釉层中的 Al、Fe、Ca、K、Na、Mg 元素。用化学分析法中的重量法对 Si 元素、用容量法对 Pb 元素进行定量分析，分析结果见表 1。利用高温炉显微镜测定釉料的受热行为时，把几何尺寸为 3mm×3mm 圆柱形琉璃釉样品开始收缩且棱角变圆时的温度被称为变形点温度；当试样的高度与宽度之比为 0.5 时的温度被称为半球点温度，在这一温度点釉料

已经全部熔融；试样流散开来，高度降至原高度 1/3 时的温度被称为流动点温度，半球点与流动点之间的温度为釉烧温度范围。实际的釉烧温度应大于半球点温度，低于流动点温度。表 2 为清代年款琉璃釉的流动点温度及平均值。

表 1 清代年款琉璃瓦釉层定量分析结果[7] 及釉的热膨胀系数

编号	时期	分类	PbO wt%	SiO₂ wt%	Al₂O₃ wt%	Fe₂O₃ wt%	CaO wt%	K₂O wt%	Na₂O wt%	MgO wt%	釉的热膨胀系数 / (10⁻⁶/℃)
1	雍正	1	66.27	24.96	4.23	3.12	0.64	0.33	0.23	0.16	7.23
2	雍正	1	65.26	21.71	9.37	2.46	0.84	0.61	0.36	0.20	7.23
3	乾隆	2	61.76	25.86	5.16	4.40	1.08	0.93	0.27	0.27	7.45
4	乾隆	2	62.91	26.16	5.27	4.00	1.09	0.94	0.30	0.28	7.48
6*	乾隆	2	56.33	29.39	7.81	4.10	1.12	0.96	0.51	0.18	6.90
5*	乾隆三十年	2	59.17	30.83	2.56	5.59	0.83	0.71	0.43	0.14	7.16
7	嘉庆	3	59.28	33.07	1.82	3.87	0.41	0.35	0.22	0.07	6.52
8	嘉庆	3	59.00	32.86	1.98	4.12	0.64	0.55	0.27	0.10	6.74
9**	嘉庆	3	62.66	29.52	1.34	5.15	0.59	0.51	0.22	0.09	7.15
11	宣统	4	53.80	35.36	4.01	5.18	0.92	0.80	0.47	0.12	6.56

注：* 根据样品 6 与 3、4 同为"乾隆年制"款，调换原文中与样品 6 和 5 的位置。

** 根据"十一五"科技支撑课题调查中发现样品 9 上刻有"嘉庆三年，窑户赵士林，配色匠许德祥，房头许万年，烧窑匠李尚才"的铭文，判断样品 9 为嘉庆年瓦件。

表 2 清代年款琉璃釉的流动点温度[8] 及平均值 　　　　　　　（单位：℃）

编号	1	2	3	4	6	5	7	8	9	11
时期	雍正	雍正	乾隆	乾隆	乾隆	乾隆三十年	嘉庆	嘉庆	嘉庆	宣统
流动点温度（±20℃）	851	870	1048	924	968	922	960	914	1060	937
流动点温度平均值	861			980		922		978		937

2　分析和讨论

2.1　釉的成分特征及原料

如表 1 所示，清代年款黄色琉璃瓦釉的化学组成为 53%~67% 的 PbO，21%~36% 的 SiO₂，1%~10% 的 Al₂O₃，2%~6% 的 Fe₂O₃，CaO、K₂O、Na₂O、MgO 含量很低，仅个别样品的 CaO 高于 1%。成分接近于 PbO-SiO₂-Al₂O₃ 低共熔混合物（61.2% PbO，31.7%SiO₂，7.1%Al₂O₃）。这一体系的釉在 650℃ 开始熔融，在 900~1000℃ 范围内是一种优良的铅釉[9]。从发表的历代铅釉的成分数据来看，上述清代黄色琉璃釉的成分与东汉绿釉陶、唐三彩、宋三彩、辽代三彩的化学成分比较接近[10, 11]。关于汉代铅釉的制作原料，Nigel Wood 等发现从釉的成分中除去 PbO 和着色氧化物得到的 SiO₂、Al₂O₃、Fe₂O₃ 等元素的组成与黄土的成分很相似，认为汉代铅釉的配料可能为铅矿石和黄土[12]。利用相似的数据处理方法，唐三彩的釉料配方也被认为是铅矿石和黄土[13]。从文献可以看出，至晚从北宋开始，建筑琉璃釉的配方发生了变化，不再使用含杂质较多的黄土引入 SiO₂ 和着色氧化物。《营造法式》记载[14]绿釉建筑琉璃釉的原料为黄丹、洛河石和铜末。黄丹的成分为氧化铅（PbO），又称密陀僧，为黄色粉末[15]。洛河石见于南宋《云林石谱》："西京洛河水中出碎石，颇多青白，间有五色斑烂，采其最白者，入铅和诸药，可烧变为假玉成琉璃用之。"王根元等考证洛河石为脉石英或石英碎块[16]。洛河石主要提供 SiO_2，铜末用于提供着色成分。相比使用黄土引入釉料中 SiO_2，洛河石提供更加纯净的 SiO_2，不会额外带入黄土中的 Na_2O、K_2O、Fe_2O_3 等成分，有利于获得稳定成分的釉。特别是绿釉，其原料使用黄土时，带入的 Fe_2O_3 将使釉变黄，影响绿釉的呈色效果。明代官方文献记载的黄釉建筑琉璃配方仍延续了北宋的琉璃釉配方模式。明代《工部厂库须知》记载黄色琉璃釉的原料为黄丹、马牙石和黛赭石[17]。马牙石是一种石英岩矿物[18]，与洛河石成分相近，主要提供釉中的 SiO_2。黛赭石即赤铁矿（黛赭石疑为代赭石，代指代郡，位于今山西北部，主要成分为 Fe_2O_3[19]）。清代光绪年间北京门头沟琉璃窑的黄釉配方为铅、马牙石和紫石[20]。"紫石"指代黄釉着色原料的用法不常见。章鸿钊研究认为《唐书》《宋史》等古代文献中"紫石"与"紫石英"同义，即紫色的石英[21]。苗建民考证清宫梵华楼珐琅塔珐琅原料中的"紫石"为萤石，即 CaF_2[22]。赵匡华梳理古代文献中的"紫石英"，认为其指代紫水晶（SiO_2）或紫萤石（CaF_2）[23]。所以，清代门头沟琉璃窑黄釉配方中使用"紫石"指代含铁着色原料疑似有误。综上，至晚从宋代开始，铅釉的制作形成了以铅矿石、石英和色料为基础的三元配方。

关于清代琉璃釉中的 Al_2O_3 来源，有几种可能性。一种为有意识加入某些黏土，如苏州土[24]（主要成分为 SiO_2 和 Al_2O_3[25]）。另一种为配釉原料中伴生的少量黏土成分引入，如马牙石、黛赭石可能引入少量黏土。还有一种可能为在烧制过程中，胎体中铝离子向釉中渗透。清代琉璃瓦件显微结构研究表明[26]：在坯釉之间形成了反应层，经扫描电镜能谱测量，靠近反应层的铅釉中 Si、Al 含量明显高于铅釉中 Si、Al 含量。另有研究表明，釉中 1%～5% 的 Al_2O_3 可由胎体中铝离子的渗透而产生[27]。综合上述观点，琉璃釉中的 Al_2O_3 可能并非古代工匠有意识引入。

2.2 釉的主要成分变化动因的清宫档案考察

把表 1 样品按照时代分为雍正、乾隆、嘉庆和宣统四类。把四个时代样品釉层中氧化铅含量做箱式图，见图 1。PbO 含量从雍正朝的 65%～67%，乾隆朝的 56%～63%，嘉庆朝的 59%～63%，至宣统朝的 53% 左右。从总的趋势来看，PbO 含量在逐渐降低，其中以雍正到乾隆朝降低的比较显著；乾隆和嘉庆朝比较接近，嘉庆到宣统降低的又比较显著。

图 2 为釉中 SiO_2 含量的箱式图。对于 SiO_2 含量，雍正朝为 21%～25%，乾隆朝为 25%～31%，嘉庆朝为 29%～33%，宣统为 35%。从总的趋势来看，SiO_2 含量逐渐升高，与 PbO 含量的变化呈相反的趋势。

清代供应内廷所需的琉璃建材生产在官府的严格管理之下，生产皆预先估算[28]。雍正元年关于琉璃物件价值（摘录关于筒瓦的铅用量和银两数目）：雍正元年议准[29]，琉璃砖瓦照时确估："……筒瓦：二样，铅三两二钱七分，自三样，铅三两二钱，循减至五样，铅三两、银均一钱九分，自六样，铅二两八钱五分，循减至九样，铅二两五钱五分、银均一钱六分"。乾隆元年题准[30]，"雍正七年，本部以从前九卿所定物料价值，内有未经议定之项，及见行条例内有过多、过少者，奏请逐细采访，酌定平价，今会同九卿按款详核，损益均平，凡一应办买各项物料，管工官及商、窑铺户皆照定例准给，刊版储库，通行各衙门划一遵照。因核定琉璃瓦料，照雍正元年定例价在一钱九分以上者，自二样至四样，银减一成，铅减二成；五样至七样，银减一成半，铅减二成；八样、九样，银、铅均减二成。

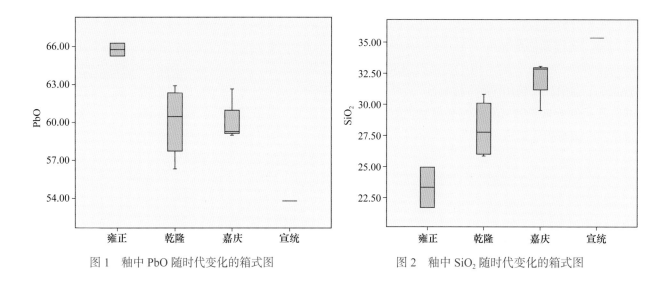

图 1　釉中 PbO 随时代变化的箱式图　　　　图 2　釉中 SiO₂ 随时代变化的箱式图

价在一钱九分以下者，二样至四样，银、铅均减一成；五样至七样，银减一成半，铅以二成减定”。

上述资料表明雍正时期国家对烧造各类琉璃瓦所需的银两数目和用铅数量进行了规定。乾隆时期对各类琉璃瓦件的银两数和用铅数量进行了核减，银减一成或一成半，铅核减二成。以五样筒瓦为例，雍正元年定价为一钱九分，用铅三两。到乾隆元年，定价为一钱六分，用铅二两七钱[31]。

图 1 中琉璃瓦釉中氧化铅（PbO）含量从雍正到乾隆朝突然下降，可能与政府政令中关于制作琉璃瓦的经费和铅的用量减少有关。

2.3　釉的成分变化对釉性能的影响

釉属于非晶态物质，没有固定的熔点，只有熔融温度范围[32]。利用高温炉显微镜测量得到釉的半球点温度和流动点温度可用于表征釉的熔融温度范围。陈士萍等[33]研究发现建盏一类下部边缘总有因高温淌釉而聚成的一圈和大滴珠，釉烧温度应以其流动点温度为依据。观察这些带年款琉璃瓦件釉的外观，都有比较明显的流釉痕迹。因此，琉璃瓦釉的古代釉烧温度应该更接近于流动点温度。表 2 为带年代款识琉璃釉的流动点温度及流动点温度平均值，从雍正的 861℃ 上升至乾隆的 922～980℃，上升幅度大约在 100℃；嘉庆的为 978℃，与乾隆朝相近；宣统的略降低，为 937℃。

雍正至乾隆朝釉的流动点温度突然上升，与釉中 PbO 含量的下降、SiO₂ 的升高是对应的。光绪三十年北京门头沟琉璃窑配釉料的配方中，绿釉的配方有“绿色方”“绿色硬方”和“绿色软方”的区别。在三个绿色方中，铅的用量都为 15kg。绿色硬方比绿色方多 0.5kg 马牙石，绿色软方比绿色方少 0.5kg 马牙石。说明古代工匠已认识到通过调整铅和马牙石的比例，得到不同耐热性能的釉[34]。

釉中 PbO 和 SiO₂ 两种釉中主要成分的比例变化对釉的热膨胀系数也有影响。釉中 PbO 和 SiO₂ 对总热膨胀系数的贡献分别在 50% 和 30% 左右[35]。根据干福熹提出的玻璃材料热膨胀系数计算方法计算表 1 釉的热膨胀系数，见表 1。表 3 为釉的热膨胀系数平均值。雍正时期为 $7.23 \times 10^{-6}/℃$，乾隆年制款为 $7.28 \times 10^{-6}/℃$，乾隆三十年春季造款为 $7.16 \times 10^{-6}/℃$，嘉庆时期为 $6.80 \times 10^{-6}/℃$，宣统时期为 $6.56 \times 10^{-6}/℃$。乾隆的瓦件分为两类，第一类为带有“乾隆年制”款的样品 3～6，三个样品的热膨胀系数平均值为 $7.28 \times 10^{-6}/℃$。第二类为“乾隆三十年春季造”款的样品 5，热膨胀系数为 $7.16 \times 10^{-6}/℃$。

从嘉庆朝开始釉的热膨胀系数降低到 $7 \times 10^{-6}/℃$ 以下。

根据已经发表的数据[36]得到雍正至宣统年琉璃瓦胎体热膨胀系数的平均值，见表 3。雍正时期为 $5.47 \times 10^{-6}/℃$，乾隆年制款为 $5.56 \times 10^{-6}/℃$，乾隆三十年春季造款为 $7.30 \times 10^{-6}/℃$，嘉庆时期为 $6.66 \times 10^{-6}/℃$，宣统时期为 $6.34 \times 10^{-6}/℃$。从表 3 所列胎釉热膨胀系数匹配情况来看，乾隆三十年春季造款瓦件、嘉庆和宣统年瓦件胎釉热膨胀系数匹配较好。总的来看，从雍正至宣统朝，胎釉的热膨胀系数逐渐接近，匹配性变好。

表 3 雍正至宣统胎釉的热膨胀系数 　　　　　（单位：$10^{-6}/℃$）

时期	釉的热膨胀系数平均值	胎体的热膨胀系数平均值
雍正	7.23	5.47
乾隆年制	7.28	5.56
乾隆三十年春季造	7.16	7.30
嘉庆	6.80	6.66
宣统	6.56	6.34

3　结论

故宫雍正、乾隆、嘉庆和宣统款的黄色琉璃瓦釉的成分为 53%～67% 的 PbO，21%～36% 的 SiO_2，1%～10% 的 Al_2O_3，2%～6% 的 Fe_2O_3，CaO、K_2O、Na_2O、MgO 含量很低，仅个别样品的 CaO 高于 1%。总的来看，成分接近于 PbO-SiO_2-Al_2O_3 低共熔混合物（61.2% PbO，31.7% SiO_2，7.1% Al_2O_3）。与汉代铅釉陶、唐三彩、宋三彩、辽三彩的铅釉组分接近。其釉料配方应至少为三元配方，即引入 PbO 的黄丹、引入 SiO_2 的马牙石、引入着色成分的黛赭石，而不是铅矿石和黄土。

雍正至宣统时期琉璃瓦釉中 PbO 含量降低、SiO_2 含量提高，可能与乾隆元年对雍正年烧造琉璃用银数目和用铅量的核减有关。釉的成分改变，使釉的流动点温度有一定程度的提高，对古代的釉烧工艺可能造成一定的影响。另外，釉的成分改变还降低了釉的热膨胀系数，并进一步影响了胎釉的热膨胀匹配性。乾隆及嘉庆、宣统年瓦件中出现了一批胎釉热膨胀匹配性较好的瓦件。

致　谢：本研究得到了国家"十一五"重点科技支撑项目课题"古代建筑琉璃构件保护技术及传统工艺科学化研究"（项目编号：2006BAK31B02）的资助。感谢故宫博物院古建部王时伟先生在样品采集过程提供的帮助和支持，感谢北京大学陈铁梅先生、故宫博物院古器物部王光尧先生对文稿提出的指导意见。

参考文献

[1] 段鸿莺，康葆强，丁银忠，等.北京清代官式琉璃构件胎体的工艺研究.建筑材料学报，2012, (3): 430-434.
[2] 古代琉璃构件保护与研究课题组.古代建筑琉璃构件剥釉机理内在因素研究.故宫博物院院刊，2008, (5): 115-129.
[3] 苗建民，王时伟.紫禁城清代剥釉琉璃瓦件施釉重烧的研究.故宫学刊，2004, (1): 472-488.
[4] 古代琉璃构件保护与研究课题组.清代剥釉琉璃瓦件施釉重烧的再研究.故宫博物院院刊，2008, (6): 106-124.
[5] 李合，段鸿莺，丁银忠，等.北京故宫和辽宁黄瓦窑清代建筑琉璃构件的比较研究.文物保护与考古科学，2010, (4): 64-70.
[6] 苗建民，王时伟.紫禁城清代剥釉琉璃瓦件施釉重烧的研究.故宫学刊，2004, (1): 472-488.

[7]   苗建民, 王时伟. 紫禁城清代剥釉琉璃瓦件施釉重烧的研究. 故宫学刊, 2004, (1): 477.

[8]   苗建民, 王时伟. 紫禁城清代剥釉琉璃瓦件施釉重烧的研究. 故宫学刊, 2004, (1): 480.

[9]   Wood N, Watt J, Kerr R, Brodrick A, et al. 某些汉代铅釉器的研究. 见: 李家治, 陈显求. '92 古陶瓷科学技术国际研讨会论文集. 上海: 上海古陶瓷科学技术研究会, 1992: 99.

[10]   Needham J. Science and Civilisation in China, volume 5, Chemistry and Chemical Technology Part XII: Ceramic Technology. Cambridge: Cambridge University Press, 2004. 东汉绿色铅釉的成分见483 页, 唐三彩釉的成分见502 页, 辽三彩釉的成分见504 页, 宋三彩釉的成分见508 页。

[11]   张福康, 陈尧成, 黄秀纯, 等. 龙泉务窑辽、金三彩器和建筑琉璃的研究. 见: 郭景坤. '99 古陶瓷科学技术国际研讨会论文集. 上海: 上海科学技术文献出版社, 1999: 46-47.

[12]   Wood N, Watt J, Kerr R, Brodrick A, et al. 某些汉代铅釉器的研究. 见: 李家治, 陈显求. '92 古陶瓷科学技术国际讨论会论文集. 上海: 上海古陶瓷科学技术研究会, 1992: 100.

[13]   Kerr R, Wood N. Joseph Needham Science and Civilisation in China, volume 5, Chemistry and Chemical Technology, Part XII: Ceramic Technology. Cambridge: Cambridge University Press, 2004: 503.

[14]   [宋] 李诫. 营造法式.

[15]   西北轻工业学院. 玻璃工艺学. 北京: 轻工业出版社, 1987: 203.

[16]   王根元, 刘昭民, 王昶. 中国古代矿物知识. 北京: 化学工业出版社, 2011: 197-198.

[17]   李全庆, 刘建业. 中国古建筑琉璃技术. 北京: 中国建筑工业出版社, 1987: 17.

[18]   苗建民. 运用科学技术方法对清代珐琅的研究. 故宫博物院院刊, 2004, (1): 143-144.

[19]   赵匡华, 周嘉华. 中国科学技术史·化学卷. 北京: 科学出版社, 1998: 345.

[20]   李全庆, 刘建业. 中国古建筑琉璃技术. 北京: 中国建筑工业出版社, 1987: 20.

[21]   章鸿钊. 石雅·宝石说. 上海: 上海古籍出版社, 1993: 49.

[22]   苗建民. 运用科学技术方法对清代珐琅的研究. 故宫博物院院刊, 2004, (1): 142-144.

[23]   赵匡华, 周嘉华. 中国科学技术史·化学卷. 北京: 科学出版社, 1998: 355.

[24]   苗建民, 王时伟. 紫禁城清代剥釉琉璃瓦件施釉重烧的研究. 故宫学刊, 2004, (1): 486.

[25]   西北轻工业学院. 玻璃工艺学. 北京: 轻工业出版社, 1987: 195.

[26]   李媛, 张汝藩, 苗建民. 紫禁城清代建筑琉璃构件显微结构研究. 见: 郭景坤. '05 古陶瓷科学技术国际研讨会论文集. 上海: 上海科学技术文献出版社, 2009: 117.

[27]   Tite M, Freestone I. Lead Glazes in Antiquity-Methods of Production and Reasons for Use. Archaeometry, 1998, 40 (2): 252.

[28]   王光尧. 元明清三代的官琉璃窑制度研究. 中国古代官窑制度. 北京: 紫禁城出版社, 2004: 114.

[29]   单士元. 清代建筑年表 (六). 单士元集 (第三卷). 北京: 紫禁城出版社, 2009: 1939, 1941。

[30]   单士元. 清代建筑年表 (六). 单士元集 (第三卷). 北京: 紫禁城出版社, 2009: 1952.

[31]   故宫博物院图书馆. 九卿议定物料价值, 乾隆二年刻本 (线装), 卷3 下. 见: 中国第一历史档案馆. 长编31865.

[32]   张福康. 中国古陶瓷的科学. 上海: 上海人民美术出版社, 2000: 6.

[33]   陈士萍, 陈显求. 中国古代各类瓷釉的受热行为. 中国古代陶瓷科学技术成就. 上海: 上海科学技术出版社, 1985: 224-225.

[34]   李全庆, 刘建业. 中国古建筑琉璃技术. 北京: 中国建筑工业出版社, 1987: 20.

[35]   苗建民, 王时伟. 紫禁城清代剥釉琉璃瓦件施釉重烧的研究. 故宫学刊, 2004, (1): 487.

[36]   古代琉璃构件保护与研究课题组. 清代剥釉琉璃瓦件施釉重烧的再研究. 故宫博物院院刊, 2008, (6): 106-124. 带年代款琉璃瓦件胎体的热膨胀系数见该文表六序号1 至16, 表一序号1 至11。

Research on Chemical Compositions of Glaze of Building Glazed Tile with the Qing Dynasty Date Inscription of the Forbidden City

Kang Baoqiang[1,2]   Li He[1,2]   Miao Jianmin[1,2]

1. The Palace Museum; 2. Key Scientific Research Base of Ancient Ceramics, State Administration of Cultural Heritage (The Palace Museum)

Abstract: During the restoration of the Forbidden City these years, some glazed tiles with date inscriptions of the Qing dynasty were collected. Their raw materials and firing technologies show contemporary ceramics technology and management system of the Qing court. Chemical compositions and melting temperature of the glazes were attained by ICP-AES, wet chemical analysis and high temperature microscope. As to the chemical compositions of the glazes from Yongzheng period to Xuantong period, the PbO amount decreases while SiO_2 amount increases. The trend is notable from Yongzheng period to Qianlong period. According to historical documents, the government in Qianlong period decided to reduce amount of lead raw materials using on glazed tile production. The variation of PbO and SiO_2 leads to raise the flowing point temperature and decrease in thermal expansion index.

Keywords: the Forbidden City, Qing dynasty, glazed tile, chemical composition, raw material, glaze firing temperature

原载《南方文物》2013 年第 2 期

我国古代建筑琉璃构件胎体孔隙类型探讨

李 媛 苗建民 张汝藩

故宫博物院

摘 要：建筑琉璃构件胎体中存有大小、形态不一的孔隙。采用扫描电子显微镜（SEM）对我国古代建筑琉璃构件的显微结构进行了分析，对琉璃构件胎体中孔隙类型进行了观测和总结，结果表明，琉璃构件胎体中的孔隙共有坑洞、颗粒与基质之间的缝隙、黏土矿物微孔隙，以及釉层下方裂隙四类。对这四类孔隙的形态进行了描述，对其产生原因分别进行了分析。并对我国不同地区古代建筑琉璃构件胎体孔隙进行了比较分析，为我国古代建筑琉璃传统工艺的揭示及其保护研究提供必要的基础数据。

关键词：建筑琉璃构件，胎体，孔隙

建筑琉璃构件是在我国历代传统建筑上大放光彩的一种建筑材料，具有极高的装饰性和防水性两大功能。建筑琉璃是以铅硝为基本助熔剂，经过 800~900℃（最高达 1100℃）温度烧制而成的陶胎铅釉制品，其坯胎主要是用黏土（元代以后也有用高岭土的）做成[1]。

南北朝时期（公元 420~589 年），我国古代琉璃技术有了长足发展，其中最引人注目的进步，即将琉璃技术引入建筑之上[2]。经过唐、宋、元、明、清各代窑工的不断创新和实践，建筑琉璃已成为中国传统建筑不可或缺的重要元素之一，不仅琉璃构件类型、釉色越来越丰富，而且越来越多的建筑采用琉璃作为重要装饰手段，如黑龙江的渤海上京宫殿[2]，北京故宫、北海和颐和园，河南开封琉璃铁塔[3]，河北承德避暑山庄，山西大同华严寺和五台山佛光寺[4]，陕西西安大明宫，江苏南京大报恩寺琉璃塔[5]等，从这些著名的古代建筑杰作可看出，建筑琉璃技术在我国南北方都已得到非常广泛的应用与发展。

然而，在我国古代传统重经文轻技艺的大背景下，历史上有关建筑琉璃的论述少之又少，关于建筑琉璃烧造工艺的描述则更是凤毛麟角。此外，在历经百年使用之后，我国各地古代建筑琉璃构件均出现了剥釉、风化和变色等不同情况和不同程度的病害。因此，揭示我国古代建筑琉璃的传统制作工艺，并在此基础上针对琉璃构件的病害开展保护研究工作迫在眉睫。

古代建筑琉璃构件的坯体多存在不同程度生烧[5]，即制品未达到烧结温度，造成建筑琉璃构件制品中有程度不一的孔隙，不同类型的孔隙承载了当时烧造琉璃的窑工所使用的原料、工艺等方面大量的信息，而孔隙的存在会影响到胎体的结构、吸水率及强度等，因此研究建筑琉璃构件胎体中孔隙的数量及形态，既有益于科学认识建筑琉璃的传统制作工艺，也有益于进一步强化建筑琉璃构件的保护工作。

为此，在以往工作的基础上[6, 7]，采用扫描电子显微镜对我国古代建筑琉璃构件胎体中孔隙进行了观测和分析，并对我国不同地区的古代建筑琉璃胎体孔隙进行了比较。

1 仪器和方法

采用 SEM 对 60 块我国古代建筑琉璃构件的显微结构进行了观测。其中，北京清代故宫和山西五台山菩萨顶建筑琉璃样品由北京故宫博物院文保科技部和古建部提供，辽宁海城市黄瓦窑遗址出土明清建筑琉璃样品由辽宁鞍山市博物馆提供，江苏南京大报恩寺塔明代建筑琉璃样品由南京博物院和南京市博物馆提供，典型样品外观如图 1 所示。

图 1 古代建筑琉璃标本

采用美国 FEI 公司的 Quanta 600 大样品室环境扫描电子显微镜对建筑琉璃构件的胎体、釉层及胎釉中间层显微结构进行观察。实验测试条件为：钨灯丝电子枪，背散射探头，低真空模式，采用电压为 20kV，束斑为 6，二次电子图像分辨率为 3.5nm。

采用与上述扫描电镜相配的美国 EDAX 公司 Genenis 型 X 射线能谱仪对建筑琉璃构件的胎、釉及中间层的微区元素组成进行测试分析。实验测试条件为：扫描电镜电压 20kV，电子束束斑 6，分辨率 129eV，测量时间为 60s。

2 结果及讨论

琉璃构件具有三层结构[8]：下方是结构较为疏松的胎体，上方是结构致密的釉层，在胎体和釉层之间，有一层坯釉反应层（中间层），坯釉反应层的结构较胎体致密，但较釉层疏松。

2.1 胎体显微结构

采用 SEM 对琉璃构件的胎体进行观测，结果如图 2 所示。

由图 2 可看出，琉璃构件胎体的基质上分布着浅灰色颗粒状物质和黑色孔隙，表明胎体由基质（图 2 中 C）、颗粒物质

图 2 琉璃构件胎体的背散射图像
A. 孔隙；B. 颗粒；C. 基质

（图2中B）和孔隙（图2中A）组成。颗粒物质分布较为均匀，形态大多为棱角—半滚圆状，少数为尖角或圆球状；孔隙分布不均匀，尺寸和形态差别较大。

利用图像分析软件对大量典型图像进行统计，经分析可知，在琉璃构件的胎体中，基质所占组分为30%～50%，颗粒物质所占组分为20%～40%，孔隙所占组分为10%～30%。

2.2 孔隙的显微结构

从图2中可看出，琉璃构件胎体中孔隙的大小和形态差别很大，分布位置也不相同。采用SEM观测琉璃构件胎体中孔隙，对观测结果按其显微结构特征进行总结，发现琉璃构件胎体中孔隙大致可分为以下四类。

2.2.1 坑洞

琉璃构件胎体中第一类孔隙为坑洞型，如图3所示。

从图3中可看出，琉璃构件胎体中存在一定坑洞，该类坑洞型孔隙的尺寸为0.5～1mm甚至更大。对大量试样进行观测后发现，该类孔隙在胎体中分布不均匀且数量不等，但在坯胎中普遍存在。

经分析，坑洞所形成的原因可能为，在坯体制作工序中未将坯泥中的空气完全排除，使得制坯过程中形成坑洞，或与黏土矿物颗粒伴生的炭质和细小煤屑在胎烧制过程中，生成CO_2或CO气体，气体排出后形成坑洞。

2.2.2 颗粒与基质之间的缝隙

琉璃构件胎体中第二类孔隙为颗粒与基质之间的缝隙，其形态见图4。

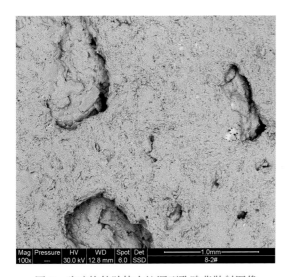

图3 琉璃构件胎体中坑洞型孔隙背散射图像

图4 琉璃构件胎体中颗粒与基质之间的缝隙背散射图像

（a）白云石颗粒；（b）长石颗粒

从图4可看出,琉璃构件胎体中颗粒物质与周围基质之间存在一定的缝隙。经观测,发现该类孔隙的数量多少及分布取决于在胎体原料中可形成该类孔隙的颗粒物质数量和分布。

经分析,该类孔隙形成的原因可能为,由于原料中存有黄铁矿、白云石、石膏、方解石、菱铁矿等物质,而胎体烧制的温度超过它们的分解温度,因此在烧制过程中,这些物质发生分解释放出 SO_2、CO_2 等气体,并在胎体中形成微小孔隙。或者由于原料中存有石英颗粒,在烧制过程中,周围基质与石英之间的收缩不同,形成了微小孔隙。

2.2.3 黏土矿物微孔隙

琉璃构件胎体中第三类孔隙为黏土矿物微孔隙,其形态见图5。

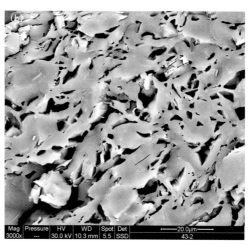

图5 琉璃构件胎体中黏土矿物微孔隙背散射图像
(a)半开口型;(b)闭合圆形或椭圆形

从图5可看出,琉璃构件胎体基质呈片状结构,片状结构之间有数目较多的长度大多小于10μm的孔隙,这类孔隙有些呈半开口型,如图5(a)所示;有些呈闭合的圆形或椭圆形,如图5(b)所示。

经分析,该类微小孔隙所形成的原因可能为:原料中黏土矿物多呈片状,在坯胎烧制过程中,发生一系列脱水、分解的物理化学变化,黏土矿物团粒收缩形成孔隙。在烧结程度较低的情况下,形成一定方向排列的网状孔隙基质,呈半开口型(图5(a)),且连通性较好,随着烧结程度的增加,孔隙在高温下被液相封闭,充填,引起孔隙缩小,闭口孔隙增多,当局部玻态物质为主时,孔隙在玻态物质中形成圆形或椭圆形气孔(图5(b)),多为闭口气孔。

2.2.4 釉层下方裂隙

从图6可看出,部分琉璃构件釉层下方的胎体中,存在一条狭长的裂隙,该裂隙尺寸一般在5mm以上,且一般位于釉层下1mm以下的区域内。

对构件进行观测发现,这类孔隙多发现于釉

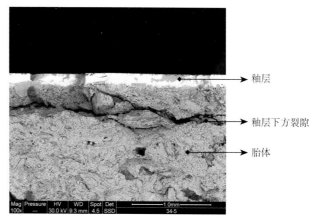

图6 琉璃构件釉层下方狭长裂隙背散射图像

面保留相对较少即釉面剥落严重的胎体，这可能是由于在反复的外界水循环过程中，结构较为疏松的胎体吸湿和排湿所造成的。

2.3 不同琉璃胎体孔隙的比较

为了了解我国不同地区建筑琉璃中胎体孔隙情况，分别对取自北京清代故宫、辽宁海城市清代黄瓦窑、山西五台山菩萨顶和江苏南京明代大报恩寺塔的建筑琉璃胎体进行了观测，其低倍（×100）显微结构，分别如图 7（a）～（d）所示。

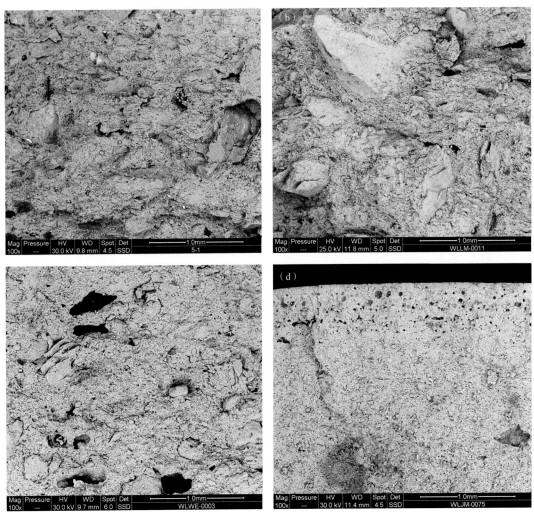

图 7　不同地区建筑琉璃构件胎体的背散射图像
（a）北京故宫；（b）辽宁海城清代黄瓦窑；（c）山西五台山菩萨顶；（d）江苏南京明代大报恩寺

从图 7 可以看出，北京故宫清代琉璃胎体中孔隙（图 7（a））多呈狭长形，数量较少，尺寸较小；辽宁海城黄瓦窑琉璃胎体中孔隙（图 7（b））多以狭长形缝隙为主，数量较北京故宫琉璃少，尺寸与北京故宫琉璃较为接近；山西五台山菩萨顶琉璃胎体（图 7（c））中既有尺寸较大的坑洞，也包含大量的狭长孔隙，孔隙数量在四者之中最多，而且尺寸相对较大；江苏南京大报恩寺塔胎体孔隙（图 7（d））

数量最少，除极少量坑洞类孔隙外，无明显较大孔隙。分析结果表明，上述四处琉璃胎体中所分布的孔隙在数量、形态和分布上相差较大。

根据前文对孔隙形态及成因的分析，并结合胎体中颗粒的大小程度，可以推测：北京故宫与江苏南京大报恩寺塔琉璃构件对原料的处理比较精细，其原料粒径在 0.5mm 以下，胎体原材料的淘洗程度较高，其中易形成孔隙的组分如黄铁矿、白云石、石膏、方解石、菱铁矿等较少，因而其孔隙相对较少。相对而言，辽宁海城黄瓦窑和山西五台山菩萨顶的胎体制作相对粗糙，原料的处理比较简单，其胎体原料粒径最大可达 1.5mm，胎体原材料的淘洗程度较低，原料中含有较多易形成孔隙的原料组分，因而胎体中含有大量的孔隙。

将上述四个地区（北京清代故宫、辽宁海城清代黄瓦窑、山西五台山菩萨顶和江苏南京明代大报恩寺塔）的建筑琉璃胎体进行高倍（×3000）显微结构观测，结果分别见图 8（a）～（d）。

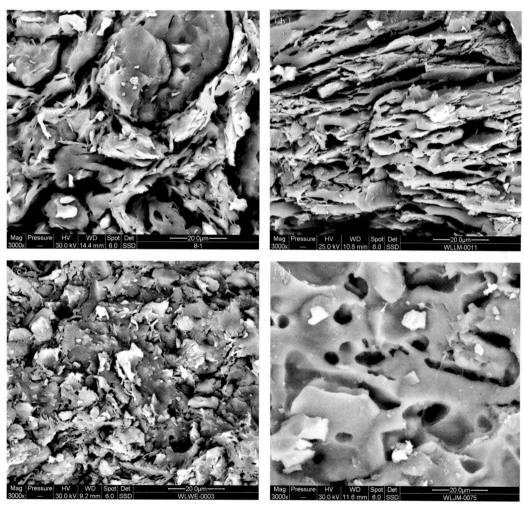

图 8　琉璃构件高放大倍率背散射图像
（a）北京故宫；（b）辽宁海城清代黄瓦窑；（c）山西五台山菩萨顶；（d）江苏南京明代大报恩寺

从图 8 可以看出，北京故宫清代琉璃胎体（图 8（a））中大部分黏土矿物已烧结黏连，局部出现致密的玻璃相结构，伴有一定数量的椭圆形或圆形孔隙；辽宁海城黄瓦窑胎体（图 8（b））中黏土矿物仍保留板片状结构，仅有极少量的椭圆形或圆形的孔隙；山西五台山菩萨顶胎体（图 8（c））中黏土矿物仍保留着薄片状结构，未见明显的玻璃相和圆形的孔隙；江苏南京大报恩寺塔的建筑琉璃胎体（图 8（d））中黏土矿物已完全转变成玻璃相，并有大量的圆形孔隙存在，且尺寸较大。以上分析说明，上述四处琉璃胎体基质中黏土矿物构件的微孔隙差别较大。

根据前文对黏土矿物微孔隙形态及成因的分析，可以推测：北京故宫清代琉璃构件与江苏南京大报恩寺塔琉璃构件胎体的烧结程度相对较高，辽宁海城黄瓦窑和山西五台山菩萨顶琉璃构件的胎体烧结程度相对较低。以往的工作表明，上述四处的琉璃胎体原料组成差别较大[9~11]，因此，即使经过相似的烧制过程，其胎体最终的烧结程度也必然是不同的。

3 结论

经过对琉璃构件胎体及其中孔隙显微结构的分析，得出以下结论：

（1）琉璃构件的胎体由基质、颗粒物质和孔隙组成，颗粒物质所占组分为 20%～40%，孔隙所占组分为 10%～30%，基质所占组分为 30%～50%。

（2）琉璃构件胎体中共发现有四种类型的孔隙，分别为坑洞、颗粒与基质之间的缝隙、黏土矿物微孔隙和釉层下方裂隙，这几类孔隙的形态、大小和产生原因各不相同。

（3）北京故宫清代琉璃构件与江苏南京大报恩寺塔琉璃构件原料处理较精细，淘洗程度较高。相对而言，辽宁海城黄瓦窑和山西五台山菩萨顶的胎体制作相对粗糙，原料的处理较简单，淘洗程度较低。

（4）北京故宫清代琉璃构件与江苏南京大报恩寺塔琉璃构件胎体的烧结程度相对较高，辽宁海城黄瓦窑和山西五台山菩萨顶的胎体烧结程度相对较低。

致　谢：本课题获得国家"十一五"重点科技支撑项目课题"古代建筑琉璃构件保护技术及传统工艺科学化研究"（项目编号：2006BAK31B02）资助，在此谨致谢意。

参考文献

[1]　柴泽俊. 山西琉璃. 北京: 文物出版社, 1991: 12.

[2]　李全庆, 刘建业. 中国古建筑琉璃技术. 北京: 中国建筑工业出版社, 1987: 2-6.

[3]　开封市博物馆. 开封铁塔. 中原文物, 1977, (2): 16-19.

[4]　高寿田. 山西琉璃. 文物, 1962, (6): 73-78.

[5]　苗建民, 王时伟. 紫禁城清代剥釉琉璃瓦件施釉重烧的研究. 故宫学刊, 2004, (1): 472-488.

[6]　苗建民, 王时伟. 元明清建筑琉璃瓦的研究. 见: 郭景坤. '05 古陶瓷科学技术国际讨论会论文集. 上海: 上海科学技术文献出版社, 2005: 108-115.

[7]　李媛, 张汝藩, 苗建民, 等. 紫禁城清代建筑琉璃构件显微结构研究. 见: 罗宏杰, 郑欣淼. '09 古陶瓷科学技术国际讨论会论文集. 上海: 上海科学技术文献出版社, 2009: 111-118.

[8]　段鸿莺, 苗建民, 李媛, 等. 我国古代建筑绿色琉璃构件病害的分析研究. 故宫博物院院刊, 2013, (3): 114-124.

[9]　段鸿莺, 丁银忠, 梁国立, 等. 我国古代建筑琉璃构件胎体化学组成及工艺研究. 中国陶瓷, 2011, (4): 69-72.

[10]　丁银忠, 段鸿莺, 康葆强, 等. 南京报恩寺塔琉璃构件胎体原料来源的科技研究. 中国陶瓷, 2011, (1): 70-75.

[11]　李合, 段鸿莺, 丁银忠, 等. 北京故宫和辽宁黄瓦窑清代建筑琉璃构件的比较研究. 文物保护与考古科学, 2010, (4): 64-70.

Research on the Types of Pores in Ancient Architectural Glazed Tile of Ming and Qing Dynasties in China

Li Yuan   Miao Jianmin   Zhang Rufan

The Palace Museum

Abstract: Different type pores were verified in architectural glazed tile of Qing dynasty. The microstructure of the architectural glazed tile was investigated by scanning electron microscopy, and pores in the body were analyzed. The result showed that pores in the body of the architectural glazed tile have four types: pothole, crevices between temper fragment and paste matrix, micro-crevices between clay minerals, and lathy crack below the glaze. The features of the microstructure of these four pores were described, and causes of different pore were discussed. In order to provide the necessary basic data in the traditional craft and protection research, pores of architectural glazed tile of four different regions were analyzed and compared.

Keywords: architectural glazed tile, body, pore

原载《广西科技大学学报》2013 年第 24 卷第 2 期

X射线荧光光谱在北京清代官式琉璃构件保护研究中的应用

段鸿莺[1, 2]　赵　鹏[3]　苗建民[1, 2]

1. 古陶瓷保护研究国家文物局重点科研基地（故宫博物院）；2. 故宫博物院文保科技部；
3. 故宫博物院古建部

摘　要：本文利用波长色散X射线荧光（WDXRF）分析方法测试了55个清代官式建筑琉璃构件胎体的元素组成，结果显示清代不同时期琉璃构件胎体的分子式组成有各自的特征，初步建立了区分不同时期琉璃构件的方法，并对该方法的准确性进行了验证。该方法的建立具有重要意义，能对没有确切年款琉璃构件的烧造年代进行推断，有助于清代建筑琉璃构件的研究与保护。

关键词：WDXRF，琉璃构件，胎体分子式组成，年代判别，古建修缮

中国有着悠久的琉璃烧制历史，由于其华美的色泽和良好的防水性能，公元4世纪琉璃首次应用于建筑上，称为建筑琉璃构件。此后，琉璃构件的烧制工艺随其广泛应用而迅速发展。作为中国封建王朝的最后一个政治中心，北京遗存了许多清代官式建筑，大量的琉璃构件曾被烧制与使用。但由于长期暴露在空气中，琉璃构件发生不同程度的病害。出于在古建修缮工程中对这些发生病害的构件进行保护处理的需要，作者曾挑选清代不同时期带有纪年款的琉璃构件，对其胎釉元素、烧成温度、显微结构及物理性能进行过测试对比，发现清代不同时期琉璃构件的原料和烧制工艺略有不同[1]，烧制工艺及物理性能的差别意味着后期的保护处理方法可能略有不同。通过对故宫近年古建修缮拆卸下来琉璃构件的调研，发现大部分琉璃构件没有款识，在带有款识的琉璃构件中，仅小部分带有纪年款，这种情况下，光凭样式和尺寸很难区分清代不同时期的构件，故建立清代官式琉璃构件的年代序列，是古建修缮前一项重要的研究工作。《威尼斯宪章》指出："无论在任何情况下，修复之前及之后必须对古迹进行考古及历史研究。"中国古建修缮往往对瓦顶构件进行大面积的补配或更换，因此，检测、记录、研究和保护现有的琉璃构件迫在眉睫。同时，年代序列的建立对琉璃构件的研究也是大有裨益的。

元素分析方法是一种有效的相对年代判别分析方法，已在古陶瓷研究上应用广泛。可用于建筑琉璃构件胎体元素组分定量分析的方法有很多，其中WDXRF以其分析精度高、准确性好、分析速度快、样品制备简单等优点，成为较理想的分析测试方法。本文选择WDXRF分析方法，在前期工作基础上对清代不同时期琉璃构件胎体的元素组成进行测试，对测试结果进行分析与对比，初步建立清代不同时期琉璃构件的年代序列。

1　样品与实验

清代康熙年琉璃构件样品 23 个（KX01～KX23）[2]，雍正年琉璃构件样品 6 个（YZ01～YZ06），乾隆年琉璃构件样品 27 个（QL01～QL27），嘉庆年琉璃构件样品 8 个（JQ01～JQ08），宣统年琉璃构件样品 2 个（XT01、XT02），所有样品均来源于故宫。图 1 为琉璃构件样品上典型的年代款识，从左到右分别为雍正八年琉璃窑造斋戒宫用、乾隆三十年春季造、嘉庆三年和宣统年官琉璃窑造。

图 1　琉璃构件年款

切除釉层和外表层，用蒸馏水清洗，具体样品制备过程及仪器测试条件见文献［3］。

2　结果与讨论

陶瓷的胎体组成并不是一个纯粹的化合物，一般用胎体分子式来表示，即 $m \, R_2ORO \cdot R_2O_3 \cdot n \, RO_2$，其中 R 代表元素，$R_2ORO$ 为碱性氧化物（Na_2O、K_2O、MgO、Cao 等），R_2O_3 为中性氧化物（Al_2O_3、Fe_2O_3 等），RO_2 为酸性氧化物（SiO_2、TiO_2 等），m 和 n 则为其摩尔含量[4]。根据测试所得的元素结果，对其进行计算，得到 55 个琉璃构件样品的胎体分子式组成，结果见表 1。

表 1　紫禁城建筑琉璃构件胎体分子式组成

序号	样品	分子式组成	序号	样品	分子式组成	序号	样品	分子式组成
1	KX01	$0.22R_2ORO \cdot R_2O_3 \cdot 3.52RO_2$	5	KX05	$0.21R_2ORO \cdot R_2O_3 \cdot 3.49RO_2$	9	KX09	$0.21R_2ORO \cdot R_2O_3 \cdot 3.56RO_2$
2	KX02	$0.21R_2ORO \cdot R_2O_3 \cdot 3.49RO_2$	6	KX06	$0.22R_2ORO \cdot R_2O_3 \cdot 3.5RO_2$	10	KX10	$0.17R_2ORO \cdot R_2O_3 \cdot 3.55RO_2$
3	KX03	$0.17R_2ORO \cdot R_2O_3 \cdot 3.53RO_2$	7	KX07	$0.18R_2ORO \cdot R_2O_3 \cdot 3.56RO_2$	11	KX11	$0.18R_2ORO \cdot R_2O_3 \cdot 3.5RO_2$
4	KX04	$0.19R_2ORO \cdot R_2O_3 \cdot 3.4RO_2$	8	KX08	$0.19R_2ORO \cdot R_2O_3 \cdot 3.55RO_2$	12	KX12	$0.21R_2ORO \cdot R_2O_3 \cdot 3.52RO_2$

序号	样品	分子式组成	序号	样品	分子式组成	序号	样品	分子式组成
13	KX13	$0.22R_2ORO \cdot R_2O_3 \cdot 3.49RO_2$	28	YZ05	$0.19R_2ORO \cdot R_2O_3 \cdot 2.55RO_2$	43	QL14	$0.28R_2ORO \cdot R_2O_3 \cdot 4.93RO_2$
14	KX14	$0.15R_2ORO \cdot R_2O_3 \cdot 3.51RO_2$	29	YZ06	$0.18R_2ORO \cdot R_2O_3 \cdot 3.05RO_2$	44	QL15	$0.29R_2ORO \cdot R_2O_3 \cdot 4.95RO_2$
15	KX15	$0.16R_2ORO \cdot R_2O_3 \cdot 3.53RO_2$	30	QL01	$0.24R_2ORO \cdot R_2O_3 \cdot 3.11RO_2$	45	QL16	$0.29R_2ORO \cdot R_2O_3 \cdot 4.91RO_2$
16	KX16	$0.21R_2ORO \cdot R_2O_3 \cdot 3.55RO_2$	31	QL02	$0.28R_2ORO \cdot R_2O_3 \cdot 3.27RO_2$	46	QL17	$0.31R_2ORO \cdot R_2O_3 \cdot 4.63RO_2$
17	KX17	$0.19R_2ORO \cdot R_2O_3 \cdot 3.54RO_2$	32	QL03	$0.26R_2ORO \cdot R_2O_3 \cdot 3.09RO_2$	47	JQ01	$0.26R_2ORO \cdot R_2O_3 \cdot 4.76RO_2$
18	KX18	$0.2R_2ORO \cdot R_2O_3 \cdot 3.54RO_2$	33	QL04	$0.25R_2ORO \cdot R_2O_3 \cdot 3.05RO_2$	48	JQ02	$0.27R_2ORO \cdot R_2O_3 \cdot 4.77RO_2$
19	KX19	$0.22R_2ORO \cdot R_2O_3 \cdot 3.52RO_2$	34	QL05	$0.26R_2ORO \cdot R_2O_3 \cdot 3.43RO_2$	49	JQ03	$0.28R_2ORO \cdot R_2O_3 \cdot 4.7RO_2$
20	KX20	$0.21R_2ORO \cdot R_2O_3 \cdot 3.49RO_2$	35	QL06	$0.26R_2ORO \cdot R_2O_3 \cdot 4.17RO_2$	50	JQ04	$0.28R_2ORO \cdot R_2O_3 \cdot 4.52RO_2$
21	KX21	$0.19R_2ORO \cdot R_2O_3 \cdot 3.46RO_2$	36	QL07	$0.26R_2ORO \cdot R_2O_3 \cdot 4.12RO_2$	51	JQ05	$0.28R_2ORO \cdot R_2O_3 \cdot 4.4RO_2$
22	KX22	$0.2R_2ORO \cdot R_2O_3 \cdot 3.47RO_2$	37	QL08	$0.27R_2ORO \cdot R_2O_3 \cdot 4.16RO_2$	52	JQ06	$0.28R_2ORO \cdot R_2O_3 \cdot 4.46RO_2$
23	KX23	$0.2R_2ORO \cdot R_2O_3 \cdot 3.46RO_2$	38	QL09	$0.23R_2ORO \cdot R_2O_3 \cdot 2.84RO_2$	53	JQ07	$0.28R_2ORO \cdot R_2O_3 \cdot 4.49RO_2$
24	YZ01	$0.18R_2ORO \cdot R_2O_3 \cdot 3.15RO_2$	39	QL10	$0.23R_2ORO \cdot R_2O_3 \cdot 2.9RO_2$	54	XT01	$0.27R_2ORO \cdot R_2O_3 \cdot 5.5RO_2$
25	YZ02	$0.18R_2ORO \cdot R_2O_3 \cdot 3.16RO_2$	40	QL11	$0.23R_2ORO \cdot R_2O_3 \cdot 2.79RO_2$	55	XT02	$0.27R_2ORO \cdot R_2O_3 \cdot 5.51RO_2$
26	YZ03	$0.19R_2ORO \cdot R_2O_3 \cdot 2.68RO_2$	41	QL12	$0.23R_2ORO \cdot R_2O_3 \cdot 2.91RO_2$			
27	YZ04	$0.18R_2ORO \cdot R_2O_3 \cdot 2.85RO_2$	42	QL13	$0.23R_2ORO \cdot R_2O_3 \cdot 2.7RO_2$			

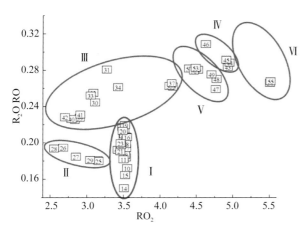

图2　55个紫禁城建筑琉璃构件样品胎体分子式组成图

图2为这55个清代不同时期琉璃构件胎体的分子式组成图，从图中可见，55个样品被分为6组：第Ⅰ组包含23个样品（KX01～KX23），为康熙时期烧造；第Ⅱ组包含6个样品（YZ01～YZ06），款识为雍正时期；第Ⅲ组和第Ⅳ组分别包含13个样品（QL01～QL13）和4个样品（QL14～QL17），样品款识均为乾隆时期，根据样品款识，第Ⅲ组为乾隆早期，第Ⅳ组属于乾隆中期；第Ⅴ组包含7个样品（JQ01～JQ07），款识为嘉庆时期；图中位于最右侧的第Ⅵ组包含两个样品（XT01、XT02），款识为宣统时期。从上述分析可以看出，清代不同时期建筑琉璃构件胎体的分子式组成不同，可以据此来进行清代官式琉璃构件烧造年代的推断。

为验证上述年代判别方法的准确性，我们选取故宫外5个官式建筑上的25个琉璃构件样品，样品烧造的确切年代可从其年代款识或文献记载中得知，具体信息见表2。依照上述方法对这25个琉璃构件胎体进行测试分析，并计算其胎体分子式组成，其胎体分子式组成见图3，图3同时也列出了6组清代不同时期琉璃构件样品的胎体分子式组成。

表 2　25 个官式建筑琉璃构件信息

样品数量	来源	年代	备注
6	淳亲王府	康熙	文献记载于康熙年间建成，是康熙第七子的府邸，款识与康熙时期太和殿琉璃构件款识类似
9	天坛	乾隆早期	款识：乾隆辛未年制
1	历代帝王庙	嘉庆	款识：嘉庆三年窑户赵士林，配色徐益寿，房头陈千祥，窑匠许万年
5	昌妃陵	嘉庆	款识：嘉庆五年官窑敬造；嘉庆伍年制、官窑敬造窑户赵士林
4	崇陵	宣统	款识：宣统年官琉璃窑造；宣统元年

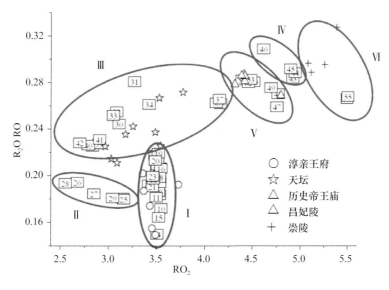

图 3　25 个紫禁城外清代建筑琉璃构件胎体分子式组成图

如图 3 所示，淳亲王府的样品落到第 I 组；天坛样品落到第 III 组；历代帝王庙和昌妃陵的样品落到第 V 组；崇陵样品落到第 VI 组，按照上述方法的分类结果与款识及文献记载完全一致，证实了上述分类方法的准确性。因此，该方法可以用于清代不同时期琉璃构件烧造年代的推断。

上述实验对清代五个时期的建筑琉璃构件进行了测试，在此基础上，通过样品积累与测试，可进一步建立清代官式建筑琉璃构件的年代序列数据库，以便判定年代记载不详琉璃构件的烧造年代，尤其是带有纹饰特征、具有一定艺术价值的琉璃构件。通过对这些琉璃构件的年代推断，为琉璃构件的研究与保护提供基础信息。

3　方法应用

3.1　应用一：古建修缮保护工程

自 2002 年起，故宫及北京其他官式建筑陆续进行了大规模的古建修缮工程。在修缮过程中，琉璃构件从建筑中被拆卸下来。其中一些损坏较为严重的不再使用，被新烧制的琉璃构件代替，另一些琉璃构件则在保护后继续使用。查阅故宫古建修缮历史，琉璃构件与外檐彩画、地面砖材等均属于较易发生残损的建筑元素，更换周期比大木、内檐彩画、石质文物等构件等更为频繁。然而在有些建筑档案中竟未见任何琉璃构件更换的记载，这与屋顶构件的现实情况并不相符。在没有或不宜查看构件款识的情况下，光凭样式和尺寸很难区分清代不同时期的琉璃构件，对于一项需要大量更换或添配琉璃构件的修缮工程来说，亟需确定琉璃构件的烧造年代和烧制工艺，从而符合文物建筑修缮工程中"所有保护措施都必须遵守不改变文物原状的原则"（《中国文物古迹保护准则》第一章第 2 条）。在不同时期琉璃构件工艺及原料研究的基础上，探寻不同时期受损琉璃构件的保护及处理方法；根据上述方法对未知年代的琉璃构件进行烧造年代判定，实施相应的保护措施，这对于实际修缮工程而言是必不可缺的。

3.2 应用二：清代琉璃构件烧造制度研究

通过对故宫及北京地区其他古建筑拆卸下来的 1000 多块琉璃构件调研，我们发现琉璃构件上有许多类型的款识，这种在产品上刻铭记的方法，是为了监控产品质量和追查残次品的责任。清代朝廷所需的建筑琉璃是采取临时雇工烧造或招商代办的方式烧造：照时价给值雇工，在工部管理下把这些工匠分成若干作直接从事生产，反映到产品上是"工部""一作徐造"等款识；制定有约束承办烧造事务窑户、铺户的法条，让其烧制所需的琉璃构件，规定承担烧造重任的窑户必须是取具地方官保结的身家殷实之人，如"窑户赵士林、配色匠许德祥、房头许万年、烧窑匠李尚才"（满汉两种文字）、"铺户张仕登、配色匠张台、房头颜印、烧窑匠王成"（满汉两种文字）等款识[5]。通过对带有这些类型款识琉璃构件样品的测试分析获知其烧造年代，能确定清代不同时期使用何种生产烧造方式，能对清代官式建筑琉璃构件的烧造制度进行探讨，如临时雇工烧造方式的产品（作造款识类型），经检测其胎体分子式组成较为分散，说明可能在清代多个时期均存在；而招商代办的方式（窑户铺户款识类型），则仅在雍正（铺户）与嘉庆（窑户）年间存在。

4 结论

采用 X 射线荧光光谱分析方法对 55 个带有年代款识的故宫清代官式建筑琉璃构件胎体元素组成进行测试分析，这些琉璃构件样品根据其胎体分子式组成可被分为 6 类，该分类方法初步建立了清代不同时期琉璃构件的年代序列。将此法应用于 25 个清代其他官式建筑琉璃构件的年代推断，所得结果与琉璃构件的款识及文献记载一致，证实了该方法的准确性。该方法能应用于古建修缮工程与清代琉璃构件烧造制度研究，对建筑琉璃构件的保护与研究具有重要意义。

致　谢：本研究受国家"十一五"科技支撑重点项目课题（项目编号：2006BAK31B02）资助，在此谨致谢意。

参考文献

[1]　段鸿莺, 康葆强, 丁银忠, 等. 北京清代官式琉璃构件胎体的工艺研究. 建筑材料学报, 2012, (3): 430-434.

[2]　样品来自故宫太和殿，款识为"工造""一作成造 工造"等，据太和殿修缮记录，此批样品烧造年代为康熙时期.

[3]　段鸿莺, 梁国立, 苗建民. WDXRF 对古代建筑琉璃构件胎体主次量元素定量分析方法研究. 见: 罗宏杰, 郑欣森. '09古陶瓷科学技术国际讨论会论文集. 上海: 上海科学技术文献出版社, 2009: 119-124.

[4]　江苏省宜兴陶瓷工业学校. 陶瓷工艺学. 北京: 轻工业出版社, 1985. 139-147.

[5]　王光尧. 元明清三代的官琉璃窑制度研究. 中国古代官窑制度. 北京: 紫禁城出版社, 2004: 102-115.

Application of X-ray Fluorescence Spectroscopy in the Conservation Study of Qing Dynasty Official Glazed Tile Components in Beijing

Duan Hongying[1, 2]   Zhao Peng[3]   Miao Jianmin[1, 2]

1. Key Scientific Research Base of Ancient Ceramics, State Administration of Cultural Heritage (The Palace Museum); 2. Conservation Technology Department of the Palace Museum; 3. Architectural Department of the Palace Museum

Abstract: In this paper, the body elemental composition of 55 Qing dynasty official glazed tile components in Beijing was measured by wavelength dispersive X-ray fluorescence spectroscopy (WDXRF）. The results showed that the body Seger formula of the official glazed tile components which belonged to different reigns of the Qing dynasty had different characteristics. The method of distinguishing the glazed tile components which were manufactured and fired in different periods was initially established, and the accuracy of this method was tested and verified. The establishment of this method was of great significance, which can infer the firing time of the glazed tile component without the exact age inscription, and contribute to the research and conservation of Qing dynasty official glazed tile components.

Keywords: WDXRF, glazed tile, body Seger formula, age identification, architecture maintain

原载《古建园林技术》2013 年第 3 期

辽宁清代建筑琉璃釉乳浊效果的初步分析

李　合[1, 2]　赵　兰[1, 2]　侯佳钰[1, 2]　陈铁梅[1, 2]　苗建民[1, 2]

1.故宫博物院；2.古陶瓷保护研究国家文物局重点科研基地（故宫博物院）

摘　要：辽宁一些清代建筑琉璃构件釉面有轻微的乳浊感，能量色散 X 射线荧光谱仪（EDXRF）测试结果表明釉料中含有锡元素，氧化锡含量最高可达 3.67%；在扫描电镜（SEM-EDS）下观察到釉层中存在大量富含锡的晶体颗粒，其大小一般小于 1μm；激光拉曼光谱（Raman）分析表明锡在釉中以氧化锡物相存在，未见铅锡黄物相。本文在实验分析的基础上结合文献记载，对辽宁清代琉璃乳浊釉中氧化锡的功能和来源进行了初步的探讨。

关键词：建筑琉璃，乳浊，氧化锡

　　人类早在青铜时代就已经能够开采和利用锡了[1]。据考证，我国周朝时锡器的使用已十分普遍，在我国的一些古墓中，便常发掘到一些锡壶、锡烛台之类的锡器。最初，锡作为青铜的必要原料而备受重视。随着瓷器的发明、釉料的出现，氧化锡也随之引入陶瓷釉料当中。氧化锡在釉中的主要作用是做为乳浊剂，如 Tite[2] 等认为早在铁器时代晚期，氧化锡就被用在玻璃、珐琅、瓷釉中。在中国古代最早的乳浊釉也是氧化锡，其原因是氧化锡在熔融的硅酸盐中溶解度很小，并且有较高的折射率[3]。此外，锡还能与铅形成铅锡黄，如在珐琅彩、粉彩中被应用[4]。黄瓦窑位于辽宁海城市，是东北地区最大的皇家窑厂[5]。创烧于明末清初，沈阳故宫及昭陵、福陵、永陵修建时的琉璃构件均出自"黄瓦窑"。窑主侯氏，山西介休人，万历三十五年迁居此地，顺治修大政殿设琉璃窑，侯氏主其事[6]。据清雍正《大清会典》卷二一九《盛京工部》记载："凡陵寝、宫殿需用黄绿砖瓦，兽头等物，定例于海城县所属四门城地方烧造。"2002 年，鞍山博物馆对海城黄瓦窑遗址进行了实地调查并采集了大量的琉璃样品[7]。在黄瓦窑遗址和辽宁各地区建筑琉璃构件中，发现一些建筑琉璃构件的釉面有轻微的乳浊感，目前对琉璃乳浊釉的分析并不多见。本文拟在实验分析的基础上，对这些辽宁清代琉璃乳浊釉进行了初步分析与讨论。

1　实验样品及分析结果

1.1　样品

　　分析用 9 块琉璃样品均由鞍山博物馆提供，3 块样品为黄色琉璃（序号 1～3），5 块绿色琉璃（序号 4～8），1 块为孔雀蓝釉（序号 9）。其中 1～4 号和 9 号样品采自于"黄瓦窑"窑址，5 号样品采自沈阳故宫，6～8 号样品采自辽宁北镇市北镇庙。为了对比研究，选取北京新烧制的琉璃瓦 1 件，编号为 10。一般认为，沈阳故宫和北镇庙的琉璃构件均出自于黄瓦窑。这些样品特点是琉璃釉面较粗糙、颜色不均，但釉面保存相对较好，典型样品见图 1。

图 1　典型建筑琉璃构件样品

1.2　琉璃釉的成分分析

琉璃釉层的元素含量采用美国 EDAX 公司的 EAGLE Ⅲ XXL 大样品室微聚焦型能量色散 X 射线荧光光谱仪（EDXRF）测试，测量条件是 X 光管电压为 25kV，电流为 500μA，真空光路，死时间控制 30% 左右，测量时间 600s，每个样品选三个点测试，用经标准曲线校正后取其平均值[8]，测量结果见表 1。

表 1　辽宁琉璃釉料化学组成　　　　　　　　　　　　　　　　　（单位：%）

序号	颜色	Na_2O	MgO	Al_2O_3	SiO_2	PbO	K_2O	CaO	Fe_2O_3	CuO	SnO_2
1		0.31	0.36	1.55	33.02	56.11	0.52	0.69	3.63	0.06	3.67
2	黄色	0.30	0.95	2.29	35.03	55.65	0.73	0.73	3.26	0.08	0.86
3		0.31	0.69	2.38	32.40	59.12	0.39	0.27	3.63	0.04	0.73

续表

序号	颜色	Na₂O	MgO	Al₂O₃	SiO₂	PbO	K₂O	CaO	Fe₂O₃	CuO	SnO₂
4		0.51	0.41	1.51	36.23	57.97	0.28	0.40	0.51	1.27	0.89
5		0.50	0.32	1.99	39.08	54.92	0.52	0.45	0.58	1.21	0.42
6	绿色	0.51	0.62	1.56	36.67	53.52	0.37	0.77	0.46	2.29	3.18
7		0.48	1.20	2.44	36.19	53.80	0.49	1.70	0.69	2.43	0.49
8		0.55	1.21	1.92	33.76	58.12	0.64	0.54	0.73	1.81	0.63
9	孔雀蓝	0.63	1.76	3.51	37.36	47.24	2.46	1.47	0.42	1.76	2.94
10	黄色	0.13	0.15	2.44	38.41	54.22	0.38	0.41	3.38	0.03	0.05

1.3 琉璃釉的显微形貌

我们选择了 1 号、6 号、9 号三个氧化锡含量较高的样品，用美国 FEI 公司的 Quanta600 扫描电子显微镜（SEM）观察釉层显微形貌；用扫描电镜配置的能谱仪（EDS）对釉层中的微区成分进行分析。同时对北京新烧制的琉璃瓦釉也进行了对比观察。显微结构见图 2，釉中晶体颗粒的能谱结果见图 3。

1.4 琉璃釉的物相分析

为了判别锡在釉中的物相，用法国 Horiba Jobin Yvon 公司生产的 Lab Ram HR800 型激光拉曼谱仪对釉层颗粒进行物相分析，见图 4。

2 讨论与分析

从表 1 可见，辽宁琉璃釉料主要是由 30%～40% 的 SiO₂、47%～60% 的 PbO，以及 1.5%～3.5% 的 Al₂O₃ 组成，属于硅 - 铅 - 铝体系。其中，黄色琉璃釉的着色元素为 Fe₂O₃，其含量在 3% 左右；绿色琉璃釉的着色元素为 CuO，含量在 1%～3%；孔雀蓝釉着色元素亦为 CuO，与一般绿釉的区别在于添加了一定量的 K₂O。这 9 块辽宁琉璃釉中均含有少量的 Sn，其 SnO₂ 的含量在 0.42%～3.67%。其中 3 块黄色琉璃构件釉料中的 SnO₂ 含量为 0.73%～3.67%，而 5 块绿色琉璃釉中的 SnO₂ 含量为 0.42%～3.18%，孔雀蓝釉的含 SnO₂ 为 2.94%。结合琉璃构件釉面特征，可发现随着氧化锡的含量不同，其乳浊程度也有明显的不同，如含 SnO₂ 为 3.67% 的 1 号样品其乳浊度最高，而含 SnO₂ 为 0.86% 的 2 号样品的乳浊效果不明显，具体可见图 1。

在图 2 中，1 号黄釉和 6 号绿釉样品釉层中存在大量形状不规则的颗粒，其大小一般小于 1μm，但也有一些大颗粒，直径为 1～3μm，甚至更大；9 号孔雀蓝釉显微结构与 1 号黄釉和 6 号绿釉略有不同，釉层也有大量的颗粒存在，但这些颗粒多呈聚集状，其大小多在 20μm 左右；新烧制的琉璃釉其釉层比较清澈，仅有少量未熔的颗粒。用扫描电镜配置的能谱仪（EDS）对 1 号、6 号、9 号样品中的颗粒进行了元素分析，结果显示 1 号、6 号、9 号样品中颗粒均富含锡元素，而釉层基体中基本不含锡。至于 9 号孔雀蓝釉样品中氧化锡颗粒甚大，推测可能是原料及工艺处理粗糙的结果。

1 号黄釉样品中晶体颗粒的激光拉曼谱如图 4 所示。可以看出，在 635cm⁻¹、477cm⁻¹、777cm⁻¹

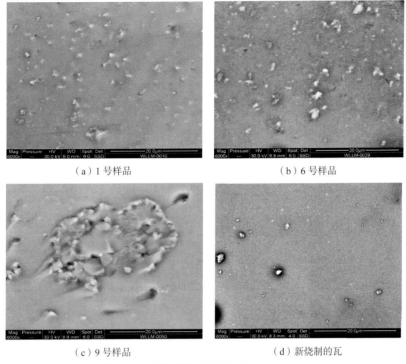

（a）1号样品 （b）6号样品

（c）9号样品 （d）新烧制的瓦

图 2 琉璃釉层断面显微结构（×6000）

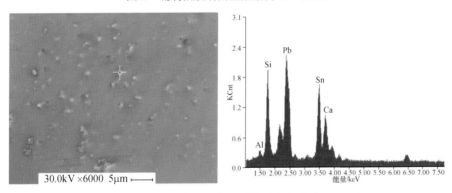

图 3 1号样品琉璃釉层断面颗粒元素组成（×6000）

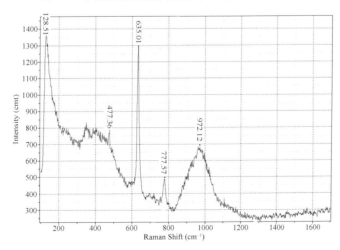

图 4 1号样品釉中晶体颗粒的激光拉曼光谱图

处有拉曼峰，这与氧化锡的标准谱图基本相同。因此，拉曼光谱也表明琉璃釉中的微小颗粒为氧化锡颗粒。拉曼光谱未发现粉彩、珐琅彩中的铅锡黄物相。由此可见，在黄瓦窑釉层中，锡元素主要是以氧化锡晶体颗粒的形式存在的。

氧化锡在釉中的主要作用是乳浊，其机理就是釉层中均匀悬浮分布的氧化锡颗粒对光的散射而导致乳浊。根据瑞利散射定律和米氏散射定律，当微粒的直径约等于光的波长时，出现散射的峰值，即乳浊颗粒直径为 0.39～0.77μm 时，对可见光（波长范围在 0.39～0.77μm）有最强的散射作用[9]。结合表 1 中氧化锡含量、扫描电镜结果及样品实际外观，1 号和 6 号样品具有较高的氧化锡含量，且氧化锡的颗粒多在 1μm 以下，因此具有很好的乳浊效果；而 9 号孔雀蓝釉虽然具有较高的氧化锡含量（2.94%），但由于其聚集的颗粒太大（约 20μm），对可见光的散射作用不强，其乳浊效果不佳；其余样品氧化锡的含量都低于 1%，已有的研究表明氧化锡在铅釉烧制过程中会有一定量的氧化锡（0.6%～0.9%）融解于釉中[10]，因此如果釉中氧化锡的含量较低的话，其乳浊效果也不佳（如图 1 的 2 号样品）。因此，氧化锡颗粒在釉中的含量多少、大小、分布等直接影响铅釉的乳浊程度。琉璃釉面乳浊程度的控制反映了古代琉璃匠人对氧化锡的认识程度，氧化锡可能通过以下三种途径引入。

第一，少量的氧化锡可能随氧化铅引入。例如，明代宋应星著《天工开物》卷十四云："凡产铅山穴，繁于铜、锡"，即铅往往和铜、锡共生，在古代冶炼技术并不发达的情况下，铅中含少量的锡元素是很有可能的。目前所知最早的铅锡合金是在春秋晚期，它们可由铅锡配制或者也可以从共生矿中得到，如广西南丹和云南个旧就有这类铅锡共生的矿物[11]。随着冶炼技术的进步和对铅、锡等金属的深入认识，在金属铅和铅的氧化物中含有锡元素的可能性越来越小。辽宁的琉璃构件创烧明末清初，在我们所测的大部分黄色琉璃构件中，含锡的样品仅占很小一部分[12]。

第二，对于某些绿色铅釉，氧化锡随铜引入。Nigel Wood[13] 对一些中国汉代铅釉及法华釉进行分析后，发现汉代釉的一个特点是含有氧化锡，法华釉中也含有一定的氧化锡。陈显求等[14] 对长沙窑唐代绿釉分析中发现氧化锡的含量在 0.53%～0.88%。苗建民、王时伟[15] 在琉璃釉中的分析中发现元代孔雀蓝釉、明代黑釉及黄釉中也有 0.1%～0.41% 的氧化锡。Nigel Wood 等认为氧化过的青铜或者是废弃的青铜浇铸熔渣可能是汉代铅釉中氧化铜和氧化锡的来源。其依据是绿釉中铜和锡的比例，如在汉绿釉中有 1.2% 的 CuO 和 0.2% 的 SnO_2，其比例符合一般青铜中锡的含量范围。李家治[16] 也认为部分宋钧釉中的氧化锡也是由青铜器加工后的废屑带入的。根据韩汝玢[17] 等统计结果显示，古代青铜器物的含锡量为 10%～20%。在长沙窑瓷器釉、法华釉、元明琉璃釉等釉料中铜锡的比例也基本符合一般青铜合金的配比。刘敦桢[18] 在《琉璃窑轶闻》中对黄瓦窑琉璃原料有这样的记载："余如大条铅购自英，锡与响铜购自市上。"响铜为何物？在《天工开物》记载"广锡掺合为响铜"，故响铜为青铜无疑。由此判断在黄瓦窑绿色、孔雀蓝或者孔雀绿琉璃构件中，使用了青铜原料。

第三，为达到某种效果（乳浊效果）人为的添加引入。上述两点合理地解释了铅釉中含有少量氧化锡的来源问题。然而，有些釉料中的氧化锡含量远远超过了青铜中锡的比例及随氧化铅伴生的可能，如黄瓦窑中 1 号黄色琉璃釉，氧化锡的含量最高可达 3.67%，6 号绿釉中锡铜比高达 1.39，9 号的孔雀蓝釉中氧化锡高达 2.94%，其锡铜比为 1.67。再如关宝琼[19] 对辽代三彩釉也做了科学分析，发现辽代三彩—绿釉中也含有很高的氧化锡（7.48%）。更为重要的一点是，加入氧化锡的琉璃釉面的外观颜色与加入少量或者不加氧化锡的釉面有明显的差别。在古代严格的官琉璃窑制度下，出现乳浊程度如此高的琉璃釉，非偶然因素所能解释的了。古代匠人在无意识的引入氧化锡以后，逐渐发现氧化锡在釉中的作用，从而有意识的加入，使釉层具有某种效果，这是符合一般事物发展规律的。事实上，国外早在铁器时代晚期，氧化锡就被用在玻璃、珐琅、瓷釉上[2]，其作用为乳浊，而在中国古代最早用作釉的乳浊剂也是氧化锡[20]。此外，锡还能与铅形成铅锡黄，如在珐琅彩、粉彩上铅锡黄就被普遍运用[4]。这就说明，古代匠人对锡的认识是不断提高的。辽宁黄瓦窑琉璃釉配方中是否添加氧化锡，在康熙五十六年《黑图档》部行档中有这样的记载："盛京工部来文内开：凤凰楼、崇政殿、大清门两边山墙、清宁宫、东配殿等应修之处已造册前来……黄、绿瓦（此处档残）需铜、锡、铅，则铅著于官丁开采之库中领取使用"。在刘敦桢的《琉璃窑轶闻》"余如大条铅购自英，锡与响铜购自市上"中明确提到了金属锡，即黄瓦窑的琉璃制作中可能使用了锡，这与我们的测试结果也是符合的。

综上所述，我们可以清楚地认识到：在黄瓦窑的创烧初期，侯氏匠人延续了古代琉璃釉的配方，在绿色铅釉中使用含有氧化锡的青铜原料。在我们所测辽宁五块绿色釉料中，有四块样品的锡铜比符合青铜的比例，这很有可能是采用了青铜原料（响铜）引入的。然而，青铜中氧化锡的含量毕竟较低，在釉中所起的作用有限。随着清代琉璃匠人对氧化锡的逐渐认识，直接在釉料配方中添加一定量的氧化锡，以此改善釉面的乳浊程度。氧化锡可有效提高釉的不透明度，可以掩盖坯体的颜色和缺陷。值得一提的是，在北京故宫我们还采集到一块具有乳浊效果的黄瓦，瓦的背面带有"样瓦"款识，分析表明也含有氧化锡。显然，对这类特殊的琉璃构件，还需要做进一步的分析与研究。

3 结论

（1）辽宁黄瓦窑的一些建筑琉璃构件釉面有轻微的乳浊感，测试表明釉料中含有锡元素。其中三块黄色琉璃构件釉料中的氧化锡含量为0.73%～3.67%，而五块绿色琉璃釉中的氧化锡含量为0.42%～3.18%，一块孔雀蓝釉的含锡量为2.94%。

（2）扫描电镜显微结果表明氧化锡以微小的颗粒形式存在于琉璃乳浊釉中，其中多数氧化锡颗粒小于1μm，因此具有很好的乳浊效果；而9号孔雀蓝釉虽然具有较高的氧化锡含量（2.94%），但由于其聚集的颗粒太大（约20μm），对可见光的散射作用不强；北京新烧制的琉璃釉其釉层比较清澈，仅有少量未熔的原料颗粒。

（3）激光拉曼光谱分析结果表明，锡元素在釉中以氧化锡晶体颗粒的形式存在，没有形成彩瓷中普遍存在的铅锡黄物相。

（4）根据琉璃釉料中氧化锡的含量，黄瓦窑釉料（绿釉、孔雀蓝釉）中少量的氧化锡来自于青铜原料，高含量的氧化锡（一般大于1%）则是古代琉璃匠人有意添加的。

致　谢：本研究受国家"十一五"重点科技支撑项目（项目编号：2006BAK31B02）和国家文物局指南针计划试点项目"黄瓦窑琉璃制作工艺科学揭示与建立多媒体数字化展示平台的研究"资助；测试样品由辽宁鞍山市博物馆的赵长明馆长、富品莹副研究员提供，在此谨致谢意。

参考文献

[1] 韩汝玢, 柯俊. 中国科学技术史·矿业卷. 北京: 科学出版社, 2000: 340.

[2] Tite M, Pradell T, Shortland A. Discovery, production and use of tin-based opacifiers in glasses, enamels and glazes from the late iron age onwards: a reassessment. Archaeometry, 2008, 50(1): 67-84.

[3] 杜海清. 陶瓷釉彩. 长沙: 湖南人民出版社, 1978: 15.

[4] 赵兰, 李合, 牟冬, 等. 无损分析方法对康熙、雍正珐琅彩瓷色釉的研究. 见: 古陶瓷科学技术国际讨论会论文集. 上海: 上海科学技术文献出版社, 2009: 424.

[5] 潘谷西. 中国古代建筑史. 北京: 中国建筑工业出版社, 2001: 492-498.

[6] 王光尧. 中国古代官窑制度. 北京: 紫禁城出版社, 2004: 105.

[7] 富品莹, 路世辉. 辽宁海城黄瓦窑遗址调查报告. 沈阳故宫博物院院刊, 2007, (4): 6-22.

[8] 李合, 丁银忠, 段鸿莺, 等. EDXRF 无损测定琉璃构件釉主、次量元素. 文物保护与考古科学, 2008, 20(4): 36-40.

[9] 关振铎, 张中太, 焦金生, 等. 无机材料物理性能. 北京: 清华大学出版社, 2001: 182-200.

[10] 俞康泰. 现代陶瓷色釉料与装饰技术手册. 武汉: 武汉理工大学出版社, 2006: 130.

[11] 韩汝玢, 柯俊. 中国科学技术史·矿业卷. 北京: 科学出版社, 2000: 341-343.

[12] 康葆强, 段鸿莺, 丁银忠, 等. 黄瓦窑琉璃构件胎釉原料及烧制工艺研究. 南方文物, 2009, (3): 116-122.

[13] Wood N, Watt J, Kerr R, 等. 某些汉代铅釉器的研究. 见: '92 古陶瓷科学技术国际讨论会论文集. 上海: 上海科学技术文献出版社, 1992: 98-107.

[14] 陈显求, 张志刚, 黄瑞福. 长沙窑乳浊釉——又一种唐代的分相釉. 见: 古陶瓷科学技术国际讨论会论文集. 上海: 上海科学技术文献出版社, 1989: 279.

[15] 苗建民, 王时伟. 元明清建筑琉璃瓦的研究. 见: 郭景坤. '05 古陶瓷科学技术国际讨论会论文集. 上海: 上海科学技术文献出版社, 2005: 108.

[16] 李家治. 中国科学技术史·陶瓷卷. 北京: 科学出版社, 2007: 432.

[17] 韩汝玢, 柯俊. 中国科学技术史·矿业卷. 北京: 科学出版社, 2000: 216-258.

[18] 刘敦桢. 琉璃窑轶闻. 中国营造学社汇刊, 1932: 3.

[19] 关宝琼, 叶淑卿. 辽三彩研究. 辽宁省硅酸盐研究所, 1985: 8.

[20] 杜海清. 陶瓷釉彩. 长沙: 湖南人民出版社, 1978: 16.

The Analysis on the Opaque Glaze of Qing Dynasty in Liao Ning Province

Li He[1, 2]   Zhao Lan[1, 2]   Hou Jiayu[1, 2]   Chen Tiemei[1, 2]   Miao Jianmin[1, 2]

1. The Palace Museum; 2. Key Scientific Research Base of Ancient Ceramics , State Administration of Cultural Heritage (The Palace Museum);

Abstract: A large number of glazed tiles were collected from Huangwa kiln sites, Shenyang Imperial Palace, Yong Tomb, Zhao Tomb and Fu Tomb. It was found that some of the tiles are covered with the opaque glaze. The chemical compositions and microstructure of the glaze were analyzed by Energy Dispersive X-ray Fluorescence Spectrometer (EDXRF) and Scanning Electron Microscopy (SEM), and the crystals which exist in the opaque glaze were examined by Laser Raman Spectroscopy. This paper intends to analyze and discuss the mechanism and source of the tin-based opacifiers in lead glaze.

Keywords: architectural glazed tile, opaque glaze, tin oxide

原载《中国国家博物馆馆刊》2013 年第 4 期

北京清代建筑琉璃胎釉结合层的
SEM 和 Raman 研究

李 媛 苗建民 赵 兰

故宫博物院

摘 要: 建筑琉璃构件作为中国传统琉璃建筑风格的标志性元素,是中国琉璃建筑文化的重要组成部分,也是古代琉璃建筑保护不可或缺的重要屏障。本文以北京故宫清代建筑琉璃构件为研究对象,利用扫描电子显微镜、X 射线能谱仪及拉曼光谱仪,研究了琉璃构件胎釉结合层的元素组成、显微结构及物相组成。研究表明:釉烧过程中,在釉料与胎体的结合部分,胎体材料在釉料中 PbO 的强助熔作用下发生熔解并与釉料发生化学反应,同时会出现釉料通过胎体中的孔隙向胎体中渗透的现象;釉烧后,胎釉之间形成了由微晶层与熔蚀层构成的胎釉结合层,微晶层中的板条状晶体应为铅钾长石。

关键词: 建筑琉璃构件,胎釉结合层,铅钾长石

建筑琉璃构件作为中国传统琉璃建筑风格的标志性元素,是中国琉璃建筑文化的重要组成部分,其造型、尺寸、釉色等无不蕴含着丰富的历史与文化信息。此外,其防水性能也使建筑琉璃构件对古代建筑的保护起着重要的功能性保护作用。

我国烧制建筑琉璃的历史非常悠久,最早的记载见于北齐时魏收撰的《魏书》[1],后经唐、宋发展,至明、清两代,琉璃工艺已达很高水平[2]。因受到朝廷的青睐,琉璃技术在宫廷建筑上得以充分的展示和利用,其中最令人叹为观止的当属北京明清时期的紫禁城宫殿,琉璃工艺中的绝技,无不在紫禁城中得到反映。古代工匠使用铅配制琉璃釉料,使釉面具有很好的光泽性;为克服铅釉熔点较低、胎体烧成温度高的问题,工匠采取高温素烧坯体、低温釉烧铅釉的二次烧成工艺。

以往琉璃构件的科技研究,在胎釉原料、工艺、显微结构、剥釉机理[3~10]等方面开展了大量的工作,而对于琉璃构件胎釉结合层及析晶现象的研究相对较少。笔者曾利用扫描电镜对紫禁城清代建筑琉璃的显微结构进行过初步观察[5],本工作即在前期研究基础上,通过对北京故宫清代建筑琉璃胎釉结合层的线扫描分析,研究在釉烧过程中胎体与釉料之间元素的迁移及分布情况,利用激光拉曼光谱仪对胎釉结合层中的微晶进行分析。

1 仪器方法和样品

本实验选用北京故宫清代建筑琉璃构件共 40 件,均为黄釉样品,由北京故宫博物院文保科技部

和古建部提供，典型标本外观如图 1 所示。

图 1　北京故宫清代建筑琉璃标本

　　采用美国 FEI 公司的 Quanta 600 大样品室环境扫描电子显微镜对建筑琉璃构件的胎体、釉层及胎釉结合层显微结构进行观察。实验测试条件为：钨灯丝电子枪，背散射探头，低真空模式，采用电压为 20kV，电子束束斑为 6，二次电子图像分辨率为 3.5nm。

　　采用与上述扫描电镜相配的美国 EDAX 公司 Genenis 型 X 射线能谱仪对建筑琉璃构件的胎、釉及结合层中微区元素组成进行测试分析。实验测试条件为：扫描电镜电压 20kV，电子束束斑为 6，分辨率 129eV，测量时间为 60s。

　　采用激光拉曼光谱仪测试样品胎釉结合层中晶体种类，所用拉曼谱仪为法国 Jobin Yvon Horiba 公司提供的 Lab Ram HR800 型显微共焦拉曼光谱仪，仪器配有两台激光光源，分别为 Yag doubled, diode pumped Laser（波长为 532nm）和 Diode Laser（波长为 785nm），物镜为 50 倍长焦，光斑尺寸为 1μm，空间分辨率为 2μm，仪器分辨率为 2cm^{-1}。

　　采用电镜配置的 X 射线能谱仪对标本胎釉结合层断面进行线扫描分析，线扫描长度为 224μm，分 100 个点，每点收集时间为 50s，共扫描 Na、Mg、Al、Si、K、Ca、Ti、Fe 和 Pb 九种元素。

　　采用拉曼谱仪测试样品胎釉结合层微晶时，首先将断面样品一面抛光，并用环氧树脂胶将样品抛光面粘于薄片上，然后将另一面打磨抛光至样品厚度约为 30μm，拉曼光谱测试时利用透射光观察确定微晶位置。

2　结果与讨论

2.1　胎釉结合层显微结构与元素分布特征

　　由以往研究可知，北京故宫清代建筑琉璃胎体主要由 55.11%～70.73% 的 SiO_2、20.97%～33.24% 的 Al_2O_3、2.64%～3.61% 的 K_2O 以及 0.83%～3.56% 的 Fe_2O_3 组成。另外，北京故宫清代建筑琉璃釉料主要由 27.60%～36.87% 的 SiO_2、53.17%～61.96% 的 PbO、1.42%～8.59% 的 Al_2O_3 以及 1.78%～5.98% 的 Fe_2O_3 组成[4]。从上述胎釉组成来看，尽管胎釉中元素的组成存在一定的波动，但从主次量元素的

类别和含量来看，其胎体组成均属于硅－铝体系、釉料组成均属于铅－硅体系。

北京故宫清代建筑琉璃胎釉结合层断面显微结构的背散射电子图像如图2（a）所示。由图可知，建筑琉璃的胎釉结合层由微晶层和熔蚀层两层构成，微晶层中分布着板条状晶体，尺寸为2～40μm，自胎向釉生长；熔蚀层中分布着一定数量的圆形或椭圆形的气孔，玻璃相的含量明显较胎体高。为分析建筑琉璃在二次釉烧过程中胎釉原料之间的元素迁移变化情况，采用电镜配置的 X 射线能谱仪对样品断面进行线扫描分析，扫描位置自釉开始经微晶层、熔蚀层，结束于胎体，如图2（a）中带箭头直线所示。由图可知，线扫描分别在63.4μm和88.3μm处扫描到板条状晶体，当线扫描至115.4μm处时开始进入熔蚀层，至162.9μm时开始进入胎体，至224μm处时线扫描结束。线扫描过程中，釉料、胎釉结合层和胎体中主量元素计数率随位置变化的分布趋势如图2（b）～（f）所示。

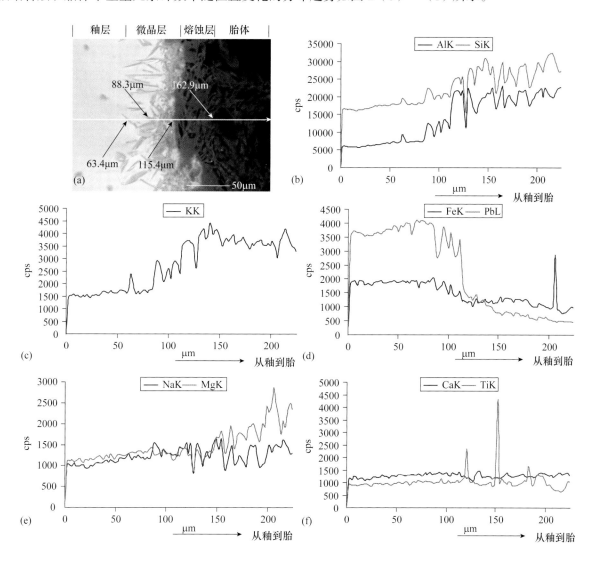

图2 （a）结合层背散射图像；（b）～（f）胎、釉和结合层中主量元素的分布趋势图

由图2（b）～（f）可看出，在釉料、胎釉结合层和胎体的主量元素中，自釉向胎，元素 Si、Al 和 K 的变化趋势较为接近（图2（b）、（c）），即三种元素均在63.4μm和88.3μm的板条状晶体处增加，

在微晶层中由于微晶的不均匀分布而呈现波动，并显示缓慢升高趋势，扫描至 115.4μm 进入熔蚀层至扫描结束，因熔蚀层和胎体中孔隙、颗粒的存在而呈现较大波动，同时三种元素都显示出明显地升高趋势。此外，元素 Fe 和 Pb 自釉向胎的变化趋势也较为接近（图 2（d）），即在 63.4μm 和 88.3μm 的板条状晶体处均降低，在微晶层中因微晶存在而呈波动变化，并逐渐降低，但扫描至 115.4μm 进入熔蚀层后，Fe 与 Pb 的变化略有差别，Fe 基本趋于稳定，而 Pb 则继续缓慢降低至 162.9μm 处，才基本处于稳定。对于 Na、Mg、Ca、Ti 四种元素在胎釉结合层中并未呈现明显的变化（图 2（e）、（f）），在这里暂不予讨论。

以上分析表明，釉料中 Pb 元素向胎料扩散、渗透和熔解，这说明，铅釉中在氧化铅这一强助熔剂的作用下，琉璃构件的釉料不仅对胎体有物理渗透作用，还伴有化学熔蚀作用，并形成了由微晶层和熔蚀层构成的胎釉结合层，其结构与成分既不同于胎体，也不同于釉层。

2.2 胎釉结合层晶体的 EDS 和 Raman 研究

为进一步明确胎釉结合层中微晶的种类，利用拉曼光谱对样品光薄片进行研究，拉曼光谱测试微晶的位置如图 3 所示，所得板条状晶体的拉曼光谱如图 4（a）所示。利用电镜所配 X 射线能谱仪（SEM-EDS）分析该板条状晶体的成分，结果如表 1 所示。

表 1　胎釉结合层中板条状晶体的平均化学组成　　　　　　　　　　（单位：wt%）

元素	Na_2O	MgO	Al_2O_3	SiO_2	K_2O	CaO	TiO_2	Fe_2O_3	PbO
wt%	2.2	1.9	10.4	32.7	1.3	0.5	0.7	3.0	47.4

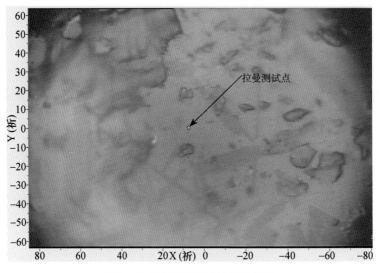

图 3　拉曼光谱仪测试的晶体位置

图 4（a）可以看出，结合层晶体的拉曼光谱其主峰位于 510cm^{-1}、162cm^{-1}、272cm^{-1} 处，并伴有 1615cm^{-1}、1231cm^{-1} 和 1114cm^{-1} 等几处弱峰及 800～1100cm^{-1} 和 1300～1500cm^{-1} 两处宽化带。通过与 JY 拉曼谱仪所配数据库比对发现，结合层晶体拉曼曲线中主要特征峰与钾长石（图 4（b））比较接近，但并不完全一致。根据结合层晶体的元素组成结果（表 1），可知结合层内晶中 K_2O 平均含量

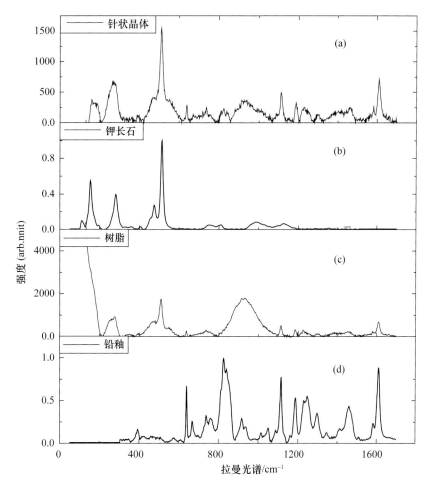

图 4 （a）结合层晶体的拉曼光谱；（b）钾长石的拉曼光谱；（c）树脂的拉曼光谱；（d）铅釉的拉曼光谱

仅为 1.3%，而 PbO 平均含量为 47.7%，这与一般钾长石中 K_2O 含量（4%～15%）[11] 相差甚远。由此可知，结合层晶体结构与钾长石较为接近，但其 Pb、K 元素的含量差别较大。曾有学者研究发现：在常见的云母类、长石类、辉石类、角闪石类、石英等造岩矿物中，钾长石是含铅最高的造岩矿物[12]，这说明在自然环境中，Pb^{2+} 易于富集在钾长石结构内；有学者研究发现钾长石与铅长石的结构和热力学性质相似，二者可形成类质同像系列[13]；还有学者利用长石与 $Pb(NO_3)_2$ 在 380℃ 下制备出铅长石[14]，这说明，在高温情况下，钾长石中的碱金属离子的稳定性要弱于铅离子，即经过高温反应后，更易于形成铅长石，因而，我们可推测胎釉结合层的晶体应为铅钾长石，这与以往的研究结果也是一致的[15]。胎釉结合层的存在增加了胎体和釉层结合的牢固程度。

3 结论

（1）对于北京清代建筑琉璃构件的胎釉结合层而言，尽管其胎釉的原料与烧制工艺等存在着一定的差异，但其胎釉结合层的显微结构均由熔蚀层和微晶层所构成。

（2）釉烧过程中，在釉料与胎体的结合部分，胎体材料在釉料中 PbO 的强助熔作用下发生熔解并与釉料发生化学反应，最终在胎釉之间形成了一种在化学组成与显微结构均不同于釉料和胎体的新物质，胎釉结合层；同时出现釉料通过胎体中的孔隙向胎体中渗透的现象。

（3）微晶带中所形成的晶体应为铅钾长石。

致　谢：本课题获得国家"十一五"科技支撑重点项目课题"古代建筑琉璃构件保护技术及传统工艺科学化研究"（项目编号：2006BAK31B02）资助，在此谨致谢意。

参考文献

[1] [北齐] 魏收. 魏书. 北京: 中国书局出版社, 1974.

[2] 李全庆, 刘建业. 中国古建筑琉璃技术. 北京: 中国建筑工业出版社, 1987: 2-6.

[3] 苗建民, 王时伟. 紫禁城清代剥釉琉璃瓦件施釉重烧的研究. 故宫学刊, 2004, (1): 472-488.

[4] 苗建民, 王时伟. 元明清建筑琉璃的研究. 见: 郭景坤. '05 古陶瓷科学技术国际讨论会论文集. 上海: 上海科学技术文献出版社, 2005: 108-115.

[5] 李媛, 张汝藩, 苗建民, 等. 紫禁城清代建筑琉璃构件显微结构研究. 见: 罗宏杰, 郑欣森. '09 古陶瓷科学技术国际讨论会论文集. 北京: 上海科学技术文献出版社, 2009: 111-118.

[6] 段鸿莺, 苗建民, 李媛, 等. 我国古代建筑绿色琉璃构件病害的分析研究. 故宫博物院院刊, 2013, (3): 114-124.

[7] 古代琉璃构件保护与研究课题组. 清代剥釉琉璃瓦件施釉重烧的再研究. 故宫博物院院刊, 2008, (6): 106-124.

[8] 古代琉璃构件保护与研究课题组. 古代建筑琉璃构件剥釉机理内在因素研究. 故宫博物院院刊, 2008, (5): 106-124.

[9] 丁银忠, 段鸿莺, 康葆强, 等. 南京报恩寺塔琉璃构件胎体原料来源的科技研究. 中国陶瓷, 2011, (1): 70-75.

[10] 李合, 段鸿莺, 丁银忠, 等. 北京故宫和辽宁黄瓦窑清代建筑琉璃构件的比较研究. 文物保护与考古科学, 2010, (4): 64-70.

[11] 潘兆橹. 结晶学与矿物学. 北京: 地质出版社, 1994: 190-207.

[12] 张乾, 刘志浩, 裴愉卓, 等. 钾长石中的铅及其对成矿的贡献. 地质与勘探, 2004, (1): 45-49.

[13] Sorrell C A. Solid state formation of barium, strontium and lead feldspars in clay-sulfate mixtures. American Mineralogist, 2009, 47: 291- 309.

[14] 刘瑞, 鲁安怀, 秦善. 离子交换反应合成铅长石的实验研究. 岩石矿物学杂志, 2005, (6): 511-514.

[15] Molera J, Pradell T, Salvado N. Interactions between clay bodies and lead glazes. J Am Ceram Soc, 2001, 84(3): 1120-1128.

SEM and Raman Research on the Middle Layer between the Body and the Glaze of Beijing Architectural Glazed Tile of Qing Dynasty

Li Yuan   Miao Jianmin   Zhao Lan

The Palace Museum

Abstract: Ancient architectural glazed tile was not only a traditional Chinese architectural style and an important part of the iconic elements of Chinese architectural culture, but also an important protective barrier to ancient buildings. Scanning Electron Microscopy (SEM), X-ray Energy Dispersive Spectroscopy and Raman Spectroscopy were used on Beijing Forbidden City Qing dynasty architectural glazed tile, to research on the element content, microstructure and phase composition of the middle layer between the body and the glaze, and to research on the relation between the middle layer and the glaze peel off. The research results showed that silicon, aluminum and potassium in the body diffuse, fuse and penetrate to glaze, and lead in glaze diffuse, fuse and penetrate to body in the glaze firing process. The middle layer that composed by crystal layer and corroded layer formed between the body and the glaze after glaze firing. The needle-like crystal should be Lead-feldspar; and there was no obvious relation found between the thickness of the middle layer and the anti-peel off ability of the architectural glazed tile.

Keywords: architectural glazed tile, the middle layer between the body and glaze, lead potassium feldspar

原载《陶瓷》2013 年第 7 期

清代官式建筑琉璃瓦件颜色与光泽量化表征研究

赵 兰 苗建民 王时伟 段鸿莺

故宫博物院

摘 要： 在清代琉璃建筑修缮过程中，遵照"不改变古建筑文物原貌"的修缮保护原则，保持清代宫廷建筑原有的琉璃瓦件釉面颜色和光泽效果，是古代琉璃建筑修缮保护所要遵循的重要准则之一。在清代乃至当代的琉璃建筑修缮过程中更换瓦件时，这种颜色与光泽的延续是以老的瓦件为标样，委托窑场进行烧制，并以委托人的视觉为新瓦颜色与光泽是否合适的检验标准。本文拟以清代具有典型釉面颜色和光泽琉璃瓦件为对象，通过专家评价与科技检测的综合研究方法，以期对清代典型黄色、绿色、蓝色琉璃瓦件的颜色和光泽进行量化的表征，通过 CIELAB 显色系统，给出量化的颜色与光泽数据指标，以此作为清代官式琉璃瓦件复制品的颜色与光泽质量检验标准，指导与规范清代官式建筑琉璃瓦件的烧制与质量检验。

关键词： 清代官式建筑，琉璃瓦件，釉面颜色，釉面光泽，CIELAB 显色系统，质量检验

　　古代琉璃建筑是中国古代建筑的重要组成部分，在中国建筑发展史中占有重要的位置。作为构成古代琉璃建筑辉煌成就的基本单元，古代琉璃构件承载着丰富的文化内涵，是艺术价值、历史价值的直接实物载体[1]。古代琉璃构件的色彩十分丰富，常见的有黄、绿、蓝等色，这些颜色不仅反映了外观之美，而且具有强烈的封建政治色彩，是中国传统哲学思想的一种承载[1, 2]。《易经》说："天玄而地黄。"[3] 在古代阴阳五行学说中，五色配五行和五方位。白绿黑红黄、西东北南中、金木水火土，五色、五个方位与五行相互对应，金木水火土中，土为中、土为大，五行中的土对应着五色中的黄，土居中，故黄色为中央正色。五行中的火对应着五色中的红。

　　紫禁城宫廷建筑的主体颜色为红黄两种，殿宇的屋顶为黄色琉璃构件所覆盖，而建筑物墙体的颜色则为红色，形成了红墙黄瓦的宫廷建筑风格（图1）。红色对应着五行中的火，黄色对应着五行中的土，从而形成了火生土的对应关系。黄色在建筑琉璃釉色里是最尊贵、最有代表性的一种颜色。《易经》说："君子黄中通理，正位居体，美在其中，而畅于四支，发于事业，美之至也。"[3] 所以黄色自古以来就当作居中的正统颜色，为中和之色，居于诸色之上，被认为是最美的颜色，根据封建社会的礼制，黄色是帝王专用色，是至高无上权力的象征，帝王活动的政治、生活建筑群，均采用黄色琉璃瓦顶。经皇帝恩准建造的坛庙或祠堂建筑的屋顶上，也可以铺设黄色琉璃瓦，其它建筑，及至官衙、王府等，均不得在其建筑屋顶上铺设黄色琉璃瓦，否则，属于越制。紫禁城作为明清两代的皇宫，其重要宫殿从明代始建开始，都是在其屋顶上铺设黄色琉璃瓦的。东方、绿色与五行中的木相对应，位于紫禁城东侧的南三所（图2），为皇子居住之地，由于幼年属于五行中的"木"，生化过程属

图 1　紫禁城的红墙黄瓦

图 2　紫禁城南三所绿色琉璃建筑

于"生"，南三所的方位又是在紫禁城的东南方，故都施以绿色琉璃瓦屋面。东方是太阳升起的地方，绿色为春天树木萌芽之色，象征旺盛的生命力，表现出皇帝对他的后代所寄予的希望，寓意着后代子孙的兴旺延续。蓝色如天，蓝色琉璃代表天穹，只用于与隆重祭祀有关的建筑（如天坛祈年殿、社稷坛墙帽等）。天坛祈年殿则主要是铺设天坛蓝釉琉璃构件（图 3）。

建筑琉璃构件的出现，最早的史籍见于北齐时魏收撰的《魏书》[1]，它在官式建筑上的普遍使用可追溯到宋代，到明清已发展到极致，因保存和修缮的原因，现存的建筑琉璃构件中以清代制品居多。通过对 13 个省份共计 40 座琉璃建筑进行考察，发现目前各种琉璃构件的病害较为普遍，作为古代琉璃建筑的一部分，这些琉璃构件自烧成之日，便长期暴露在自然环境中，数百年风霜雨雪干湿冷暖变化的影响与浸蚀、大气中有害物质的腐蚀，致使大量构件出现釉面剥落、风化、返碱、污染变色、褪

图3　天坛祈年殿屋面上的蓝色琉璃瓦

色等各种病害[4]，因多次修缮或重建使琉璃构件颜色越来越混杂，原始的颜色已经逐渐偏离。如何保持琉璃构件颜色和光泽等历史信息的真实性，确保颜色的一致性和可延续性是古建保护修复面临的一个重要问题。由于技术的限制，在清代乃至当代的琉璃建筑修缮过程中，当残坏的瓦件需要更换时，仍是用老的样瓦通过人眼目测比较的方法进行颜色的比较和规范，通过目视对比实物与样瓦来判断颜色是否匹配。使用样瓦来表征琉璃构件的釉色具有直观，有代表性的优点，局限性是标准样品的选择上有随机性，标准不统一，重复性较差，色差不容易表征、不可控性且样品标准不易保存和应用的局限性。本文以制定"清代官式建筑琉璃瓦件复制品标准"为目的，为了规范官式建筑琉璃制品的生产，保障官式古代琉璃建筑的维修质量，利用分光光度计和曲面光泽度计对清代典型釉色的官式建筑琉璃瓦件的颜色和光泽进行系统的测量和分析研究，结合专家目测讨论以此确定的颜色标准样品，分析了琉璃筒瓦黄釉、绿釉及天坛蓝釉等主要釉色的标准 CIELAB 值、容差范围和分布现状，提出了光泽度值具体的量化指标，对工程中所需的建筑琉璃构件复制品的颜色和光泽提出相应的质量标准。

1　试验样品与颜色测量方法

1.1　测试样品的选择

　　琉璃瓦件是清代官式建筑的重要建筑材料，最著名的如故宫之黄色琉璃，王府之绿色琉璃，天坛之蓝色琉璃。本文重点对采集自故宫、天坛和淳亲王府三处官式琉璃建筑群中清代官式琉璃筒瓦的黄、蓝、绿三个典型釉色进行了颜色测量和分析。清代琉璃的烧制有着严格的规定，使用在建筑上的带款识的琉璃构件都应是烧制较好的产品，为了确保釉色的代表性和数据的可靠性，所有测试样品均选择从官式建筑上拆卸的带有明确款识标志及来源特征的琉璃构件。其中 80 块黄釉筒瓦均来自故宫；34 块绿釉筒瓦样品，分别取自故宫、淳亲王府，并对日坛、地坛、历代帝王庙、天坛等地的 40 块琉璃筒瓦进行原位普查测试；19 块天坛蓝釉筒瓦，均来自天坛公园，同时在天坛 60 块筒瓦进行原位普查测试。

从测试的准确性考虑，测色仪器要求测试样品表面颜色无污染变色，有代表性，同时最好有可供测量的平整表面。各种建筑琉璃构件中，筒瓦相比其他琉璃构件光滑釉面范围较大，其曲率可测且误差较小，适合仪器测试，因此釉面保存较好的古代筒瓦样品是我们通常选定的合格样品。唯有一件黄釉剑把，因其写有"月华门中黄"，是被用来讨论颜色标准的唯一琉璃构件样品（图 4）。

光泽样品的选择标准与颜色相同，故对所有选择的样品也适用于光泽测试。

图 4 "月华门中黄"款琉璃剑把

1.2 测试点的选择

琉璃瓦件在窑炉中烧制时熊头向上，因烧制过程中釉的流动作用，以致出窑后琉璃瓦件的釉色形成了自熊头向下由浅渐深的釉面效果，即人们所说的流动效果。但对于颜色测量而言，流动性问题会出现颜色上下不一致问题，样品内部的色差较大，针对这一情况，我们选择样品主体色调来代表该样品的颜色，同时对单个样品的内部色差也作了分析。

1.3 分光光度法

物体对光的吸收具有选择性，而物体的颜色就是选择吸收的结果，因此，测量物体的颜色实质上就是测出反射光的能量分布。颜色测量仪器用和人眼感知颜色的同样方法"接收"颜色，将从某物体反射光的主波长收集、滤光。当以一台仪器作为观察者的时候，它以一个定量的数值"接收"反射的波长，这个数值是：简单的密度数值（密度仪）、三刺激数据（色度仪）或反射光谱数据（积分球式分光光度仪）。积分球式分光光度计测色方法主要是测量物体反射的光谱功率分布，用多棱镜或光栅将多色光分离成单色光，通过光敏组件取得样品反射率或透过率，由这些光谱测量数据通过计算求得物体在各种标准光源和标准照明体下的三刺激值，进而把三刺激值转换成为匀色空间标度 CIELAB。这是一种精确的颜色测量方法，CIELAB 色空间是发展均匀的颜色空间，当一种颜色用 CIELAB 表示时，L 表示明度值、a 表示红 / 绿值、b 表示黄 / 蓝值[5]。

颜色的量化表征包含两部分数据：①标准点的 LAB 值；②容差 DE。颜色容差保证所有生产出的产品彼此匹配，并在可接受的误差范围内。本文采用 1984 年英国染色家协会的颜色测量委员会（the Society's Color Measurement Committee，CMC）推荐的 DEcmc（1∶c）色差公式[6]，人眼对于颜色的敏感性在颜色空间呈椭球体状，它用"椭球体"作为视觉对色差的范围，具有更好的视觉一致性，同时 DEcmc 容差计算中引入了明度权重因子 1 和彩度权重因子 c，以适应不同应用的需求，更精确合理。对容差的评估上，DE 数值越高，匹配颜色"误差极限"越高。容差 DE 的数值表征 0.5～1.0 表示色差微小到中等；1.0～2.0 表示色差中等；2.0～4.0 表示颜色有差距，在特定应用中可接受；大于 4.0 表示颜色差别非常大，在大部分应用中不可接受[5]。

1.4　颜色标准测量方法

选用美国 X-Rite 公司的 SP60 积分球式分光光度计测色仪器，参考标准 ISO105-J03：1995，结合琉璃构件的实际情况确定了测量步骤。

针对颜色测量对样品釉面的要求，分两步进行样品前处理，第一步先用清水把琉璃构件的表面清洗干净，第二步再用无水乙醇擦拭釉面，晾干待用。

仪器测试条件的设置及原因如下：

（1）照明和观察条件：D65/10°，标准光源 D65 能更好地模拟日光（也能更好地评估荧光），采用 CIE 推荐的 10° 标准光源视场；

（2）SPIN/SPEX：因为琉璃构件是高光泽的样品，镜面光泽对其颜色影响很大，故采用 SPIN（包含镜面反射）方式测量，其颜色数据与其他仪器测量的数据才有可比性；

（3）4mm/8mm 孔径：因为琉璃釉面表面非平面，所以选用 4mm 的孔径测试，以减少曲面可能导致的漏光；

（4）DEcmc 容差：选择与人眼观察结果相符性较好的 DEcmc（$1：c$）色差公式，对高光泽光滑表面的釉面陶瓷砖常用的明度彩度比（$1：c$）值选用（1.5：1）；

（5）测量值：选择样品表面未受污染、表面平整能代表样品基本色、可正确表示颜色的洁净区域，测量 3 个点，取三次测量的平均值。

1.5　镜面光泽度测量原理

光泽是物体的一种外观光学特性。表面平滑材料受到可见光的照射时都会产生有方向性的镜面反射，镜面反射的结果使材料表面带有光泽称为镜面光泽，其反射能力的大小称为镜面光泽度。光泽度的大小是通过测量试样表面的反射光通量与入射光通量的比值，即光反射率，来定量表面光泽强弱的。镜面光泽度——在规定的几何条件下，试样镜面光泽是其镜面反射光通量与相同条件下标准黑玻璃镜面反射光通量之比乘以 100。其计算公式如下[7,8]：

$$G = K \times F_2/F_1 = 100 \times \rho/\rho_s \tag{1}$$

式中，G 为试样的光泽度值；F_1 为定向入射到试样表面的光通量；F_2 为定向接收到试样表面反射的光通量；K 为待定常数，$K = 100/\rho_s$；ρ_s 为标准板的反射率；ρ 为试样的反射率。

1.6　古代建筑琉璃制品光泽的测试方法

选用天津其立 MN60-C 型曲面光泽度仪，结合琉璃构件的实际情况确定了测量步骤。

（1）试样的制备：用镜头纸或无毛的布擦干净试样表面。

（2）仪器校正：先打开光源预热，将仪器开口置于高光泽标准板中央，并将仪器的读数调整到标准黑玻璃的定标值，再测定低光泽工作标准板，如读数与定标值相差一个单位之内，表明仪器已校正好。

（3）光泽度测量：按光泽仪操作说明测量每块琉璃构件的光泽度值，注意测量时将仪器平行于圆柱体轴心位置（这个操作对于数值准确很重要），通常每个样品测试 3 个不同位置的数据，以测量的平均数值为每块琉璃构件光泽度值。

2 数据分析原则与方法

颜色量化表征的关键问题是给出釉色的标准中心值，以及选择合适的色差评估方法，以此来保证复制品与标准色样之间的颜色一致性和保持大批量样品的颜色一致性。经过实地考察发现，现存琉璃筒瓦的颜色并不完全一致，有污染、变色、褪色等各种问题。为确保从现存的琉璃构件里选出能代表釉色的标准样品，我们优先选择了雍正和乾隆款识，以及用于太和殿、祈年殿等典型建筑的瓦件，同时还邀请了古代建筑琉璃构件使用、研究、质量监督等单位（包括故宫、中国文化遗产研究院、天坛、北京市园林古建工程公司及北京市建筑工程质量监督总站），负责古代建筑工程设计方面的专家、建筑工程质量监督站的质检专家和长期工作在古代琉璃建筑修缮工作一线有经验的技师，共同对典型的琉璃瓦件釉色进行评价讨论，筛选了最典型的能代表黄釉、绿釉和天坛蓝釉标准色的瓦件，这些颜色标准瓦件的信息见表 1，典型样品照片见图 5。利用积分球式分光光度计对这些样品进行颜色 Lab 分光光度值测量，取平均值确定为釉色的标准值点，见表 2。

表 1　典型釉色标准的实验样品

样品编号	样品名称	款识	年代	来源
50-6	黄色筒瓦	一作徐造（满汉）	清	故宫
65-1	黄色筒瓦	四作邢造（满汉）	清	故宫
130-3	黄色筒瓦	一作成造＋工造	清	故宫太和殿
132-3	黄色筒瓦	三作成造＋工造	清	故宫太和殿
133-1	黄色筒瓦	四作工造	清	故宫太和殿
137-1	黄色筒瓦	西作工造	清	故宫太和殿
150-1	黄色剑把	月华门中黄	清	故宫
WLBQ-0195	天坛蓝釉筒瓦	乾隆辛未年制	清乾隆	北京天坛公园
WLBQ-0196	天坛蓝釉筒瓦	乾隆辛未年制	清乾隆	北京天坛公园
WLBQ-0197	天坛蓝釉筒瓦	坛	清	北京天坛公园
WLBQ-0198	天坛蓝釉筒瓦	坛	清	北京天坛公园
WLBQ-0199	天坛蓝釉筒瓦	乾隆辛未年制	清乾隆	北京天坛公园
WLBQ-0200	天坛蓝釉筒瓦	乾隆辛未年制	清乾隆	北京天坛公园
23012	绿色筒瓦	正四作	清	故宫
35431	绿色筒瓦	工部圆款（上部有〇）	清	故宫
WLNQ-0027	绿色筒瓦	窑户赵士林、配色匠许德祥、房头许万年、烧窑匠李尚才（满汉）	清嘉庆	河北昌妃陵
WLNQ-0029	绿色筒瓦	窑户赵士林、配色匠许德祥、房头许万年、烧窑匠李尚才（满汉）	清嘉庆	河北昌妃陵
WLNQ-0036	绿色筒瓦	嘉庆五年官窑敬造	清	河北昌妃陵
WLNQ-0100	绿色筒瓦	三五作造	清	河北定妃陵

表 2　典型釉色标准的 *Lab* 分光光度值

典型釉色标准值	L*	a*	b*	C*	h°
黄釉标准值	56.26	13.72	39.47	41.79	70.83
绿釉标准值	45.28	−16.37	14.28	21.72	138.91
天坛蓝釉标准值	28.26	5.87	−18.99	19.90	287.2

光泽量化表征的主要问题是通过测试分析琉璃构件的光泽分布，复制品的光泽最低标准也不能低于经历了几百年的使用，光泽已经不断减弱的现存琉璃光泽的最大值。

图 5　典型釉色筒瓦样品

3　测量结果与讨论

3.1　黄色琉璃瓦件测量结果与讨论

琉璃构件的黄色为帝王专用色，因此选用故宫的黄色琉璃构件作为黄色标准制定的标准样品是最具权威性的，其中用于清雍正、乾隆时期的瓦件及用于清代最高等级建筑——太和殿的瓦件从质地、釉色、雕刻纹饰和实用性等方面讲，都达到了古代琉璃瓦制作的顶峰。本次测量选择的 80 块样品中具有明确雍正、乾隆款识的筒瓦加上用于太和殿的筒瓦共 33 块，约占样品数的 40%。在对黄釉琉璃筒瓦标准样品进行颜色测量确定黄釉标准中心点的基础上，对采集的 80 块样品进行了分光光度测量，它们的颜色值 *ab* 散点图见图 6，根据 DEcmc（1.5∶1）容差计算公式计算每个样品的容差值，其频数分布情况见图 7。

通过黄釉筒瓦 *ab* 值散点图 6 可以看出目前故宫建筑琉璃瓦件黄釉的颜色在标准中心值为 L=52.8，a=15.12，b=36.61，C=39.61，h=65.76 时，主体色调的 L 值在 50～58 的范围内，a 值在 10～17 的范围内，b 值在 34～44 的范围内。测试筒瓦的数据以标准值为中心，呈辐射状均匀分布在标准点四周，说明黄釉标准中心值确定合理，黄釉的保存现状分布还是较为集中的。通过图 6 可知，多数样品的容差范围主要为 0～4，部分样品的容差为 5～6，极少数样品的容差为 10～12，说明测试的筒瓦主体黄色应为一类，但部分样品颜色已经明显偏离，发生变色现象。

通过对图 6、图 7 的分析，可知目前故宫主体建筑的黄釉颜色基本一致，但清代官式建筑琉璃黄釉并不统一，历来有黄釉分"中黄""老黄"和"少黄"之说，这次采集的琉璃筒瓦中，有明确不同种类黄釉瓦件的款识是"月华门中黄"和寿康宫、清东西陵发现的带有"老黄"款识的样品，未发现带有"少黄"标识的瓦。目前搜集到的样品里清东陵、清西陵、十三陵及辽宁的清代一宫三陵等陵寝都有颜色较深的筒瓦，符合老黄多用于陵寝的说法，这些样品的 a 值明显高于中黄，但因为并未找到支持此种分类的文献，本文未列出相关老黄琉璃瓦的颜色数据，关于对老黄的颜色讨论及到底有无少黄的颜色还有待日后的继续研究。

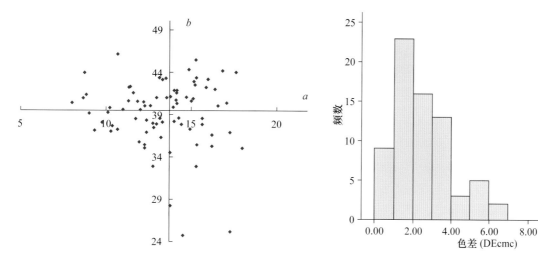

图6 清代官式黄釉琉璃瓦件按 *ab* 值散点分布图   图7 清代官式黄釉琉璃瓦件容差频数分布图

3.2 绿色琉璃瓦件测量结果与讨论

本文测试绿釉样品中，取自故宫仅有2件，数量较多的筒瓦是取自淳亲王（康熙第七子允佑）府带款识的绿釉样品。同时对淳亲王府、清东陵、清西陵、日坛、地坛、历代帝王庙、天坛等建筑带款识的绿釉进行了原位普查测试，依目视结果，其整体色差很大，由颜色 *Lab* 值散点图（图8）结果可知绿釉颜色分布比黄釉要离散性强，代表红绿值的 *a* 值区间非常宽，为［−1.68，−20.03］，根据代表绿色深浅程度 *a* 值的涨落区间看，至少应该有两类绿釉。民间有"果绿""草绿"之说，普查中发现的恭王府的绿釉目视应为果绿一系，但因恭王府的样品缺少款识特征，同时也未查到此说法相关的文献支持，故目前还是以专家咨询会上确定的颜色偏绿的绿釉标准为主，这一标准并不能描述全部绿釉琉璃瓦的颜色特征，另一类绿色较浅的绿釉颜色特征有待后续有样品和文献支持后作进一步研究。

3.3 蓝色琉璃瓦件测量结果与讨论

蓝釉的琉璃瓦件主要取自天坛，同时还对天坛的60块天坛蓝釉进行了原位普查测试，从测试筒瓦的整体分布图（图9）可知，颜色在标准中心值为 $L=28.26$，$a=5.87$，$b=-18.99$，$C=-19.9$，$h=287.2$ 时，主体色调的 L 值在24~34的范围内，a 值区间为［1.87，8.77］，b 值区间为［−25.36，−12.71］，宽容度值定为3时大部分样品都合格，说明现存天坛蓝釉琉璃瓦件的颜色一致性较好。

3.4 琉璃瓦件釉面光泽测量结果与讨论

在上述测试的颜色样品中，选择了能进行光泽测试的样品，共计98块，光泽值的频数分布见图10，散点图见图11。由图10可知，大部分样品光泽值在40~65，54.34是平均值，保存较好的瓦件光泽值最高能到88.9（样品100-1，工部款），由图11可知，工部款和清乾隆款的部分样品光泽度值都较

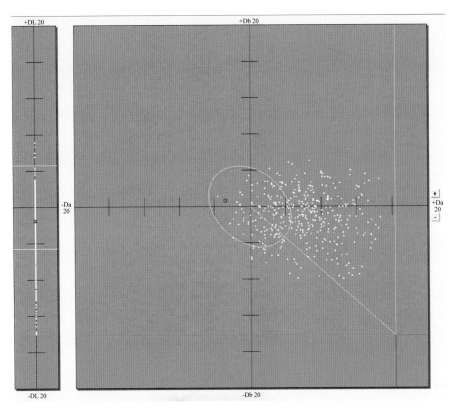

图 8　清代官式琉璃瓦件绿釉普查样品 *Lab* 值散点分布图

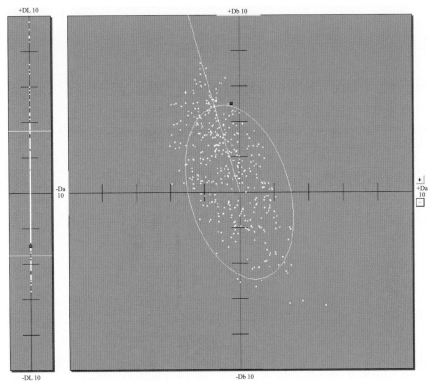

图 9　清代官式琉璃瓦件天坛蓝釉普查样品 *Lab* 值散点分布图

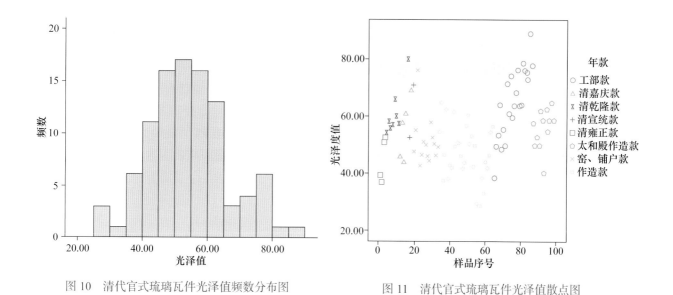

图 10 清代官式琉璃瓦件光泽值频数分布图   图 11 清代官式琉璃瓦件光泽值散点图

高，太和殿的样品光泽值较为集中，平均为 60 左右。

清代官式琉璃瓦件复制品光泽度质量检验标准具体数值的设定，涉及清代官式琉璃建筑的修复保护理念。在古代建筑文物的修缮保护过程中，最小干预与保持文物原貌，保护建筑的原有历史信息，这一保护修复原则在清代官式琉璃瓦件复制品的光泽度数值的确定问题上，如何体现？如何反映？是本文研究过程中反复讨论的一个问题。首先低温铅釉琉璃瓦件的重要特征，即琉璃瓦件具有较高的光泽度，是古人所追求的金碧辉煌的装饰效果。新烧制的琉璃瓦件其光泽度值通常可达 110 以上，但随着岁月的流逝，自然环境的作用影响，琉璃瓦件的光泽将会发生不同程度的衰减，如清代早期的琉璃瓦件其光泽度大多数落在 40～65 的范围之内。那么，对于新烧制琉璃瓦件的光泽度质量检验指标是定在 40～65 还是 110 以上呢？考虑到"修旧如旧"的修复保护理念，兼顾上述实验检测结果，本文认为光泽度值定为 90，即不低于现存清代琉璃瓦件光泽度最高值较为合适。

4 结论

本文通过对清代官式建筑琉璃瓦件黄釉、绿釉及天坛蓝釉的颜色和光泽量化测量与表征的研究，得到如下结论：

（1）用于清代官式琉璃建筑上的黄色、绿色和蓝色琉璃瓦件与典型釉色相比，呈现出的颜色具有很大的不均匀性，反映了以往琉璃瓦件颜色质量检验方法上的缺陷。本文的研究表明，清代官式建筑琉璃瓦件其典型的黄色、绿色和蓝色可利用 CIELAB 显色系统在一定的容差范围内进行量化表征，并可将此量化数据作为清代官式建筑琉璃瓦件复制品颜色质量检验标准。

（2）清代官式建筑琉璃瓦件黄釉颜色集中性较好，颜色在标准中心值为 $L=52.8$，$a=15.12$，$b=36.61$，$C=39.61$，$h=65.76$ 时，主体色调的 L 值在 50～58 的范围内，a 值在 10～17 的范围内，b 值在 34～44 的范围内，90% 样品釉色合格的容差值为 4。

（3）清代官式建筑琉璃瓦件绿釉釉色差别性很大，至少应该有两类绿色，本文给出偏绿一类的绿釉颜色在标准中心值为 $L=45.28$，$a=-16.37$，$b=14.28$，$C=21.72$，$h=138.99$。

（4）清代官式建筑琉璃瓦件天坛蓝釉颜色一致性较好，颜色在标准中心值为 $L=28.26$，$a=5.87$，$b=-18.99$，$C=-19.9$，$h=287.2$ 时，主体色调的 L 值在 $24\sim34$ 的范围内，a 值区间为 $[1.87, 8.77]$，b 值区间为 $[-25.36, -12.71]$，90% 样品釉色合格的容差值为 3。

（5）清代烧制的建筑琉璃瓦件光泽值通常在 $40\sim65$，甚至有些清代琉璃瓦件的光泽值可达 88.9（样品 100-1，工部款）。考虑到在自然环境中使用的琉璃瓦件，在环境因素的作用下光泽度值将随着年代的久远而衰减，因此推荐复制品的光泽值为 90，即不低于现存清代琉璃瓦件光泽度最高值。

致　谢：本研究受国家"十一五"重点科技支撑项目（项目编号：2006BAK31B02）资助。

参考文献

[1] 李全庆. 中国古建筑琉璃技术. 北京: 中国建筑工业出版社, 1987: 1-20.

[2] 杨栩. 唐代建筑之琉璃瓦屋顶的色彩与构成意义初探. 包装世界, 2010, (6): 68-69.

[3] 南怀瑾. 易经杂说. 上海: 复旦大学出版社, 1996: 253-254.

[4] 古代建筑琉璃物件保护与研究课题组. 古代建筑琉璃构件剥釉机理内在因素研究. 故宫博物院院刊, 2008, (5): 115-129.

[5] Berns R S. 颜色技术原理. 北京: 化学工业出版社, 2002: 78-95.

[6] GB/T 3810. 16: 2006/ISO 10545. 16: 2004《陶瓷砖试验方法》第16 部分: 小色差的测定.

[7] ASTMC346—76《陶瓷材料45° 镜向光泽度标准试验方法》.

[8] JISZ8741《镜面光泽度测定方法》.

Quantitative Study of Color and Gloss on Glazed Tiles of Qing Dynasty's Official Building

Zhao Lan　　Miao Jianmin　　Wang Shiwei　　Duan Hongying

The Palace Museum

Abstract: According to the principle of "keep the original appearance of ancient architectural relics", keeping the original glazed color and luster effect is one of the important criteria in the process of repairing the buildings decorated with glazed tiles in the Qing Dynasty. When replacing tiles in the repair of glazed buildings in the Qing Dynasty and even in the contemporary era, the reference of color and luster is based on the old tiles as standard samples, and evaluation the color and luster of new tiles is visual inspection. This paper aims to quantify the color and luster of typical yellow, green and blue glazed tiles glaze in the Qing Dynasty by means of comprehensive studies of expert evaluation and scientific testing. Through CIELAB color system and gloss test instrument, the quantitative data indicators of color and glass are given, which can be used to official glazed tiles replicas in the Qing Dynasty. The quality inspection standard of color and luster can guided and standardized the firing and quality inspection of glazed tiles in the Qing Dynasty official buildings.

Keywords: Qing Dynasty's official building, glazed tile, glaze color, glaze gloss, CIELAB, quality test

原载《故宫学刊》2014 年第 12 期

清代官式建筑琉璃瓦件复制品耐候性评价研究

赵　兰　苗建民　丁银忠

故宫博物院

摘　要：用于清代官式琉璃建筑修缮中的琉璃瓦件复制品，其耐候性能是质量检验的一项重要指标。本文以现有琉璃瓦件相关国家标准《烧结瓦》[1]和建材行业标准《建筑琉璃制品》[2]为基础，根据古代琉璃建筑文物修缮保护工程的特殊要求，对清代官式琉璃瓦件复制品耐候性能的质量检验评价指标进行了试验研究。在四个不同温度条件下，对新烧制的琉璃瓦件制品的抗冻性能进行温度条件检验试验；对具有不同烧结程度和不同胎釉热膨胀系数匹配关系的琉璃样块，进行了冻融循环和急冷急热耐候性检验试验。结果表明，为满足清代官式琉璃建筑文物修缮保护特殊要求，有必要提出比以民用建筑为主要质量检验对象的现有上述标准更为严格的耐候性质量检验指标。

关键词：清代官式建筑琉璃瓦件复制品，耐候性评价，国家标准，行业标准，琉璃建筑文物修缮

　　清代官式琉璃建筑在中国古代建筑文物中占有重要的位置。本着"最小干预"的文物修复保护原则，官式琉璃建筑修缮中所使用的琉璃瓦件复制品应具有较高的性能指标，尽可能延长复制瓦件的使用年限，最大限度地减少在古建筑修缮过程中的人为干预。琉璃瓦件复制品的耐候性是琉璃瓦件的重要质量检验指标，其性能的优劣直接影响瓦件胎体的强度、釉面的剥落，以及瓦件的完整和使用年限。本文以目前颁布的《烧结瓦》[1]《建筑琉璃制品》[2]《陶瓷砖试验方法》[3]及《黏土瓦》[4, 5]等国内外与琉璃瓦件相关标准为依据，考虑古代琉璃建筑文物修复保护的特殊要求，对清代官式琉璃瓦件复制品的耐候性检验指标进行了试验研究。这些试验包括在$-5℃$、$-10℃$、$-20℃$和$-40℃$四个温度条件下，对新烧制琉璃瓦件进行抗冻性能条件试验；对不同烧结程度和胎釉热膨胀系数匹配程度的琉璃样块进行30次冻融循环和200次急冷急热的质量检验试验。结果表明，目前以民用琉璃制品为主要对象颁布的相关国家标准，在耐候性质量检验方面还不能完全满足古代琉璃建筑文物修缮的特殊要求，有必要提出比现有标准更为严格的耐候性质量评价标准。本文对此进行了试验研究与讨论，并以此作为"清代官式建筑琉璃瓦件复制品"文物保护行业质量检验标准制定的试验依据。

1　试验样品与方法

1.1　试验样品

　　选用北京振兴琉璃瓦厂和安河琉璃制品厂烧制的琉璃瓦件作为抗冻性能条件试验样品，在

−5℃、−10℃、−20℃和−40℃四个试验温度条件下，分别在两家公司的琉璃瓦件中各选5块，共计40块。

在抗冻性和耐急冷急热性试验中，为了考察具有不同质量状况琉璃制品的性能差别，本项试验制备了一系列具有不同胎体烧结程度和不同胎釉热膨胀系数匹配关系的试验样块（表1）。这些样块由故宫博物院与陕西科技大学古陶瓷研究所合作制备，外形规格为20cm×10cm×1cm。

表1 冻融和急冷急热试验样品

样品分组	釉料	胎体烧结程度	胎釉热膨胀系数匹配程度	数量/块
第1组	传统铅釉	较差	较好	5
第2组	传统铅釉	略差	较好	5
第3组	传统铅釉	较好	较好	5
第4组	传统铅釉	较好	较好	5
第5组	传统铅釉	较好	较好	5
第6组	G釉	较差	较好	5
第7组	G釉	略差	较好	5
第8组	G釉	较好	较好	5
第9组	G釉	较好	较好	5
第10组	G釉	较好	较好	5
第11组	α釉	较好	较差	5
第12组	α釉	较好	略差	5
第13组	α釉	较好	较好	5
第14组	α釉	较好	较好	5
第15组	α釉	较好	较好	5

注：G釉和α釉是两种新配方的仿古琉璃低铅熔块釉。

1.2 试验方法

本文采用的试验方法主要依据我国GB/T 21149−2007《烧结瓦》[1]国家标准中规定的抗冻性能试验方法和抗热震性相关款项。

抗冻性能试验：以自然干燥状态下的5块琉璃整瓦作为试验样品，仪器设备为冷冻室。试验步骤如下（以−20℃温度条件为例）：

（1）检查外观，将磕碰、釉黏、缺釉和裂纹（含釉裂）处作标记，并记录其情况。

（2）将试样浸入15～25℃的水中，24h后取出，放入预先降温至（−20±3）℃的冷冻室中的试样架上。试样之间、试样与箱壁之间应有不小于20mm的间距，关上冷冻箱门。

（3）当箱内温度再次降至（−20±3）℃时，开始计时，3h后取出试样放入（20±5）℃的水中，融化3h后取出。

（4）以上冻融操作及观察检查为一个循环，重复上述循环，检查并记录样品在冻融循环过程中出现的损坏情况，如釉面剥落、掉角、掉棱及有裂纹增加的损坏次数和损坏尺寸。

耐急冷急热试验：以自然干燥状态下的5块琉璃整瓦作为试验样品，仪器设备主要是工作温度可升至200℃的烘箱，试验步骤如下：

（1）将试样放入预先加热到比冷水温度高（150±2）℃烘箱中的试样架上，试样之间、试样与烘箱壁之间的间距应不小于20mm，迅速关上烘箱门。

（2）在5min内使烘箱内温度重新达到预先设定的温度，在此温度下保持45min。打开烘箱门，取出试样立即浸没于装有流动冷水的水槽中，急冷5min。这个过程为一个耐急冷急热性循环。

（3）检查并记录每件试样耐急冷急热性循环过程中出现的损坏情况，如炸裂、剥落及裂纹延长现象。

2 耐候性试验结果

2.1 抗冻性能温度条件选择试验

清代官式琉璃建筑分布地域较为广泛，为了比较不同温度条件对琉璃瓦件抗冻性能的影响，本试验分别采用−5℃、−10℃、−20℃、−40℃四个温度条件进行抗冻性能试验。由于受冷冻室最低制冷温度的限制，本次抗冻性能温度条件选择试验分别在国文科保（北京）新材料科技开发有限公司进行了−5℃、−10℃、−20℃三个温度条件的试验，在清华土木工程系进行了−40℃温度条件的试验，每个温度条件都进行了30次冻融循环的抗冻性能试验。重复冻融导致琉璃瓦件出现典型的损坏现象见图1。

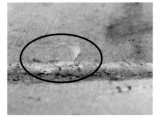

（a）−5℃条件下部分样品釉面炸裂　　　　　　　（b）−10℃条件下样品边角剥釉现象

（c）−20℃条件下部分样品剥釉面积较大　　　　　（d）−40℃条件下部分样品剥釉情况

图1　抗冻性能温度条件试验典型问题样品照片

由抗冻性能温度条件选择试验的结果可知（图1），在−5℃的冻融温度条件下，琉璃瓦样品出现的问题多是原缺陷处起翘或者很小的剥釉现象，在−10℃的温度条件下部分样品出现一些小块釉面的剥落，而在−20℃和−40℃的条件下，琉璃瓦上剥釉的面积和部位相比较−10℃明显增多和增大，同时剥釉的位置已经不再局限为边角，中间部位也出现剥釉现象。其中，−20℃和−40℃的温度条件下剥釉情况虽都较严重，但相互间观察无显著差别，考虑到−40℃条件的试验对设备的要求过高，故认为−20℃温度条件较为合适。

2.2 抗冻性能试验

基于上述温度条件试验结果，本文重点选择－20℃为抗冻性能试验的温度条件，在此条件下对表1中所列的 15 组 75 块样品进行冻融循环抗冻性能试验。国家标准《烧结瓦》和建材行业标准《建筑琉璃制品》，对抗冻性的循环次数要求分别为 15 次和 10 次，为了观察冻融循环次数对样品抗冻性能的影响，本次试验共进行了 30 次冻融循环。由试验结果可知，随着冻融循环次数的增加，样品出现的主要问题是发生剥釉，其中第 1 组和第 6 组的两个烧结程度较差样品出现问题的个数最多，症状也最为明显；烧结程度略差的第 2 组和第 7 组的铅釉样品、第 11 组胎釉热膨胀系数匹配程度较差的样品中，少数样品的边角出现一些不十分明显的损坏症状。不同组样块在抗冻性能试验中出现的典型症状见图2，不同组样品首次出现问题的循环次数散点图见图 3。

（a）1-14 　　　　　　　　　　　（b）2-18

（c）6-3 　　　　　　　　　　　（d）11-20

图 2　抗冻性能试验典型问题样品照片
（样品编号第一位数字代表样品组号；第二位数字代表试验次数）

2.3 耐急冷急热试验

国家标准《烧结瓦》和建材行业标准《建筑琉璃制品》对琉璃瓦件耐急冷急热性试验检验的循环次数均为 10 次。本项研究共安排了 200 次耐急冷急热循环试验，以期通过疲劳试验观察琉璃样块出现不同程度损伤时的终极试验次数。试验中看到，随着试验次数的增加，不同组样块在耐急冷急热试验中出现的主要损伤特征为边角剥釉、炸裂、釉面局部失去光泽及胎体出现断层等现象，典型伤况特征照片见图 4，其中 1 和 6 两组烧结程度较差样品中有多个样品均出现了明显的剥釉现象；烧结程度略

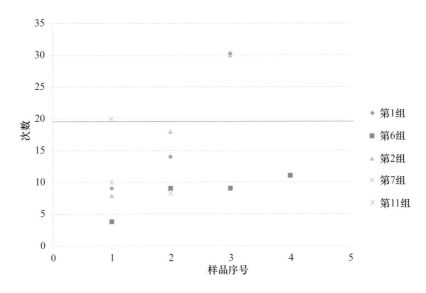

图 3　抗冻性能试验中样品首次出现问题的次数散点图

差的 2 和 7 两组样品中则出现了不甚明显的小面积剥釉现象，且多为原有缺陷的延伸，第 11 组样块主要出现了节点炸裂、新裂纹问题；第 7 组样品中有一块样品能完整看到由前期断层演变到后期明显剥釉的过程见图 5，它在第 9 个循环的时候出现断层，随着试验次数的增加，断层不断加深，到 163 个循环时发生了剥釉现象。耐急冷急热试验中不同组样品首次出现损伤现象的循环次数散点图见图 6。

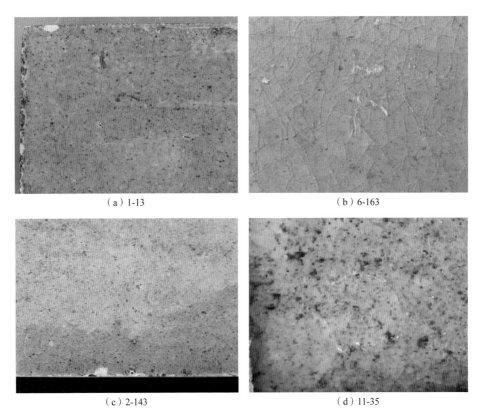

（a）1-13　　　　　　　　　　　　（b）6-163

（c）2-143　　　　　　　　　　　　（d）11-35

图 4　抗热震性试验典型问题样品照片
（样品编号第一位数字代表样品组号；第二位数字代表试验次数）

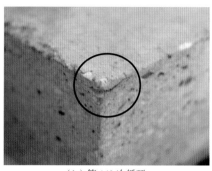

（a）第9次循环　　　　　　　（b）第143次循环　　　　　　　（c）第163次循环

图5　第7组一块样品断层演化照片

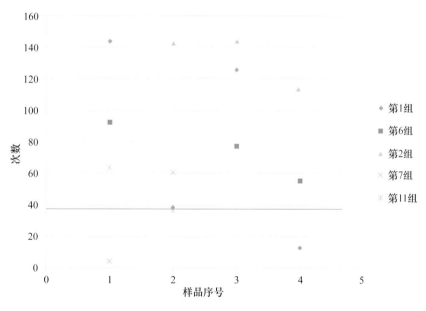

图6　抗热震性试验中样品首次出现问题的次数散点图

3　结论

（1）在课题组对各地琉璃建筑进行考察的过程中，发现一些使用在古代建筑上的新烧制琉璃瓦件虽然在使用前通过了相关的质量检验，但在使用过程中却经受不住真实环境条件的检验，出现了不同程度的病害症状，有的出现了开裂、有的出现了掉角，还有的琉璃瓦件出现了剥釉的症状。更有甚者，有的琉璃瓦件仅仅经历了1～2年春夏秋冬四季的变化，瓦件上的釉层便已经剥落得十分严重了。影响瓦件釉层剥落等瓦件质量的因素是多方面的，相关研究表明[6]，琉璃瓦件胎体的烧结程度和胎釉热膨胀系数匹配关系是其重要的内在因素；而急冷急热和冻融循环外界环境条件则是影响琉璃瓦件使用寿命的重要外界原因。鉴于此，本试验制备了具有不同胎体烧结程度和不同胎釉热膨胀系数匹配关系的两类试验样块，特别是安排了胎体烧结程度较差，胎釉热膨胀系数匹配关系较差的样块，其目的在于考察这些"问题样块"经受现有质量标准检验的能力。考虑到清代官式琉璃建筑分布地域广泛，南北方干湿冷暖气候条件变化较大，因此在采用现有质量标准检验方法的同时，冻融循环的试验温度分别设定为－5℃、－10℃、－20℃和－40℃，增加了耐候性检验的试验次数，以期通过疲劳试验观察试验次数与琉璃瓦件耐候性能的关系。本试验中，耐急冷急热性能试验的次数为 200 次，冻融循环试验次数为 30 次。

（2）从试验结果看到，参与本项耐候性试验检验的琉璃试样按照胎体烧结程度和胎釉热膨胀系数匹配状况分为 15 组共计 75 块，在经历了 30 次冻融循环试验和 200 次急冷急热试验后，胎体烧结程度较好、胎釉热膨胀系数匹配程度适当的琉璃样块，均经受住了 30 次冻融循环和 200 次急冷急热试验检验，无一出现任何受损的症状；而烧结程度差的第 1、2、6 和 7 组样块和胎釉热膨胀系数匹配较差的第 11 组样块中，均有样品随着试验检验次数的增加，出现了不同程度的损伤现象。试验结果表明，现有国家标准与行业标准中，采用的耐急冷急热和抗冻性能检验的试验方法，在检验和筛除劣质琉璃瓦件的质量检验中是有效的。同时从图 3 看到，在琉璃瓦件抗冻性检验中，在目前《建筑琉璃制品》[2] 和《烧结瓦》[1] 标准中的 10 次冻融循环和 15 次冻融循环的基础上，有必要适当增加冻融循环次数，即将试验次数增加至 20 次，因为根据实验结果，20 次是样品出现剥釉问题的数量和实验次数之间的最优次数。图 6 的结果则表明，目前《建筑琉璃制品》[2] 和《烧结瓦》[1] 标准中的 10 次耐急冷急热性检验的次数也是不够的，若干存有问题的劣质琉璃样块，经历 10 次耐急冷急热检验便出现损伤现象的仅有一块，大多数劣质琉璃样块是在经历了 10 次以上的检验试验后，方出现了不同程度的损伤症状。因此在现有标准 10 次耐急冷急热检验的基础上，有必要适当增加耐急冷急热检验次数，即将试验检验次数增加至 40 次。

（3）本项研究得到的具体结论可归纳为以下两点：①现有《烧结瓦》[1] 国家标准和《建筑琉璃制品》[2] 建材行业标准中，对于冻融循环检验试验中提出的－20℃检验条件，对于检验使用在更为寒冷地区建筑上的琉璃瓦件也是适用的；②对于使用在清代官式建筑上的琉璃瓦件，其冻融循环试验检验次数应提高至 20 次，其耐急冷急热试验检验次数应提高至 40 次。

参考文献

[1]　GB/T 21149—2007《烧结瓦》.

[2]　JC/T 765—2006《建筑琉璃制品》.

[3]　GB/T 3810. 9, 12—2006/ISO 10545—9, 12—1999 陶瓷砖试验方法.

[4]　日本JISA5208: 1996《黏土瓦》.

[5]　美国ASTMC1167—96《黏土瓦标准》.

[6]　古代建筑琉璃物件保护与研究课题组. 古代建筑琉璃构件剥釉机理内在因素研究. 故宫博物院院刊, 2008, (5): 115-129.

Weatherability Evaluation Study on Glazed Tile Reproduction of Qing Dynasty's Official Building

Zhao Lan   Miao Jianmin   Ding Yinzhong

The Palace Museum

Abstract: Weatherability is an important quality index for the inspection of glazed tile reproduction of Qing dynasty's official building. Based on GB/T 21149-2007 Fired Roofing Tiles, JC/T 765-2006 Building Terracotta and special requirements for the restoration to glazed official building, this paper studied on the quality index for the inspection of glazed tile reproduction of Qing dynasty's official building. Glazed tile reproductions were tested at four temperatures. The tests of freeze-thaw cycles and quench and heat cycles were carried out on simulated glazed samples with different firing degree and different coefficient of expansion due to heat. The results show that in order to meet the special requirements for the restoration and protection of these official glazed buildings in the Qing dynasty, it is necessary to put forward more stringent weatherability quality inspection indicators than the existing standards, which issued mainly focus on civil buildings.

Keywords: glazed tile reproduction of Qing dynasty's official building, weatherability, evaluation national standard, industry standard, the restoration to glazed official building

原载《砖瓦》2014 年第 5 期

辽宁黄瓦窑建筑琉璃的制作工艺研究

康葆强[1, 2] Simon Groom[3] 段鸿莺[1, 2] 丁银忠[1, 2] 李 合[1, 2] 苗建民[1, 2] 吕光烈[4]

1.故宫博物院；2.古陶瓷保护研究国家文物局重点科研基地（故宫博物院）；3.伦敦大学学院；4.浙江大学中心实验室

摘 要：利用 X 射线荧光法、X 射线衍射法、偏光显微镜对辽宁海城黄瓦窑的建筑琉璃样品进行了分析。显微结构及化学成分结果表明：胎体原料由不同种类原料混合而成。对两种可能的制胎原料，红色黏土和白色变质岩进行鉴别和分析。考虑了不同配方及烧成温度、淘洗的影响，制作了不同比例红土和白土混合的模拟样品，并与古代胎体进行了比较。其中一个模拟样品与古代胎体在成分、物相组成上基本一致，为古代陶工使用了两种原料配制胎体提供了可靠依据。这项工作可为辽宁两处世界文化遗产的修复保护提供技术支持。

关键词：黄瓦窑，建筑琉璃，胎体，原料，红土，白土，岩相分析

1 背景

北魏时期，建筑琉璃就开始在宫殿建筑上使用[1]。唐宋时期，建筑琉璃在宫殿和寺庙上仍然是少量使用。到明清时期，建筑琉璃的生产规模和数量超过以前的任何一个时代[2]。在这期间，出现了一批官琉璃窑厂，如江苏南京的聚宝山窑，北京的琉璃厂窑和琉璃渠窑，辽宁鞍山黄瓦窑[3]。

黄瓦窑遗址位于中国东北部（图 1），从明代晚期到民国初年为宫殿、陵墓和寺庙生产建筑琉璃。考古调查表明，在生产建筑琉璃以前，它是一座生产缸、碗、碟子等日用器皿的民间窑厂[4]。

对该窑最初的考古调查是由沈阳故宫博物院于 20 世纪 70 年代进行的，相关报告没有发表[5]。2002～2006 年，鞍山市博物馆对黄瓦窑遗址进行了考古调查，清理了一座素烧窑[6]。调查过程中，考古学家们收集了一批带有"太庙"和"永陵"等刻划文字的建筑琉璃构件。类似的琉璃构件也发现于北镇庙，新宾的永陵和沈阳故宫、福陵、昭陵等古代建筑上。在窑址早期地层发现一些金代到明代的缸、碗和碟子。这次考古调查结束后，开展了相关建筑琉璃标本的实验室分析工作[7]，该工作揭示了胎釉的物理和化学特征，并初步认为窑址附近的红土和白土可能是制作胎体的原料。

本文制作模拟样块，对两种原料做进一步研究，与古代琉璃胎体比较，搞清楚制作古代琉璃胎体的配方。希望此项工作能够解释古代陶工的技术选择，为沈阳故宫及相关建筑的保护修缮提供借鉴。

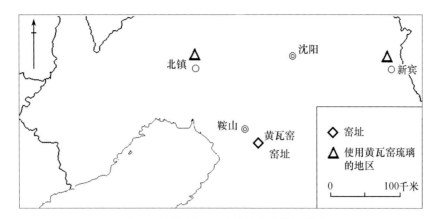

图 1　辽宁海城黄瓦窑的地理位置示意图

2　样品

34 块来自于辽宁鞍山黄瓦窑，沈阳故宫、永陵、福陵以及北镇庙的建筑琉璃样品由鞍山市博物馆提供，编号为 WLLM-0008 至 WLLQ-0062。根据鞍山市博物馆富品莹先生[8]判断，这些琉璃样品分为四个时期。

Ⅰ期，努尔哈赤到皇太极时期（1616～1643 年）；

Ⅱ期，清代顺治、康熙、雍正和乾隆时期（1644～1795 年）；

Ⅲ期，清代嘉庆到道光时期（1796～1850 年）；

Ⅳ期，清代咸丰到宣统时期（1851～1911 年）。

另外，还对黄瓦窑在建筑琉璃生产之前的早期产品，如缸、碗和碟子（编号分别为 Cugangtai-5、Xigangtai-5、H106）做了分析。

对窑址周边的几种可能原料做了鉴别和取样。最重要的是从位于窑址西北和东北表面采集的褐红色黏土（文后称之为红土）和白色块状岩石（文后称白土）。红土是褐红色，颗粒较细，质地均匀。白土是岩石状，在细的片状叠层基质中分布着不同粒径、不同脆性及不同硬度的矿物。从窑址采集的原始状态的白土样品编号为 Ly-0014。黄瓦窑古代窑工后人提供鞍山市博物馆[9]一个白色黏土样品，据称为琉璃瓦制作原料，编号为 baitu-hou。

另外 7 个是在实验室加工处理的样品，编号分别为 washed friable、washed soft block、washed hard block，以及 B1 至 B4。washed 系列样品是用蒸馏水浸泡分离出的样品，"washed friable"是分散到水中的细颗粒部分，分散不开的块状物按硬度分为软块 washed soft block 和硬块 washed hard block。B 系列样品是原始的白土块状样品，按硬度编为 B1～B4，硬度逐渐提高。原料样品的信息见表 1。

表 1　原料样品描述

序号	样品名	存在状态	硬度	颜色	来源
1	red clay	细黏土	—	棕红色	红土区
2	Ly-0014	细黏土夹杂块状物	—	灰白色	白土区
3	washed friable	细的粉末	软	灰白色	白土区
4	washed soft block	块状物，具有层状结构	软	—	白土区
5	washed hard block	块状物	硬	白色偏黄	白土区

续表

序号	样品名	存在状态	硬度	颜色	来源
6	B1	块状物	软	白色偏绿	白土区
7	B2	块状物	软	白色，带有灰黑色的夹层	白土区
8	B3	块状物	硬	白色，带有黄色夹层	白土区
9	B4	块状物	硬	白色	白土区
10	baitu-hou	细黏土，可能经过淘洗	—	白色偏粉色	黄瓦窑工匠后人

3 分析方法

利用波长色散 X 荧光光谱法（熔片法）对古代建筑琉璃和个别原料样品的主次量元素进行分析。仪器为帕纳科公司的 AXIOS 型 X 荧光光谱仪，Rh 靶，SuperQ 软件。样品制备过程为：样品被切掉釉之后，粉碎、研磨、过 200 目（74μm）筛。取 0.5g 过筛样品与 4.5g $Li_2B_4O_7$，0.5g LiF 和 0.2g NH_4NO_3 混合并熔成玻璃片。烧失量也进行了测定并加到主次量元素的测量结果中。如果加和不在 99.5%～100.3%，结果归一到 99.8%。方法的准确度、精密度及检测限之前做过讨论[10]。

利用 X 射线衍射法分析了原料样品及配比混合物。仪器为日本理学公司的 D/max 2550PC 型衍射仪，Cu 靶，石墨弯晶单色器。对于原料样品，仪器分析条件为：管电压 40kV，管电流 100mA，采谱范围 3°～90°，扫描速度为 8°/min。对于配比混合物样品，管电压 40kV，管电流 150mA，其他条件相同。

偏光显微镜工作是在伦敦大学学院 Wolfson 考古科学实验室完成的。

利用能量色散 X 射线荧光光谱仪分析了配比混合物，仪器为美国 EDAX 公司的 Eagle Ⅲ XXL 能谱仪，仪器条件：管电压 25kV，管电流 600μA，采谱时间 450s，方法为无标样基本参数法。束斑尺寸为 300μm。每个分析结果为三个不同位置测试结果的平均值。

4 分析结果

4.1 元素分析

34 个古代琉璃瓦胎体及原料样品红土（red clay）、白土（Ly-0014）的化学成分列于表 2，胎体成分属于 $MgO-Al_2O_3-SiO_2$ 三元体系。胎体中含 15%～25% 的 MgO，13%～17% 的 Al_2O_3，50%～56% 的 SiO_2，3%～4% 的 Fe_2O_3，以及不到 2% 的 CaO。

表 2 黄瓦窑建筑琉璃及原料的样品信息和元素分析结果 （单位：wt%）

样品名	来源	年代	Na₂O	MgO	Al₂O₃	SiO₂	P₂O₅	K₂O	CaO	TiO₂	MnO	Fe₂O₃	烧失量	总计
WLLM-0025	陵寝或宫殿	Ⅰ	0.52	19.08	15.71	53.89	0.11	1.86	1.53	0.63	0.06	3.46	3.38	100.23
WLLM-0044	陵寝	Ⅰ-Ⅱ	0.64	18.66	15.24	53.77	0.13	1.60	2.01	0.66	0.06	3.43	3.61	99.80
WLLM-0010	陵寝	Ⅱ	0.53	19.31	15.81	53.15	0.12	2.10	1.91	0.63	0.05	3.47	3.36	100.42
WLLM-0013	宫殿	Ⅱ	0.47	20.40	15.23	53.37	0.13	1.41	1.54	0.62	0.06	3.37	3.71	100.29
WLLM-0014	宫殿	Ⅱ	0.58	18.60	15.16	54.09	0.12	1.61	1.66	0.63	0.06	3.55	3.93	100.00
WLLM-0033	宫殿	Ⅱ	0.62	17.88	15.56	54.51	0.09	1.94	1.19	0.63	0.06	3.63	3.64	99.76

样品名	来源	年代	Na₂O	MgO	Al₂O₃	SiO₂	P₂O₅	K₂O	CaO	TiO₂	MnO	Fe₂O₃	烧失量	总计
WLLM-0039	陵寝	II	0.45	19.88	15.39	52.97	0.12	1.68	1.60	0.62	0.05	3.25	4.03	100.04
WLLM-0045	宫殿	II	0.82	18.98	15.19	53.56	0.09	1.88	1.15	0.63	0.06	3.64	3.79	99.80
WLLM-0046	陵寝	II	0.65	16.29	15.86	54.35	0.14	2.11	1.83	0.66	0.07	4.15	3.70	99.80
WLLM-0047	陵寝	II	0.61	20.36	14.85	53.80	0.11	1.51	1.21	0.62	0.05	3.49	3.20	99.80
WLLM-0048	陵寝	II	0.64	19.52	15.36	54.34	0.10	2.01	0.95	0.62	0.05	3.41	2.80	99.80
WLLQ-0056	陵寝	II	0.46	22.29	14.23	50.40	0.10	1.41	0.96	0.59	0.05	3.22	6.08	99.80
WLLQ-0057	陵寝	II	0.45	21.63	15.16	51.27	0.11	1.60	1.30	0.60	0.05	3.29	4.34	99.80
WLLQ-0058	陵寝	II	0.56	19.68	15.51	53.43	0.11	1.69	1.29	0.64	0.05	3.48	3.37	99.80
WLLQ-0059	陵寝	II	0.46	24.28	13.30	50.05	0.09	0.92	1.13	0.57	0.05	2.94	6.02	99.80
WLLQ-0061	陵寝	II	0.51	16.90	16.39	54.84	0.09	1.92	1.37	0.67	0.06	3.88	3.18	99.80
WLLM-0008	陵寝	II - III	0.58	19.95	15.15	54.29	0.10	1.61	1.18	0.63	0.06	3.53	2.71	99.80
WLLM-0015	陵寝或宫殿	II - III	0.63	20.21	15.33	54.51	0.11	1.59	1.09	0.64	0.06	3.54	2.73	100.42
WLLM-0029	陵寝或宫殿	II - III	0.60	18.29	15.51	54.50	0.12	1.92	1.56	0.64	0.07	3.75	3.28	100.23
WLLM-0030	陵寝	II - III	0.51	20.58	15.59	52.28	0.10	2.03	1.05	0.62	0.05	3.33	3.89	100.02
WLLM-0031	陵寝	II - III	0.53	18.68	16.23	54.49	0.12	2.00	1.36	0.65	0.06	3.56	2.73	100.41
WLLM-0038	宫殿	II - III	0.54	17.57	15.82	54.89	0.12	2.07	1.25	0.64	0.06	3.55	3.21	99.72
WLLQ-0062	陵寝	II - III	0.68	16.10	15.35	55.49	0.11	1.82	1.91	0.69	0.07	3.93	3.66	99.80
WLLM-0011	陵寝	III - IV	0.64	16.37	16.89	55.83	0.12	2.33	1.11	0.68	0.06	3.98	1.79	99.80
WLLM-0012	陵寝	III - IV	0.44	22.04	14.96	51.65	0.11	1.44	1.57	0.60	0.05	3.20	3.72	99.76
WLLM-0018	陵寝	III - IV	0.46	19.59	14.90	52.73	0.13	1.67	1.60	0.61	0.06	3.54	4.50	99.80
WLLM-0021	陵寝	III - IV	0.60	18.40	15.82	54.63	0.10	1.98	0.93	0.64	0.06	3.65	3.00	99.80
WLLQ-0055	陵寝	III - IV	0.56	20.03	15.79	54.09	0.10	1.70	0.94	0.65	0.05	3.44	2.43	99.80
WLLE-0049	宫殿	IV	0.62	21.16	15.17	51.34	0.10	1.35	1.79	0.63	0.05	3.04	4.55	99.80
WLLE-0050	寺庙	IV	0.58	15.15	16.39	54.83	0.10	2.65	1.20	0.67	0.06	4.62	3.56	99.80
WLLQ-0051	寺庙	IV	0.60	18.38	15.63	54.15	0.09	1.70	1.65	0.64	0.06	3.48	3.41	99.80
WLLE-0052	寺庙	IV	0.59	18.35	15.69	54.46	0.10	1.78	1.38	0.64	0.06	3.49	3.26	99.80
WLLE-0053	陵寝	IV	0.55	17.47	15.94	54.11	0.09	1.95	1.44	0.66	0.06	3.87	3.67	99.80
WLLQ-0054	陵寝	IV	0.57	18.19	16.33	55.11	0.09	1.96	0.89	0.66	0.05	3.54	2.41	99.80
Ly-0014	白土区	现代	0.08	33.16	8.38	31.10	0.05	0.75	0.49	0.27	0.01	1.12	24.38	99.80
去掉烧失量归一			0.10	43.97	11.12	41.23	0.06	1.00	0.65	0.36	0.02	1.49		100
red clay	红土区	现代	1.39	4.30	15.01	63.40	0.08	2.57	0.96	0.75	0.10	5.10	6.15	99.81
去掉烧失量归一			1.48	4.59	16.03	67.69	0.09	2.74	1.02	0.80	0.11	5.45		100

　　黄瓦窑胎体含非常高的 MgO 和 Al₂O₃，是发表的中国陶瓷数据中非常独特的。新石器时代南方地区有一些富镁的陶器[11]，这些陶器与黄瓦窑属于不同的陶瓷传统，新石器时代南方陶瓷中 Al₂O₃ 含量较低，其原料可能为含铝较低的滑石类黏土。

　　黄瓦窑胎体成分的二元变量分析表明，胎体元素至少可分为两类。Fe、Al、K 和 Ti 都呈正相关，说明胎体中的某种组分中包含上述元素。这些元素与 Mg 呈负相关。MgO 与 Fe₂O₃ 的负相关系数为0.78（图 2）。这种线性相关说明胎体原料是两种原料混合而成，一种主要提供 MgO，另一种提供了

Fe_2O_3。CaO 和 P_2O_5 与其他元素没有明显关系。上述元素的分类情况与遗址周围两类原料的成分相对应，红土（red clay）中含较高的 Fe_2O_3 和碱土金属氧化物（红土约含 5.5% 的 Fe_2O_3，白土约含 1.5% 的 Fe_2O_3，Fe_2O_3 为归一后数值），白土（Ly-0014）中含较高的 MgO（白土约含 44% 的 MgO，红土约含 4.6% 的 MgO，MgO 为归一后数值）。白土 Ly-0014 的烧失量约为 24.4%，非常大，可能与含羟基化合物和碳酸盐有关，如绿泥石和白云石，它们在高温下分解。

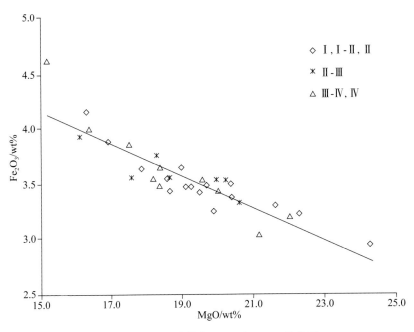

图 2　建筑琉璃胎体中 MgO 和 Fe_2O_3 的关系

4.2　矿物分析

采用 XRD 法对原料样品及日用器皿的胎体进行分析，结果见表 3，分析结果反映了该地区的地质特征，有石英、微斜长石、镁橄榄石和顽火辉石。其他矿物，如白云母、钠长石也比较常见。红土的矿物分析结果中包括石英、微斜长石、钠长石、绿泥石（斜绿泥石）、白云母，以及少量滑石和菱镁矿。这些矿物表明，红土属于含铁的沉积黏土，与黄瓦窑琉璃的胎体原料密切相关。对于其他 9 个白土原料，以含镁的矿物为主，包括滑石、绿泥石（斜绿泥石）及菱镁矿，反映了该地区的区域变质环境[12, 13]。

表 3　原料及日用器皿胎体的 X 射线衍射结果

序号	样品名	XRD 结果
窑址原料	red clay	石英、微斜长石、钠长石、斜绿泥石、白云母、滑石、菱镁矿
	Ly-0014	斜绿泥石、滑石、白云母、菱镁矿、石英、白云石
	washed friable	斜绿泥石、滑石、白云母、菱镁矿、石英
	washed soft block	菱镁矿、石英、滑石

续表

序号	样品名	XRD 结果
窑址周边原料	washed hard block	菱镁矿、石英、滑石
	B1	斜绿泥石、滑石、白云母、菱镁矿、石英
	B2	斜绿泥石、石英、滑石、白云母
	B3	菱镁矿、斜绿泥石、石英、滑石
	B4	菱镁矿、斜绿泥石、石英、滑石
	baitu-hou	斜绿泥石、滑石、白云母、菱镁矿、石英
日用器皿	Cugangtai-5	石英、微斜长石、钠长石、镁橄榄石、顽火辉石、滑石、白云母
	Xigangtai-5	石英、顽火辉石、堇青石
	H-106	石英、微斜长石、镁橄榄石、顽火辉石

白土原料分为两类：一类质地较软、易碎；另一类呈独立的块状。第一类包括 Ly-0014、washed friable、B1、B2 和 baitu-hou，这类样品具有相似的物理性质。它们的矿物组成包括斜绿泥石、滑石、白云母、菱镁矿和石英，与质地软且有一定的可塑性是相符的。另外一类包括 washed soft block、washed hard block、B3、B4。它们不易碎且比较致密，主要矿物包括菱镁矿、滑石、石英和少量斜绿泥石。这类块状物缺少含 Al_2O_3 的矿物，质地较硬，呈独立块状。

4.3 岩相分析

利用 Whitbread[14] 建立的方法对样品 WLLM-0046、WLLM-0048、WLLQ-0058、WLLQ-0061、WLLE-0049 和 WLLQ-0055 进行了岩相分析。

所有样品都包含类似的组织结构，其中 WLLE-0049 和 WLLQ-0055 比较特殊。在各个样品中都能看到两种明显不同的组织，两者混合得不太均匀。一种是红色的黏土质组分（图3），包含次圆形及透镜体状的团状物。红色黏土质组分内的原生矿物有（按照含量降序排列）：单晶石英、黑云母、白云母、不透明物质（从粗到细一共约30%）。红色黏土的颜色和双折射现象表明是一种含铁的组分，可以看到有线形的双折射条纹。另一种是带有半自形和他形矿物的结晶态物质。能看到里面包含复合型的岩屑颗粒，显示出片岩结构（图4），岩石形态反映为变质岩。在这类组分中的矿物有（按照含量降序排列）：绿泥石、多晶石英、滑石、白云母和菱镁矿。这类结晶态物质的基质是由滑石和绿泥石组成的。如果这些矿物来自单一的变质岩，那么它与 Yardley 描述的蓝色片岩相近，这类岩石是泥质组分在低温、高压环境下成岩的[15]。

从样品胎体整体来看，其基质中可以获得的信息量少，只能看出弱的双折射，表明烧结程度较高。各个样品胎体中粗细颗粒的比例不同，粗颗粒占胎体的20%~40%，粗颗粒渐变为细颗粒。样品胎体结构中择优取向现象很常见，表现为颗粒物、气孔及可塑性包含物呈线条状分布，推测是在瓦件的加工过程中形成的。如果是这样，基体应该由混合较好的黏土、绿泥石、滑石及白云母组成，还有石英、不易碎的较粗颗粒共同组成。

时代较晚的样品 WLLE-0049 和 WLLQ-0055 也符合上述一般特征，但是它们所含的黏土团颜色较暗，发黑褐色。它们所含的变质岩颗粒也与其他样品相似，但是复合的岩石颗粒比较少，含更多的滑石、菱镁矿及绿泥石。这两个样品的胎体颜色呈暗褐色。因样品尺寸较小，无法搞清楚与其他样品存在差异的根本原因。推测这两个晚期样品可能代表了一种晚期的胎泥处理技术，或者原料的选择发生了变化。

 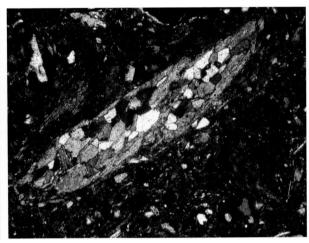

图 3　样品 WLLQ-0061 中的可塑性黏土团。视场尺寸为 2.5mm　　图 4　从样品 WLLE-0049 上看到伸长的片岩，含石英和滑石。应由白土原料引入。视场尺寸为 1mm

5　琉璃胎体的实验模拟

　　为了搞清楚红土和白土两种原料用于配制黄瓦窑琉璃胎体的相对比例及工艺性能，制作了一系列的样块。采用 EDXRF 对样块进行分析，并结合 WDXRF 与 EDXRF 对同一块古代琉璃胎体的分析结果，来判别结果的可靠性。古代琉璃胎体 WLLM-0010 的两种 XRF 分析结果表明，两种结果得到基本上一致的结果，EDXRF 的分析结果中，Mg、Al 和 Si 这样的轻元素含量偏低，而 K、Ca、Ti、Mn、Fe 等重元素含量偏高。EDXRF 没有检测出 P 的含量。也印证了 WDXRF 是一种定量分析方法，而EDXRF 为半定量分析。

　　在考虑配方时，使用三种性状不同的白色原料与红土混合。M I 由红土和 washed friable 配制，M II 由红土与 B2 配制，M III 由红土和 baitu-hou 组成。M III 与走访窑工后代的提法一致。对于 M I系列的 3 个配方，用于观察红土和白土混合比例对成分的影响。为了与古代琉璃胎体的成分比较，选择了 MgO 和 Fe_2O_3 含量适中的样品 WLLM-0010。EDXRF 的分析结果见表 4。

　　对于 M I 系列的 3 个样品，随着红土比例的提高，样块 MgO 含量降低，Fe_2O_3 含量提高，这一现象与图 2 反映的一系列古代琉璃胎体的成分特征相似。而且随着红土比例的提高，SiO_2 和 Al_2O_3 的含量提高，说明红土比白土含有更多的 SiO_2 和 Al_2O_3。红土和白土的比例为 2 : 1 时，其成分与 WLLM-0010 最接近。

　　古代琉璃胎体 WLLM-0010 与 M I（2 : 1）的 XRD 结果比较见图 5。它们含有相似的物相，如石英、顽火辉石、微斜长石及镁橄榄石。不同的是，M I（2 : 1）中含少量的方镁石（MgO）、赤铁矿和钠长石，这些物相的出现表明，样块中存在没有充分反应的矿物及外来变化的产物，如钠长石和赤铁矿为没有充分反应的物相，方镁石（MgO）则为白色原料 washed friable 中的菱镁矿（$MgCO_3$）分解产物。

样品 baitu-hou（窑工后人提供的样品）的矿物组成与 washed-friable 相近（表3）。红土和 baitu-hou 配比的样块也与 WLLM-0010 的成分非常相近，说明了原料的类型及比例都可以满足古代的配方需要。

除了矿物组成的比较，对原料样品高温加热研究其烧后的性能。对原料在中性偏氧化气氛下烧制，达到1200℃时保温1h观察颜色和机械强度的变化。红土变为棕褐色并发生熔融，白色原料则基本没有熔融。三个白土样品 washed soft block、washed hard block 和 B4，烧后没有机械强度，很容易分散开。而对于含白云母的白色原料，如 Ly-0014、washed friable、B1 和 baitu-hou，烧后具有一定的机械强度。只有 B2（白云母含量最多），烧结并具有较高的强度。但是，MⅡ（红土和 B2 的混合物）的 SiO_2 较高，MgO 较低（表4），与古代琉璃胎体成分不太相符。总的来看，白色原料的烧结性能比较差，烧后强度较低。

原料烧后颜色的改变也是模拟样块和古代琉璃胎体比较的重要因素。对于红土，烧后具有橘红色到褐色，可能与含较高的 Fe_2O_3 有关，烧后的颜色不利于表面施浅色的釉。白色原料烧后呈白色到淡黄色。对于烧后收缩，红土变形严重，而 washed friable 则没什么改变，说明白色原料的耐火度较高。

红土和白土的烧后颜色及物理性能，通过混合能够提高。Sillar 做过秘鲁 Machaca 地区的民族学调查[16]，发现当地在陶瓷坯体中掺入滑石类岩石制作陶瓷炊器，与黄瓦窑的制胎工艺类似。具体做法是用木板粉碎滑石类岩石，过筛后再与另外一种黏土混合。制作出的陶器在显微结构上与黄瓦窑的类似，而且在粗颗粒的比例及形状上很相近。主要的区别是，黄瓦窑的胎体中的晶体颗粒尺寸更大，含量更多。在两种技术传统下，原料的选择及得到的产品都很相近。

表4　WLLM-0010 与烧后的红土和白土不同比例混合物的 EDXRF 分析结果　（单位：wt%）

样品名	Na_2O	MgO	Al_2O_3	SiO_2	K_2O	CaO	TiO_2	MnO	Fe_2O_3	总计
WLLM-0010	0.5	18.1	17.6	58.1	1.5	1.4	0.4	0.0	2.4	100.0
MⅠ（1:1）	1.2	20.2	16.6	57.5	1.3	0.5	0.4	0.0	2.4	100.1
MⅠ（2:1）	0.0	18.3	16.9	59.8	1.2	0.5	0.4	0.0	2.8	99.9
MⅠ（3:1）	0.9	13.7	17.4	62.5	1.4	0.5	0.4	0.1	3.1	100.0
MⅡ（2:1）	0.0	12.3	17.7	64.4	1.7	0.6	0.5	0.0	2.9	100.1
MⅢ（2:1）	0.8	18.4	17.0	58.7	1.3	0.6	0.4	0.0	2.9	100.1

6　讨论

首先，300年来建筑琉璃胎体的化学成分及矿物组成基本一致，说明黄瓦窑的制作原料及配方很稳定。胎体的岩相分析结果支持历史文献[17]记载，即由两种原料配比而成。我们认为一种是红色黏土，另一种是出露于地表的变质岩石。对于两种原料的比例，通过 MgO（变质岩石中富含 MgO）和 Fe_2O_3（红色黏土中富含 Fe_2O_3）的比例可以计算出来。模拟实验表明，两份的红色黏土配比一份的变质岩石可以制成坯体。就配方的变化来看，从图2中，大部分样品的 MgO 分布在17.5%～20.5%，而

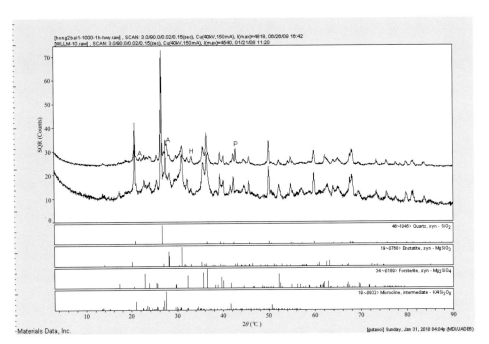

图5　M I（2∶1）和 WLLM-0010 的 X 射线衍射图谱
（上面 M I（2∶1），下面 WLLM-0010；P. 方镁石；H. 赤铁矿；A. 钠长石）

Fe_2O_3 分布在 3.2%～3.8%。这些样品（图 2）包括 I 期、I-II 期、II 期、II-III 期、III-IV 期和IV
期。说明，随着时间变化，化学成分变化不大。III-IV 期和IV 期，Fe_2O_3 和 MgO 的比率变化比较大，
说明这段时间配方有波动。

　　考虑古代陶工使用两种而不是一种原料，从化学成分的角度看，红土中含较高的助熔成分，而白
土中助熔成分少，因此红土的加入利于陶瓷的烧制。模拟实验发现，红土中掺入白土引起材料两个关
键性能变化，陶瓷胎体耐火度提高及胎体颜色变为灰白色。前一个性能对表面的釉层有影响，后一个
对琉璃瓦的外观有影响。

7　结论

　　这种使用富镁陶瓷的特殊技术从窑厂最早期的产品缸、碗、碟，一直到皇家琉璃窑厂持续了三百
多年。在建筑琉璃生产的四个阶段，胎体的化学成分基本一致，并且分布在较窄的成分区间内，说明
这种原料技术是黄瓦窑生产的历史选择。

　　黄瓦窑制作陶瓷胎体依赖于两种原料的混合，结合历史文献、民族学调查，以及实验室检测研究
表明：黄瓦窑工匠可在窑炉附近 200km 的范围内找到需要的原料。红土和白色变质岩分别位于离窑址
不远的西北和东北方向，对于古代窑工来说利用起来是切实可行的。这几种白色原料中，结合民族学
调查，主要含绿泥石和滑石的白色原料应该被古代工匠使用。模拟实验说明，两份红土和一份白土混
合原料将得到理想性能的胎体。

　　从技术性能来说，两种原料混合使用的优势明显。红土烧后颜色深，不利于表面釉层发色，无法
单独使用。白色原料因为烧结性能差，也无法单独使用。因此，如果两种原料混合使用，胎体具有合
适的烧结性能，合适的颜色，便于施釉。这种技术生产的陶瓷在辽宁省境内具有一定范围的传播。

致 谢：非常感谢 Thilo 教授和 Marcos Martinon-Torres 博士进行的有益讨论。也非常感谢鞍山市博物馆赵长明馆长和富品莹研究员提供了样品的考古学信息以及大力支持。Birkeck 地球科学系的 Steve Hirons 和 Hank Sombroek 提供了关于岩相学的帮助。Lindsay Groom 女士和方小济女士给文稿的语句提供了修改建议，一并致谢。该项研究得到国家文物局重点科研基地课题（编号：20080217）的资助。

参考文献

[1] [北齐] 魏收. 魏书. 北京: 中华书局, 1997: 197.
[2] 刘敦桢. 中国古代建筑史. 北京: 中国建筑工艺出版社, 1984: 408.
[3] 王光尧. 元明清三代的官琉璃窑制度研究. 中国古代官窑制度. 北京: 紫禁城出版社, 2004.
[4] 富品莹, 路世辉. 辽宁海城黄瓦窑遗址调查报告. 沈阳故宫博物院院刊, 2007, (4): 6-22.
[5] 富品莹, 路世辉. 辽宁海城黄瓦窑遗址调查报告. 沈阳故宫博物院院刊, 2007, (4): 6-22.
[6] 富品莹, 路世辉. 辽宁海城黄瓦窑遗址调查报告. 沈阳故宫博物院院刊, 2007, (4): 6-22.
[7] 康葆强, 段鸿莺, 丁银忠, 等. 黄瓦窑琉璃构件胎釉原料及烧制工艺研究. 南方文物, 2009, (3): 116-122.
[8] 康葆强与鞍山市博物馆富品莹先生交流时获知.
[9] 康葆强与鞍山市博物馆富品莹先生交流时获知.
[10] 段鸿莺, 梁国立, 苗建民. WDXRF 对古代建筑琉璃构件胎体主次量元素定量分析方法研究. 见: 罗宏杰, 郑欣淼. '09 古陶瓷科学技术国际讨论会论文集. 上海: 上海科学技术文献出版社, 2009.
[11] 李文杰. 中国古代制陶工艺研究. 北京: 科学出版社, 1996: 332.
[12] 张秋生. 辽东半岛早期地壳与矿床. 北京: 地质出版社, 1988: 218-450.
[13] 陈曼云, 黄志安. 辽宁大石桥一海城地区辽河群变泥质岩石的变质变形序列的研究. 辽宁地质, 1994, (1-2).
[14] Whitbread I K. Greek Transport Amphorae: a petrological and archaeological study. Fitch Laboratory Occasional Paper 4. Athens: British School at Athens, 1995.
[15] Yardley B. An introduction to metamorphic petrology. Harlow: Longman Scientific and Technical, 1989.
[16] Sillar B. Shaping culture: making pots and constructing households. An ethnoarchaeological study of pottery production, trade and use in the Andes. British Archaeological Reports International Series 883. Oxford: Archaeopress, 2000.
[17] 廷瑞, 孙绍宗, 张辅相. 海城县志. 1924: 7.

The Ceramic Technology of the Architectural Glazed Tiles of Huangwa Kiln, Liaoning Province, China

Kang Baoqiang[1, 2]   Simon Groom[3]   Duan Hongying[1, 2]   Ding Yinzhong[1, 2]   Li He [1, 2]
Miao Jianmin [1, 2]   Lv Guanglie [4]

1. The Palace Museum; 2. Key Scientific Research Base of Ancient Ceramics, State Administration of Cultural Heritage (The Palace Museum); 3. University College London; 4. Central Laboratory, Zhejiang University

Abstract: An assemblage of architectural glazed tiles from Huangwa kiln, Haicheng in Liaoning Province was analysed using XRF, XRD and petrography. Micro-structure and chemistry indicated the mixing of multiple components. Two potential raw materials for the tile body: a red argillaceous component and white metamorphic component, were identified and analysed. Experimental replicas were prepared with varying recipes, investigating firing, refinement and proportions of material and compared with archaeological compositions. A proposed recipe offers technological justification for the use of two raw materials. This work has clear implications for restoration work on two World Cultural Heritage sites in Liaoning Province.

Keywords: Huangwa kiln, architechtural glazed tiles, body, raw materials, red clay, white clay, petrography

原载《Craft and Science: International Perspectives on Archaeological Ceramics》, Doha:

Bloomsbury Qatar Foundation, 2014

北京地区明清建筑琉璃构件制作工艺的初步研究

丁银忠[1]　李　合[1]　康葆强[1]　陈铁梅[2]　苗建民[1]

1. 故宫博物院文保科技部；2. 北京大学考古文博学院

摘　要：古代建筑琉璃构件作为中国陶瓷技术的重要组成部分，其制作工艺体现了古代匠人们的聪明智慧和创造力，并蕴含着丰富的科技和文化内涵。本文拟通过文献阅读、窑址考察和科技分析三者相结合的方式，调研并阐述北京门头沟地区明清时期建筑琉璃制作工艺中坯体的原料选择、坯泥制备、坯体成型和烧制、釉料配方、施釉和釉烧等流程的工艺特点，揭示和探析其中所蕴含的科技内涵。

关键词：北京地区，明清建筑琉璃构件，制作工艺，科技内涵

　　我国建筑琉璃构件的制作历史悠久，最早的史籍记载可见北齐时编撰的《魏书》[1]。建筑琉璃构件因其威严华贵的装饰作用和优异的防水保护功能倍受历代帝王青睐，被广泛应用于大型宫殿、亭、庑等皇家和宗教建筑上。特别是明清时期建成的世界上规模最庞大、使用琉璃构件种类最为丰富的宫殿建筑群——紫禁城。明清时期的建筑琉璃构件传统制作工艺作为中国陶瓷技术发展史的重要组成部分，蕴含着丰富的科技和文化内涵，体现了古代匠人们的聪明智慧和创造能力。然而受到我国封建社会"重文轻工"传统观念的束缚和社会生产力发展水平的局限，记载琉璃构件制作工艺的古文献比较少。此外，古代琉璃匠人视琉璃构件制作技术为自己的饭碗、密不告外人，素有"父传子、子传孙，传子不传女，琉璃不传外姓人"的传统[2]。这种口传心授的传承方式，再加以流传年代过于久远，难免会使制作建筑琉璃构件传统工艺的部分内容失传或误传。上述诸因素导致现代琉璃匠人们对琉璃构件传统制作工艺的认识和了解较为模糊、片面，往往是"只知其然、而不知其所以然"。为了理清和总结这方面的内容，以利于保护和修缮明清琉璃建筑，本文通过文献阅读、实地考察和科技分析三者相结合的方式对北京地区明清建筑琉璃构件的制作工艺进行了系统研究。据相关研究表明[3、4]：北京地区明清时期的官府琉璃窑厂有明代的北窑厂、南窑厂、琉璃窑（现正阳门之西）和京师琉璃窑，清代的京窑或琉璃窑（初在正阳门西，清中后期迁至门头沟琉璃渠）。以上窑厂除门头沟琉璃渠地区窑厂至今仍为北京地区古代琉璃建筑的维修烧造琉璃构件，其他窑厂均早被废弃，其遗址所在地仅有零星的建筑琉璃构件残片被发现，未有作坊、窑具和窑炉等遗迹被保存、缺少可供研究的实物标本。北京门头沟琉璃渠地区现代建筑琉璃构件制作工艺技术从明代延续至今具有连续性和传承性，基本能够代表明清建筑琉璃构件的制备工艺，因此本文以实地考察北京门头沟琉璃渠地区而取得的第一手实物资料作为研究北京地区明清建筑琉璃制作工艺实物基础。结合有关的古文献，参阅前人有关我国古代琉璃构件科技研究论文[5、6]，运用陶瓷工艺学的原理和科技测试方法对北京地区明清时期建筑琉璃构件的原料、配方、成型和烧制等传统工艺流程进行了较全面和系统地测试和研究，以揭示和探析其中所蕴含的科技内涵。

1 北京地区明清建筑琉璃构件制作工艺

《营造法式》[7]《天工开物》[8]等古文献中关于琉璃构件传统烧制工艺的记载和张子正[9]、苗建民[2]等的现代测试分析研究表明：北京明清时期建筑琉璃构件采用高温素烧、低温釉烧的二次烧成工艺。根据建筑琉璃构件的二次烧成工艺特点，可将建筑琉璃构件制作分为胎体制作工艺和釉的制作工艺两大部分。其中胎体制备工艺由坯体原料选择、坯泥制备、坯体成型和坯体素烧等工序构成；釉的制作工艺则由琉璃釉料配制、施釉和釉烧等工序构成。制作工艺流程如图1所示。

图1 建筑琉璃构件传统制作工艺流程

下面将上述各分布工序流程的特点分别概括如下。

1.1 坯体选料

胎体原料选取是制备建筑琉璃构件的基础，原料选择直接决定坯体成型性能的好坏、烧成制度的选取，以及最终产品质量的优劣等。北京地区明清建筑琉璃构件胎体原料一般就地选材。据明代沈榜《宛署杂记》记载："对子槐山（现位于北京门头沟琉璃渠村西），在县西五十里。山产甘子土，堪烧琉璃"[10]及对北京门头沟地区的建筑琉璃构件胎体原料的实地考察得知北京地区明清两代建筑琉璃构件胎体都是就近选用当地的煤矸石为主要原料，图2为门头沟地区古代开采煤矸石遗留下的洞穴，图3为门头沟地区煤矸石的外貌特征。

图2 门头沟地区古代开采煤矸石的洞穴

图3 门头沟地区的煤矸石

古代琉璃匠人凭借丰富的生产经验和聪明智慧，创造了一套判断原料影响胎体成型和烧结性能的方法。以"看""捏""舔""划"和"咬"等方式挑选烧制建筑琉璃构件胎体的原料，这种判断方法至今仍被门头沟琉璃渠的匠人所运用。"看"即观察煤矸石原料的颜色，优质原料呈黑灰或青灰色，原料的颜色均匀，凭颜色就可估测原料的可塑性和烧成收缩比例；"捏"凭捏碎原料的难易程度，判断原料的颗粒度粗细和黏土含量高低，易捏碎表明原料的黏土含量高和颗粒较细，成型和烧结性能较优；"舔"依据舌尖舔舐原料的断面时吸力的大小，判断原料的可塑性，以黏吸力大者为优；"划"依据小刀或铁钉在原料表面划痕深浅判断原料黏土含量高低，划痕深为黏土含量高，可塑性和烧结性能好；"咬"依据牙齿咬原料是否牙碜，牙碜表明原料石英含量高和粒度大，可塑性差不易成型，反之成型性能相对较好。琉璃匠人根据这种直觉经验将北京门头沟地区的煤矸石分为"老矸""中矸"和"黏子矸土"等类别。本文利用 X 射线荧光光谱法和 X 射线衍射法分别对采自北京门头沟琉璃渠永定河镇对子槐山采集的三类煤矸石的化学组成及矿物组成进行测试，来探寻琉璃匠人传统选料方法的科技内涵。测试结果分别见表 1 和表 2。

表 1　北京门头沟琉璃渠对子槐山三类煤矸石的矿物组成

种类	性能状况	矿物组成
老矸	质量差	石英、白云母、斜绿泥石、金红石
中矸	质量中等	石英、白云母、斜绿泥石、金红石
黏子矸土	质量最好。油性、易疏解、不牙碜	白云母、累脱石、斜绿泥石、高岭石

表 2　北京门头沟琉璃渠对子槐山三类煤矸石的化学成分　　　　　　（单位：wt%）

种类	Na_2O	MgO	Al_2O_3	SiO_2	P_2O_5	K_2O	CaO	TiO_2	MnO	Fe_2O_3	LOI
老矸	0.92	0.58	16.52	71.04	0.03	2.10	0.19	0.79	0.03	4.15	3.47
中矸	0.98	1.03	18.45	66.42	0.06	2.52	0.21	0.83	0.02	5.00	4.30
黏子矸土	3.33	0.10	34.53	51.69	0.04	2.06	0.34	1.48	0.00	0.33	5.89

从表 1 及表 2 的数据可知："老矸"和"中矸"以瘠性原料石英、可塑性较低和干燥后强度较小的伊利石类矿物白云母[11]为主，而"黏子矸土"则以可塑性较好的累托石（化学式（K，Na）$_x$ {Al_2〔$Al_xSi_{4-x}O_{10}$〕（OH）$_2$}·$4H_2O$）、斜绿泥石和高岭石等黏土矿物为主，因此"黏子矸土"的可塑性和成型性能优于"中矸"和"老矸"。另外"老矸"和"中矸"中 Fe_2O_3 含量较"黏子矸土"偏高，烧成后胎体颜色偏红，这会对琉璃产品釉的颜色和光泽等性状产生不利影响。所以"黏子矸土"更利于后续工序的操作及产品质量的控制，物相分析和化学数据揭示了传统方法评价原料性能优劣的合理性，体现了古代匠人对判断原料性能优劣的经验和智慧。

1.2　坯泥制备

新开采的煤矸石一般呈块状，风化程度相对较低，用于制作坯体可塑性较差，不甚符合坯泥成型工艺的性能要求。这类原料必须经过若干道工序的处理或添加可塑性成分较高的辅料，以改变原料的粒度组成、增加有机质含量，从而提高坯泥的可塑性，使坯泥更易于成型。这个过程称为坯泥制备。考察门头沟的现代建筑琉璃构件制备工艺的实际情况，是遵循陶瓷坯泥制备工艺普遍原理的，概括为晾晒、粉碎、陈腐、练泥等前后四道工序，目的是改善坯泥的塑性成型、烧成收缩等性能；现代的琉璃工场基本继承了古代坯泥制备工序，仅引入现代机械设备以提高工作效率，现代坯泥的制作工序如图4所示。

(a) 晾晒　　　　　(b) 粉碎

(d) 练泥　　　　　(c) 陈腐

图4　门头沟地区现代建筑琉璃坯泥制作工艺流程

1.2.1　晾晒

明代万历《工部厂库须知》[12]在"烧造琉璃瓦料合用物料工匠规则"中已有"去渣晾晒"的记载。所谓"去渣晾晒"，指剔除原料中的杂物，并将原料摊开在阳光下晾晒一段时间，古代晾晒时间约为"三伏两夏"，即一至二年，且晾晒时间越长、制成坯泥的可塑性越好。这种方法现在仍在使用（图4（a）），这个过程体现古代人巧妙利用大自然的温湿度变化、积雪和冷冻产生的物理风化和化学风化[13]的共同作用，促使原料中矿物颗粒细化、原料的可塑性黏土成分增加，从而提高了原料的工艺性能。

1.2.2　粉粹

"粉碎"是在机械力作用下将晾晒后的块状原料破碎成其粒度分布达到规格要求的处理过程。古代原料粉碎工具为石碾，现代常使用的粉碎工具为颚式破碎机和轮碾机（图4（b））；该工序除降低粒度外还可提高原料颗粒度的均匀性，以增加坯体成型后其干燥收缩和烧成收缩的各向一致性。

1.2.3 陈腐

将粉碎后的粉料放在水池中用清水浸泡，古代浸泡时间为5～7天，窑工称之为"闷料"或"闷泥"，现代称之为"陈腐"（图4（c））。陈腐促使坯料中所含矿物进行水化，并促使大量厌氧细菌不断繁殖和死亡，增加坯料中的有机质成分，进一步提高坯料的可塑性。

1.2.4 练泥

"练泥"即将泥料进行反复搅拌揉合，促使泥料各项性能达到更为均匀，排除泥料中的空气，增加泥料柔韧性和可塑性能。古代练泥采用的是人工双脚反复踩踏的方法；现代生产则利用练泥机（图4（d）），现代机械更省时省力。

1.3 坯体成型

借助手工或机械方法将练制好的坯泥塑制成具有一定形状和大小坯体的过程称为成型。古代建筑琉璃构件坯体成型方法一般有轮瓦法、模具成型法、模制雕塑法三种。

1.3.1 轮瓦法

轮瓦法是一种简单的手工成型方法，适用于板瓦和筒瓦的坯体成型。《天工开物》中有关于轮瓦法成型方法的记载（图5）。这种方法是以木质或竹质圆桶为模，采用贴敷方法将泥料贴敷在桶模外表面成型；依据桶模的材质或敷于桶模上的布纹纹饰不同，成型坯体的内表面上便被留下各种纹饰痕迹，如古代琉璃筒瓦和板瓦内表面常可观察到的交叉布纹（图6）。由于轮瓦法操作简单、能够快速批量生产，而且瓦件尺寸误差小，能保证筒瓦件的规格统一，因此是古代制作建筑琉璃筒瓦和板瓦较为常用的成型方法。

图5 《天工开物》中古代瓦件成型图

图6 轮瓦法成型瓦体上的交叉布纹

1.3.2 模具成型法

模具成型是按照所需构件尺寸形貌并考虑干燥和烧成时尺寸收缩而制成模匣，然后将制备好的泥料放入模匣中，用木杖锤实后让其自然干燥；待微干时便从模匣内取出。批量生产规格一致的剑靶、吻兽、背兽等建筑琉璃构件常使用该法。瓦当、滴水等琉璃构件则将模具成型后的瓦头和轮瓦法成型的瓦件进行粘接。门头沟琉璃渠模具成型法所使用的部分模具如图 7 所示。

（a）栏板模具 　　　　　　　　　　　　　　　（b）瓦头模具

图 7　成型模具

1.3.3　模制雕塑法

模制雕塑法成型是用模具先制作出大形，之后利用贴、捏、塑、刻、划等雕塑方法对构件做局部整形和细部修饰。利用该法成型的构件形象生动、造型丰富、局部处理富于变化；重要宫殿建筑上正吻、垂兽、套兽的坯体成型通常采用该方法。图 8（a）中的龙纹模具为一条龙的尾部和后爪，龙身上未见龙鳞纹饰；而常见的生动活泼的龙纹则有凹凸起伏的龙鳞鳞齿，龙鳞应为模印成型后再辅加人工修饰所致。

（a）龙纹模具　　　　　　　　　　　　　　　　（b）龙纹

图 8　琉璃构件龙纹纹饰成型

1.4 琉璃釉料配制

琉璃釉是施于建筑琉璃构件胎体表面起防水和装饰功能的一层很薄的硅酸铅玻璃态物质。明、清建筑琉璃釉一般属于高铅的 PbO-SiO$_2$ 体系[6]，其化学组成由玻璃质生成体石英（SiO$_2$）、助熔剂氧化铅（PbO）、氧化物着色剂（Fe$_2$O$_3$、CuO、CoO、MnO 等）构成。明、清建筑琉璃构件黄釉中的 PbO 质量百分数为 50%～60%，SiO$_2$ 质量百分数为 30%～40%，Fe$_2$O$_3$ 质量百分数为 2%～5%；绿釉中 PbO 质量百分数为 40%～60%，SiO$_2$ 质量百分数为 30%～50%，CuO 质量百分数为 1%～3%。其他颜色釉的 SiO$_2$ 和 PbO 质量百分数也大致在上述范围内，仅是着色剂的种类不同。通过考证查阅《营造法式》[14]《天工开物》《工部厂库须知》[12]《颜山杂记》[15] 和清光绪三十年（1905 年）北京门头沟琉璃窑厂的配方[16] 等文献中关于琉璃釉料配方的记载，得知古代建筑琉璃釉料配方中 SiO$_2$ 通常以石英等矿物引入，PbO 以黄丹引入，Fe$_2$O$_3$ 使用赭石、紫石等天然矿物，CuO 使用黄铜、红铜、铜绿（碱式碳酸铜）、大青石等为原料，其他着色剂氧化物成分也以相应矿物为原料。

釉的制作首先要根据皇家建筑所需的琉璃构件色泽装饰要求，并结合制釉原料的配方要求而设计，即确定各种矿物原料的配比关系。然后通过研磨粉碎和加水调配等工序，来控制釉浆原料的细度、稠度、流动性与悬浮性等，以满足施釉、釉烧等后期制作工艺的要求，最终产品具有合适的釉层厚度、较好胎釉结合性和釉面外观效果。古代建筑琉璃釉的制作工艺简括如图 9 所示。

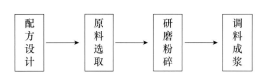

图 9　古代建筑琉璃釉的制备工艺流程

1.5 施釉

将配制好的各色釉浆用蘸、浇、涂刷等方式均匀地涂敷在素烧坯体上的过程称为施釉。施釉方法的选定一般根据建筑琉璃构件形制和颜色要求等确定。根据古代建筑琉璃构件的形制、釉面形貌、图案颜色等特征可判断出具体的施釉方法和种类：图 10 为浇釉留下的痕迹；图 11 中构件则主要采用涂刷的方式施釉。结合现代施釉工艺情况，筒瓦、板瓦、大型单色构件等器物均采用浇釉方法，如图 12（a）所示，浇釉具有快捷、批量生产、釉层厚度可控等优点。涂刷釉是指用毛刷或毛笔浸釉后涂刷在坯体表面的施釉方法，如图 12（b）所示，该法适用于同一个琉璃构件上施几种不同颜色釉料或补釉操作中。蘸釉是将坯体浸入釉浆，利用坯体的吸水性而使釉料附着在坯体上的方法，施釉层的厚度由坯体的吸水性、釉浆浓度高低、浸釉时间长短等诸因素共同决定。

1.6 烧制工艺

1.6.1 窑炉与装烧

北京门头沟琉璃渠村琉璃窑是专为皇家建筑烧制琉璃构件的窑厂之一，该窑继承和延续北京地区其他琉璃窑的烧成工艺技术，是清代时期官式建筑琉璃烧制技术的典型代表。琉璃渠村清代建筑琉璃窑厂有四眼窑和六眼窑，窑洞结构为"车棚窑"，主要由窑门、火床、窑室和烟囱四部分构成，高约 3m，窑炉长约 2.4m（图 13）。

图 10　采用浇釉方法的板瓦釉面特征

图 11　涂刷施釉的古代建筑琉璃构件

（a）浇釉

（b）涂刷釉

图 12　建筑琉璃构件的施釉方法

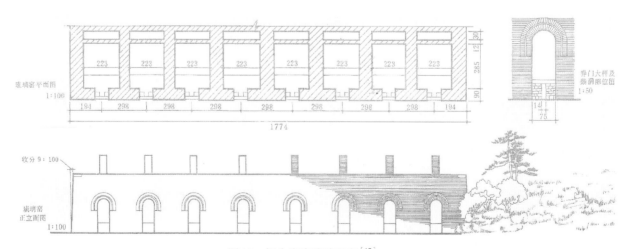

图 13　门头沟琉璃砖瓦窑[17]

现代门头沟琉璃渠的胎体烧制工艺与明清传统烧制工艺相接近，素烧窑炉一般为多窑串烧式的"车棚窑"；胎体素烧一般以煤炭为燃料，釉烧采用木柴为燃料。现代建筑琉璃构件的素烧不用匣钵、多竖立摆放烧制（图14）。

综合古代和现代建筑琉璃窑炉、燃料情况可知：北京门头沟琉璃渠村古代和现代窑炉结构基本接近、烧制燃料也类似，胎体素烧使用煤为燃料，而釉烧则使用柴草为燃料，皆采用无匣烧制。

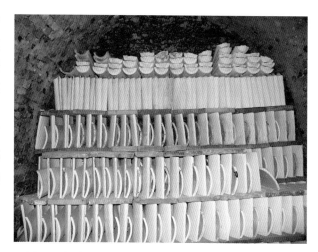

图14　门头沟琉璃渠窑厂现代素烧筒、板瓦装窑方式

1.6.2　坯体素烧和釉的烧成制度

为使琉璃构件胎体具有合适的机械强度和吸水率、体积密度、显气孔率等物理参数，建筑琉璃构件需采用恰当的坯体素烧温度；为了达到釉面防水、装饰的效果，古代建筑琉璃构件也需要采取适当的釉烧温度。本文利用热膨胀仪和高温显微镜分别测定北京故宫明清时期琉璃构件胎体的烧成温度和釉的熔融温度范围，其平均值列于表3。

表3　北京故宫琉璃构件胎体烧成温度和釉半球点、流动点温度平均值　　　（单位：℃）

来源	年代	胎体烧成温度（±20℃）	釉半球点（±20℃）	釉流动点（±20℃）
北京故宫	明代	1000	770	870
	雍正	1010	780	870
	乾隆	1020	810	930
	嘉庆	1030	790	930
	宣统	1060	840	940
门头沟明珠厂	现代	1050	770	870

据表3可知，北京故宫明清琉璃构件胎体一般在1000～1060℃烧成，从明代经清代雍正、乾隆、嘉庆和宣统至现代，琉璃构件胎体的烧成温度似略有升高的趋势，其变化原因有待进一步研究。

由图15中现代门头沟琉璃渠的建筑琉璃坯体典型的同步热分析曲线得知，在50～350℃、525～687℃、687～1100℃范围内坯体失重分别为0.68%、4.31%、0.6%。说明坯体中多种矿物的失水、有机物和炭素燃烧等反应主要集中在烧成温度的中段，即500～700℃，因此不宜升温过快，否则容易造成坯体开裂。到达1000℃以后，其胎体性能已能满足实际需求。明清琉璃匠人已认识到这点，在没有现代测温设备的情况下，通过观察炉火和窑内排气体孔处颜色的变化，凭借积累的经验能准确地控制素胎烧制过程中的烧成温度和时间。古代素烧胎体的烧成温度和时间一般为：烧窑初期采用小火烧大约3天，逐步将炉内温度升到500～700℃；中间恒温1天，而后用大火烧约3天至胎体成熟，大约烧至1000～1060℃关闭窑门停火，窑炉自然冷却。此外还要根据窑的大小、装窑数量、构件种类不同等，适当调整烧成温度的高低和烧制时间的长短。一般筒瓦和板瓦烧成时间为7天左右，大吻和大兽等构件一般要烧7～10天。

古代建筑琉璃构件釉的烧制是将配制好的天然矿物釉料，经高温熔融并均匀覆盖在琉璃构件胎体表面，冷却后形成高光泽度釉层的过程。为了达到釉面光泽度高的效果，古代建筑琉璃釉基本都使用熔融温度低和熔融状态下流动性较好的高铅釉。据表3可知，明清时期琉璃铅釉的熔融温度范围较低，

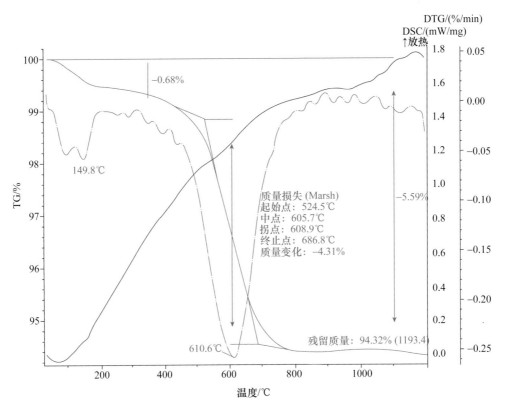

图 15　现代门头沟琉璃渠窑厂建筑琉璃坯体的典型热分析曲线

一般在 770～940℃，并随着釉料成分中 PbO 和 SiO$_2$ 比例的变化、熔融温度范围有所升高或降低。

现代门头沟琉璃渠的釉烧窑炉采用是与素烧坯体窑炉结构相同的"车棚窑"，而釉烧燃料通常不用煤，而采用火力较柔和的柴草；现代部分窑厂使用电为能源的隧道窑进行釉烧。古代建筑琉璃构件釉烧的预热期，即烧成初期（室温～200℃），宜采用平缓的升温方式排除胎体于冷却状态时吸收的水气和釉层内的残余水分。烧成中期（200～600℃），主要为黄丹分解和有机物质燃烧。烧成后期即在釉熔融温度范围内（600～940℃），主要为釉料的熔融并均匀平整地覆盖在胎体表面。根据铅釉在高温时的黏度较低、流动性较好的特点，釉烧一般采用大火快烧。古代建筑琉璃构件的施釉厚度一般为 0.5mm 左右，而烧制后的釉层厚度较薄，其厚度在 90～200μm。通常铅釉的热膨胀系数高于胎体，釉层中为张应力状态，其抗张强度及抗压强度较琉璃构件的胎体低得多，这种胎釉热膨胀系数不匹配，又因釉层相对较薄，易产生釉裂。因此，釉烧在冷却阶段应缓慢降温。总之，古代建筑琉璃釉烧采用小火慢烧→大火快烧→大火保温时间较短→慢速冷却的釉烧工艺制度。

古代建筑屋面上琉璃筒瓦常呈现上浅下深的色泽效果，增强了琉璃瓦釉的流动感（图 16），这种效果是由于古代窑匠为充分利用窑炉空间、提高烧制效率，釉烧采用竖立烧制方式，使琉璃构件釉层自然形成"上薄下厚"的效果。此外，古代窑匠根据窑炉内上、中、下不同部位的温度，

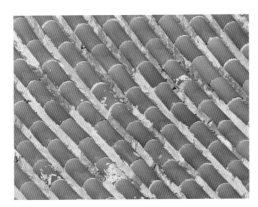

图 16　具有流动感的琉璃筒瓦

相应摆放施加不同熔融温度范围的釉的琉璃构件，以充分利用窑炉空间并提高产量。

2 结论

通过对琉璃古文献的阅读和梳理，并对现代门头沟琉璃厂制备工艺的实地考察，结合对古代建筑琉璃构件的科技分析，得出以下四点初步结论。

（1）古代建筑琉璃构件的制作工艺主要由坯体选料、坯泥制备、坯体成型、坯体素烧，以及琉璃釉料制备、施釉和釉烧七大制作工艺流程构成。

（2）北京地区明清建筑琉璃构件就近选取煤矸石作为胎体原料，匠人以"看""捏""舔""划""咬"等传统方法准确判断原料的性能优劣，优质原料制备的胎体，易于工艺控制，成品率高，对釉的颜色影响小。胎体表面覆盖高铅釉，铅釉流动性好，易于形成高光泽度琉璃釉，进而呈现皇家建筑金碧辉煌的气魄。

（3）根据古代建筑琉璃构件形制特征和技术要求，通常采用轮瓦法、模具成型法、模制雕塑法进行坯体成型。采用蘸釉、浇釉、涂刷釉的施釉方式对不同种类和色泽的古代建筑琉璃构件进行施釉。

（4）北京门头沟地区建筑琉璃构件的烧制工艺采取坯体高温素烧、低温釉烧二次烧成工艺。胎体素烧一般以煤炭为燃料。烧制温度一般在 1000～1060℃，琉璃构件釉烧通常以柴为燃料。烧成温度一般在 770～940℃，并采用小火慢烧→大火快烧→大火保温时间较短→慢速冷却的烧制工艺制度。

致　谢：本研究获得国家"十一五"重点科技支撑项目课题"古代建筑琉璃构件保护技术及传统工艺科学化研究"（项目编号：2006BAK31B02）资助。

参考文献

[1] 李全庆, 刘建业. 中国古建筑琉璃技术. 北京: 中国建筑工业出版社, 1987: 2.
[2] 苗建民, 王时伟. 紫禁城清代剥釉琉璃瓦件施釉重烧的研究. 故宫学刊, 2004, (1): 472-488.
[3] 王光尧. 中国古代官窑制度. 北京: 紫禁城出版社, 2004: 102-115.
[4] 王光尧. 明代宫廷陶瓷史. 北京: 紫禁城出版社, 2010: 288-333.
[5] 段鸿莺, 丁银忠, 梁国立, 等. 我国古代建筑琉璃构件胎体化学组成及工艺研究. 中国陶瓷, 2011, (4): 69-72, 68.
[6] 李合, 丁银忠, 陈铁梅, 等. 北京明清建筑琉璃构件黄釉的无损研究. 中国文物科学研究, 2013, (2): 79-84.
[7] [宋] 李诫. 营造法式 (卷一五). 国学基本丛书本. 北京: 商务印书馆, 民国二十二年.
[8] [明] 宋应星著. 天工开物. 上海: 上海古籍出版社, 2008: 187-190.
[9] 张子正, 车正荣, 李英福, 等. 中国古代建筑琉璃的初步研究. 中国古陶瓷研究. 北京: 科学出版社, 1987: 117-122.
[10] [明] 沈榜编. 宛署杂记 (山川篇). 北京: 北京古籍出版社, 1980.
[11] 李家驹. 陶瓷工艺学. 北京: 中国轻工业出版社, 2001: 22-24.
[12] [明] 何士晋. 工部厂库须知. 北京图书馆古籍珍本丛刊(47). 北京: 书目文献出版社, 1989.
[13] 李家驹. 陶瓷工艺学. 北京: 中国轻工业出版社, 2001: 14-16.
[14] [宋] 李诫. 营造法式 (卷一五) 窑作制度 "琉璃瓦等", (卷二十七) 诸作料例 "窑作", 国学基本丛书本. 北京: 商务印书馆, 民国二十二年.
[15] [清] 孙廷铨; 李新庆注释. 颜山杂记. 济南: 齐鲁书社, 2012.
[16] 李全庆, 刘建业. 中国古建筑琉璃技术. 北京: 中国建筑工业出版社, 1987: 15-20.
[17] 中国科学院自然科学史研究所. 中国古代建筑技术史. 北京: 科学出版社, 1985: 265-270.

A Preliminary Study on the Technological Process of the Architectural Glazed Tiles During the Ming and Qing Dynasties in Beijing Area

Ding Yinzhong[1]　Li He[1]　Kang Baoqing[1]　Chen Tiemei[2]　Miao Jianmin[1]

1. The Palace Museum; 2. School of Archaeology and Museology, Peking University

Abstract: The ancient architectural glazed tiles are the important products of the Chinese ceramic technology. Their production processes reflect the creativity and intelligence of the ancient artisans, emboding also abundant scientific and cultural connotation. In this paper, combining the reading of the ancient literature, the investigation of the kiln sites at Mentougou and the scientific analyses of the glazed tiles, more comprehensive and creditable knowledge about the production processes during the Ming and Qing dynasties in Beijing Mentougou area are exposed. The production processes are composed of a series of procedures, such as the selection of raw material for the body, the preparation of the mud, the forming and the biscuit firing, the glaze formula, glazing and glaze firing. This study reveals also the scientific connotation associated with the technologic processes of the ancient glazed tile production.

Keywords: Beijing area, architectural glazed tiles in the Ming and Qing dynasties, technologic process, scientific connotation

原载《故宫学刊》2015 年第 1 期

热膨胀法判定古代琉璃构件胎体烧成温度的模拟实验研究

丁银忠　　侯佳钰　　苗建民

故宫博物院

摘　要： 古代琉璃构件胎体烧成温度是其烧制工艺的重要参数之一，提高烧成温度测量精确度对古代琉璃构件科技内涵的揭示，以及科技保护方法的建立有着重要意义。本文以北京门头沟古都国华琉璃瓦厂的琉璃坯体为研究对象，将坯体在实验电炉中按照特定烧成制度进行模拟烧制处理，利用热膨胀仪测定烧制后胎体的曲线峰值温度，探讨特定烧制制度下实际烧成温度和保温时间对热膨胀仪测定的曲线峰值温度的影响，拟通过以上研究，减少因实际烧制制度不同而造成热膨胀法判定烧成温度实验误差，提高热膨胀法测定古代琉璃构件胎体烧成温度的精确度。

关键词： 热膨胀法，琉璃构件，模拟实验，胎体烧成温度

　　古陶瓷烧成温度的研究，对了解古代不同时期和地区的陶瓷制备工艺水平、窑炉结构性能和继承古陶瓷的传统工艺技术具有较高研究价值。古代建筑琉璃构件胎体烧成温度研究与古陶瓷烧成温度研究具有同等重要的研究价值和意义，同时对挖掘古代建筑琉璃构件烧制工艺的科技内涵、揭示古代建筑琉璃构件剥釉机理、建立古代建筑琉璃构件的保护方法等科技研究具有重要参考价值和意义。

　　Tite[1, 2]等系统研究热膨胀法判定古陶瓷胎体烧成温度的方法，指出热膨胀仪复烧古陶瓷胎体获得热膨胀曲线拐点温度是判定实际烧成温度重要依据，而热膨胀曲线拐点温度则受到古陶瓷的矿物组成、烧成工艺制度和热膨胀仪自身精度等因素的影响，使热膨胀法测得烧成温度与实际烧成温度之间存在一定温度误差。随后，周仁、李家治[3, 4]等将热膨胀法应用到我国古陶瓷胎体烧成温度判定中，依据景德镇历代瓷器胎体的相关工艺特征，给出热膨胀法测定的温度和实际烧成温度大致有30～50℃的误差，推测该误差主要由古陶瓷胎体烧成工艺差异所致。而北京地区清代建筑琉璃构件胎体与景德镇瓷器胎体在原料矿物组成、烧成工艺、物化性能等方面存在一定差异[5, 6]，该热膨胀法误差范围是否适合北京地区清代建筑琉璃胎体烧成温度判定？古代建筑琉璃构件胎体的烧成温度和保温时间对利用热膨胀法判定其烧成温度影响规律如何？目前，这些问题尚未有清楚认识，缺乏相关模拟实验进行针对性系统研究。北京门头沟地区自设立琉璃窑厂至今，一直为北京地区古代皇家宫殿建筑烧制建筑琉璃构件，不同时期的胎体原料矿物组成与烧制工艺相近[7, 8]。鉴于此，本文以北京门头沟古都国华琉璃瓦厂现代生产的琉璃坯体为研究对象，用实验电炉模拟琉璃构件实际烧制工艺进行烧制，利用热膨胀仪测试这些样品的曲线峰值温度。探讨建筑琉璃胎体实际烧成温度和保温时间对热膨胀仪测定的

热膨胀曲线峰值温度影响规律，以期通过研究修正实际烧成温度和保温时间对热膨胀法判定琉璃胎体烧成温度的影响，减少热膨胀法判定建筑琉璃构件烧成温度的误差范围，并能够对北京地区清代建筑琉璃构件胎体烧成温度的判定提供依据。

1　实验设备

热膨胀曲线峰值温度测量采用德国耐驰公司 DIL402C 型热膨胀仪，热分析软件 Netzsch Proteus Thermal Analysis Software version4.8，测试样品尺寸为 25mm×5mm×5mm，测试升温速率为 5℃/min；实验电炉为德国纳博热公司生产 HT40/16 型；胎体显微分析使用美国 FEI 公司通用型 Quanta 600 环境扫描电子显微镜。

2　结果与讨论

琉璃胎体在烧成过程中，经历由低温加热到高温，再由高温冷却到常温的过程，随温度的变化，发生了一系列物理化学变化（如脱水、氧化、还原、分解、化合、熔融、再结晶等），促使坯体显微结构特征（如晶相种类及含量、气孔的数量、形态和分布、非晶相的数量及分布等）发生变化，致使琉璃胎体物理化学性能改变；其中烧成温度和保温时间是致使这些反应和性能改变的决定因素[9]。因此，利用实验电炉分别模拟烧制不同烧成温度下，保温时间存在差异的琉璃胎体，模拟实验的升温速率皆采用 5℃/min，烧成温度设定 1000℃、1050℃和 1100℃三个最高烧成温度，保温时间设定 0h、1h、3h 和 5h 四个时间段。利用热膨胀仪测定这些热处理后胎体曲线峰值温度结果如表 1 所示。

表 1　模拟实验烧制后琉璃胎体的热膨胀曲线峰值温度

$T_{实际烧成温度}$/℃	$t_{保温时间}$/h	$T_{峰值温度}$/℃	$T_{峰值温度}-T_{实际烧成温度}$/℃	$T_{5h}-T_{1h}$/℃
1000	0	940	−60	20
	1	1020	20	
	3	1020	20	
	5	1040	40	
1050	0	980	−70	20
	1	1060	10	
	3	1070	20	
	5	1080	30	
1100	0	1010	−90	30
	1	1100	0	
	3	1100	0	
	5	1130	30	

2.1　实际烧成温度对热膨胀仪测定曲线峰值温度的影响

从图 1 中琉璃胎体实际烧成温度与测定热膨胀曲线峰值温度影响变化规律知：不同保温时间

条件下热膨胀曲线峰值温度皆随实际烧成温度升高而逐渐升高，曲线峰值温度与实际烧成温度的偏差也逐渐缩小。在相同保温时间下，在1000～1100℃烧成温度范围，随着实际烧成温度升高，曲线峰值温度与实际烧成温度的偏差降低0～20℃。这一变化趋势也符合烧结相关理论公式[10]，即无机非金属材料在烧成过程中物相间化学反应速率和扩散反应速率皆与反应温度呈正比例关系，烧成温度越高时物质间各项平衡趋于更快达到平衡状态，达到理想的烧成效果。在保温时间同为1h情况下，分别在1000℃和1100℃下烧成胎体显微结构特征存在明显差异（图2），

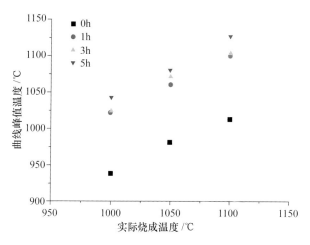

图1　实际烧成温度对热膨胀曲线峰值温度的影响

随着实际烧成温度升高，胎体内残余黏土物相含量减少、玻璃相含量则明显增加，胎体中气孔形状变化也较明显，气孔含量减少，胎体致密化程度显著提高，进而促使热膨胀仪测试得到的曲线峰值温度升高。

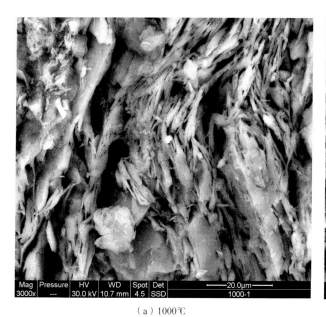

（a）1000℃

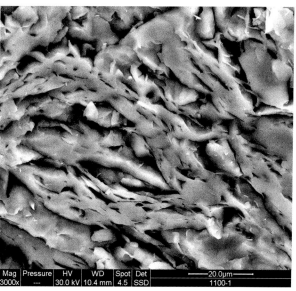

（b）1100℃

图2　不同烧成温度下琉璃胎体的显微结构（SEM）

2.2　保温时间对热膨胀仪测定曲线峰值温度的影响

从表1知，在不同烧成温度下，如果不经保温热处理，则利用热膨胀法测定胎体曲线峰值温度和实际烧成温度之间呈现较大负偏差。当保温时间为1h、3h和5h时，曲线峰值温度和实际烧成温度之间皆呈现正偏差，且该偏差随保温时间增加呈现逐渐增大的趋势。相同烧成温度下，在1～5h保温时

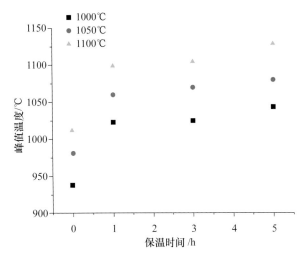

图 3　保温时间对实际烧成温度与曲线峰值温度之间偏差

间范围内，曲线峰值温度随保温时间的增加而升高20～30℃。从图3可以看出在不同烧成温度下，琉璃胎体的热膨胀曲线峰值随保温时间的增加其偏离实际烧成温度的程度呈逐渐增加的趋势。

热膨胀法测定的曲线峰值温度是胎体烧结程度的表征[2]，针对同一种材料，通常情况下保温时间增加能够提高胎体的烧结程度。图4是在1050℃的烧成温度下，分别保温0h、1h、3h、5h的琉璃胎体显微结构。从图中可以看出在相同烧成温度下，随着胎体保温时间的增加，胎体的显微结构会发生改变，一般情况下胎体内玻璃相含量会增加，颗粒间接触面积扩大，气孔的形状发生变化——从连通的气孔变为各自孤立的气孔，气孔率

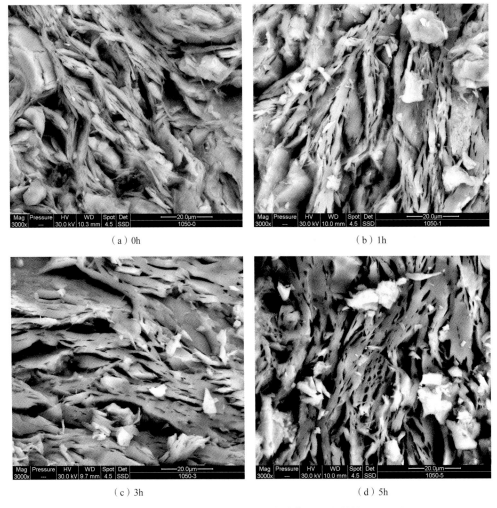

（a）0h　　　　　　　　　　　　　　　　（b）1h

（c）3h　　　　　　　　　　　　　　　　（d）5h

图 4　在1050℃下保温不同时间琉璃胎体的显微结构（SEM）

降低，使胎体致密化程度提高，通常热膨胀仪测定胎体曲线峰值温度将升高，即利用热膨胀法判定的琉璃构件胎体的烧成温度会升高。

2.3 热膨胀曲线峰值温度与实际烧成温度的关系建立

热膨胀仪测定胎体曲线峰值温度是动态温度数值点，为由原始烧成效果决定胎体热膨胀率与胎体测量过程烧结继续进行产生收缩率相等时的温度值。据材料烧结动力学公式[10] $\Delta L/L=kr^{-a}t^{b}$（其中，k 为反应速率常数，$k=A-E_a/RT$，R 为摩尔气体常量，T 为热力学温度，E_a 为反应活化能，A 为指前因子（也称频率因子）；a、b 为烧结过程中传质方式决定因子）可知，胎体烧成过程是烧成温度与保温时间共同作用的结果。在 0～5h 的保温时间内，热膨胀法测定的曲线峰值温度随保温时间增加而逐渐增加，且与实际烧成温度的差距增大。当保温时间为 1h，在 1000～1100℃烧成温度范围内，琉璃胎体的曲线峰值温度与实际烧成温度的偏差最小。当保温时间相同，琉璃胎体的曲线峰值温度随实际烧成温度也呈规律性变化，假定实验电炉的实际烧成温度和保温时间为琉璃胎体等效烧成温度和保温时间，琉璃胎体保温时间恒定等效为 1h 情况下，热膨胀法测定不同烧成温度下琉璃胎体热膨胀曲线峰值温度如表 2 所示。

表 2　热膨胀法测定不同烧成温度下保温 1h 样品的曲线峰值温度　　　　（单位：℃）

$T_{烧成温度}$	$T_{峰值温度}$	$T_{峰值温度}-T_{烧成温度}$
950	970	20
1000	1020	20
1050	1060	10
1100	1100	0
1150	1130	−20

以表 2 中不同烧成温度下曲线峰值温度为横坐标，实际烧成温度为纵坐标，做出曲线峰值温度与实际烧成温度变化趋势图，并根据点分布情况采用曲线拟合的方法拟合出实际烧成温度和热膨胀曲线峰值温度之间直线变化关系，得到拟合直线如图 5 所示。线性拟合后曲线峰值温度与烧成温度的关系为：$T=1.277\times Te-298$，其中，T 为烧成温度，Te 为热膨胀法测得峰值温度，烧成温度 T 与曲线峰值温度 Te 的相关系数 $R=0.993$，平均标准偏差 $SD=10$。

采用门头沟古都国华琉璃瓦厂生产的建筑琉璃素坯为研究对象，在实验电炉进行模拟烧制，升温速率为 5℃/min，烧成温度分别设定为 970℃、

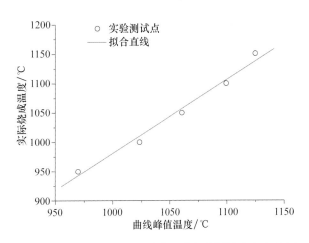

图 5　保温时间为 1h 时峰值温度与实际烧成温度之间关系拟合直线

1020℃、1070℃和1130℃等，保温时间皆为 1h，然后利用热膨胀仪以 5℃/min 的升温速率测定这些模拟烧制后胎体曲线峰值温度。利用热膨胀曲线峰值温度与烧成温度的修正关系式对测得热膨胀曲线峰

值温度进行修正处理，修正前后得到烧成温度与实际烧成温度的误差情况见表3，以评价实际烧成温度和热膨胀曲线峰值温度间修正关系的有效性和准确性。

表3　修正前后曲线峰值温度和实际烧成温度的误差　　　　　（单位：℃）

$T_{烧成温度}$	$T_{峰值温度}$	$T_{修正后峰值温度}$	$T_{峰值温度}-T_{烧成温度}$	$T_{修正后峰值温度}-T_{烧成温度}$
970	990	960	20	−10
1020	1030	1020	10	0
1070	1070	1070	0	0
1130	1110	1120	−20	−10

对比修正前后得到琉璃胎体烧成温度可以看出，修正后琉璃胎体的曲线峰值温度比修正前峰值温度更接近实际烧成温度，以修正后峰值温度作为琉璃胎体的烧成温度较合适。通过本文模拟实验综合研究发现：在970～1130℃烧成温度范围内，都保温时间为1h情况，建筑琉璃胎体烧成温度对热膨胀峰值温度影响误差修正关系为 $T=1.277\times Te-298$，T 为烧成温度，Te 为热膨胀法测得峰值温度，修正后得到烧成温度修正关系误差为 ±10℃。

3　结论

热膨胀法测定的烧成温度是一个等效烧成温度，是实际烧制制度中烧成温度、保温时间和烧成气氛等因素共同作用下的结果，因此本文在假定实验电炉的实验烧成温度和保温时间就是胎体的等效烧成温度和保温时间时，通过系统的测试分析研究，得出以下三点初步结论。

（1）在保温时间在0～5h范围内，胎体热膨胀峰值温度随保温时间的增加而升高。保温时间5h与1h相比，胎体热膨胀曲线峰值温度偏高20～30℃。

（2）在1000～1100℃烧成温度范围内，相同保温时间下，不同烧成温度下，热膨胀法测定的胎体曲线峰值温度与实际烧成温度偏差大小0～40℃。

（3）在970～1130℃烧成温度范围内，保温时间为1h情况，琉璃胎体原始烧成温度对热膨胀法测定的曲线峰值温度影响误差修正关系为 $T=1.277\times Te-298$，T 为烧成温度，Te 为热膨胀法测得的峰值温度，修正后得到烧成温度修正关系误差为 ±10℃。

致谢：本研究得到了国家"十一五"重点科技支撑项目课题"古代建筑琉璃构件保护技术及传统工艺科学化研究"（项目编号：2006BAK31B02）的资助，在此谨致谢意。

参考文献

[1] Poberts J P. Determination of the firing temperature of ancient ceramics by measurement of thermal expansion. Archaeometry, 1963, (6): 21-25.

[2] Tite M S. Determination of the firing temperature of ancient ceramics by measurement of thermal expansion: a reassessment. Archaeometry, 1969, (11): 131-143.

[3] 周仁, 李家治. 中国历代名窑陶瓷工艺的初步科学总结. 考古学报, 1960, (1): 89-104, 144-151.

[4] 周仁, 李家治. 景德镇历代瓷器胎、釉和烧制工艺的研究. 硅酸盐学报, 1960, (2): 49-63, 97-100.

[5] 苗建民, 王时伟. 元明清建筑琉璃瓦的研究. 见: 郭景坤. '05古陶瓷科学技术国际讨论会论文集, 上海: 上海科学技术

文献出版社, 2005: 110.

[6] 苗建民, 王时伟, 段鸿莺, 等. 清代剥釉琉璃瓦件施釉重烧的再研究. 故宫博物院院刊, 2008, (5): 115-129, 160.

[7] 王光尧. 元明清三代的官窑琉璃制度研究. 中国古代官窑制度. 北京: 紫禁城出版社, 2004: 102-115.

[8] 李全庆, 刘建业. 中国古建筑琉璃技术. 北京: 中国建筑工业出版社, 1987: 10-25.

[9] 李家驹. 陶瓷工艺学. 北京: 中国轻工业出版社, 2001: 416-432.

[10] 陆佩文. 无机材料科学基础. 武汉: 武汉工业大学出版社, 1996: 296.

Simulated Experiment on Determination of Firing Temperature of the Ancient Glazed Tile Bodies by Thermal Expansion Method

Ding Yinzhong   Hou Jiayu   Miao Jianmin

The Palace Museum

Abstract: The firing temperature is the important parameters of firing technology of ancient architectural glazed tile. The improved of this methods precision have important value to reveal the technology connotation and set up protection method of the ancient glazed tile. The biscuits of glazed tile all from Guduguohua glazed tile factory at Mentougou in Beijing were researched. These biscuits were fired at special firing schedule in electric furnace first, and the peak temperature of this fired bodies were tested using thermal dilatometer. Trough comparing to the value of original firing temperature and peak temperature, the change rule of peak temperature influenced by the original firing temperature and soak time were studied. In order to decrease the error of thermal expansion method from original firing temperature and soak time, so as to improve the precision on determination of firing temperature of the ancient glazed tile bodies by thermal expansion method.

Keywords: thermal expansion method, the glazed tile, simulated experiment, firing temperature of the bodies

原载《南方文物》2016 年第 2 期

故宫出土元代孔雀蓝釉琉璃瓦的原料及工艺研究

康葆强 [1,2]　李　合 [1,2]　段鸿莺 [1,2]　丁银忠 [1,2]　赵　兰 [1,2]　雷　勇 [1,2]

1. 故宫博物院；2. 古陶瓷保护研究国家文物局重点科研基地（故宫博物院）

摘　要： 孔雀蓝釉是中国古代陶瓷上一种特殊的釉色，它介于蓝色和绿色之间。本文对故宫出土的元代孔雀蓝琉璃瓦的胎体、化妆土和釉进行科学分析，揭示其制作原料、工艺，并与故宫明清琉璃瓦、北京公主坟琉璃瓦和内蒙古元上都遗址孔雀蓝琉璃瓦进行比较。分析结果表明，故宫元代孔雀蓝釉琉璃瓦件胎体原料为黄土，与故宫明清琉璃瓦胎体的化学成分及物相均有显著区别。化妆土为高铝、高钾成分，物相组成为云母类矿物。故宫孔雀蓝釉的成分为 SiO_2-PbO-K_2O 体系，应为元大都的窑厂生产，且与元上都孔雀蓝釉烧制技术是一脉相承的。为探讨技术来源，与金元时期多种类型的孔雀蓝釉器皿相比，故宫元代孔雀蓝釉与 PbO 含量较高的磁州窑孔雀绿釉成分一致。

关键词： 故宫，孔雀蓝釉，琉璃瓦，原料，技术来源

　　中国古代瓷器存在一种特殊的釉色，称为"孔雀蓝"，孔雀蓝釉是一种介于蓝色和绿色之间的颜色釉，其呈色是铜离子在碱性氧化物助熔下而发出的颜色。按照釉色偏蓝和偏绿有孔雀蓝和孔雀绿不同叫法，也有学者认为应统称为翠蓝釉[1]。孔雀蓝釉在西亚地区被称为绿松石釉，其制作历史可以追溯至青铜时代，东汉、唐、五代时期的中国墓葬及遗址中发现西亚的孔雀蓝釉器物[2,3]。金代开始出现具有中国传统造型和装饰风格的孔雀蓝釉陶瓷。至元代，宫殿和庙宇上出现孔雀蓝釉建筑构件，如内蒙古正蓝旗元上都[4]、北京元大都遗址[5]、宁夏开城安西王府[6]、山西芮城永乐宫[7]等。另外，在河北、北京、河南、山西等地的金元时期窑址中发现孔雀蓝釉制品[8~11]。

　　孔雀蓝釉受到较多陶瓷研究者关注，如秦大树、李佩凝从考古学角度研究了孔雀蓝釉在中国的产生、发展及流布[12,13]，揭示出了孔雀蓝釉的发展轨迹。英国学者 Nigel Wood 根据西方博物馆收藏的中国孔雀蓝釉器物的化学成分结果，对比了中国和西方孔雀蓝釉的化学组成特点[14]。张福康、刘伟、杨大伟、熊樱菲对孔雀蓝釉日用器皿进行了成分分析[15~18]。相比而言，孔雀蓝釉琉璃瓦受到的关注较少，仅见苗建民[19]、李媛[20]从元、明、清建筑琉璃技术发展的角度对孔雀蓝釉琉璃瓦的工艺进行研究。

　　自 20 世纪 70 年代以来，在故宫的神武门西侧和清宫内务府遗址[21]、木工厂[22]、神武门东侧[23]、十三排南侧管线工地[24]等多处发现孔雀蓝釉琉璃瓦，其胎体呈橘红或粉红色，胎釉之间有白色化妆土。这类孔雀蓝釉琉璃瓦与故宫明清琉璃瓦的特征有明显的不同，多被认为是元代制品。本文将对故宫出土的元代孔雀蓝釉琉璃瓦的胎体、化妆土和釉进行科学分析，揭示其制作原料、工艺，并与故宫明清琉璃瓦的工艺进行比较。为了探讨制作故宫孔雀蓝釉琉璃瓦的技术来源，还对北京公主坟琉璃窑[25]、内蒙古

元上都遗址的元代孔雀蓝釉标本进行分析测试。

1 样品介绍

故宫元代孔雀蓝釉琉璃瓦样品共采集 4 件，编号 BY-114～BY-117，样品由故宫古建部提供。其中 BY-114 为滴水（图 1），胎体为砖红色，施白色化妆土，龙纹为黄釉，龙纹边沿为孔雀蓝釉，化妆土和釉剥落严重，这种风格也见于元上都琉璃瓦。BY-115 和 BY-116（图 2）为当沟，BY-117 器型不明，它们的胎体均为粉红色，施白色化妆土，通体施孔雀蓝釉。这些样品有釉面开片、部分脱落、颜色深浅不一等现象。

北京公主坟元代孔雀绿釉琉璃瓦样品 1 件（图 3），编号为 BY-62。该样品由 20 世纪 80 年代单士元先生采集自公主坟琉璃窑，由故宫古建部李燮平先生提供。样品器型不明，胎体较白，未施化妆土，残块上通施孔雀绿釉。

内蒙古元上都元代孔雀蓝釉琉璃瓦样品 1 件（图 4），编号为 SD-1，样品由北京大学考古文博学院崔剑锋先生提供。该样品为板瓦，胎体为白色，未施化妆土，局部施孔雀蓝釉。

图 1　故宫出土孔雀蓝琉璃瓦样品 BY-114

图 2　故宫出土孔雀蓝琉璃瓦样品 BY-116

图 3　北京公主坟琉璃窑样品 BY-62

图 4　元上都样品 SD-1

2 分析结果

采用荷兰帕纳科公司的 X 射线荧光波谱仪对样品胎体进行成分分析，分析条件见参考文献 [26]。采用德国耐驰 DIL402C 热膨胀分析仪测量样品的烧成温度，分析条件见参考文献 [27]。采用日本理学的 X 射线衍射仪，分析样品胎体和化妆土的物相组成，胎体的分析条件见参考文献 [28]，化妆土用单晶硅样品架，扫描速度为 5°/min。采用美国 EDAX 公司的 EAGLE Ⅲ 型大样品室 X 荧光能谱仪对样品的釉层和化妆土进行成分分析，分析条件见参考文献 [29]。采用分光光度计对样品釉色进行分析，方法见参考文献 [30]。

2.1 胎体的分析结果

2.1.1 胎体的化学成分

故宫出土元代孔雀蓝釉琉璃瓦胎体化学成分均值为 62.1% 的 SiO_2，16.8% 的 Al_2O_3，8.2% 的 CaO，4.6% 的 Fe_2O_3，2%~3% 的 Na_2O、MgO 和 K_2O 等，0.8% 的 TiO_2（表 1，归一化后的成分）。这类胎体成分总体上与中国北方黄土的成分一致。黄土与普通沉积黏土的区别是，黄土的 Na_2O 含量为 1.25%~2.5%，普通沉积黏土的 Na_2O 含量低于 1%[31]。黄土在中国北方地区长期被用做制陶原料，如陕西半坡的陶器、商代陶范、秦始皇兵马俑等[32]。故宫样品的着色氧化物 Fe_2O_3、TiO_2 含量较高，胎体呈砖红色和粉红色，说明胎体应该在氧化气氛下烧制。

故宫元代孔雀蓝釉琉璃瓦的胎体成分与故宫明清琉璃瓦胎体有明显的不同。故宫明清琉璃瓦胎体使用的是北京门头沟的坩子土[33]Al_2O_3 含量较高，而 CaO、Fe_2O_3 含量较低（表 1），是一种较为耐火的黏土，与本文研究的元代琉璃瓦胎体使用的黄土不同。

表 1 故宫孔雀蓝釉琉璃瓦胎体的化学成分 （单位：wt%）

样品	Na_2O	MgO	Al_2O_3	SiO_2	P_2O_5	K_2O	CaO	TiO_2	MnO	Fe_2O_3	LOI	总和
BY-114	2.25	2.54	16.36	60.26	0.12	2.42	7.93	0.79	0.08	4.33	2.72	99.80
BY-115	1.96	2.59	15.14	60.26	0.15	2.58	8.71	0.72	0.10	4.70	3.10	100.01
BY-116	1.98	2.71	14.77	60.33	0.13	2.55	8.97	0.70	0.10	4.71	2.85	99.80
BY-117	2.46	2.15	19.04	60.79	0.13	2.52	6.44	0.9	0.08	3.99	1.29	99.79
*BY-114	2.32	2.62	16.85	62.07	0.12	2.49	8.17	0.81	0.08	4.46		
*BY-115	2.02	2.67	15.62	62.18	0.15	2.66	8.99	0.74	0.10	4.85		
*BY-116	2.04	2.80	15.23	62.23	0.13	2.63	9.25	0.72	0.10	4.86		
*BY-117	2.50	2.18	19.33	61.72	0.13	2.56	6.54	0.91	0.10	4.05		
平均值	2.22	2.57	16.76	62.05	0.13	2.59	8.24	0.80	0.09	4.56		
*北方黄土1	1.69	2.61	14.38	63.00	0.19	2.98	8.63	0.73		5.69		
*故宫明代瓦件2	2.13	0.51	28.86	61.85	0.07	3.05	0.85	1.23	0.02	1.44		
*故宫清代第1类3	1.14	0.46	31.85	58.88	0.06	3.05	0.52	1.30	0.02	2.71		
*故宫清代第2类4	1.42	0.33	23.81	68.85	0.05	2.95	0.25	1.11	0.01	1.21		

注：带 * 号表示去掉烧失量归一后数据；1 为河北定窑遗址附近黄土的化学成分；2 为故宫神武门 5 个明代琉璃瓦胎体成分的平均值；3、4 为故宫清代琉璃瓦胎体成分的平均值。

2.1.2 胎体的物相组成

X 射线衍射分析结果表明，故宫孔雀蓝釉琉璃瓦胎体主要含石英、钠长石、钾长石、透辉石、赤铁矿等物相（表 2）。样品 BY-114 和 BY-117 中含少量莫来石，应与胎体中 Al_2O_3 含量较高有关。钠长石应为胎体中 Na_2O 的主要来源，赤铁矿为胎体中 Fe_2O_3 的主要来源，导致胎体显橘红色。胎体中的透辉石为方解石分解生成的 CaO 与二氧化硅反应生成的物相，其形成温度范围大于 850℃[34]。

故宫明代琉璃瓦胎体的物相为石英、莫来石、金红石和钠长石，生烧的样品中含脱水叶蜡石和伊利石。清代胎体物相为石英、莫来石、金红石，生烧的样品中含脱水叶蜡石和伊利石。明清胎体中均不见透辉石、赤铁矿。从胎体物相结果看，故宫出土孔雀蓝釉胎体与明清琉璃胎体使用原料不同。

表 2　故宫孔雀蓝釉琉璃瓦胎体的物相组成

编号及名称	物相组成
BY-114	石英、钠长石、钾长石、透辉石、赤铁矿、莫来石、方解石
BY-115	石英、钠长石、钾长石、透辉石、赤铁矿、角闪石
BY-116	石英、钠长石、钾长石、透辉石、赤铁矿
BY-117	石英、钠长石、钾长石、透辉石、赤铁矿、莫来石
故宫明代瓦件[35]	石英、莫来石、金红石、脱水叶蜡石、伊利石、钠长石
故宫清代瓦件[36]	石英、莫来石、金红石、脱水叶蜡石、伊利石

2.1.3 胎体的烧成温度

采用热膨胀仪分析了样品 BY-115 和 BY-116 胎体的烧成温度，分别为 1040±20℃和 1020±20℃。故宫清代琉璃胎体的烧成温度为 1010～1050℃。孔雀蓝釉胎体的烧成温度与清代琉璃瓦胎体基本一致。

2.2 化妆土的分析结果

2.2.1 化妆土的化学成分

故宫孔雀蓝釉琉璃瓦化妆土化学成分均值为 52.7% 的 SiO_2，33.7% 的 Al_2O_3 及 8% 的 K_2O 等（表 3）。与胎体成分相比，化妆土的 Al_2O_3、K_2O 含量较高，Fe_2O_3 含量很低（平均 0.4%）。由于其 Fe_2O_3 低，烧后颜色白度较高。故宫孔雀蓝釉琉璃瓦化妆土含较高的 Al_2O_3，与磁州窑白瓷和辽三彩的化妆土相似，使用了耐火度较高的黏土，但含有较高的 K_2O 和较低的 Fe_2O_3，说明与磁州窑白瓷和辽三彩的化妆土为不同类型原料。

2.2.2 化妆土的物相组成

样品 BY-116 化妆土的分析结果为脱水钾云母。根据表 3 中化妆土 K_2O 的平均含量计算化妆土中的云母含量达 65%，说明化妆土原料的主要矿物为云母。这类化妆土还见于河南地区的红绿彩瓷[37]，而磁州窑白瓷和辽三彩的化妆土的原料不是云母类矿物[38]。使用云母类矿物做化妆土存在缺陷，由于云母的层状结构会在加热过程中膨胀，容易造成上面釉层的剥落[39]。故宫元代孔雀蓝釉琉璃瓦上化妆土和釉一同剥落、釉从化妆土表面剥落的现象都很普遍，说明云母类化妆土技术还不成熟。

表3　故宫孔雀蓝釉琉璃瓦化妆土的化学成分　　　　　（单位：wt%）

样品	Na_2O	MgO	Al_2O_3	SiO_2	P_2O_5	K_2O	CaO	TiO_2	Fe_2O_3	PbO
BY-114	1.0	0.9	30.9	53.5	0.4	10.3	0.6	0.8	0.4	0.7
BY-115	2.2	0.5	35.4	52.2	0.2	4.7	1.2	0.8	0.6	2.3
BY-116	0.7	1.1	32.5	51.4	0.4	12.0	0.8	0.6	0.3	0.1
BY-117	1.1	0.6	36.2	53.8	0.1	5.0	1.2	0.9	0.5	0.6
化妆土平均值	1.2	0.8	33.7	52.7	0.3	8.0	0.9	0.8	0.4	0.9
胎体平均值	2.22	2.57	16.76	62.05	0.13	2.59	8.24	0.80	4.56	
磁州窑化妆土[40]	0.10	0.26	36.39	52.96		2.52	1.04	1.37	1.12	
辽三彩化妆土平均值[41]	1.39	1.28	35.38	55.98		1.25	2.40	1.00	1.31	

2.3　釉的分析结果

2.3.1　釉的颜色分析

故宫孔雀蓝琉璃瓦釉的分光反射曲线主波长在480～490nm，公主坟样品的主波长在500nm左右。故宫孔雀蓝釉偏蓝色，公主坟样品偏绿色。西亚地区常见的绿松石釉的主波长约为480nm[42]。从颜色学上看，我国的孔雀蓝与孔雀绿釉与西方的绿松石釉属于同种颜色。

2.3.2　釉的化学成分

表4所示，故宫孔雀蓝釉的化学成分均值为62.7%的SiO_2，17.0%的PbO，10.2%的K_2O，3.4%的Al_2O_3以及2.9%的CuO。Na_2O、MgO和CaO含量较低。与建筑琉璃常用的铅釉[43]相比，SiO_2含量较高，PbO含量较低，K_2O显著提高。与北京公主坟琉璃窑和元上都的孔雀蓝釉相比，同属于SiO_2-PbO-K_2O体系。有区别的是，公主坟样品的Na_2O和CaO含量较高，元上都样品的Na_2O和Al_2O_3含量较高。公主坟琉璃窑被认为是《元史·百官志》记载的元大都的"西窑厂"[44]，说明元大都的窑厂具备生产该类釉的技术。与元上都孔雀蓝釉成分的一致则表明，SiO_2-PbO-K_2O体系的孔雀蓝釉从元上都的营建时就出现了。故宫孔雀蓝釉与东汉和唐代传入中国的西亚孔雀蓝釉相比，西亚孔雀蓝釉的Na_2O、CaO和MgO含量较高，K_2O含量较低，不含PbO。

表4　故宫孔雀蓝釉的成分　　　　　（单位：wt%）

样品	Al_2O_3	CaO	CuO	Fe_2O_3	K_2O	MgO	Na_2O	PbO	SiO_2	TiO_2	其他
BY-114	1.4	0.4	4.1	0.4	11.6	0.2	2.0	16.1	63.6	—	
BY-115	4.5	0.8	1.8	0.3	8.6	3.1	0.6	14.0	66.3	—	
BY-116	2.1	0.6	3.7	0.4	11.5	0.6	1.8	19.6	59.6	0.1	
BY-117	5.5	1.5	1.9	0.6	9.2	0.9	0.8	18.1	61.4	0.1	
平均值	3.4	0.8	2.9	0.4	10.2	1.2	1.3	17.0	62.7	0.1	
BY-62	1.7	3.6	4.0	0.3	9.5	0.4	3.1	17.8	59.3	0.1	
SD-1	7.2	0.6	3.1	0.2	8.0	0.8	4.3	17.1	58.5	0.1	

续表

样品	Al_2O_3	CaO	CuO	Fe_2O_3	K_2O	MgO	Na_2O	PbO	SiO_2	TiO_2	其他
金元时期磁州窑孔雀绿釉[45]	1.33	1.31	4.31	0.31	13.38	—	0.57	12.55	64.90	—	
观台磁州窑翠蓝釉[46]	6.80	8.30	1.20	0.42	1.80	0.27	0.48	0.16	79.00		P_2O_5: 0.08, SO_3: 0.52, Cl: 0.82
元代磁州窑孔雀绿釉[47]	3.23	1.03	6.99	0.23	9.49	0.66	9.27	1.77	65.99	0.10	SnO_2: 0.60
禹州制药厂孔雀绿釉[48]	5.02	1.36	9.95	1.46	9.35	0.39	未测	未检出	71.27	0.05	P_2O_5: 0.53
广西合浦东汉蓝绿釉瓶[49]	4.92	3.31	1.02	0.76	2.48	4.46	14.07	0.05	67.77	0.08	P_2O_5: 0.31
扬州出土波斯陶（YB1G）[50]	4.97	5.56	3.66	1.06	2.92	1.87	10.82	—	65.28	0.16	P_2O_5: 0.19, SnO_2: 1.45

注：—表示低于检测限。

3　讨论

3.1　故宫元代孔雀蓝琉璃瓦釉的原料及工艺

故宫元代孔雀蓝釉的成分属于 SiO_2-PbO-K_2O 体系，关于该体系釉料较早的记载来自明万历年间的《工部厂库须知》[51]，该文献记载了建筑琉璃各色釉用料的种类及数量，相关内容摘录如下："蓝色一料，紫英石六两，铜末十两，焇十斤，马牙石十斤，铅末一斤四两……"通过用量可以看出，蓝料以焇、马牙石和铅末为主，少量铜末和紫英石。焇在古代有硝酸钾、硫酸钠、硫酸镁多种可能。根据明代孔雀蓝釉的分析结果[52]，此处的"焇"应为引入 K_2O 的原料，即硝酸钾。因此蓝料中的焇、马牙石和铅末分别提供釉中的 K_2O、SiO_2 和 PbO，铜末为着色原料。这种由 K_2O 做助熔剂，铜离子发色的釉呈现出孔雀蓝或孔雀绿色，与本文讨论的孔雀蓝釉色接近。

一般来说，釉料中使用硝酸钾需要与石英等熔制成玻璃，把玻璃研磨成粉末后配制成釉浆使用。汪永平[53] 走访山西孔雀蓝釉的传统工艺时发现采用预熔玻璃的做法，其制法为在火硝（硝酸钾）中加入石英及少量的黄丹和氧化铜（或二氧化锰）后，按一定比例混合均匀，放在琉璃窑中煅烧，烧成后再进行石碾、过筛，进而配成釉料，涂刷于陶胎表面。把硝酸钾与石英熔制为玻璃的原因是硝酸钾在水中的溶解度较高，如直接掺入釉浆使用，硝酸钾会溶解渗入胎体，而且在釉浆干燥时析出在釉料层的表面[54]。在清代样式雷口诀里有建筑琉璃釉使用熔块的记载："天青、翡翠、紫色、白色使用玻璃料，黄绿色用铅。"[55] 这里所说的玻璃料是把各种原料经过预先熔化再粉碎后作为釉料使用。在北京门头沟琉璃窑清光绪三十年的釉料配方[56] 中可以看到，样式雷口诀中提到的"天青色方，翡翠色方，紫色方"的原料配方中都有火硝。因此使用"玻璃料"的工艺与火硝有密切关系。

在 19 世纪晚期景德镇的孔雀蓝釉料中却发现直接使用硝酸钾的做法。法国化学家 Georges Vogt 在分析该原料时发现，硝酸钾、石英和铜的粉末按一定比例混合，未作熔块处理。Nigel Wood 认为硝酸钾在冷水中的溶解度较低，景德镇工匠直接使用硝酸钾而不用熔块技术有其合理性[57]。

3.2　故宫元代孔雀蓝釉琉璃瓦釉的技术来源

从发表文献看，中国的孔雀蓝釉最早在瓶、炉、罐等器皿上出现，随后用在建筑琉璃上。比较故宫元代孔雀蓝釉和金元时期器皿类孔雀蓝釉的成分有助于探寻建筑琉璃上孔雀蓝釉的技术来源。

金元时期器皿类孔雀蓝釉按照 PbO 含量的高低分为两大类。第一类 PbO 含量较高，以金元时期磁州窑彩瓷上的孔雀绿釉为代表（表 4），其主要成分为 64.9% 的 SiO_2、12.55% 的 PbO、13.38% 的 K_2O、1.33% 的 Al_2O_3、4.31% 的 CuO，与本文研究的孔雀蓝釉很接近。第二类不含 PbO 或 PbO 含量很低。第二类根据 K_2O 和 CaO 含量高低可再分为两类：一类是高钙低钾型，以河北观台磁州窑考古发掘的孔雀蓝釉陶瓷为代表，年代属于 13 世纪后半期[58]，该类器皿与元上都、元大都孔雀蓝釉琉璃瓦的年代相近。经检测含 79% 的 SiO_2、6.8% 的 Al_2O_3、8.3% 的 CaO、1.8% 的 K_2O（表 4）。SiO_2、Al_2O_3、CaO 含量与钧釉的成分较接近。另一类是高钾低钙型。以熊樱菲分析的元代磁州窑孔雀绿釉为代表（表 4），含 65.99% 的 SiO_2、3.23% 的 Al_2O_3、9.49% 的 K_2O 和 1.03% 的 CaO。高钾低钙型的孔雀蓝釉还有禹州制药厂的孔雀绿釉（表 4），以及张福康先生发表的宋代磁州窑孔雀绿釉（含 8% 的 K_2O、7% 的 Na_2O，CaO、MgO 和 PbO 含量都在 1.5% 以下[59]）。

通过以上分析看，器皿类孔雀蓝釉的成分较复杂。故宫元代孔雀蓝釉、公主坟孔雀绿釉及元上都孔雀蓝釉与 PbO 含量较高的金元时期磁州窑孔雀绿釉成分接近。

4　结论

从故宫出土的孔雀蓝釉琉璃瓦件胎体原料与北方黄土的成分一致，与故宫明清琉璃瓦胎体的化学成分及物相均有显著区别。故宫孔雀蓝瓦件胎体的 Fe_2O_3、TiO_2 等着色成分含量较高，在氧化气氛下烧制呈橘红或粉红色，在胎釉之间施加了化妆土。化妆土为高铝、高钾成分，其物相组成为云母类矿物。故宫孔雀蓝釉的成分为 SiO_2-PbO-K_2O 体系，显色成分为铜离子。与北京公主坟琉璃窑的孔雀蓝釉成分基本一致，表明元大都的窑厂可以生产该类建筑构件；与元上都的孔雀蓝釉成分也基本一致，说明元上都和元大都的孔雀蓝釉烧制技术是一脉相承的。

故宫出土孔雀蓝釉的原料应为火硝、马牙石和铅末，着色原料铜末。故宫元代孔雀蓝釉与金元时期多种类型的孔雀蓝釉器皿相比，与 PbO 含量较高的磁州窑孔雀绿釉成分一致。

致　谢：本项工作得到故宫博物院科研课题"故宫考古出土建筑琉璃的年代及产地研究"（课题编号：KT2016-10）及江西省高校人文社会科学重点研究基地课题"故宫清代早期建筑琉璃瓦件研究"的资助，在此致以谢意。

参考文献

[1]　秦大树. 试论翠蓝釉瓷器的产生、发展与传播. 文物季刊, 1999, (3).

[2]　黄珊, 熊昭明, 赵春燕. 广西合浦县寮尾东汉墓出土青绿釉陶壶研究. 考古, 2013, (8).

[3]　汪勃. 再谈中国出土唐代中晚期至五代的西亚伊斯兰孔雀蓝釉陶. 考古, 2012, (3).

[4]　陈永志. 揭开游牧民族的废墟——元上都遗址的考古发掘. 中国文化遗产, 2012, (3): 42.

[5]　李知宴. 故宫元代皇宫地下出土陶瓷资料初探. 中国历史博物馆馆刊, 1986, (8).

[6]　宁夏文物考古研究所, 固原市原州区文物管理所. 开城安西王府遗址勘探报告. 北京: 科学出版社, 2009: 287.

[7]　柴泽俊. 山西琉璃. 北京: 文物出版社, 1990: 12.

[8]　北京大学考古系, 河北省文物研究所, 邯郸地区文物保管所. 观台磁州窑. 北京: 文物出版社, 1997.

[9]　赵光林. 近年北京地区发现的几处古代琉璃窑址. 考古, 1986, (7).

[10]　郭培育. 禹州钧台窑考古新发现与初步研究. 见: 河南省文物考古研究所, 等. 2005 中国禹州钧窑学术研讨会论文集. 郑州: 大象出版社, 2007.

[11]　山西省考古研究所. 山西长治八义窑试掘报告. 文物季刊, 1998, (3).

[12]　秦大树. 试论翠蓝釉瓷器的产生、发展与传播. 文物季刊, 1999, (3).

[13]　李佩凝. 翠蓝釉瓷器与珐华器的考古学研究. 长春: 吉林大学硕士学位论文, 2015.

[14]　Wood N. Chinese Glazes: Their Origins, Chemistry, and Recreation. London: A&C Black Limited, 1999: 213-217.

[15]　张福康. 中国古陶瓷的科学. 上海: 上海人民美术出版社, 2000: 144.

[16]　刘伟, 秦大树. 观台窑出土低温釉瓷片的X 射线荧光光谱分析与研究. 考古学研究(四). 北京: 科学出版社, 2000.

[17]　杨大伟, 王晓川, 李融武, 等. 钧台窑不同时期发掘出土钧瓷的PIXE 和模糊聚类分析. 河南师范大学学报(自然科学版), 2012, (6).

[18]　熊樱菲. 中国古代不同时期陶瓷绿釉化学组成的研究. 中国陶瓷, 2014, (8).

[19]　苗建民, 王时伟. 元明清建筑琉璃瓦的研究. 见: 郭景坤. '05 古陶瓷科学技术国际讨论会论文集. 上海: 上海科学技术文献出版社, 2005.

[20]　李媛, 苗建民, 段鸿莺. 元代建筑琉璃化妆土工艺的初步研究. 见: 陆寿麟, 李化元. 中国文物保护协会第七次学术年会论文集. 北京: 科学出版社, 2012.

[21]　李知宴. 故宫元代皇宫地下出土陶瓷资料初探. 中国历史博物馆馆刊, 1986, (8).

[22]　据故宫古建部工作人员告知。

[23]　据笔者在2013 年10 月该处施工时发现。

[24]　据故宫古建部工作人员告知。

[25]　赵光林. 近年北京地区发现的几处古代琉璃窑址. 考古, 1986, (7).

[26]　段鸿莺, 梁国立, 苗建民. WDXRF 对古代建筑琉璃构件胎体主次量元素定量分析方法研究. 见: 罗宏杰, 郑欣淼. '09 古陶瓷科学技术国际讨论会论文集. 上海: 上海科学技术文献出版社, 2009: 119-124.

[27]　丁银忠, 侯佳钰, 苗建民. 热膨胀法判定古代琉璃构件胎体烧成温度的模拟实验研究. 南方文物, 2016, (2).

[28]　康葆强, 段鸿莺, 丁银忠, 等. 黄瓦窑琉璃构件胎釉原料及烧制工艺研究. 南方文物, 2009, (3).

[29]　李合, 丁银忠, 段鸿莺, 等. EDXRF 无损测定琉璃构件釉主、次量元素. 文物保护与考古科学, 2008, (4).

[30]　赵兰, 苗建民, 王时伟, 等. 清代官式建筑琉璃瓦件颜色与光泽量化表征研究. 故宫学刊, 2014, (12).

[31]　Kerr R, Wood N. Joseph Needham Science and Civilization in China, volume 5, Chemistry and Chemical Technology, Part XⅡ: Ceramic Technology. Cambridge: Cambridge University Press, 2004: 96.

[32]　Kerr R, Wood N. Joseph Needham Science and Civilization in China, volume 5, Chemistry and Chemical Technology, Part XⅡ: Ceramic Technology. Cambridge: Cambridge University Press, 2004: 117-120.

[33]　康葆强, 王时伟, 段鸿莺, 等. 故宫神武门琉璃瓦年代和产地的初步研究. 故宫学刊, 2013, (10): 240.

[34]　Olin J S, Franklin A. Archaeological Ceramics. Washington: Smithsonian Institution Press, 1982: 128.

[35]　康葆强, 王时伟, 段鸿莺, 等. 故宫神武门琉璃瓦年代和产地的初步研究. 故宫学刊, 2013, (10): 239.

[36]　段鸿莺, 康葆强, 丁银忠, 等. 北京清代官式琉璃构件胎体的工艺研究. 建筑材料学报, 2012, (3): 440.

[37]　杨益民, 汪丽华, 朱剑, 等. 红绿彩瓷化妆土的线扫描分析. 核技术, 2008, 31(9).

[38]　关宝琮, 叶淑卿, 从文玉, 等. 辽三彩研究. 见: 中国古代陶瓷科学技术国际研讨会论文集, 1985: 6-7.

[39]　该观点为作者康葆强与美国亚利桑那大学范黛华教授交流获知。

[40]　陈尧成, 郭演仪, 刘立忠. 历代磁州窑黑褐色彩瓷的研究. 硅酸盐通报, 1988, (3).

[41]　关宝琮, 叶淑卿, 从文玉, 等. 辽三彩研究. 见: 中国古代陶瓷科学技术国际研讨会论文集, 1985: 6-7.

[42]　Holakooei P, Tisato F, Vaccaro C, et al. Haft Rang or Cuerda Seca？ Spectroscopic Approaches to the Study of Overglaze

Polychrome Tiles from Seventeenth Century Persia. Journal of Archaeological Science , 2014, 41: 453.

[43] 康葆强, 李合, 苗建民. 故宫清代年款琉璃瓦釉的成分及相关问题研究. 南方文物, 2013, (2): 68.

[44] "大都凡四窑场, 秩从六品……营造素白琉璃瓦, 隶少府监, 至元十三年置, 其属三: 南窑厂, 中统四年置; 西窑厂, 至元四年置; 琉璃局, 中统四年置。"

[45] 张福康. 中国古陶瓷的科学. 上海: 上海人民美术出版社, 2000: 144.

[46] 刘伟, 秦大树. 观台窑出土低温釉瓷片的X 射线荧光光谱分析与研究. 考古学研究(四). 北京: 科学出版社, 2000.

[47] 熊樱菲. 中国古代不同时期陶瓷绿釉化学组成的研究. 中国陶瓷, 2014, (8).

[48] 杨大伟, 王晓川, 李融武, 等. 钧台窑不同时期发掘出土钧瓷的PIXE 和模糊聚类分析. 河南师范大学学报(自然科学版), 2012, (6).

[49] 黄珊, 熊昭明, 赵春燕. 广西合浦县寮尾东汉墓出土青绿釉陶壶研究. 考古, 2013, (8).

[50] 周长源, 张浦生, 张福康. 扬州出土的古代波斯釉陶研究. 文物, 1988,(12).

[51] [明] 何士晋. 工部厂库须知. 见: 北京图书馆古籍珍本丛刊(第47 册). 北京: 书目文献出版社, 2000: 429. 该文献记录了当时黄、青、绿、蓝、黑、白釉建筑琉璃的色料配方。

[52] 熊樱菲. 中国古代不同时期陶瓷绿釉化学组成的研究. 中国陶瓷, 2014, (8).

[53] 汪永平. 我国传统琉璃的制作工艺. 古建园林技术, 1989, (2): 19.

[54] Wood N. Chinese Glazes: Their Origins, Chemistry, and Recreation. London: A&C Black Limited, 1999: 216.

[55] 蒋博光. "样式雷"家传有关古建筑口诀的秘籍(一). 古建园林技术, 1988, (3).

[56] 李全庆, 刘建业. 中国古建筑琉璃技术. 北京: 中国建筑工业出版社, 1987: 20.

[57] Wood N. Chinese Glazes: Their Origins, Chemistry, and Recreation. London: A&C Black Limited, 1999: 216.

[58] 秦大树. 试论翠蓝釉瓷器的产生、发展与传播. 文物季刊, 1999, (3).

[59] 张福康. 中国传统低温色釉和釉上彩. 见: 李家治, 陈显求, 张福康, 等. 中国古代陶瓷科学技术成就. 上海: 上海科学技术出版社: 1985: 340.

Research on Raw Materials and Firing Technique of Turquoise-glazed Tiles Excavated from the Forbidden City of the Yuan Dynasty

Kang Baoqiang[1, 2]   Li He[1, 2]   Duan Hongying[1, 2]   Ding Yinzhong[1, 2]   Zhao Lan[1, 2]
Lei Yong[1, 2]

1.The Palace Museum; 2. Key Scientific Research Base of Ancient Ceramics, State administration of Cultural Heritage (The Palace Museum)

Abstract: Turquoise glaze is a special glaze in ceramics history in China. Its scale lies between blue and green. This paper is to analyze bodies, slip and glazed of glazed tiles dated to the Yuan dynasty excavated from the Forbidden City, Gongzhufen kiln site and Yuan Shangdu site. The results show that raw materials of the bodies of glazed tiles are loess, which are different from the bodies of glazed tiles in the Ming and Qing dynasties. The slip is rich in Al$_2$O$_3$ and K$_2$O in chemical compositions with dehyroxylated muscovite as main phase. Chemical compositions of the glazes are SiO$_2$-PbO-K$_2$O system. The glazed tiles should be made in the Yuan Dadu. The glaze technology should come from Yuan Shangdu. In order to find the technical source, compared with several type of turquoise glaze of vessels, turquoise glaze of glazed tiles excavated from the Forbidden City are similar to the turquoise glaze with high PbO of the Cizhou ware.

Keywords: the Forbidden City, turquoise glaze, glazed tiles, raw materials, technical source

原载《故宫学刊》2018 年第 1 期

基于图像分析的古代建筑琉璃胎体孔隙结构定量表征研究

李　媛[1, 2]　侯佳钰[1, 2]　段鸿莺[1, 2]　康葆强[1, 2]　苗建民[1, 2]

1. 古陶瓷保护研究国家文物局重点科研基地（故宫博物馆）　2. 故宫博物院文保科技部

摘　要：显微结构分析是研究古代建筑琉璃构件原料、工艺和剥釉机理等的基础，已有的研究多是从定性描述的角度来表征其特征。本研究利用一种新型、快速、定量评价琉璃构件胎体孔隙结构的图像分析方法，以清代紫禁城建筑琉璃为研究对象，利用扫描电子显微镜（SEM）和 ImageJ 图像分析软件获取孔隙率、孔径及其分布等孔隙结构特征参数。本文详细介绍了琉璃构件孔隙结构图像分析法的分析流程，并探讨了软件中阈值选取、样品的表面状态、图像类型及放大倍率等对定量结果的影响。结果表明，本研究所建立的电子显微图像分析法可以比较准确地量化表征琉璃构件的孔隙率、孔径分布等特征，该方法可为样品量少或不规则形状的建筑琉璃等多孔材料建立孔隙结构与原料、性能的定量关系，可作为建筑琉璃构件胎体孔隙结构传统定量分析方法的一种补充。

关键词：SEM，ImageJ，显微结构，孔隙率，定量评价

1　引言

　　釉层剥落是古代建筑琉璃构件的主要病害之一，已有研究表明琉璃构件胎体的烧结程度是影响釉层剥落的关键性内因，通常以琉璃构件的吸水率、显气孔率等物理参数对烧结程度进行评价和表征[1]。尽管吸水率、显气孔率等物理参数可建立起琉璃构件外在的保存状况与其内在的烧结程度二者的联系，但从吸水率、显气孔率的国家标准来看[2]，需要切割、磨抛、干燥、称干重与湿重、煮沸、擦拭等数道环节，不难发现其测量的过程较为复杂、耗时也相对较长，测试环境及测试人员也会对结果产生影响。此外，压汞法和光学显微镜法也可以测量琉璃构件胎体的孔隙，前者可得到胎体孔隙率和孔径分布，但无法获得琉璃胎体孔隙实际分布图；后者由于光学显微镜分辨能力的限制（可分辨0.2μm），不能准确评价胎中的微小孔隙，从而使结果偏离实际情况。

　　扫描电镜是比较常用的科研分析方法，在古陶瓷的科技研究中，主要用于通过对微区结构特征的观察、描述和对比来揭示瓷胎物相类别和孔隙形态、瓷釉艺术外观的形成机理、着色物质的存在形貌等问题[3~8]。但目前大部分显微结构的分析仍为定性评价，图像所承载的丰富信息仍有待进一步的发掘与研究。

　　近几年，随着计算机图像处理技术的发展，国际上开发出多种商业和公共用途的分析软件，如

Image-Pro Plus、ImageJ 等，借助这些操作简便且功能强大的图像分析软件，显微图像的定量评价被更多的技术人员所重视，以往图像中常常被忽视的定量结果在实际工作中也越来越多地发挥作用，尤其在医学、生物、地质等领域[9~11]的应用相对更为广泛和成熟。

本文在前期研究的基础上，以清代紫禁城建筑琉璃构件的 SEM 图像为基础，运用 ImageJ 图像处理软件尝试建立一个定量表征琉璃构件孔隙结构特征的图像分析方法。该图像分析方法的建立不仅可以快速、便捷地获取孔隙结构定量特征，同时对由于样品量少、尺寸小等原因，而无法满足吸水率国家标准测量要求的试样，也可提供一个有益的补充。此外，该图像分析方法也适用于其他多孔结构材料体系，对于古代建筑石材、古代土壤等的孔隙结构特征研究同样具有借鉴意义。

2 样品与方法

2.1 研究样品

本研究所分析的紫禁城清代建筑琉璃构件均由故宫博物院文保科技部和古建部提供。典型琉璃构件样品照片列于图 1。

图 1 清代紫禁城建筑琉璃构件样品

2.2 扫描电镜

采用捷克 TESCAN 公司的 MIRA3 型场发射扫描电子显微镜对胎体材料显微结构进行观察。实验测试条件为：高亮度肖特基电子枪，背散射电子探头，低真空模式，采用电压为 25kV，束斑为 18，二次电子图像分辨率为 3.0nm。

2.3 ImageJ 图像分析软件

采用的 ImageJ 是美国国家心理健康研究所（National Institute of Mental Health）开发的免费科学图

像分析工具，适用于 Microsoft Windows、Mac OS X 和 Linux 等多种操作平台。ImageJ 可编辑、分析、处理、保存和打印 8 位、16 位和 32 位的图像，支持 TIFF、GIF、JPEG、BMP、DICOM、FITS 等多种图像格式。还可以对图像中分析对象的长度、角度、周长、面积、圆度、最佳椭圆拟合，以及质心坐标等进行统计分析。

2.4 称重法测量显气孔率的方法

把琉璃构件的胎体切割成 10mm×20mm×5mm 的长方体，六面磨平，每块琉璃构件制备 5 个平行样品，取测量结果的平均值。显气孔率的测量，参照国家标准 GB/T 3810.3–1999 进行。

3 孔隙结构的定量表征及影响因素

在采用图像软件表征古代琉璃构件孔隙的过程中，软件、图像、样品等因素可能对表征和分析结果造成影响。在本研究中，讨论了软件应用、SEM 图像类别及放大倍率、样品表面状态等因素对分析结果的影响。

3.1 定量表征流程

运用 ImageJ 软件处理琉璃构件胎体 SEM 图像获得孔隙结构定量结果的具体步骤可表述为：①读取琉璃构件胎体的 SEM 图像；②图像预处理包括两个具体操作，其一为去除不必要的背景部分，确定图像的感兴趣区（ROI）；其二为设定图像标尺，准确的标尺是定量评价孔隙结构各项几何特征的基础；③选取合适的阈值，将图像进行二值化处理，即设定孔隙部分为 0，而图像上除孔隙以外的部分设为 1；④在二值化图像中，便可初步获得琉璃构件胎体的总孔隙率（面积百分比）；⑤使用软件中的"颗粒分析"（analyze particles）功能，可对琉璃构件的孔隙率、孔隙个数、大小、孔隙的几何特征进行定量评价，如图 2 所示。

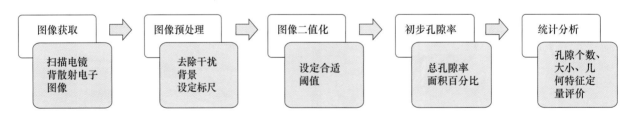

图 2 基于 SEM 图像 ImageJ 软件的图像分析流程图

3.2 图像二值化及阈值的选取对结果的影响

图像二值化是图像处理的基本技术，也是图像分析中比较重要的部分。将图像进行二值化的目的是将 SEM 获得的 16 位灰度图像转成二值化图像，从而能得到清晰的边缘轮廓线，更好地为孔隙结构的统计分析等后续处理服务。

　　而选取合适的分割阈值可以说是图像二值化的关键，它的原理是基于图像中要提取的目标与背景的灰度差异性，依据灰度值进行提取。通常情况下，分割阈值可分为自动识别和手动识别两大类。在ImageJ软件中含有 16 种自动阈值调节方法可供选择，如最小误差法（MinError 法）、最大类间方差法（Otsu 法）、最大熵阈值分割法（MaxEntropy 法）、平均灰度阈值法（Mean 法）等[12]。

　　图 3 为琉璃构件胎体孔隙个数随阈值变化曲线。图 4 为根据图 3 中不同阈值利用 ImageJ 软件提取出的琉璃构件胎体孔隙边缘轮廓图。结合图 3、图 4 可知，未达顶点阈值之前，图像中的孔隙尚未被全部识别，此时处于孔隙缺失状态；达到顶点阈值之后，小孔隙间的像素点逐渐被识别，小孔隙被联通起来，渐渐消失而变成更大的孔隙，此时处于孔隙失真状态。因此，在实际选取分割阈值时，要避免出现以上两种情况，对比 ImageJ 软件中 16 种自动阈值算法，发现都或多或少地出现不理想的分割结果。因此，对于本研究中的清代建筑琉璃构件胎体而言，以手动选取阈值更为有效合理。

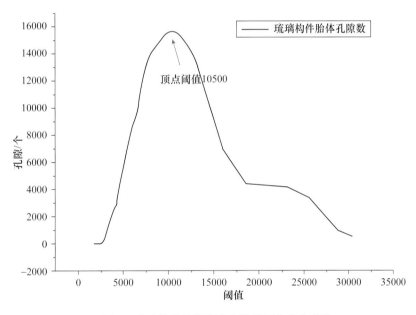

图 3　琉璃构件胎体孔隙个数随阈值变化曲线

3.3　SEM 图像类别及放大倍率对结果的影响

　　通过 SEM 可以获得琉璃构件胎体的二次电子图像和背散射电子图像，其中二次电子图像更多地反映出样品表面的形貌特征，而背散射电子图像则更多地与样品组成元素的原子序数关系密切。由于阈值分割是以孔隙与周围硅酸盐类基质在灰度上的差异为提取依据，因此，背散射电子图像是本方法的首选图片类型。同时，二次电子图像经常出现由于电子束聚集导致孔隙边缘较为明亮并造成干扰，而选用背散射电子图像可以很好地避免这种干扰，如图 5 所示。

　　理论上讲，尽管 SEM 可以获取高分辨率的图像，但通常是以缩小观察区域来实现的，这虽然可以提高样品的局部分析精度，但降低了对整体的代表性。以琉璃构件为例，如图 6 所示，当放大倍数

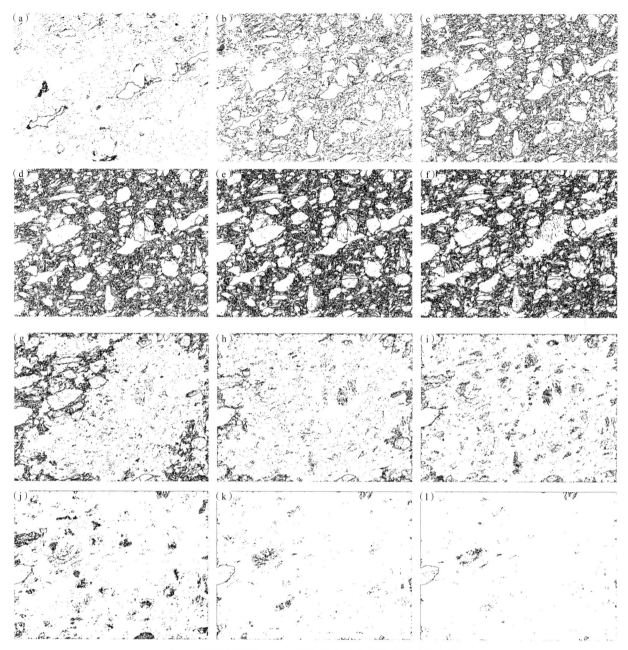

图 4　不同阈值下 ImageJ 提取的琉璃构件胎体孔隙轮廓图
（a）～（e）的阈值 <10500；（f）的阈值为 10500；（g）～（l）的阈值 >10500

为 5000× 时，图像可分辨的孔隙主要以闭口气孔为主，而对于琉璃构件来讲，其显气孔率的统计值对其保护和研究更具有实际意义。因此，在实际操作时，应兼顾孔隙分布非均质性和放大倍数的双重影响，需根据研究对象来确定合理的放大倍数与分辨率。

此外，除上述两点外，对 SEM 图像的质量也有一定要求，只有分辨率高、信噪比好、衬度适中的高品质图像才能确保后续 ImageJ 软件分析的准确性。

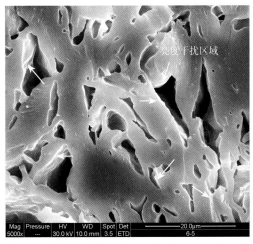 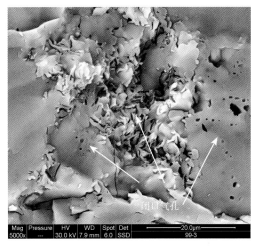

图 5　琉璃构件胎体二次电子图像（白色箭头所指出的为电荷富集所形成的干扰区域）

图 6　琉璃构件胎体闭口气孔的高倍 SEM 图像

3.4　样品表面状态对结果的影响

图 7 为琉璃构件样品自然断面的背散射电子图像，从图中可以看到，尽管背散射电子图像的灰度高低代表的是组成材料的原子序数大小，但也能反映出材料表面的形貌特征，尤其是未经过磨平和抛光的表面，某些凸起或团粒周围就会呈现由于形貌差异而产生的灰度差别，而这些在孔隙统计时就会变成干扰项，对最后结果产生影响。因此，尽可能选用平整、光滑且没有明显划痕的表面来进行测试分析。

综上所述，采用图像分析法定量分析建筑琉璃构件胎体孔隙结构时，应尽可能选用平整、光滑且没有明显划痕的标本表面进行测试。利用 SEM 分析样品时，背散射电子图像是后续图像分析的首选电镜图像类型，在兼顾非均质性和放大倍数的情况下，选用适

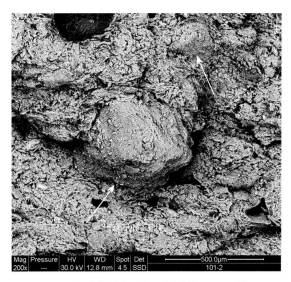

图 7　琉璃构件自然断面样品的 SEM 图像

宜的放大倍数进行电镜图像的拍摄。在利用软件分析图像时，以手动调整阈值可以获得比较理想的二值化图像。

4　图像分析方法在清代紫禁城建筑琉璃中的应用

4.1　孔隙率的比较分析

表 1 为不同测量方法得到的清代紫禁城建筑琉璃构件胎体孔隙率结果。根据表 1 数据绘制图 8 孔隙率曲线图。由表 1、图 8 可知，ImageJ 软件所分析的孔隙率结果与称重法测量的结果接近，测量的

相对偏差在 3.82%±1.71% 以内，由此可见，基于 SEM 图像的图像分析方法可以获得材料的孔隙定量结果。由 ImageJ 软件所测得的孔隙率略高于称重法的结果，其原因可能在于前者是根据孔隙灰度差异而得到图像内所有孔隙的总孔隙率，而后者称重法，因水无法进入闭口气孔或尺寸太小的孔隙，因此得到较低的显气孔率结果。

表 1　ImageJ 法和称重法测的孔隙率比较

编号	款识	釉面保存状况	ImageJ 法吸水率	称重法吸水率	偏差 /%	相对偏差 /%
6-5	乾隆年制 城工	80	21.67	20.45	1.22	5.65
87-2	工部造	100	22.38	21.55	0.83	3.71
36-2	铺户张仕登、配色匠张台、房头颜印、烧窑匠王成（满汉）	90	23.67	22.56	1.11	4.70
45-1	一作造	95	25.49	24.63	0.86	3.37
11-1	嘉庆三年＋窑户赵士林、配色匠徐益寿、房头陈千祥、窑匠许万年（满汉）	30	26.01	25.61	0.40	1.52
11-3	嘉庆三年＋窑户赵士林、配色匠徐益寿、房头陈千祥、窑匠许万年（满汉）	40	28.09	27.24	0.85	3.01
77-1	五作工造	25	29.57	27.64	1.93	6.53
1-3	雍正八年琉璃窑造斋戒宫用	98	30.51	28.83	1.68	5.50
1-6	雍正八年琉璃窑造斋戒宫用	40	30.38	29.42	0.96	3.16
126-1	方款（内空？）	25	31.84	31.53	0.32	1.00

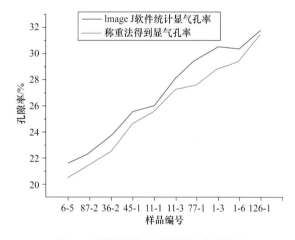

图 8　不同测量方法获得孔隙率分布图

4.2　孔结构参数特征描述

通过图像分析法在获取胎体总孔隙率的基础上，还可以进一步对孔隙的大小、形状等几何特征进行定量评价。图 9 是 87-2# 和 126-1# 琉璃构件胎体孔隙轮廓图，二者总孔隙率分别为 22.38% 和 31.84%，而釉面保存情况分别为几乎未脱落和仅存 40%。借助软件的 Feret 分析参数对二者孔径的百分比分布进行了统计，如图 10 所示。分析参数 Feret 是 Feret's diameter 的简称，该参数可对所取对象统计出最大两点之间长度特征值，也被称为最大卡尺参数。在本研究中，该参数可统计出琉璃构件胎体中孔隙长度的分布情况。

前期研究结果表明[5]，琉璃构件胎体中的微小孔隙多存在于原料的黏土矿物中，随着烧制过程的不断进行，烧制温度升高的过程中黏土矿物发生一系列的物理、化学变化，并在不断生成的玻璃相作用下，有向圆形或椭圆形变化的强烈趋势（图 9），原有矿物内部的微孔隙逐渐消融、连通甚至完全消失。由图 10 可知，87-2# 和 126-1# 胎体中 1μm 以下的微小孔隙占总孔隙的比例是不同的，前者占总孔隙的 40%，而后者则高达 70%，可见前者的烧结程度要高于后者。此外，从大尺寸孔隙的分布来看，前者胎中所有孔隙均小于 48μm，而后者胎中孔隙尺寸在 50～80μm 的大孔隙可占到 2%，这种大

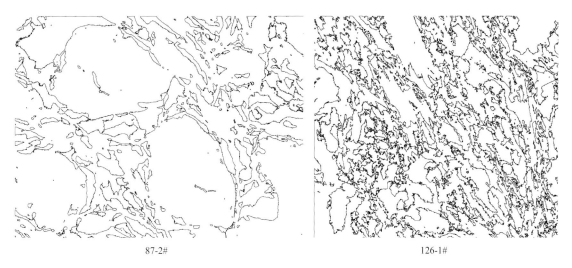

87-2#　　　　　　　　　　　　　　　　126-1#

图 9　琉璃构件胎体孔隙轮廓提取图

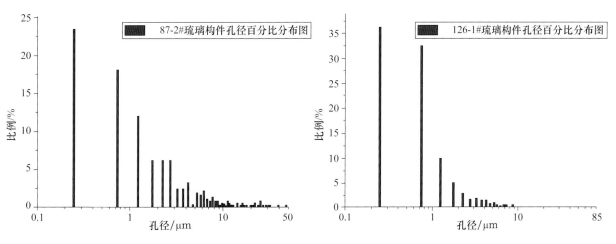

图 10　87-2# 和 126-1# 琉璃构件胎体孔径百分比分布图

尺寸孔隙的存在更多地反映了后者的原料处理精细程度，以及加工工艺过程都要略逊于前者。以上结果表明烧结程度越高、原料加工和处理相对精细的琉璃构件其釉面保存情况更好，这与前期剥釉机理的研究结论是一致的[1]。

5　结论

本文提供了一种基于 SEM 图像和 ImageJ 图像处理软件进行孔隙结构定量分析的方法，并得到以下结论：

（1）分析得到的孔隙率与采用称重法所测量的结果接近，测量的相对偏差在 3.82%±1.71% 以内，所得结果能够满足实验分析的要求，可作为传统定量分析方法的一种补充。

（2）在该方法的处理过程中，与二次电子图像相比，采用背散射电子图像能够减少干扰，有利于提高分析结果的准确性。

（3）对于清代建筑琉璃构件胎体，在该方法的分析过程中，以手动选取阈值更为有效合理，平整、光滑且没有明显划痕的表面，有利于提高分析结果的准确性。

（4）通过采用该方法对古代琉璃构件孔隙的大小、数量等的统计分析，可与琉璃构件的原料、工艺，以及釉面保存状况建立联系。

（5）图像法获取孔隙结构的定量表征耗时短、工序少、操作方便，可获得更多孔隙特征信息。

致　　谢：本文获得国家"十一五"科技支撑重点项目课题"古代建筑琉璃构件保护技术及传统工艺科学化研究"（项目编号：2006BAK31B02）、国家社科基金重大项目"大报恩寺遗址考古发现与研究"（项目编号：18ZDA221）故宫博物院科研课题"故宫考古出土建筑琉璃的年代及产地研究"（课题编号：KT2016-10），江西省高校人文社会科学重点研究基地课题"故宫清代早期建筑琉璃瓦件研究"资助，在此谨致谢意。

参考文献

[1] 古代琉璃构件保护与研究课题组.古代建筑琉璃构件剥釉机理内在因素研究.故宫博物院院刊, 2008, (5): 106-124.

[2] 中华人民共和国国家质量监督检验检疫总局.中国国家标准化管理委员会.陶瓷砖试验方法(第3部分):吸水率、显气孔率、表观相对密度和容重的测定: GB/T3810.3—1999.北京:中国标准出版社, 2016: 1-7.国家标准.

[3] 李媛,张汝藩,苗建民,等.紫禁城清代建筑琉璃构件显微结构研究.见:罗宏杰,郑欣淼.'09古陶瓷科学技术国际讨论会论文集.北京:紫禁城出版社, 2009: 111-118.

[4] 段鸿莺,苗建民,李媛,等.我国古代建筑绿色琉璃构件病害的分析研究.故宫博物院院刊, 2013, (3): 114-124.

[5] 李媛,苗建民,张汝藩.我国古代建筑琉璃构件胎体孔隙类型探讨.广西工学院学报, 2013, (2): 68-73.

[6] 陈显求,陈士萍,周学林,等.南宋郊坛官窑与龙泉哥窑的陶瓷学基础研究.硅酸盐学报, 1984, (2): 15-21.

[7] 李伟东,李家治,邓泽群,等.杭州凤凰山麓老虎洞窑出土瓷片的显微结构.建筑材料学报, 2004, (3): 245-251.

[8] 张兴国,姜晓晨阳,崔剑锋,等.长沙窑高温釉上彩瓷的检测分析.故宫博物院院刊, 2020, (5): 71-85.

[9] 黎晨,尤培蒙,皮启星,等.ImageJ软件在医学科研领域中的应用研究现况.甘肃科技, 2020, (2): 58-61.

[10] 陈炜烨,刘冬冬,徐建华,等.ImageJ软件在重组质粒pET32a-CDK2中蛋白表达的应用.中国热带医学, 2014, (1): 23-25.

[11] 于学峰,郑艳红,刘钊.基于ImageJ评价泥炭岩心存储对色相与彩度的影响.地球环境学报, 2012, (1): 721-728.

[12] Image Processing and Analysis in Java. http: //imagej. nih. gov/ij. 2020–06–05.

Quantitative Characterization of Pore Structure of Ancient Building Glazed Tile Bodies Based on SEM Image and ImageJ Software

Li Yuan[1,2]   Hou Jiayu[1,2]   Duan Hongying[1,2]   Kang Baoqiang[1,2]   Miao Jianmin[1,2]

1. Key Scientific Research Base of Ancient Ceramics, State Administration of Cultural Heritage (The Palace Museum); 2. Conservation Technology Department of the Palace Museum

Abstract: Microstructure analysis is the basis for studying the raw materials, technology and glazing mechanism of ancient architectural glazed components. Most of the existing researches characterize their characteristics from the perspective of qualitative description. In this study, a new, fast, and quantitative method for image analysis of the pore structure of glazed members was used. The glaze of the Forbidden City in the Qing dynasty was taken as the research object. The pore structure characteristics such as porosity, pore size and distribution were obtained using scanning electron microscope and ImageJ software. This article introduces the analysis process of the image analysis method of the hole structure of the glazed member in detail, and discusses the influence of the threshold selection, sample surface state, image type and magnification on the quantitative results in the software. The results show that the electron microscopic image analysis method established in this research can accurately and quantitatively characterize the porosity and pore size distribution of glazed members. This method can be used to establish a quantitative relationship between the pore structure, raw materials and performance of porous materials such as architectural glass with a small sample amount or irregular shapes, and used as a supplement to the traditional quantitative analysis method of the pore structure of ancient building glazed tile bodies.

Keywords: SEM, ImageJ, microstructure, porosity, quantitative evaluation

医巫闾山琉璃寺和新立遗址辽代琉璃瓦原料和工艺研究

赵　兰[1,2]　康葆强[1,2]　万雄飞[3]　李　合[1,2]

1.故宫博物院；2.古陶瓷保护研究国家文物局重点科研基地（故宫博物院）；3.辽宁省文物考古研究院

摘　要：辽代的琉璃瓦是中国古代早期建筑琉璃研究的珍贵样品，对其原料、工艺技术进行科学化研究，是构建和完善我国古代建筑琉璃工艺发展史研究中非常必要一部分内容，无论对文化还是科技传承与发展都有重要意义。辽宁省北镇医巫闾山琉璃寺遗址和新立遗址是近年来辽代陵寝考古工作的两个重要遗址，出土了大量辽代琉璃构件，本文首次系统地对辽宁省北镇医巫闾山琉璃寺和新立遗址出土的琉璃瓦进行科学分析，重点采用偏光显微镜、X射线荧光能谱仪对比分析了这批琉璃瓦样品的显微结构、元素成分，科学揭示了辽代琉璃瓦的原料和工艺特点。

关键词：医巫闾山，辽代，琉璃寺遗址，新立遗址，琉璃瓦

　　建筑琉璃构件在我国经历了一千多年的发展演变，与古代陶器、瓷器的烧制工艺在渊源上有着密切的联系，是中国古代建筑中的重要部分，也是中华民族数千年陶瓷制作工艺发展历程中的一个侧面或是一个缩影。

　　建筑琉璃构件工艺复杂，造价昂贵，具有良好的防水性能，较长的使用寿命，高光泽度，多样且不易褪色的釉面等诸多优点，古代多用于皇家相关的宫殿、陵寝、寺庙、花园等建筑。最早有文献记录的建筑琉璃是《北史》所记北魏（386～534年）平城的琉璃瓦[1,2]；至唐代（618～907年）文献记录有实物建筑琉璃样品即出自唐代大明宫[3]；至北宋（960～1127年）《营造法式》[4]第一次记载了建筑琉璃的技艺和琉璃釉的配方；至明清（1368～1911年）进入建筑琉璃文化的全盛时期，不同种类的建筑琉璃构件广泛应用于各类皇家相关建筑上，其颜色、形制和类别都颇为丰富。从建筑琉璃构件的研究现状看，因出土的早期琉璃瓦样品多出自宫殿和陵寝建筑，留存下来的较少，样品十分珍贵、难以得到，故针对早期建筑琉璃构件的科技研究工作非常有限[5]。本文对辽宁省文物考古研究院提供的北镇医巫闾山出土的琉璃寺和新立遗址出土的辽代（916～1125年）琉璃瓦考古样品开展科学研究，对辽代琉璃瓦的科技内涵做了进一步地揭示。

　　辽代创自契丹族，于公元947年定国号辽，传国200余年，历经十帝，距今1000年左右。辽代琉璃瓦使用早且普遍，辽祖陵即有琉璃瓦的出土报道[6]，本次研究的样品主要为出土于辽宁省医巫闾山琉璃寺遗址[7,8]的显陵（葬有世宗父东丹王和世宗）和位于北镇富屯街道新立遗址的乾陵[7,8]（辽景宗耶律贤和睿智皇后即契丹萧太后的陵寝）遗物。从时间上显陵属于辽代第一阶段的陵寝，乾陵是

第二阶段的陵寝,是辽代中期帝陵[9]。

本文通过分析,探讨了辽代琉璃瓦绿釉和褐釉样品的工艺和原料特点,对比了辽代不同时期的建筑琉璃制品工艺和原料的特点,也为对比和研究辽代与唐代,宋代及成熟期的明清琉璃瓦不同时代的原料和工艺之间的关联性提供了一个重要的数据佐证。

1 实验样品与方法

琉璃寺遗址位于辽宁省北镇市富屯街道龙岗子村西北约 3km 处,地处医巫闾山中段东麓当地俗称"二道沟"的最里端(图 1),据考古发现推测是辽代显陵的陵寝建筑址,其中大量发现建筑琉璃构件,包括筒瓦、板瓦、瓦当、压当条、脊兽等,琉璃寺遗址的琉璃建筑构件所施釉色较杂,以绿色和红棕色釉(本文称之为褐釉)为主[7]。

新立建筑遗址位于辽宁省北镇市富屯街道新立村樱桃沟村民组西北约 100m 的黄土台地上,在北镇市区西北约 8km,地处医巫闾山中段东麓的"三道沟"沟内(图 1),据考古发现推测是辽代乾陵的陵前殿址[9],出土遗物以建筑构件为大宗,主要有筒瓦、板瓦、瓦当、檐头板瓦、兽头、鸱尾、脊筒子等。屋顶瓦件绝大多数为绿色琉璃

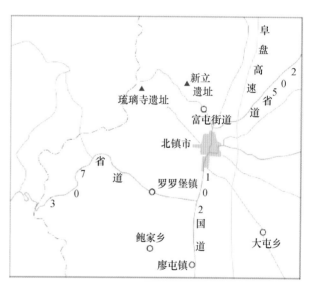

图 1 琉璃寺遗址和新立遗址位置示意图

件,仅出土极少量灰陶瓦件和个别红棕色琉璃件,表明该廊院建筑为一座满铺绿琉璃瓦的高等级建筑,琉璃瓦件样式单一,胎釉、纹饰、形制等高度统一。

本文对 7 块琉璃寺和新立遗址出土的辽代绿釉和褐釉琉璃瓦样品进行分析,样品信息见表 1,样品照片见图 2。

表 1 琉璃寺和新立遗址出土辽代琉璃瓦样品信息

编号	名称	来源	考古编号	釉	胎体
LLS-1	绿釉瓦当	琉璃寺	18BLTG8②	釉面风化粉化严重,光泽差	胎色偏白
LLS-2	绿釉筒瓦	琉璃寺	18TG7②-1	中等光泽	红胎
LLS-3	绿釉筒瓦	琉璃寺	Tj1BJ:68	绿釉有银白色光泽	砖红胎
LLS-褐-1	褐釉筒瓦	琉璃寺	18TG4②-4	光泽差	胎色偏粉,胎体致密
XL-1	绿釉板瓦	新立	T2508②:112	光泽好,且无污染变色	白胎,胎体坚实致密
XL-2	绿琉璃莲花瓦当	新立	T2810③:2	光泽好,且无污染变色	胎色较 XL-1 更白,胎体坚实致密
XL-褐-1	褐釉琉璃瓦	新立	T2010③:3	中等光泽	胎色偏黄

LLS-1　　LLS-2　　LLS-3　　LLS-褐-1

XL-1　　XL-2　　XL-褐-1

图 2　琉璃寺和新立遗址出土辽代琉璃瓦样品照片

2　实验方法及数据

2.1　显微结构分析

本文把 7 块琉璃瓦样品制备成可用偏光显微镜观察的显微薄片，照片见图 3 和图 4。由手标本和图 3 可知，琉璃寺出土的 3 个绿釉样品中（LLS-1、LLS-2 和 LLS-3）可分为白胎和红胎两类，LLS-1 从手标本看胎色偏浅，类似白胎，从薄片照片看胎色浅，略偏粉白，LLS-2 和 LLS-3 手标本

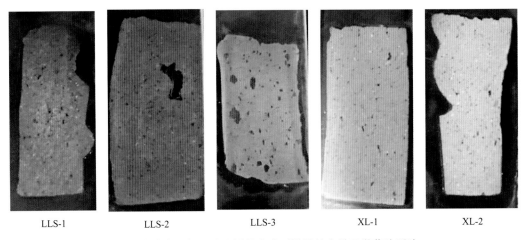

LLS-1　　LLS-2　　LLS-3　　XL-1　　XL-2

图 3　琉璃寺和新立遗址绿釉琉璃瓦样品的光学显微薄片照片

和薄片照片都能看到胎色很红，薄片照片能看出有大的孔隙，其中 LLS-3 孔隙度最高，胎色为砖红色；新立的 2 个绿釉琉璃瓦样品（XL-1、XL-2）胎色较浅，均为白胎且很致密，孔隙率小，其中 XL-2 在绿釉样品中胎色最浅。由图 4 可知，琉璃寺和新立遗址出土的 2 个褐釉琉璃瓦样品和 1 个黑釉样品均为浅红胎。

本文使用的显微镜是 Leica DM4000 透反一体显微镜的透射光观察的薄片光学显微结构，通过偏光显微镜的观察，得到了更为丰富的显微结构信息。

2.1.1 绿釉琉璃瓦的光学显微特点

详情见表 2、图 5 和图 6。

图 4 琉璃寺和新立遗址褐釉琉璃瓦样品的光学显微薄片照片

表 2 琉璃寺和新立遗址出土辽代绿釉琉璃瓦显微结构特点

编号	名称	釉厚 /μm	釉	胎釉结合处	胎体显微结构特征	含铁的氧化物
LLS-1	绿釉瓦当	约 80	烧结程度不高		胎的矿物组合丰富，大量长石、石英，且颗粒较大	
LLS-2	绿釉筒瓦	约 130			大量石英，大的尺寸可达 339μm×442μm；很多长条形的板状云母，尺寸可达 270μm×83μm；长石多有格子双晶，尺寸可达 974μm×449μm	很多
LLS-3	绿釉筒瓦	约 150		化妆土层厚约 150μm	大量大颗粒的石英、长石，有的尺寸是毫米级，还有少量小尺寸的黑云母	很多
XL-1	绿釉板瓦	约 170	玻璃质感很强，烧结程度高，表面有晶体聚集		胎体基质均匀，胎里的矿物主要是小颗粒石英	少量
XL-2	绿琉璃莲花瓦当	150～268		胎釉结合处发育大量针状晶体	胎体基质很白，由其正交偏光的显微照片可知其玻璃化程度较高，胎里矿物较少，颗粒也小，胎釉结合处发育大量针状晶体	基本没有

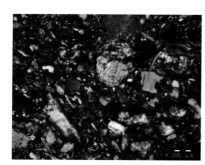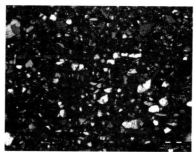

LLS-1-cl- 胎　　　　　　　　LLS-2-cl- 胎　　　　　　　　LLS-3-cl- 胎

图 5 绿釉琉璃瓦胎体的光学显微照片（100×，pl 是单偏光条件，cl 是正交偏光条件）

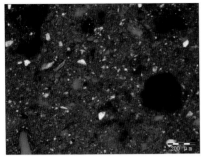

XL-1-cl-胎

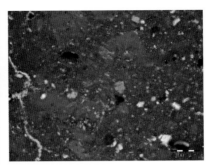

XL-2-cl-胎

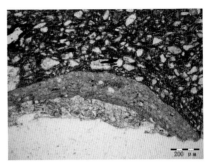

图 6   LLS-3 绿釉琉璃瓦胎釉中间的
化妆土层（100×，pl 单偏）

图 5（续）

2.1.2   褐釉琉璃瓦的光学显微特点

详情见表 3 和图 7。

表 3   琉璃寺和新立遗址出土辽代褐釉琉璃瓦显微结构特点

编号	名称	釉厚 /μm	釉	胎釉结合处	胎体显微结构特征	铁的氧化物
LLS-褐-1	褐釉筒瓦	约 150		胎釉结合处发育有很多的针状晶体	石英和长石较多，有较大的石英颗粒，直径 400 多微米，还有长条状的铁的氧化物	较多长条状
XL-褐-1	褐色琉璃瓦	90~270	釉表层有小的铁的氧化物着色		胎的主要矿物组合是石英、云母和长石，有很多大的长条状黑云母，尺寸可达 138μm×392μm，石英分大小两组，胎里也有很多小的铁的氧化物	很多

LLS-褐-1-500×-pl-胎釉   LLS-褐-1-100×-cl-胎

XL-褐-1-200×-pl-胎釉   XL-褐-1-100×-cl-胎

图 7   褐釉琉璃瓦的光学显微照片（pl 是单偏光条件，cl 是正交偏光条件）

2.2 元素分析

本文元素分析采用 X 射线荧光能谱，仪器为美国 EDAX 公司的 EAGLE Ⅲ XXL 微聚焦型 X 射线荧光能谱仪，X 射线管为铑靶，束斑直径为 300μm，管压最大 50kV，功率 50W。实验选择的管压为40kV，电流根据测试部位不同而不同，时间控制在 30% 左右，测量时间 200s。每个部位测试三次取平均值，利用无标样定量软件自动得出半定量分析结果，由于能谱仪的局限性，不能测出硼等轻元素。本文研究的辽代绿釉琉璃瓦样品元素分析结果见表 4，褐釉琉璃瓦样品元素分析结果见表 5。

表 4 绿釉琉璃瓦胎釉能谱半定量分析结果 （单位：wt%）

胎	Na₂O	MgO	Al₂O₃	SiO₂	K₂O	CaO	TiO₂	MnO	Fe₂O₃	
LLS-1	0.84	0.72	29.66	59.44	3.90	0.46	0.57	0.11	3.31	
LLS-2	0.99	1.00	26.02	62.03	2.69	0.49	0.86	0.20	4.73	
LLS-3	1.04	1.14	17.22	69.72	2.72	1.33	1.10	0.08	4.65	
XL-1	1.27	0.42	27.68	63.59	1.23	1.43	1.41	0.02	1.95	
XL-2	0.43	1.08	28.90	64.15	1.06	0.95	1.21	0.03	1.20	
釉	Na₂O	MgO	Al₂O₃	SiO₂	PbO₂	K₂O	CaO	TiO₂	MnO	Fe₂O₃	CuO
LLS-1	1.03	0.83	14.65	43.93	37.97	0.39	0.53	0.10	0.00	0.41	0.61
LLS-2	1.51	0.75	7.51	41.56	46.12	0.61	0.28	0.07	0.00	0.53	0.85
LLS-3	1.18	0.69	8.01	37.62	50.51	0.49	0.41	0.15	0.00	0.28	0.59
XL-1	1.20	0.59	10.25	43.85	41.66	0.66	0.36	0.28	0.00	0.46	0.65
XL-2	1.40	0.52	10.42	45.11	39.23	0.98	0.95	0.20	0.00	0.32	0.84

表 5 褐釉琉璃瓦胎釉能谱半定量分析结果 （单位：wt%）

胎	Na₂O	MgO	Al₂O₃	SiO₂	K₂O	CaO	TiO₂	MnO	Fe₂O₃	
LLS-褐-1	0.89	1.11	26.25	64.03	2.66	0.57	0.36	0.04	3.08	
XL-褐-1	1.26	0.86	28.96	59.92	2.33	0.53	0.57	0.15	4.42	
釉	Na₂O	MgO	Al₂O₃	SiO₂	PbO₂	K₂O	CaO	TiO₂	MnO	Fe₂O₃	CuO
LLS-褐-1	0.79	0.67	12.41	41.56	40.91	0.91	0.21	0.11	0.00	2.29	0.08
XL-褐-1	0.70	0.54	4.64	38.69	52.62	0.51	0.27	0.06	0.00	1.86	0.06

3 结果与讨论

3.1 绿釉琉璃瓦样品的显微结构数据对比

从琉璃瓦胎色看，琉璃寺遗址出土的绿釉琉璃瓦胎色较复杂，既有深色红胎又有浅色粉白胎，其中新立遗址出土的绿釉琉璃瓦均为白胎；从琉璃瓦的保存现状看，新立遗址出土的两块绿釉琉璃瓦无论是釉色，还是光泽历经千年都依然完好，琉璃寺遗址出土的 3 块琉璃瓦，其中 2 块釉色或变色或粉化。从这两方面能看出新立遗址的琉璃瓦烧制工艺相对较高，原料更加有选择性，也能看出辽代绿釉琉璃瓦从琉璃寺遗址到新立遗址的原料选择制备和烧制工艺技术的提高和发展。

对比琉璃寺遗址和新立遗址出土绿釉琉璃瓦的显微结构特点（图5）可知：琉璃寺遗址出土的3个绿釉琉璃瓦样品各不相同，可分为3类，LLS-1样品是胎色偏浅，铁的氧化物含量相对较少，胎体里矿物颗粒多，大小不同，较多大尺寸的矿物，说明粉碎粗糙，整体烧结程度不高，且3个样品的不一致性强，LLS-2和LLS-3号样品均为红胎，但LLS-3号的胎色最红，类似砖红，且琉璃瓦胎釉中间施加了一层化妆土，胎体是红色基质嵌着40~120μm大小的长石和石英，也可见尺寸达毫米级的矿物颗粒，很多大的孔洞，推测其胎料与另2个样品完全不同，胎的制备工艺是3个中最粗糙的，但尝试了遮盖胎色的化妆土工艺。3个样品胎体里均有较多各种大尺寸颗粒的矿物，说明琉璃寺遗址这一时期的琉璃瓦胎料粉碎工艺粗糙，整体烧结程度不高，质量较差。根据工艺和原料的不一致性，可推测这批琉璃瓦生产一种可能是绿釉琉璃瓦样品制作经历了不同工艺的尝试，包括为不影响釉色做出的添加化妆土层和通过胎料筛选，制备出更浅色的胎。这些不一致性也表明本次研究的3个琉璃瓦样品一种可能是工艺发展提高过程不同时期的产品，另一种可能是当时工艺标准的不太统一，可能是出自不同窑口，来源较为复杂。

新立遗址出土的两个绿釉样品保存至今仍光泽度好，釉色较好，质量较高且一致。从显微结构看，胎体色白，基质均匀，矿物颗粒尺寸小且少，釉的玻璃化程度高，说明当时的制胎工艺不仅针对釉色尽量挑选浅色的胎料，而且原料粉碎工艺高，烧成温度也相对高，可推测这批琉璃瓦制品的制胎工艺技术较高且稳定，可能出自同一窑口。

3.2 褐釉琉璃瓦样品的显微结构数据对比

从手标本看，琉璃寺遗址出土褐釉琉璃瓦与新立遗址出土的褐釉琉璃瓦XL-褐-1釉色和胎色类似；由偏光显微镜观察的结果可知，LLS-褐-1胎体能看到很多矿物晶体，石英和长石较多，有较大的石英颗粒，直径400多微米，还有长条状的铁的氧化物，胎釉结合处发育有很多的针状晶体，釉的玻璃化程度高；XL-褐-1，釉厚约270μm，釉表层有小的铁的氧化物着色，胎里的主要矿物组合是石英、云母和长石，还有很多大的长条状黑云母，尺寸可达138μm×392μm，石英分大小两组，胎里也有很多小的铁的氧化物。琉璃寺和新立遗址出土的褐釉样品胎体矿物颗粒均较大，说明胎的制作工艺都相对粗糙，釉的矿物组合略有不同，可能是不同的釉料的原因，胎釉结合处的晶体情况不同可能和原料相关，也可能和烧成温度相关，这一部分的原因需要后期做进一步的研究分析。

3.3 琉璃瓦样品的 EDXRF 元素分析数据讨论

由成分数据可知，两个遗址出土的辽代琉璃瓦釉和胎体均具有高 Al_2O_3 的特点，釉的含量多在10%左右，胎体含量多数高于26%，耐火度较高。琉璃寺遗址和新立遗址出土的绿釉、褐釉和黑釉琉璃瓦样品均属于高铅釉，基础釉成分为 PbO：50%，SiO_2：40%；绿釉的着色成分为铜离子，褐釉的着色成分为铁离子；与明清建筑琉璃的基础釉成分不同，明清时期更接近 $PbO\text{-}SiO_2\text{-}Al_2O_3$ 低共熔混合物（61.2% PbO，31.7% SiO_2，7.1% Al_2O_3）。

琉璃寺遗址出土的琉璃瓦样品胎体的 Fe_2O_3 含量大多高于3%（3%~6%），新立遗址出土的瓦件胎体低于3%（1%~3%）。新立遗址出土绿釉和褐釉琉璃瓦件胎体颜色不同，绿釉为白胎，Fe_2O_3 含量较低分别为 1.95% 和 1.2%；褐釉为红胎，Fe_2O_3 含量较高为 4.42%，说明当时的工艺针对不同釉色的琉璃瓦样品使用了不同的胎料。新立遗址低 Fe_2O_3 的胎体往往与绿釉配合使用，说明可能考虑到深色胎体对绿釉呈色的影响，对胎体进行过挑选制备。对比琉璃寺遗址样品，反而绿釉琉璃瓦的 Fe_2O_3 含量相对较高，其中的浅色胎样品 LLS-1 和褐釉样品的成分、胎色和胎料组成接近，有可能当时部分绿釉和褐釉琉璃瓦用类似的胎料，但新立遗址出土的褐釉和绿釉琉璃瓦是完全不同的两种胎料。

4 结论

（1）据显微结构来看，琉璃寺遗址出土的 3 个绿釉琉璃瓦样品制作工艺粗糙，3 个样品可分为 3 类，推测这一时期可能经历了不同工艺的尝试，包括为不影响釉色做出的添加化妆土层和胎料筛选，制备不同深浅胎色的胎体，可能是不同时期或不同窑口的产品。乾陵出土的琉璃瓦制胎工艺不仅针对釉色胎的原料尽量挑选浅色的，而且原料粉碎工艺高，胎体的烧结程度也相对高，可推测新立遗址时期的琉璃瓦制胎工艺技术较高且稳定。

（2）从釉层厚度来看，两个遗址出土的辽代琉璃瓦样品釉层均很薄，琉璃寺遗址的样品为 80～150μm，新立遗址出土的样品为 150～270μm，新立遗址的琉璃瓦釉层略厚。

（3）辽代琉璃瓦胎体具有高 Al_2O_3 的特点，含量多数高于 26%，符合北方瓷土特征。胎里的主要矿物组合是石英、长石、黑云母，或者其中的一种或两种；根据胎体矿物颗粒大小和基质玻璃化程度，可知辽代琉璃胎体原料的处理工艺以新立遗址出土的绿釉琉璃瓦最好，琉璃寺遗址出土的琉璃瓦样品和新立遗址出土的褐釉样品相对粗糙。

（4）新立遗址和琉璃寺遗址出土琉璃瓦样品均属于高铅釉，基础釉成分为 PbO：50%，SiO_2：40%；褐釉的着色成分为铁离子，绿釉的着色成分为铜离子。

（5）辽代琉璃瓦烧造技术从琉璃寺遗址到新立遗址有了明显的提高和发展，新立遗址出土的琉璃瓦样品保存至今无论是颜色还是光泽均好于琉璃寺遗址的样品，且产品一致性好。

致 谢：本文由国家重点研发计划（项目编号：2019YFC1520202），国家社科基金重大项目"医巫闾山辽代帝陵考古资料（2012～2017 年）整理与研究"（项目编号：18ZDA226）资助。

参考文献

[1] 中国科学院自然科学史研究所. 中国古代建筑技术史. 北京: 科学出版社, 1985: 265.

[2] 任志录. 天马—曲村琉璃瓦的发现及其研究. 南方文物, 2000, (4): 44-46.

[3] 中国社科院考古研究所唐城工作队. 唐大明宫含元殿遗址1995—1996 年发掘报告. 考古学报, 1997, (3): 341-406.

[4] [北宋] 李诚著. 营造法式. 北京: 人民出版社, 2006.

[5] 孙凤, 王若苏, 许惠攀, 等. 辽代绿琉璃瓦残块的分析研究. 光谱学与光谱分析, 2019, (12): 3839-3843.

[6] 董新林. 辽祖陵陵寝制度初步研究. 考古学报, 2020, (3): 369-398.

[7] 辽宁省文物考古研究所. 辽宁北镇市辽代帝陵2012～2013 年考古调查与试掘. 考古, 2016, (10): 34-54.

[8] 辽宁省文物考古研究院, 锦州市文物考古研究所, 北镇市文物管理处. 辽宁北镇市琉璃寺遗址2016～2017 年发掘简报. 考古, 2019, (2): 38-62.

[9] 万雄飞, 苏军强, 周大利, 等. 医巫闾山辽代帝陵考古取得重要收获. 中国文物报, 2018 年9月21日 008 版.

Study on the Composition and Technological of the Glazed Tiles of Liulisi and Xinli Site in Liao Dynasty

Zhao Lan[1] Kang Baoqiang[1] Wan Xiongfei[2] Li He[1]

1. The Palace Museum；2. Key Scientific Research Base of Ancient Ceramics, State Adminisfration of Cultural Heritage (The Palace Museum)；3. Institute of Cultural relics and Archaeology, Liaoning province

Abstract: The glazed tile (Liuli tile) of Liao dynasty are precious samples for the study of early architectural glazed tile in China. Scientific investigations on their raw materials and technology are very necessary for the research on the construction and improvement of the development history of ancient architectural glazed tile technology in China, which is also of great significance to the inheritance and development of culture and technology. In recent years, there are a large number of glazed tiles (Liuli tiles) were excavated from Liulisi and Xinli sites which are two important archaeological sites of the Liao dynasty in Liaoning Province. This paper is the first systematical investigation to analyze on the glazed tiles unearthed in Yiwulv Mountain in Beizhen, Liaoning Province. The microstructure, raw materials and technological characteristics of the glazed tiles from tombs in different periods of the Liao dynasty are compared and analyzed by means of optical microscope and XRF. The composition and technological characteristics of the glazed tiles in Liao dynasty have been scientifically revealed.

Keywords: Yiwulv Mountain, Liao dynasty, Liulisi site, Xinli site, glazed tile (Liuli tile)

附录一

中华人民共和国文物保护行业标准——《清代官式建筑修缮材料·琉璃瓦》编制说明

苗建民　王时伟　赵　兰　段鸿莺　丁银忠　侯佳钰　康葆强
李　合　李　媛　贾　翠

1　工作简况

1.1　任务来源

《清代官式建筑修缮材料——琉璃瓦》的标准编制，是故宫博物院承担的国家"十一五"科技支撑项目"古代建筑琉璃构件保护技术及传统工艺科学化研究"课题的一部分。2008年此项研究工作被列入"2008年度文物行业标准研究制定项目计划"，并由国家文物局（委托方）、全国文物保护标准化技术委员会秘书处（组织方）与故宫博物院签订了本标准的研究制订合同。标准项目计划号为：WW2008-005-T。2009年在上述科技支撑项目课题验收结题时，课题组已完成了该标准征求意见稿的撰写工作，此后继续完成和完善了余后的工作。

1.2　主要工作过程

在国家"十一五"科技支撑项目"古代建筑琉璃构件保护技术及传统工艺科学化研究"的实施过程中，针对官式古代琉璃建筑修缮保护过程中发现的琉璃瓦颜色、光泽、形制和烧结程度等问题，课题组认为有必要在现有国家质量标准《烧结瓦》和《建筑琉璃制品》的基础上，对这些问题开展考察、调研与相应的科技研究工作，以期建立一项满足清代官式琉璃建筑修缮保护特殊要求的建筑琉璃瓦质量检验标准。

在标准制定的整个过程中，课题组对全国20多个省（市、区）古代琉璃建筑的保护现状进行了考察；查阅了相关的古代文献和国内外当代文献；走访了《烧结瓦》《建筑琉璃制品》两项标准的制定单位；走访了日本《黏土瓦》标准制定单位。对琉璃瓦件的颜色、光泽和形制等问题，一方面咨询有实践经验的老技师、老艺人，另一方面进行实际勘查和测量，收集和整理第一手数据资料，召开专门的专家咨询会，邀请古建筑专家、从事古代琉璃建筑修复一线有经验的技师，对颜色、光泽和形制问题进行讨论，制定出相应的颜色标准样品；对吸水率、抗热震性、抗冻融循环等琉璃瓦件的物理性能参数进行了大量的实际试验研究与模拟条件试验与检验。

在标准的撰写规范方面,项目组于 2008 年 10 月和 2009 年 2 月,分别派相关人员参加了全国文物保护标准化技术委员会组织的文物保护标准编制工作培训。

2013 年,课题组在完成上述工作的基础上,编写了本标准初稿。2014 年 5 月课题组将标准初稿发送至全国 21 个单位的 23 位专家进行审阅和征求意见,收到 23 位专家的反馈意见 202 条,其中 4 人认同标准稿且无修改意见。根据反馈意见,课题组对标准稿进行讨论并修改,对部分采纳和未采纳意见的原因进行了说明。2015 年 3 月 16 日,课题组邀请 5 位院外专家召开标准预审会,专家有中国文化遗产研究院马清林研究员、国家博物馆潘路研究员、景德镇陶瓷学院曹春娥教授、首都博物馆刘树林研究员,以及上海博物馆夏君定研究员。会后专家一致认为该标准符合文物保护行业标准的基本要求,同意上报全国文物保护标准技术委员会评审。2015 年 3 月 20 日,课题组上报标准送审稿至全国文物保护标准技术委员会秘书处。

2 标准编制原则和依据

琉璃建筑在我国古代建筑发展史中占有重要的位置,清代皇家宫殿、园林、坛庙和陵寝中,有大量的琉璃建筑,而在古代琉璃建筑的修缮中,对于已经残破、无法继续使用的琉璃制品不得不采用当代烧制的琉璃仿制品作为替代,这些清代建筑琉璃仿制品的质量直接影响古代琉璃建筑修缮后的历史风貌、文化内涵和工程质量。古代建筑琉璃制品不同于其他类别的文物,此类文物及仿制品不可能放置于库房,在适当的温湿度环境中予以保护,作为建筑材料只能置于古代建筑物之上,要经历春夏秋冬四季干湿冷暖的条件变化,要经历周而复始急冷急热、冻与融等自然环境条件的影响。作为用于古代琉璃建筑修缮的琉璃瓦件制品,应具有优于仿古建筑和一般民用建筑用琉璃制品的抗热震性和抗冻融循环性的性能指标,具有良好的胎釉结合性能。

使用在清代官式琉璃建筑上的琉璃构件,不同于一般的仿古建筑材料或普通的民用建筑材料,这些具有一定光泽和不同颜色的琉璃构件并非是简单的建筑装饰材料,而是中国传统文化思想的一种承载,蕴含着不同的文化内涵。

清代官式琉璃瓦制品的形制对应于皇家建筑的不同等级,在清代文献中对琉璃制品的形制,给出了具体的尺寸规定。使用在清代官式琉璃建筑上的琉璃瓦件,均应遵从这些相应的形制和尺寸规定。

依据《中华人民共和国文物保护法》和《中华人民共和国文物保护法实施条例》等法律法规文件,本着在古代琉璃建筑修缮过程中,"不改变古代建筑文物原状"与"最小干预、保持古代建筑历史真实性"的原则,使经过修缮后的古代琉璃建筑保持原有的建筑形制,使其所用的建筑琉璃仿制品与古代琉璃制品在材料属性上和烧制技术上与古代建筑琉璃制品尽可能一致,使经过修缮后的古代琉璃建筑尽可能真实地保持原有的历史信息,以保持原有的历史风貌。据此为原则,本标准在一些质量检验指标上提出了不同于一般的仿古建筑与普通民用琉璃制品质量标准的检验项目,有些检验指标比一般的仿古建筑和普通民用建筑琉璃制品质量标准更为严格。

3 标准主要内容与解决的主要问题

本标准的主要内容包括清代官式建筑琉璃仿制品的形制尺寸、颜色、光泽、吸水率、弯曲破坏荷重、抗冻性能、耐急冷急热性等指标及产品的检验规则。

形制尺寸：清代官式建筑琉璃制品的形制对应于相应等级的建筑物实体，在《大清会典》中对不同形制琉璃制品的尺寸进行了规定。本标准在制定过程中，对210块二样、三样、五样、六样等已知样别琉璃瓦件的形制尺寸进行了测量，并对千余块从清代官式建筑上拆卸下来未知样别琉璃瓦件的形制尺寸进行了测量，除六样筒瓦的宽度外，其他实测尺寸与嘉庆年间《钦定工部续增则例》中相应形制尺寸相吻合，也即该文献中所载的形制尺寸资料与清代官式建筑琉璃瓦件的实际情况是一致的。故此，在制定本标准时，基本参考了嘉庆年间《钦定工部续增则例》中关于各种样别瓦件的形制尺寸数据。仅六样筒瓦的宽度尺寸与文献不符，在标准中采用的是实际测量的数据。《钦定工部续增则例》中八样板瓦的宽度与九样板瓦的宽度均为19.2cm，在征求专家意见后，在最终的报审稿中，我们采纳了专家的意见，即八样板瓦的宽度定为20.4cm、九样板瓦的宽度定为19.2cm。

吸水率：参照GB/T 3299—2011《日用陶瓷器吸水率测定方法》及GB/T 3810.3《陶瓷砖试验方法》第3部分《吸水率、显气孔率、表观相对密度和容重的测定》的测试方法，对400多块清代官式建筑琉璃瓦件的吸水率进行测量。结果表明，吸水率在9%～13%的琉璃瓦件，釉面保存状况良好，超出此范围的琉璃瓦件釉面普遍剥落严重，故将9%～13%作为吸水率的检验指标。为了准确地测量琉璃瓦件胎体的吸水率，本标准的吸水率采用不含釉面的胎体样块进行测量，该项数据的测量方法，不同于《烧结瓦》和《建筑琉璃制品》标准，后者均为整瓦测量。

颜色：在现行的GB/T 21149—2007《烧结瓦》和JC/T 765—2006《建筑琉璃制品》标准中，对于普通的民用琉璃瓦件未对颜色作出质量上的要求。鉴于清代官式琉璃瓦件的釉面颜色与其特定的文化内涵相对应，本标准增加了琉璃瓦件中最常见的黄色、绿色及蓝色等典型釉色标准的参考值。釉面颜色值的确定采取人眼目测和仪器测量两种方式进行。首先邀请古代建筑工程设计方面的专家、建筑工程质量监督站的质检专家和长期工作在古代琉璃建筑修缮工作一线有经验的技师召开咨询会，对典型的琉璃瓦件釉色进行评价与认证。在此基础上，课题组利用分光式光度计对认证后的样品进行颜色测量，确定相应颜色的CIELAB显色系统数值。

光泽：在现行的GB/T 21149—2007《烧结瓦》和JC/T 765—2006《建筑琉璃制品》标准中，对于普通的民用琉璃瓦件未对光泽度作出质量上的要求。课题组对在故宫博物院内采集的近400块清代建筑琉璃瓦件样品的光泽度进行了测量，所得数据表明，清代琉璃瓦件釉面的光泽度值主要分布在60～80光泽度单位，最高可达90。考虑到琉璃瓦件釉面光泽度将随年代衰减，故本标准取现存清代琉璃瓦件釉面光泽度的最高值为此标准的下限。

弯曲破坏荷重：本标准依据JC/T 765—2006《建筑琉璃制品》建材行业标准的弯曲破坏荷重的测试方法，对25个古代建筑琉璃瓦和50个现代建筑琉璃瓦进行了测试，结果表明古代和现代建筑琉璃瓦的弯曲破坏荷重都大于1300N。实验结果表明，《建筑琉璃制品》标准对于弯曲破坏荷重的质量检验指标是合适的。该检验指标高于GB/T 21149—2007《烧结瓦》1200N的检验指标。

抗冻性、耐急冷急热性：本标准依据我国GB/T 21149—2007《烧结瓦》国家标准，对北京明珠琉璃制品厂和振兴琉璃砖瓦厂生产的琉璃瓦进行了抗冻性条件实验、抗冻性能及耐急冷急热性测试，抗冻性条件实验（选取了−5℃、−10℃、−20℃三个温度条件）结果表明，−20℃的条件下剥釉的问题最为严重，−5℃条件下样品多是原缺陷处起翘或出现很小面积的剥釉，−10℃条件下多数样品有一些小的剥落，故本标准确定−20℃为质量检验的实验条件。在−20℃条件下进行的抗冻性能实验结果表明，重复急冷急热测试20次能较好地检验出质量较差的琉璃瓦，故确定20次为检验次数。该检验次数高于 GB/T 21149—2007《烧结瓦》和 JC/T 765—2006《建筑琉璃制品》规定的 10 次。在耐急冷急热试验中发现，质量较差的样品首次出现剥釉、炸裂及裂纹延长现象多在 40 次以内，本标准综合考虑到质量检验测试效率和质量保证两方面因素，确定测试次数为 40 次。该检验次数高于 GB/T 21149—2007《烧结瓦》的 10 次和 JC/T 765—2006《建筑琉璃制品》的 15 次。

检验规则：本标准参考我国 GB/T 21149—2007《烧结瓦》国家标准和 JC/T 765—2006《建筑琉璃制品》建材行业标准，对仿制品外形尺寸、外观质量、吸水率、弯曲破坏荷重、抗冻性能及耐急冷急热性的出厂检验和型式检验给出了检验规则，其中增加了颜色的检验规则。同时，根据耐急冷急热性试验的结果，提高了对该项指标的检验要求，即检验批样本中出现 1 块及 1 块以上的不合格样本时，该检验批可拒收。

4 该标准与现行相关法律、法规、规章及相关标准的协调性

该标本与相关标准的协调性：标准中涉及的测量技术手段较多，所论及的实验检验方法均有相应的国家标准予以参照。本标准从清代官式建筑琉璃瓦件仿制品质量要求的特殊性出发，在现有标准的基础上，补充了一些检验指标，细化了一些检验指标，整体上与现有相关标准具有很好的协调性。

本标准参照了我国 GB/T 21149—2007《烧结瓦》国家标准、JC/T 765—2006《建筑琉璃制品》建材行业标准、GB/T 3299—2011《日用陶瓷器吸水率测定方法》和 GB/T 3810—3810.12/ISO 10545—12：2006《陶瓷砖实验方法》等国家标准，并根据清代官式琉璃建筑修缮保护的特殊要求进行了补充和修订。

本标准涉及的颜色、光泽度、形制、吸水性、弯曲破坏荷重、抗冻性和耐急冷急热性等检验指标的确定，均以实验数据为基础。表 1 列出了本标准与现有标准在性能指标方面的差别。

表 1 本标准与现有相关标准检验指标比较

技术要求	本标准	烧结瓦 GB/T 21149—2007	建筑琉璃制品 JC/T 765—2006
形制尺寸	提供 9 个样别的尺寸	无	无
吸水率	9%～13%	6%～21%	不大于 12%
颜色	附黄色、绿色、蓝色参考值	无	无
光泽度	不小于 90	无	无
弯曲破坏荷重	不小于 1300N	不小于 1200N	不小于 1300N
抗冻性能	20 次	10 次	10 次
耐急冷急热	40 次	15 次	10 次

5 推广应用论证和预期达到的效果

推广应用论证和预期达到的效果等情况：目前清代官式建筑琉璃瓦件仿制品的质量检验，主要依据现行的《烧结瓦》和《建筑琉璃制品》标准，而现行标准还不能全面覆盖和满足清代官式琉璃建筑修缮工程的特殊要求。在本标准的推广应用前期，有必要组织清代官式建筑琉璃瓦件仿制品的烧制单位和修缮单位的相关人员进行培训，对相关检验机构的人员进行培训。

本标准的推广应用，将使清代官式琉璃建筑的修缮工程，在琉璃瓦件的使用方面，提高修缮工程质量，更好地遵循"最小干预"保护原则，更好地保持清代琉璃建筑的历史信息和原有风貌。对提高一般琉璃建筑的修缮质量也有参考意义。

附录二　中华人民共和国文物保护行业标准——清代官式建筑修缮材料·琉璃瓦

苗建民　王时伟　赵　兰　段鸿莺　丁银忠　侯佳钰　康葆强
李　合　李　媛　贾　翠

1　范围

本标准规定了清代官式建筑琉璃瓦的分类、技术要求、试验方法、检验规则、标志、包装、运输和储存等内容和要求。

本标准适用于以陶土或煤矸石为坯体主要原料，经成型、素烧、施铅釉、釉烧等传统烧制工艺制得，用于清代官式琉璃建筑保护修缮工程的琉璃瓦。其他琉璃饰件可参照使用。

2　规范性引用文件

下列文件对于本文件的应用是必不可少的。凡是注日期的引用文件，仅注日期的版本适用于本文件。凡是不注日期的引用文件，其最新版本（包括所有的修改单）适用于本文件。

GB/T 3299—2011《日用陶瓷器吸水率测定方法》

GB/T 3810（所有部分）《陶瓷砖实验方法》

GB/T 3810.1—2006《陶瓷砖实验方法》（第 1 部分）《抽样和接收条件》

GB/T 3810.16—2006《陶瓷砖实验方法》（第 16 部分）《小色差的测定》

GB/T 9195—2011《建筑卫生陶瓷分类及术语》

GB/T 21149—2007《烧结瓦》

JC/T 765—2006《建筑琉璃制品》

3　术语和定义

GB/T 3810（所有部分）、GB/T 9195—2011 界定的以及下列术语和定义适用于本文件。

（1）清代官式建筑（official building in Qing Dynasty）：由工部或内务府监督建造的宫殿、坛庙、陵寝、城垣、寺庙、府邸、园囿等建筑。

（2）样数（size specification）：官式建筑琉璃瓦规格的指称。"样"一词来源于《大清会典》。

（3）胎裂（body craze）：出现在琉璃瓦胎体上的裂纹。

4 分类

主要包括板瓦、筒瓦、滴水瓦、勾头瓦等。基本瓦形见图1。

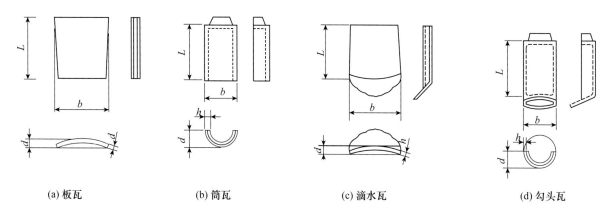

(a) 板瓦   (b) 筒瓦   (c) 滴水瓦   (d) 勾头瓦

图 1 瓦形分类图
（L. 长度；b. 宽度；h. 厚度；d. 高度）

5 技术要求

5.1 形制尺寸及允许偏差

筒瓦、板瓦形制尺寸应符合表1的规定，尺寸允许偏差应符合表2的规定。

表 1 形制尺寸　　　　　　　　　　　　　　　　　　　（单位：mm）

样数	筒瓦（勾头瓦）				板瓦（清水瓦）			
	长度 L	宽度 b	高度 d	厚度 h	长度 L	宽度 b	高度 d	厚度 h
二	400	208	104	23	432	352	88	28
三	368	192	96	20	400	320	80	*
四	352	176	88	*	384	304	76	*
五	336	160	80	19	368	272	68	22
六	304	144	72	19	336	256	60	20
七	288	128	64	*	320	224	56	*
八	272	112	56	*	304	208	52	*
九	256	96	48	*	288	192	48	*

注：在清代建筑上仅发现二样到九样八个规格的琉璃构件。实际测量中，只有二、三、五、六样筒瓦及二、五、六样板瓦的厚度数值。
* 维修中以实物为准，如无实物，可参照市场样瓦尺寸。

表 2　尺寸允许偏差　　　　　　　　　　　　　　　　　　（单位：mm）

尺寸	允许偏差
$L（b）\geqslant 350$	±4
$250\geqslant L（b）\geqslant 350$	±3
$L（b）<250$	±2

5.2　外观质量

外观质量应符合表 3 的规定。

表 3　外观质量　　　　　　　　　　　　　　　　　　（单位：mm）

缺陷名称		要求
表面缺陷	磕碰、釉黏、缺釉、斑点、落脏、棕眼、熔洞、图案缺失、烟熏、釉缕、釉泡	不明显
变形	$L\geqslant 350$	≤5
	$250\leqslant L<350$	≤4
	$L<350$	≤3
裂纹	胎裂	不允许

5.3　色差

与标准釉色值相比较，被测试样的色差值应小于或等于供需双方达成的宽容度。标准釉色值由样瓦测得，或参照附录 A 中表 A.1 中黄色、绿色、蓝色及黑色的釉色值（釉面陶瓷砖普遍使用的宽容度为 0.75，工业通用的宽容度为 5）。

5.4　光泽度

釉面光泽度值不应小于 90 光泽单位。

5.5　吸水率

胎体吸水率应在 9%～13%。

5.6　弯曲破坏荷重

弯曲破坏荷重不应小于 1300N。

5.7　抗冻性能

经 20 次冻融循环，不应出现釉层剥落、掉角、掉棱等损坏现象。

5.8　耐急冷急热性

经 40 次急冷急热循环，釉层不应出现炸裂、剥落等损坏现象。

6　试验方法

6.1　形制尺寸及允许偏差

用精度为 1mm 的钢直尺或其他合适的仪器测量，在样品正面的中间处分别测量长度 L、宽度 b、高度 d 和厚度 h。

6.2　外观质量

（1）表面缺陷的检验：将试样按长度方向五块、宽度方向四块整齐排列在平坦的地面上，且试样的总面积不小于 $1m^2$。在自然光照或室内照明条件下距离样品 1m 处目测检查。

（2）变形的检验：将瓦的基准平面放置在平板上，用直尺测量瓦边、角翘离平板的最大距离。

（3）裂纹的检验：在自然光照或室内照明条件下距离样品 1m 处目测检查。

6.3　色差

（1）仪器设备：积分球式分光光度计。

（2）样品：样品选择及制备按 GB/T 3810.16—2006 中 6.1.2 及 6.1.3 的规定。

（3）试验步骤：测试步骤按 GB/T 3810.16—2006 中 6.2 的规定。

（4）计算及结果判定：计算及结果判定按 GB/T 3810.16—2006 中第 7 章的规定。

6.4　光泽度

（1）仪器设备：孔径 5mm 的 60° 曲面光泽度仪测量。

（2）样品：选择表面平整、无污染的样品，用镜头纸或无毛的布擦干净试样表面。

（3）试验步骤：按光泽仪操作说明书规定的步骤测量样品光泽度值，在每个样品的上中下部位各测一个读数，样品测量面与测量窗口工作面尽量全接触。

（4）试验结果：计算每个样品三个光泽度读数的算术平均值。小数点后余数采用数值修约规则修约，结果取整数。

6.5 吸水率

6.5.1 仪器设备

（1）干燥箱：工作温度为 110℃。

（2）用惰性材料制成的用于煮沸的装置。

（3）天平：天平的测量精度为 0.01g。

（4）去离子水或蒸馏水。

6.5.2 样品

每块样品上取五个试件，试件尺寸为 20mm×10mm×5mm（不含釉面）。

6.5.3 试验步骤

试验步骤按 GB/T 3299—2011 中第 5 章的煮沸法规定。

6.5.4 吸水率计算

按式（1）计算吸水率：

$$吸水率（\%）=\left[m_1-m_0\right]m_0\times100\% \qquad (1)$$

式中，m_1 为湿润试样质量；m_0 为干燥试样质量。

6.5.5 试验结果

每块样品以五个试件结果平均值作为吸水率的结果。

6.6 弯曲破坏荷重

6.6.1 仪器设备

弯曲强度试验机：其中金属制的两根圆柱形支撑棒用于支撑试样，直径为 20mm。一根与支撑棒直径相同的金属加压棒，用来传递载荷。可用橡胶包裹支撑棒和加压棒，使其与试样紧密接触。

6.6.2 样品

以自然干燥状态下的整瓦作为样品。

6.6.3 试验步骤

试验步骤按 JC/T 765—2006 中 7.4.2 的规定，板瓦和筒瓦弯曲强度试验图例分别见图 2 和图 3。

6.7 抗冻性能

试验方法及步骤按 GB/T 21149—2007 中 6.2.2 的规定。

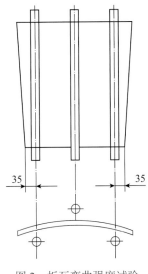
图 2　板瓦弯曲强度试验

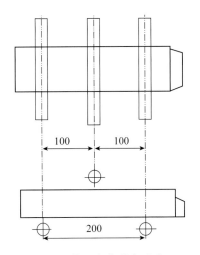
图 3　筒瓦弯曲强度试验

6.8　耐急冷急热性

试验方法及步骤按 GB/T 21149—2007 中 6.2.3 的规定。

7　检验规则

7.1　检验分类

产品检验分出厂检验和型式检验两种类型。

（1）出厂检验：出厂检验项目包括尺寸偏差、外观质量、色差、光泽、吸水率、弯曲破坏荷重。

（2）型式检验：型式检验包括本标准技术要求的全部项目。

7.2　组批规则和抽样方案

（1）组批规则：同一生产厂生产的同类别、同规格、同色号的产品，每 10000 件为一个检验批。不足该数量也按一批计。

（2）抽样方案：按照 GB/T 3810.1—2006 中第 7 章的规定。

7.3　判定规则

7.3.1　单件试样质量等级的判定

以该件试样测量或试验结果和相应检测项目的技术要求来判定。

7.3.2　单项检验质量等级的判定

判定规则按照表 4 的规定。

表 4　判定规则　　　　　　　　　　　　　　　　　　（单位：件）

检验项目	样本大小		第一样本		第一样本与第二样本累计	
	第一次	第二次	合格判定数	不合格判定数	合格判定数	不合格判定数
尺寸偏差	20	20	2	4	4	5
外观质量	20	20	2	4	4	5
颜色	5	5	0	2	1	2
光泽	5	5	0	2	1	2
吸水率	5	5	0	2	1	2
弯曲破坏荷重	5	5	0	2	1	2
抗冻性能	5	—	0	1	—	—
耐急冷急热性	5	—	0	1	—	—

7.3.3　批检验等级的判定

（1）型式检验质量等级的判定：尺寸偏差、外观质量、色差、光泽、吸水率、弯曲破坏荷重、抗冻性能、耐急冷急热性各项指标均合格，则判定为合格。

（2）出厂检验质量等级的判定：按出厂检验项目和在时效范围内最近一次型式检验中其他检验项目的检验结果进行综合判定。

8　标志、包装、运输和储存

8.1　标志

（1）在瓦件露胎处标识生产厂及生产年代信息，对于重要建筑需标识文物建筑信息，标识应清晰、牢固。

（2）包装箱上应有生产厂名、产品标记、商标、色号、数量、易碎等标志。

（3）产品出厂时，应提供产品质量合格证。产品质量合格证主要内容应包括生产厂名、产品标记、商标、批量编号、证书编号等，并由检验员或承检单位签章。

8.2　包装

（1）产品应按品种、规格尺寸、色号分别包装。

（2）包装应牢固、捆紧，保证运输时不会摇晃碰坏。特殊产品可按照用户需求包装。

8.3 运输

产品装卸时应轻拿轻放，运输过程中应避免碰撞。

8.4 储存

产品应按品种、规格、色号分别整齐堆放。

附录 A （规范性附录）
清代官式建筑琉璃瓦典型釉色的 CIELAB 参考值

表 A.1 中列举了清代官式建筑琉璃瓦典型釉色的 CIELAB 参考值。

表 A.1　清代官式建筑琉璃瓦典型釉色的 CIELAB 参考值

釉色	L^*	a^*	b^*	C_{ab}^*	h_{ab}
黄色	56.26	13.72	39.47	41.79	70.83
绿色	45.28	−16.37	14.28	21.72	138.91
蓝色	28.26	5.87	−18.99	19.9	287.20
黑色	31.61	−0.59	−0.26	0.65	203.83

注：表中参与四种琉璃瓦件颜色计算的样品均经古建筑专家进行了颜色评价与认证。其中黄色值测试样品主要取自故宫太和殿及相关建筑的黄琉璃瓦；绿色值测试样品主要取自故宫、淳亲王府、清东陵及清西陵的绿琉璃瓦；蓝色值测试样品主要取自天坛及故宫天坛蓝琉璃瓦；黑色值测试样品主要取自故宫和天坛黑琉璃瓦。

附录三　古代建筑琉璃构件价值揭示与科技保护研究

苗建民

故宫博物院

各位朋友下午好！古代建筑琉璃构件的研究与保护课题，是文保科技部和古建部在 2006 年年底承担的一项国家科技部"十一五"重点科技支撑项目，这个项目在今年 7 月 30 日已经通过国家文物局组织的专家验收。在两年多课题实施过程中，院里很多部门的领导和同仁都对这个课题给予了很大的支持和帮助，我愿意利用学术沙龙这样一个平台，把我们这个课题完成的情况和我们对古代建筑琉璃构件所载内涵与科技保护有关问题的一些认识，代表课题组跟各位朋友做一个汇报。

"古代建筑琉璃构件保护技术及传统工艺科学化研究"这个课题是 2006 年年底开始立项实施的。大家知道，我院古陶瓷检测研究实验室是 2005 年 10 月 10 日，故宫博物院建院 80 周年时成立的。这是一支年轻的队伍，说它年轻一个是成立的时间晚，另一个是队伍的年龄结构上也比较年轻。到目前为止，在职的科研人员一共有 9 人，这 9 个人当中有 8 人是 2004 年、2005 年、2006 年、2007 年才大学毕业，陆续来院工作的。在 2006 年年底的时候，这支队伍才刚刚组建一年多的时间。面对"十一五"重点科技支撑项目"古代建筑琉璃构件保护技术及传统工艺科学化研究"这么大的一个国家级课题，要不要申报？这个问题当时对我们这样一个团队来讲，确实是一个需要认真考虑的问题。当时的压力主要来自两个方面：一方面我们这么一支年轻队伍一下子承担这样一个国家级的大课题，我们能否胜任，能否很好地完成？课题的经费给的倒是很多，能给 500 万，是从国家科技部直接划拨到课题组的。但是任务量实在是太重，两年的时间就要把那么多的科研问题都有一个交代，我们感到心里不是十分有底；另一方面我们这个实验室从它的名称——故宫博物院古陶瓷检测研究实验室，我们就可以知道，它的任务当然主要是要面对故宫博物院的古陶瓷研究当中存在的方方面面的问题，这是我们的主要研究任务。古陶瓷检测研究实验室成立以后，著名古陶瓷研究专家耿宝昌先生经常跟我表达这样一个意思，就是在古陶瓷研究中有很多问题都希望古陶瓷检测研究实验室能够给予技术上的支持。在这种情况下，我们这个团队要不要申请这个课题？当时社会上有些机构跃跃欲试准备申请这个课题，我们要不要去申请、要不要去竞争？当时在我们这个团队中，对是否申报的问题确实有些犹豫、有些难以定夺。经过大家的反复讨论，最终我们还是积极去申报了。对这个问题，在课题结题时，我在结题报告的结束语里写了这样一段话，我想这段话大概能反映我们当时这个团队对这一问题的一个基本想法和态度。

在这里我把这段话念一下："古代建筑琉璃烧制工艺与古代陶器、古代瓷器的烧制工艺在渊源上有着密切的联系，琉璃制作工艺是中华民族数千年陶瓷制作工艺发展历程中的一个侧面或是一个缩影。然而建筑琉璃构件作为琉璃建筑的基本材料，又有其自身的特点，功能性、装饰性，同时具有文化上的特殊含意，这些特性决定了建筑琉璃有别于通常意义上的陶器和瓷器。作为普通民众，关注的焦点常常是陶器、瓷器，研究它的制作、欣赏它的精美、关心它的价值。建筑琉璃构件却往往不被人们所认识，即使掉在路边的是一块元代琉璃瓦块，意识到它的价值去捡拾它、欣赏它、收藏它的人恐怕也不会是多数。故宫人则不同，故宫博物院是在明清两代皇宫的基础上建立起来的，15 万 m² 的宫廷建筑群铺满了各种颜色的琉璃构件。生活在这样的环境中，耳濡目染，故宫人知道琉璃构件颜色的内涵，了解瓦件上款识背后的含意，懂得它的价值，所以故宫人倍加珍惜它、爱护它、深知保护它的重要意义。特别是近年来在故宫博物院的古建修缮中，大家看到大量的古代建筑琉璃构件因大面积剥釉而急待采用合理的技术予以保护，由此感到责任的重大。在"十一五"科技支撑项目的申报过程中，故宫人有一种责任感和使命感，对于"古代建筑琉璃构件保护技术及传统工艺科学化研究"课题的申报，故宫人表现出了积极的态度，愿意承担起保护琉璃构件的任务，同时要把琉璃构件承载着的先民们的聪明智慧和创造性揭示出来、展示出来，使世人认识它、懂得它的价值，自觉的保护它。"

当时课题刚刚结束，在结束语中写了这段话，应该说是有感而发的。我想，这段话基本上反映了我们当时申报这个国家"十一五"重点科技支撑项目时的一个基本想法。

在今天的报告中，我想主要讲两个方面的问题。第一个大问题就是古代建筑琉璃构件的价值揭示，首先我觉得只有从价值上认识它，了解它，知道它的重要性，我们才可能珍惜它，自觉地保护它；第二个大问题是古代建筑琉璃构件的科技保护研究。

1　古代建筑琉璃构件价值揭示

首先，我想介绍一下分布在全国各地的古代琉璃建筑。

在申报课题的时候，当时尽管说我们在琉璃构件的研究方面已经有了一定的工作基础，但涉及的面还比较窄，了解的情况也不够全面。例如，在全国范围内哪些地方分布着重要的古代琉璃建筑，我们当时并不是很清楚。大家知道的比较多的还仅局限于北京和北京的周边地区，因为对于我们生活在北京的人来说，在我们生活的周围到处都是琉璃建筑。可能还有人知道山西是建筑琉璃的发源地，还有河北的清东陵、清西陵有两个大的古代琉璃建筑群。但除此之外，还有哪些地方分布着古代的琉璃建筑，对此，我想人们对这方面的了解就显得支离破碎了。在我们这个课题开始的时候，由于在课题的任务书当中首先要求对全国范围内古代琉璃建筑的分布情况，以及病害情况进行调查和统计，要针对最典型的病害情况开展保护研究。所以，在课题开始的时候，我们对古代琉璃建筑在全国的分布情况开展了调查和统计工作。其间，考察了北京、河北、河南、山东、山西、陕西、湖北、安徽、福建、广东、辽宁、江苏、浙江、台湾等省（市）和地区。到现在为止，据不完全统计，在全国有 25 个省（市）和地区分布着古代琉璃建筑，台湾也有清代早期的古代琉璃建筑，在台北就有这样的古代琉璃建筑，从这儿我们可以看到古代琉璃建筑在全国的分布还是十分广泛的。

我们知道，全国重点文物保护单位到现在已经公布六批了，第一批、第二批直至第六批虽然都是国家级文物保护单位，但是在整理分析的时候我们看到，随着国力的提高，以前市级的文物保护单位升为省级了，以前省级的单位升为国保级了。但是从它的价值、艺术性、历史性和科学性这个层面来说，相对而言更为突出的应该说主要还是在 1961 年公布的第一批全国重点文物保护单位的名录当中。

第一批全国重点文物保护单位一共有180家，这里面古建筑这一类别有96家，在这96家国家级的文物保护单位当中，古代琉璃建筑占了26处，它的比例占到了建筑类总数的27%，由此我们可以看到，古代琉璃建筑在我们中国古代建筑的历史发展过程中占有非常重要的位置。

我们现在能够查到的，能够看到的最早关于琉璃构件被用于宫殿建筑的文献记载始于北魏，这是成书于北齐，由魏收撰写的《魏书》。《魏书》中关于建筑琉璃的记载，是中国烧造琉璃构件的最早记录。该书的成书时间是公元554年，到现在已经有1400多年了，文献记载是1400多年，但是谈到琉璃构件烧制技术，理应是在这个时间之前。而至今保存下来的最早的古代琉璃建筑要属位于河南省开封市的北宋祐国寺塔，该塔塔身布满褐色琉璃砖，酷似铁色，故又称铁塔。

在这儿，我想和大家一起欣赏一下在全国重点文物保护单位中涉及的部分北京地区的古代琉璃建筑（图1~图8）。从这里我愿意和大家一起领略古代琉璃建筑在中国古代建筑的发展过程中取得的辉煌成就。

图1 全国重点文物保护单位天安门

图2 全国重点文物保护单位故宫

图 3　全国重点文物保护单位北海中的琉璃建筑五龙亭

图 4　全国重点文物保护单位景山上的五个琉璃亭子

图 5　全国重点文物保护单位天坛中的琉璃建筑祈年殿

图 6 全国重点文物保护单位颐和园中的琉璃建筑群

图 7 全国重点文物保护单位智化寺

图 8 全国重点文物保护单位雍和宫中的琉璃建筑

第二个方面，我想介绍的是古代建筑琉璃构件的历史价值与文化内涵。

在这方面，我想首先介绍一下琉璃瓦件款识所反映出的丰富历史信息。

在课题实施的过程中，在咱们故宫紫禁城的大院里收集的琉璃瓦件中，很多瓦件上都有不同内容的款识，对此我们做了一个统计，款识的种类将近有100种，这是我们以前没有想到的，种类竟然如此之多。我们为什么说古代琉璃构件承载着大量的历史信息？这绝非是泛泛而谈，在这里我把典型的琉璃构件款识作一个介绍。我们先看一下琉璃瓦件上款识的内容（图9～图16）。

图 9　"雍正八年琉璃窑造斋戒宫用"款

图 10　"乾隆辛未年制"款

图 11　"乾隆三十年春季造"款

图 12　"嘉庆三年，窑户赵士林、配色徐
益寿、房头陈千祥、窑匠许万年"款

图 13 "窑户赵士林、配色徐益寿、房头陈千祥、窑匠许万年"款

图 14 "铺户程遇埠、配色匠张台、房头李成、烧色匠朱兴"款

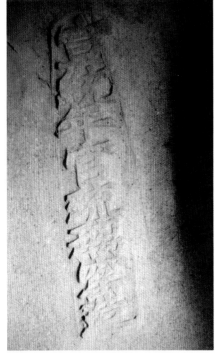

图 15 "宣统年官琉璃窑造"款

图 16 "五作陆造"款

从琉璃瓦件的款识，我们可以看到它包含了琉璃瓦件的烧制年代信息，有些是确切的烧制年代，如雍正八年、乾隆十三年、乾隆辛未年、嘉庆三年、嘉庆十一年、宣统元年等；有的甚至给出了烧制的季节，如乾隆三十年春季造；有的还给出了琉璃瓦件使用在紫禁城内哪个具体的建筑上，如斋戒宫用、宁寿宫等；嘉庆年烧制的琉璃构件款识内容更为丰富，给出了铺户（窑户）、配色匠、房头和烧窑匠的具体人名。在这些款识当中，我们看到了这样的款识，"嘉庆三年，窑户赵士林、配色匠徐益寿、房头陈千祥、窑匠许万年"，款识包含了满汉两种文字（图12）。这反映了嘉庆年间琉璃构件烧制的一种管理制度，即责任追究制度。这一点不同于清朝的其他时期。在琉璃烧造过程中，有三个主要技术环节被称为上三作，即配制琉璃釉料的釉作、设计与制作模具的吻作和负责窑炉烧制的窑作。在有关文献上我们看到，在嘉庆年间，负责管理琉璃烧造的工部营缮司规定，凡是为宫廷烧造的琉璃瓦件都要打上年号或上三作的姓名。上述款识便给出了烧制的年代，窑主和三个主要技术环节（上三作），即配色匠、房头和烧窑匠人名的信息。对于那些尽管只有窑户或铺户、配色匠、房头、烧窑匠，而没有年代款识的瓦件，我们仍可根据清代琉璃瓦件款识的规律与特点推断出它们也应是清代嘉庆年间的制品。

这样的款识信息，为我们研究不同时期琉璃构件胎釉的原料变化、工艺特点、管理制度，提供了重要的历史资料。

让我们再来看看琉璃构件的造型与时代的关系。

当你站在中和殿附近，观赏南边太和殿与北边保和殿正脊两端上吞脊兽（图17、图18）的时候，你会看到太和殿上吞脊兽上的剑靶与保和殿上吞脊兽上剑靶的形状是不同的，太和殿上吞脊兽上的剑靶是左右对称的，而保和殿上吞脊兽上的剑靶左右并不对称，剑靶的顶部偏向了内侧，偏向了一边。原因是太和殿经历过大火，经历了多次大修，琉璃构件基本上换成了清代的琉璃构件，而保和殿则基本上保持了明代的建筑风格与明代的琉璃瓦件。吞脊兽上剑靶的造型，反映了不同时期人们的审美趋向，具有时代的特征。这里的吞脊兽不仅是建筑构件，安放在正脊两端的位置在功能上起着防止雨水渗漏的作用，在意念上还具有镇火的作用，当建筑物因天灾人祸起火时，它具有召水灭火的本领。

图17　太和殿上的吞脊兽　　　　　　　　　　图18　保和殿上的吞脊兽

下面介绍一下琉璃建筑上垂脊兽的个数与建筑等级的关系。

大家知道，琉璃建筑垂脊兽的个数通常对应着建筑物的等级。太和殿，俗称"金銮殿"，是皇帝举行重大朝典的地方，这是故宫中最大的宫殿，也是规制最高、等级最高、规模最大的建筑，所以垂脊兽的数量也是紫禁城内各建筑物上数量最多的，有十个，它们分别是龙、凤、狮子、海马、天马、押鱼、狻猊、獬豸、斗牛和行什。而在清代，乾清宫作为皇帝处理日常政务，批阅各种奏章的地方，垂脊兽的个数是九个。在清代曾经住过雍正、乾隆、嘉庆、道光、咸丰、同治、光绪、宣统等八个皇帝的养心殿则有七个垂脊兽，储秀宫等后妃居住的东西六宫上的垂脊兽为五个，而延晖阁作为清代宫廷遴选秀女进宫的地方，垂脊兽的个数只有三个（图19～图23）。

　　再来看一下琉璃瓦件的形制规格与建筑物等级的关系。

　　琉璃瓦件不同的形制规格还可反映出建筑物的等级与体量。从《大清会典》中可以看到，琉璃瓦件按其规格可分为一至十，十种不同的规格，最大的规格为"一样"、最小的规格为"十样"（图24）。但在紫禁城中清代重建过的太和殿上使用的琉璃瓦件也仅是"二样"，如果这里没有用"一样"的琉璃瓦件，那么在其他的建筑上应该说是不会使用的。同样在紫禁城内的琉璃建筑物上，也没有看到哪个建筑上使用了形制为"十样"的琉璃瓦件。这说明，尽管在清代的文献记录中有"一样"和"十样"的琉璃瓦件，但在实际使用中是没有的。查阅成书于明万历年间的《工部厂库须知》，我

图19　紫禁城内最高形制的建筑太和殿有十个垂脊兽

图20　清代皇帝处理日常政务之地乾清宫有九个垂脊兽

图21　清代曾经住过八个皇帝的养心殿有七个垂脊兽

图22　储秀宫等后妃居住的东西六宫上有五个垂脊兽

图 23　清代曾为选秀女之地的延晖阁垂脊兽只有三个

二样　　四样　　五样　　七样　　八样

图 24　不同形制的琉璃瓦件

们看到，在明代紫禁城中"二样"以上的琉璃瓦件确实是使用过的。不同的形制规格，对应着不同体量的古代琉璃建筑，太和殿大家都知道这是在紫禁城院内最高级别的建筑，它的体量决定了它的瓦件是最大的琉璃瓦二样瓦，保和殿是三样瓦。由此我们看到，琉璃瓦件的形制规格与建筑物的等级和相应的文化是有着一定联系的。

最后介绍一下，不同颜色建筑琉璃所表达的中国传统哲学思想。

白绿黑红黄、西东北南中、金木水火土，五色、五个方位与五行相互对应，而五行之间又存在着相生相克的关系。水生木、木生火、火生土、土生金、金生水，水克火、木克土、金克木、火克金、土克水。

金木水火土中，土为中、土为大，五行中的土对应着五色中的黄，五行中的火对应着五色中的红。紫禁城宫廷建筑的主体颜色为红黄两种，殿宇的屋顶为黄色琉璃构件所覆盖，而建筑物墙体的颜色则为红色，形成了红墙黄瓦的宫廷建筑风格（图 25）。红色对应着五行中的火，黄色对应着五行中的土，从而形成了火生土的对应关系。

东方、绿色与五行中的木相对应，位于紫禁城东侧的南三所，为皇子居住之地，建筑群坐落在紫禁城的东侧，其建筑物的屋顶被绿色琉璃构件所覆盖（图 26）。东方是太阳升起的地方，绿色与树木都象征着勃勃生机，寓意着后代子孙的兴旺延续。

黑色对应着五行中的水，水克火。位于紫禁城东南方向的文渊阁是清代收藏《四库全书》的地方，屋顶为黑色琉璃构件覆盖，其寓意为水克火，黑色琉璃瓦件在中国传统文化的层面上有其镇火的作用（图 27）。

刚才我把琉璃构件的历史价值、文化内涵做了一个介绍。在我和大家一起梳理古代琉璃构件历史价值、艺术价值的过程中，大家可以看到，琉璃构件的历史信息、文化内涵非常丰富，同时我们说，它们又具有一些共同的特征，这一共性的特征概括起来有以下三个方面。第一，古代琉璃建筑是中国古代建筑的重要组成部分，在中国建筑发展史中占有重要的位置，而古代琉璃构件则是构成古代琉璃建筑辉煌成就的基本单元。第二，古代琉璃构件承载着丰富的文化内涵是艺术价值、历史价值的直接实物载体。第三，古代建筑琉璃构件具有可视性，是普通公众可以直接感受到的。但我们说它毕竟不是一般意义上的艺术品，不是陈设品，而是建筑构件，是整体建筑的一个最基本的单元，它在文化方面的内涵需要以整个建筑作为背景，要镶嵌在整个建筑的大的文化背景之中方可显现出来。

图 25　红墙黄瓦的紫禁城

图 26　绿色琉璃屋顶的建筑群南三所

图 27　黑色琉璃屋顶的文渊阁

上述所谈到的历史价值、文化内涵虽说十分丰富，虽说凭着人眼的直接观察便可看到这些文化信息和历史信息，但由于没有受到人们的普遍关注，以至在平日里并没有使人对此产生深刻地感受。那么对于琉璃瓦件承载的科技信息，则是凭借人眼无法直接观察到的，若要使普通的公众了解它、认识它，则更需要我们文物科技工作者采用科学技术方法去揭示和展示。

第三个方面，介绍一下古代琉璃构件承载的科学价值。

下面我讲一下在课题实施的过程中，课题组采用科学技术方法揭示出的古代琉璃构件所承载的科学价值。

由于故宫博物院建院80周年时建成了古陶瓷检测研究实验室，因为有了这样的硬件支撑，所以在申报国家"十一五"重点科技支撑项目的时候，便构成了我们竞争时的一个优势。在这次古代建筑琉璃构件科学化研究的过程中，我们所做的分析检测工作，基本上都是我们这个古陶瓷检测研究实验室自己完成的。琉璃构件的年代测定工作，因我们没有建立年代分析实验室，所以这项工作我们是委托上海博物馆热释光年代实验室帮助测定的。

在研究中，我们采用X射线荧光光谱、X射线荧光能谱、X射线衍射仪、扫描电子显微镜、光学显微镜、热膨胀分析仪等现代仪器分析方法，分别以琉璃构件的胎和釉为对象，对其元素组成、原料组成、显微结构、烧成温度、物理性能参数等进行分析测试。以这些数据资料为基础，我们认识和了解了古代先民在琉璃构件烧制过程中，是如何配制胎釉原料、如何把握各种工艺过程、如何控制烧制火候，以及采用了怎样的窑炉技术。在对古代琉璃构件科技内涵进行揭示的过程中，古代先民在琉璃构件烧制过程中，体现出的聪明智慧和创造力，应该说是令人惊叹的。在当今采用先进的仪器分析方法揭示出来的科技内涵，在古代，先民们仅凭长期的实践摸索和丰富的经验积累，便对各种材料的性质认识的那么清楚、对烧制过程中的各个工艺环节把握的那样恰到好处。

下面通过六个方面来介绍一下古代琉璃构件所承载的科学技术内涵。

（1）琉璃构件的铅釉与光泽

当人们站在景山公园万春亭上，向南鸟瞰15万 m^2 宫廷建筑群所构成的紫禁城画面的时候，人们会情不自禁地会发出金碧辉煌的赞叹。我们说，金碧辉煌的视觉效果来自于琉璃瓦件平整光滑的釉层表面，来自于琉璃瓦件釉面对太阳光的反射。

在现代陶瓷生产中，陶工为了获得高光泽度的釉面效果，通常都是通过选择具有高折射率的氧化物材料来达到这一高物理性能指标的。通过表1我们可以对各种氧化物的折射率在量值上，有一个基本的了解。

表1　几种氧化物在玻璃质釉层中的折射率

氧化物	折射率	氧化物	折射率	氧化物	折射率
K_2O	1.58	SiO_2	1.475	BaO	2.01
Na_2O	1.59	Al_3O_2	1.49	Sb_2O_3	2.02
MgO	1.63	B_2O_3	1.41~1.61	PbO	2.46~2.50
CaO	1.83	ZnO	1.96	TiO_2	2.55~2.76

通过在釉料中添加高折射率的氧化物材料，来实现高反射率的釉面效果，是因为两个物理参数之间存在着如下的关系：

$$R=（n-1）^2/（n+1）^2$$

式中，*R* 为反射率；*n* 为折射率。从公式可见反射率随折射率的增加而迅速提高，因此釉层材料的折射率越高，釉的光泽度也就越高。

在现代陶瓷生产中，表 1 中折射率相对较高的氧化铅和氧化钛都可作为提高釉面光泽度的材料，但古代陶工在琉璃构件的生产中采用了氧化铅而未采用氧化钛。

这样的选择应该说是非常巧妙的，说它巧妙是因为两者虽然都是高折射率的材料，但两者的熔点却相差甚远，氧化铅的熔点仅为 888℃，而氧化钛的熔点却高达 1850℃，前者在烧制工艺上比后者要简便的多、要容易实现的多。同时氧化铅可降低釉料在熔化时的黏度，使釉料具有良好的流动性，易于形成光滑平整的釉面，更能增强高光泽度的效果。

据明代《工部厂库须知》中记载，在黄色琉璃釉料中"黄丹三百六斤，马牙石一百二斤，黛赭石八斤"。古代陶工为了追求高光泽的琉璃釉面效果，在配制釉料的过程中，添加了大比例的黄丹，也就是氧化铅。实验分析结果则对文献中的量值进行了验证，实验分析数据表明，在古代黄色琉璃釉中氧化铅的含量大约在 60%。现代琉璃瓦件釉面的光泽度值一般大于 100，历经数百年干湿冷暖和雨雪冲刷的琉璃釉面，因其长期地风化作用，昔日平滑的釉面已经失去了往日的平整而变得斑驳，其光泽度值通常仍能保持在 60 左右，而刚刚烧制好的非铅釉瓷器的光泽度值通常不会超过 80，光泽度值为 80 的瓷器已经算是具有较高的光泽度了。

（2）二次烧成工艺与琉璃构件的烧制

在陶瓷生产中，通常采用的工艺有两种。一种是在制好的陶瓷坯体上直接施釉、入窑，在较高温条件下一次烧制完成，此种工艺称为一次烧成工艺；另一种则是将制作好的陶瓷坯体入窑，在较高温度条件下先烧制成具有一定强度的素胎，而后，再在素胎上施釉，二次入窑，在较低温度条件下进行釉烧，陶瓷制品经二次烧制完成，这种工艺则被称为二次烧成工艺，唐三彩便是采用此种工艺。

在实验室采用热膨胀分析仪和高温显微镜，对紫禁城内清代琉璃瓦件胎的烧成温度和釉的熔融温度范围进行了测试，结果见表 2。

表 2　胎烧成温度釉熔融温度范围　　　　　　　　　　（单位：℃）

样品号	No.1	No.2	No.3	No.4	No.5
釉的熔融温度范围	740～851	800～870	767～1048	748～924	759～922
胎体烧成温度	1000	1000	1000	1010	1020
样品号	No.6	No.7	No.8	No.9	No.10
釉的熔融温度范围	840～968	816～960	784～914	798～1060	724～826
胎体烧成温度	1030	1070	1020	1040	1020
样品号	No.11	No.12	No.13	No.14	No.15
釉的熔融温度范围	798～937	829～906	844～958	795～922	750～849
胎体烧成温度	1110	1000	1000	990	960

从表 2 的结果我们看到，琉璃瓦件胎的烧成温度基本上都在 1000℃以上，而釉烧温度则普遍要比胎体的烧成温度低，这样的实验结果告诉我们，紫禁城内清代琉璃瓦件的烧制采用的是二次烧成工艺。在对北京明十三陵、淳亲王府以及对鞍山黄瓦窑琉璃瓦件，安徽、南京、山东、山西、湖北、宁夏、河北等地铅釉琉璃瓦件的分析测试中，均得到了同样的结果。这样的结果说明，古代琉璃瓦件普遍采用的是低温铅釉和二次烧成的工艺。

通过上面的介绍我们知道，为了使琉璃瓦件釉面具有较高的光泽度，在琉璃釉中氧化铅的含量基本上都在50%以上，在这样的原料组成条件下，釉的熔融温度范围通常是落在750～950℃的范围内。而以煤矸石作为主要原料的坯体，SiO_2的含量通常在50%的量值上波动，Al_2O_3的含量则在25%的量值上波动。要使具有这样原料组成的坯体达到一定的烧结程度，坯体的烧成温度一般要达到1000℃以上。为了解决这一对矛盾，先民们采用了二次烧制的工艺，即先在1000℃以上的较高温条件下将坯体烧制成具有一定烧结程度的素胎，再将釉料施加在胎体上，二次入窑在较低温度条件下将低温铅釉烧覆在胎体上，巧妙地解决了这对矛盾。

（3）古代先民对琉璃瓦件胎体烧结程度的把握

吸水率、体积密度、显气孔率是表征琉璃瓦胎体烧结程度的三个物理参数，与此相对应，胎体的烧结程度高、吸水率低、显气孔率低，体积密度就高。

那么，琉璃瓦件胎体的烧结程度与哪些因素有关呢？首先，一方面，与烧制时所耗费的燃料有关。胎体的烧结程度高，烧制的时间通常要长一些，烧制温度要高一些，所耗费的燃料便要多一些。其次，与素胎烧成后在胎体上施釉效果有关。胎体烧结程度过高，胎体的体积密度过高、显气孔率过低，胎体不易挂釉，施釉后二次入窑烧制后，琉璃瓦件表面的釉料仅是薄薄的一层，达不到所需的色泽效果。另一方面，胎体的烧结程度将影响胎体的强度。琉璃瓦件是功能性的建筑材料，尽管是铺盖在建筑物的屋顶上，但在运输过程中，在施工过程中及在使用过程中，都需要琉璃瓦件具有一定的强度，胎体的烧结程度过小，将影响这种功能性材料的正常使用。在此次研究中发现，胎体的烧结程度不仅与琉璃瓦件的烧制工艺和燃料、施釉效果，以及使用功能等三方面有关，胎体的烧结程度还影响到琉璃瓦件在使用过程中，表面釉层的剥落与否。在对紫禁城内大量清代琉璃瓦件的分析研究中，看到了这样一个事实，琉璃瓦件胎体吸水率为9%～13%的清代琉璃瓦件，至今釉面保存完好，而吸水率大于13%的琉璃瓦件则普遍釉面剥落严重，很多已经剥落到了无法重复使用的程度（图28、图29）。

图28 吸水率为9%～13%的釉面保持完好的清代琉璃瓦件　　图29 吸水率大于13%的剥釉严重的清代琉璃瓦件

究其原因，这与琉璃瓦件胎体的烧结程度有关。吸水率大于13%的琉璃瓦件具有较高的显气孔率，这在琉璃瓦件的使用过程中，会在经历北方冬季的时候，因雨雪等气候因素在胎体内形成冻融循环引起的胎体膨胀与收缩中，在夏季因雨水等环境条件因素在胎体内部形成的吸湿膨胀中，会因胎体内这种因素的影响程度的加大，而影响到琉璃瓦件表面釉层的剥落。

在清代的一些琉璃瓦件中，吸水率被控制在了 9%～13% 的范围内，这样的琉璃瓦件至今釉面保存完好，甚至看不到有丝毫的剥落迹象。在紫禁城内有年款的琉璃瓦件可以看到，这样的琉璃瓦件有的是乾隆年间的制品，有的是嘉庆年间的制品，还有的是宣统年间的制品，这些琉璃瓦件与吸水率高的瓦件，甚至与民国或新中国成立后的琉璃瓦件一起铺盖在紫禁城建筑物的屋顶上，在相同的气候环境条件下，经历了相同的干湿冷暖的四季变化，吸水率高的琉璃瓦件大多釉面已经剥落了，有些甚至已经剥落到了无法重复使用的程度，但那些胎体烧结程度把握的恰到好处的琉璃瓦件，其釉面却不失昔日的完整。

在这样的事实面前，使我们不由得产生了许多的感慨。在当时的历史条件下，古代的陶工竟能在综合考虑上述方方面面相关因素的情况下，对各种问题认识的那么清楚，对各方面的影响因素把握的那么恰到好处。

（4）低温铅釉呈色技术达到了很高的水平

在古代琉璃建筑中，为了赋予特定功能的琉璃建筑以不同的文化内涵，琉璃瓦件釉的颜色是多样的（图 30），并且同种颜色的琉璃釉其色调是有规定的，能够做到这一点基于古代陶工对釉料组成中各种原料性能的清楚认识和对烧制工艺的合理把控。

图 30　五种不同颜色的琉璃瓦件

明代万历年间，时任工科给事中的何士晋编纂了《工部厂库须知》，虽然说当时编纂这本书的目的主要在于防止工程中出现贪污和浪费，但其记载的内容却为我们探究当时的工艺技术与原料配方提供了重要的资料。在这本历史文献中记载了黄色、绿色、黑色、蓝色、青色等琉璃釉的原料种类和各种原料的配制比例。

黄色：黄丹三百六斤，马牙石一百二斤，黛赭石八斤；

蓝色：铅末一斤四两，焇十斤，马牙石十斤，紫英石六两，铜末十两；

绿色：铅末三百六斤，马牙石一百二斤，铜末十五斤八两；

青色（天坛蓝）：铅末七斤，焇十斤，马牙石十斤，苏嘛呢青八两，紫英石六两；

黑色：铅末三百六斤，马牙石一百二斤，铜末二十二斤，无名异一百八斤。

在课题实施过程中，我们利用现代仪器分析方法对各色琉璃瓦件釉料的化学组成进行了分析，所得结果相当于利用现代科技语言对上述琉璃釉料的配方做出了另一种形式的表述（表3）。这样的表述，对于深入解读古代陶工对原料和工艺的认识和把控，了解当时的工艺技术水平是非常重要的数据资料。

表3　不同颜色琉璃釉料化学组成　　　　　　　　　　　（单位：%）

黄色琉璃釉

Na$_2$O	MgO	Al$_2$O$_3$	SiO$_2$	PbO	K$_2$O	CaO	TiO$_2$	Fe$_2$O$_3$
0.24	0.31	4.12	25.48	63.93	0.47	0.37	0.19	3.22

孔雀蓝琉璃釉

Na$_2$O	MgO	Al$_2$O$_3$	SiO$_2$	PbO	K$_2$O	CaO	Fe$_2$O$_3$	CuO	SnO$_2$
3.79	0.52	1.55	57.97	22.22	8.32	0.99	0.52	3.21	0.33

绿色琉璃釉

Na$_2$O	MgO	Al$_2$O$_3$	SiO$_2$	PbO	K$_2$O	CaO
0.53	0.36	3.76	30.50	59.79	0.35	0.74
TiO$_2$	MnO	Fe$_2$O$_3$	CuO			
0.22	0.01	0.55	2.49			

天坛蓝琉璃釉

Na$_2$O	MgO	Al$_2$O$_3$	SiO$_2$	PbO	K$_2$O	CaO
0.75	0.71	2.77	68.92	9.53	10.49	1.45
MnO	Fe$_2$O$_3$	CoO	Ni$_2$O$_3$	CuO	ZnO	BaO
0.33	1.53	1.04	0.35	0.18	0.03	1.90

黑色琉璃釉

Na$_2$O	MgO	Al$_2$O$_3$	SiO$_2$	PbO	CaO	TiO$_2$
0.46	0.27	5.04	26.66	55.71	0.47	0.25
MnO	Fe$_2$O$_3$	CuO	CoO			
0.12	5.31	3.73	0.69			

科技分析结果尽管在具体数值上和配比关系上与明代万历年间不同颜色的釉料配方之间存在着一定的差异，但它的作用在于把原来模糊的原料称谓变得清晰了，把原来的原料俗称还原成了反映该原料基本组分的氧化物表达式，这为我们的深入研究奠定了基础。原料中的黄丹为PbO，铅末是自然界中存在的白铅矿（化学式为PbCO$_3$），马牙石的主要组分为SiO$_2$，黛赭石则为Fe$_2$O$_3$，无名异的组分为MnO和不同含量的Fe、Co和Ni等成分，苏嘛呢青，即苏麻离青，是呈色氧化物CoO的来源，紫英石又称萤石化学式为CaF$_2$，焇的现代矿物名称为硝石（主要成分为KNO$_3$）。

从各色釉的化学组成分析中可以看到，绿釉与孔雀蓝釉中的着色原料均为铜末。那么，为什么一个呈现的是绿色釉，另一个却呈现的是蓝色釉呢？这与釉料中助熔原料铅末和助熔剂的原料种类有关。在釉料中铅末的含量高，铜呈绿色，铅末的含量低同时加入一定量的硝酸钾时，铜呈蓝色。在绿釉中铅末与石英按3：1的比例配制而成，而蓝釉中铅末与石英的配比却成了1：8的关系，另外还加了一定量的硝石来起到助熔和助色的作用。黑色琉璃釉则是通过铜、锰、铁、钴等金属着色氧化物共同着色产生的作用效果。青色（天坛蓝）琉璃釉的着色主要是氧化钴在硝酸钾的作用下呈现出的颜色结果。在两种蓝釉中都添加了一定量的萤石，其目的是使釉变得乳浊。琉璃釉为低温铅釉，但古代陶工在其釉料配方中，为了追求特定的颜色效果，在黄色釉、绿色釉和黑色釉中，铅与石英的比例均按照 3 : 1 的比例关系配制，且仅以铅做助熔原料，而在天坛蓝釉的配料中铅与石英的比例关系变成了 1 : 1.4，而在孔雀蓝釉中两者的比例关系甚至降到了 1 : 8 的配比，并且在这两种蓝色釉料中均有意识地加入了相当量的硝石与一定量的铅共同作用起到助熔的作用，硝石在此还起到了助色的作用。

同时我们看到，在五种颜色的琉璃釉料配方当中，绿釉、青釉、孔雀蓝釉和黑釉这些颜色较深的釉料中，助熔剂铅的加入都是以铅末或曰铅粉，即碳酸铅的形式加入，而黄色琉璃釉中铅的加入是以黄丹（即氧化铅）的形式加入。从成本上讲，碳酸铅是自然界存在的一种天然矿物，在其矿物当中不可避免的要含有一定量的杂质成分，这样的杂质成分会对浅颜色黄釉的颜色效果产生影响，故而采用铅的纯度高的黄丹，而不用这种天然矿物。应该说在配料的时候，古人还是考虑了黄丹与碳酸铅的成本因素，并非处处不惜工本，在其他几种釉的配料当中，采用了容易得到的矿物原料碳酸铅。

介绍到这里，我们不能不再次为古代陶工的智慧和丰富的经验而感叹。采用现代科技方法分析测试，利用现代陶瓷工艺学的原理来解读的问题，先民们却在当时的技术条件下，对各种原料性能的认识已经达到了相当的水平，对工艺的把握已经达到了得心应手的程度。

（5）化妆土技术在元代琉璃构件烧制过程中的巧妙使用

在对北京地区不同时期各色琉璃瓦件分析的过程中看到，胎体中 Fe_2O_3 的含量元代、明代、清代三个不同时期是呈下降趋势的。元代样品中 Fe_2O_3 的含量在 4.5% 左右，明代在 3% 左右，而到了清代则基本上降到了 2% 左右。含铁量低的胎体，胎色较浅，白中泛黄，以此为基础施釉，釉色成色自然，易于把控，而含铁量高的胎体颜色呈暗红色，若在暗红色的胎体上施以半透明的铅釉，无法实现所需的颜色效果。在课题研究中涉及的元代孔雀蓝琉璃瓦件胎体颜色全为暗红色。元代陶工采用含铁量高的原料作为胎体的原料，一种可能是就地取材，另有一种可能便是受到当地原料资源的限制，不得以而为之。

为了解决这个问题，元代陶工采用了以往在陶瓷烧制中使用的化妆土技术，即在暗红色的胎体上，施上一层厚度不足 2mm 的含铁量低的白色原料，用以遮盖胎体的颜色，而后再在化妆土上施釉。分析结果表明，化妆土所用的原料是一种含铁量小于 1%，颗粒较细，并且矿物组成不同于胎体的硅酸盐材料。元代陶工很智慧地解决了这一问题，为我们后人呈现出华丽孔雀蓝釉色的同时，还展现了用在琉璃瓦件上的化妆土技术（图31）。

（6）烧制琉璃构件的专用窑炉——车棚窑

我们说，瓷器是火与土的艺术，讲的是创造瓷器艺术品的两个最重要的因素，即原料和烧制技术。此话对于建筑琉璃瓦件同样适用，烧造出优质的建筑琉璃瓦件离不开适合的原料、合理的烧制设备与技术，因此清代嘉庆年间要求在琉璃瓦件的款识中注明烧窑匠的姓名。烧窑讲的是火候温度的控制和对烧制气氛的把握，然而前提是要有设计合理的窑炉。

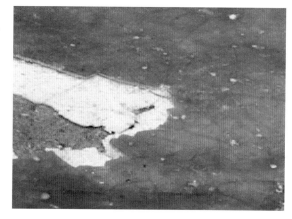

图31 采用化妆土技术的元代孔雀蓝琉璃瓦件

  图 32 展示的窑炉是位于北京门头沟专门用于烧制琉璃构件的窑炉，这种琉璃窑自清代便在门头沟使用，一直沿用至今。这种窑在外形上不同于北方通常使用的外形呈馒头状的"馒头窑"，而是一种窑门如同马车上的车棚子形状的窑，当地人就直白地把这种窑称为"车棚窑"。车棚窑是一种连体窑，一个门洞里面便是一孔独立的窑，孔孔相连。就其结构原理应属于半倒焰窑，火床位于窑炉门里侧的底部，燃料被点燃后，火焰升入窑炉的顶部，然后自上而下经过码放有序的瓦件到达窑床，接着火焰平行地贴着窑床到达窑炉的后部，自烟囱排出。车棚窑虽因窑门酷似车棚，而被称为车棚窑，但它的特点其实并不在于此。车棚窑的主要特点是每孔窑炉之间，既相互独立，又彼此关联，窑与窑之间窑壁共用。我们设想，如果是各自相间彼此独立的窑炉，八孔窑两侧的窑壁就需要有十六面，而连体琉璃窑则仅需九面窑壁即可，极大地节省了建窑所用的材料，降低了烧窑所用成本。不仅于此的是相对独立的琉璃窑属于间歇式窑炉，也就是说每一窑的琉璃瓦件从装窑后开始烧窑升温，到产品烧成后灭火降温出窑这一过程是一个周期性的过程，两个烧制周期之间就窑炉而言有一个间歇，在时间上会有一个间断。这样的过程相比现代隧道窑而言，燃料耗费更多，在一定的程度上会造成燃料上的浪费，现代隧道窑整个烧制过程从入窑到出窑是一个连续的过程，不经历点火升温和灭火降温这样一个周期性的过程，燃料耗费比通常的间歇式窑炉要少。连体式车棚窑在此显现出来的特点在于，合理地安排各窑的装窑和出窑时间，一侧窑炉点火升温的时候，对位于另一侧准备装窑烧制的窑炉而言，则起到了一个预热窑炉的作用，窑与窑之间相互作用、相互影响，起到了减少燃料消耗的作用。同时，连体式的车棚窑可以大批量的烧制琉璃瓦件，以满足修建宫廷建筑与皇家园林建筑时对大批量琉璃瓦件的需求。

  图 33 展示的是一孔正在烧制琉璃瓦件的窑炉，上边的长方形孔洞被称为"神仙眼"，凭借这一孔之洞，陶工便可知道窑内的温度，便可掌握柴草等燃料的添加。为使窑内达到较高的温度，保证胎体的烧结程度，烧窑时所用的燃料是煤。而为了避免烧煤时煤灰对琉璃瓦件釉面的沾污，在釉烧时，陶工们则用柴作为窑炉的燃料。

  刚才我通过科技分析方法得到实验数据，并通过相关文献资料，利用陶瓷工艺学的原理，以及文

图 32 北京门头沟烧制琉璃构件的车棚窑

图 33 正在烧制琉璃构件的窑炉

物科技研究的一般方法，对古代琉璃瓦件所承载的科学技术内涵进行了揭示和梳理，希望大家能对我们古代陶工在烧造建筑琉璃构件过程中反映出的聪明智慧和创造力有所了解。并且这样很有价值的信息资料是被具体的一块一块琉璃瓦件所承载，而进一步认识到琉璃瓦件的珍贵所在，认识到对它加以认真保护的重要意义。

在对古代琉璃瓦件的科技价值进行介绍之后，我想说尽管琉璃瓦件承载的科技价值是多方面的，但它们也有其共同的性质和特征，这方面的特征主要有以下三个方面。

第一个方面，古代建筑琉璃构件的科学价值具有不可视性，看不见，摸不着，但是它实实在在存在，普通公众不可能通过对构件的直接观察了解其价值。

第二个方面，建筑琉璃烧造技术，即使以目前所见，最早记载琉璃烧造的《魏书》为起点，至今也已经有 1400 多年的历史了，其间经历了无数次的生产实践，经历了不断地发展和完善，我们说今天我们所看到的每一项技术上的进步与成就，都是古代先民经历了千百次的生产实践、经历了千百次烧制过程中遇到的挫折与失败，是智慧的结晶，是百折不挠民族精神的一种体现。

第三个方面，建筑琉璃烧造技术的发展，可以说是中国古陶瓷发展的一个侧面，不是独立产生和发展的，它是中国古陶瓷发展一个缩影，同时它又有其自身的特殊性。例如，烧结程度的把握、釉色与文化内涵的关系、光泽上的特殊考虑、形制上的严格要求、窑炉烧造技术等。

2　古代建筑琉璃构件科技保护研究

刚才我从人文和科技两个层面对古代建筑琉璃构件所承载的价值进行了介绍。此时，我想我们再来谈对古代建筑琉璃构件的科技保护问题，大家也就明白了此项工作的重要意义。

首先我谈一下本次科研课题的研究目标是如何确定的。

在开展古代建筑琉璃构件的科技保护工作的时候，我们首先面临的问题是搞清在古代建筑琉璃瓦件的保护方面存在着什么样的病害？因此，在课题实施的初期，课题组对全国 16 个省（市）和地区进行了实地考察，考察结果发现古代建筑琉璃构件的病害问题主要表现在如下六个方面。

1）断裂，此处所说的断裂主要是指较大型的琉璃构件，因意外事件造成的整体构件断开成几块的状况。

2）污染，因与琉璃构件相连的金属材料锈蚀等外界因素造成的琉璃构件表面的不同程度的颜色改变。

3）泛霜，因琉璃构件胎体材料中或与构件相连的周围土壤中，含有可溶性盐，遇水溶解后通过构件体内毛细管结构被带到构件的表面，随着水分在空气中的蒸发，水溶性盐在构件的表面沉积下来形成了白色的粉状物质，这一现象被称为泛霜。泛霜会严重地影响构件的外观，会加大胎体内部的膨胀作用，以至影响胎釉的结合强度，造成表面釉层和胎体自身的剥落。

4）变色，因环境因素造成的琉璃瓦件表面釉层颜色的改变。

5）剥釉，因琉璃瓦件烧结强度等自身质量原因和环境因素造成的表面釉层剥落的现象。剥落后的琉璃瓦件，不仅影响装饰效果，而且影响阻水等功能性作用。

6）酥解，琉璃构件表面釉层发生剥落后，胎体暴露在大气环境中，因风化作用造成胎体酥松，甚至出现粉状或片状剥落的状况。

在考察过程中我们发现，尽管说琉璃瓦件在使用过程中表现出来的病害有方方面面的不同情况，但是最普遍、影响最为严重的病害主要是琉璃瓦件表面釉层剥落的问题。上面谈到的断裂、污染、酥解、泛霜和变色等病害现象毕竟是个案，仅发生在某些地区，某些个别的建筑上。但是琉璃瓦件表面釉层的剥落问题，却是非常普遍、非常严重的一种病害现象。故宫的琉璃建筑有这种情况，明代十三陵的琉璃建筑有这种情况，位于河北的清东陵、清西陵、承德的避暑山庄与外八庙，位于河南的开封铁塔，位于湖北的武当山，位于山西的五台山，位于广东佛山的祖庙以及位于台湾的龙山寺的琉璃建筑都严重地存在这一问题。

我们上面说过，琉璃构件的作用不仅仅是一种功能性的建筑材料，它还承载着丰富的文化内涵。它的釉色本身就是中国传统哲学思想的一种体现，一旦釉层剥落了，并且是大面积剥落了，那么就失去它应该起到的装饰作用和所承载的文化内涵。我们不可能通过一个课题，就解决上面谈到的所有病害问题，加上国家科技部规定给课题组的完成时间也只有两年，所以这次课题我们就把研究的重点放在了解决琉璃构件表面釉层剥落的问题上了。

下面谈一下古代琉璃瓦件剥釉机理方面的研究工作。

我们说，要治病首先要查清病因，要搞清楚是什么原因造成了琉璃瓦件表面釉层的剥落。为什么剥釉？我们说它的病因不外乎两个方面，一个是外因，另一个就是内因。刚才我在对琉璃瓦件科学价值揭示的过程中介绍了清代一些琉璃瓦件的情况，有些瓦件历经数百年至今釉面保存完好，但是我们也看到有一些清代烧制的琉璃瓦件，有些甚至是近几十年烧制的琉璃瓦件表面釉层却剥落的十分严重。但是它们在使用的过程中所享受的待遇是一样的，都处在相同的气候环境中经历了同样的日晒雨淋、干湿冷暖的四季变化，并不是说至今未剥釉的琉璃瓦件，享受了特殊的待遇，放在库房里作为珍贵藏品收藏着、保护着。事实上并不存在这种情况，所有的琉璃瓦件都铺设在了建筑物的屋面上，经受着同样的环境考验，经受着同样的环境因素的影响，那为什么有些没有剥釉，而有些却剥釉严重呢？这样的事实，引导我们首先在琉璃瓦件内在因素上查找剥釉的原因。

在对琉璃瓦件剥釉机理内在因素的分析研究中，我们以剥釉严重的琉璃瓦件和至今釉面保存完好的古代琉璃瓦件为对象，对两类琉璃瓦件的胎体烧结程度和胎釉热膨胀系数的匹配关系两个方面进行了测试分析，实验得到了下面的结果。

（1）琉璃瓦件胎体烧结程度与釉面保存状况的关系

在实验中，对从清代乾隆到宣统年间釉面保存完好的15个琉璃瓦件和40个清代不同时期釉面剥落严重的琉璃瓦件，胎体烧结程度与釉面保存状况进行了对比分析研究，结果发现了一个重要的规律，釉面保存完好的琉璃瓦件，吸水率都落在了9%～13%的范围内，而釉面剥落严重的琉璃瓦件，胎体的吸水率全都大于13%，图34很直观的反映了这样一个规律。

我在前面已经做了介绍，吸水率是一项表征琉璃瓦件胎体烧结程度的物理参数，上面的规律告诉我们，胎体的烧结程度是影响琉璃瓦件表面釉层剥落与否的重要因素。在这样的规律面前，使我们想到了另外的两个问题，首先想到的问题是为什么胎体的吸水率大于13%的琉璃瓦件表面釉层易于剥落？另一个问题是如果进一步提高胎体的烧结程度，使胎体的吸水率进一步降低，那么又会出现什么样的情形呢？在为这样两个问题寻找答案的过程中，我们走访了当时正在为故宫博物院古建修缮工程烧制琉璃瓦件的北京门头沟琉璃窑厂的技术人员，参阅了现代陶瓷工艺方面的科技文献，参加了有关《烧结瓦》国家标准制订工作的相关学术会议。

我们对这个问题的解释是，胎体的吸水率大于13%时，对应于吸水率的物理参数显气孔率也随之加大，胎体的强度降低，影响琉璃瓦件的正常使用。同时显气孔率高，当环境中的水渗入胎体后，在

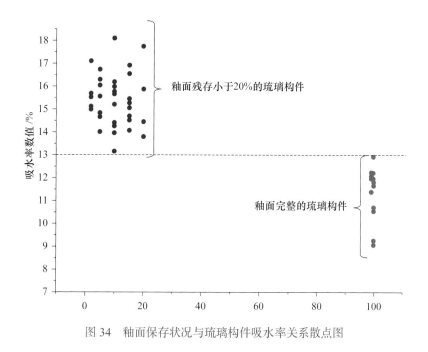

图 34 釉面保存状况与琉璃构件吸水率关系散点图

夏季会造成较大程度的吸湿膨胀，在冬季则会造成较大程度的冰冻膨胀。具有一定显气孔率的胎体膨胀了，而与胎体连为一体的釉层是一种玻璃态的物质，釉层并不因环境中水的作用而产生相应的膨胀。胎体膨胀了，釉层没有膨胀，此种情况下，便出现了类似于大胖子穿小衣服的情形，这种情形必然会造成表面釉层的开裂，或是进一步加大原有裂纹的开裂程度，为釉面的剥落埋下了隐患。

那么在烧制的时候，如果进一步提高胎体的烧结程度，进一步降低胎体的吸水率，使吸水率降低到小于 9% 的程度，又会出现什么样的情形呢？窑厂的工人告诉我们，首先这样做会增加燃料的耗费量，提高瓦件的成本，同时，胎体烧结程度过高，在施釉的时候挂不住釉。在此我们设想，如果胎体的烧结程度过高，胎体的显气孔率过低，在施釉时形成的情形，夸张地说便如同在一块近似于玻璃板上施釉，釉料难以渗入其中，经过低温釉烧后，尽管胎釉之间会形成薄薄的反应层，但是两者的结合力很弱，形成的釉面也是薄薄的一层，在使用的时候容易造成釉面的剥落。同时也难以满足琉璃瓦件色泽上的要求。

胎体烧结程度适当的胎体则不然，显气孔率适当，施釉时釉料易于渗入胎体，这种物理渗透的效果如同是釉面在胎体里打入了无数个桩子，再经低温釉烧，胎釉之间形成了适当厚度的反应层。作用的效果是增强了胎釉间的结合强度，釉层厚度适中，使其釉面色泽也得到了应有的保障。

（2）胎釉热膨胀系数匹配关系对釉层剥落的影响

通过对 15 个釉面保存完好琉璃瓦件和 16 个剥釉严重的琉璃瓦件胎釉热膨胀系数的测量。得到了表 4 和表 5 的结果。两个表的结果反映了 31 个两类琉璃瓦件胎釉热膨胀系数的匹配关系。

表 4 中 15 个釉面保存完好的琉璃瓦件胎釉间热膨胀系数的匹配关系为，有 3 个样品釉的热膨胀系数略小于胎，釉呈压应力状态，其余 12 个样品釉的热膨胀系数都大于胎，也就是说釉是呈张应力状态。表 5 的 16 个釉面剥落严重的琉璃瓦件胎釉间的热膨胀系数的匹配关系为，釉的热膨胀系数都大于胎，也就是说釉全都呈张应力状态。这样的结果告诉我们，两类琉璃瓦件胎釉之间热膨胀系数间的匹配关系呈现出了共同的规律性，即釉基本上都呈张应力状态。这样的结果是对紫禁城清代琉璃瓦件中，釉层剥落严重与釉层保存完好的这两类样品，在釉层表面都出现龟裂纹这种现象的理论解释。

同时我们看到了另一个规律，釉层保存完好的样品与釉层剥落严重的样品相比，前者的胎釉热膨胀系数的匹配关系普遍要优于后者，这反映在与剥釉严重的样品相比，釉层完好样品胎釉热膨胀系数间的数值更为接近。这样的规律似乎暗示着我们，琉璃瓦件胎釉两者间热膨胀系数匹配关系的优劣，同样是影响琉璃瓦件釉层剥落的重要因素之一。

表 4 釉面完整琉璃构件胎釉热膨胀系数关系比较 （单位：$10^{-6}/℃$）

样品序号	胎 α 值	釉 α 值	胎 α－釉 α	款识
1	7.09	7.00	0.09	乾隆三十年
2	6.78	7.17	−0.39	乾隆三十年
3	6.10	6.66	−0.56	宣统年官窑造
4	6.53	7.06	−0.53	宣统年官窑造
5	4.64	6.26	−1.62	铺户程遇墀
6	4.85	6.04	−1.19	西作造
7	6.75	7.32	−0.57	工部造
8	5.45	7.09	−1.64	工部造
9	6.56	7.13	−0.57	工部
10	6.55	6.75	−0.20	工部
11	6.71	6.28	0.43	工部
12	6.88	7.19	−0.31	工部
13	6.83	7.14	−0.31	工部
14	6.15	7.14	−0.99	工部
15	7.77	7.20	0.57	双环

表 5 釉面剥落严重琉璃构件胎釉热膨胀系数关系比较 （单位：$10^{-6}/℃$）

样品序号	胎 α 值	釉 α 值	胎 α－釉 α	款识
1	4.29	6.89	−2.60	雍正八年
2	5.21	7.17	−1.96	乾隆年制
3	6.73	7.46	−0.73	嘉庆年
4	6.36	7.50	−1.14	窑户赵士林
5	4.58	6.88	−2.30	三作张造
6	5.03	7.25	−2.22	四作工造
7	4.69	6.64	−1.95	五作成造
8	6.52	6.76	−0.24	工部
9	6.45	7.19	−0.74	工部
10	5.99	7.23	−1.24	南窑
11	5.07	6.57	−1.50	方款□
12	4.62	7.00	−2.38	一作成造工造
13	5.35	6.91	−1.56	正四作成造工造
14	5.64	6.85	−1.21	五作工造
15	5.96	7.52	−1.56	西作成造
16	5.07	7.06	−1.99	西作成造工造

下面我们再讨论一下环境因素对琉璃瓦件釉面剥落可能产生的影响。

我们说，如果质量较差的琉璃瓦件放在适当的保存环境中，它可能会被长时间的保存也不会出现釉面的剥落。应该说，琉璃瓦件釉层的剥落，内因是关键，外因是条件，如果没有外界恶劣环境条件的作用，釉层剥落的发生是可以避免或是可以延缓的。那么，哪些环境因素是影响瓦件釉面剥落的重要因素呢？我们认为主要有两种影响因素。

（1）急冷急热作用过程对琉璃瓦件釉层剥落的影响

一般来说这种现象发生在夏天，正当烈日当空的时候，却突然间乌云密布，接着暴雨就下来了，夏天建筑屋面的表面温度是非常高的，常常不是我们感觉到的30多摄氏度，而是60多摄氏度甚至到70℃。在这么高的温度条件下，一场暴雨下来，那就是一个急冷的过程，乌云过去又是烈日当空，又是急热的过程，这种急冷急热的过程考验的是什么呢？是胎和釉热膨胀系数的匹配关系是否合理，什么叫合理？我们说最理想化的是什么呢？胎和釉的热膨胀系数基本相当，当发生热胀冷缩时，热的时候胀的幅度一样大，冷的时候收缩的幅度也一样大，它们彼此之间的关系，说得直白一点就是不较劲儿。在这种理想的状态下，若发生急冷急热的情况，这种影响因素便不会对瓦件的釉层剥落造成影响。但在实际烧制中，由于胎釉原料上的差异，胎釉原料中有些材料对各自热膨胀系数的影响相差甚远，因此在实际的琉璃瓦件中，胎釉热膨胀系数的匹配关系表现为，釉所呈现的状态不是张应力状态便是压应力状态。在这种情况下，若胎体收缩大，釉面收缩小时，釉层要承受的是压应力；反过来，如果胎的收缩小，釉面收缩大，釉层便要承受张应力。用陶瓷工艺学的理论来解释，急冷急热检验的是釉层的抗热震性。

从刚才我们对琉璃瓦件胎釉热膨胀系数匹配关系对釉面剥落影响的讨论中，我们得到的结论是琉璃瓦件胎釉热膨胀系数的匹配关系是影响琉璃瓦件表面釉层剥落的重要因素之一。而急冷急热的环境因素是对这种匹配关系的一种检验，因此我们说急冷急热的环境因素同样是影响釉层剥落的重要因素之一。

（2）冻融循环作用过程对釉层剥落的影响

刚才我讲了，在胎体烧制的过程中，为了工艺上的考虑，要使琉璃瓦件胎体有一定的显气孔率。但当具有一定显气孔率的胎体在自然环境中使用的时候，它便会吸收环境当中的水分产生吸湿膨胀，这是大家都知道的一个基本常识。吸湿膨胀现象主要发生在夏季，若是在冬天，就不仅仅是产生吸湿膨胀的问题，还要加上一个冰冻膨胀。我们说水在4℃的时候密度是最大的，再提高温度或是降低温度，它的密度都会减小，结冰的时候，是冷胀热缩，不是热胀冷缩，水的性质跟金属材料不一样，我们在北方生活的时候会看到，冬天的水缸常常发生炸裂，怎么炸裂的？是因为里面的水结成了冰。纯净的水结冰以后，它体积要发生膨胀，体积与原来相比增大了约9%。缸的大小是固定的，里面的水变成了冰，体积产生了大幅度的增加，最后的结果是把缸撑裂了。返回来，我们再说琉璃瓦件，琉璃瓦的釉层表面形如乌龟的外壳一样，布满了大大小小的裂纹，很多裂纹都一直通到了胎体，形成了环境中的水进入胎体的一个途径。如果胎体的显气孔率大、气孔多，外界的水就渗入的多，水结冰时便会造成胎体的膨胀。釉是玻璃体，它的显气孔率和吸水率非常低，我们夸张点说它的显气孔率近乎为零，釉层并未因水的渗入结冰发生膨胀。胎膨胀，釉不膨胀，他们之间就会彼此较劲。最后的结果是什么呢？水结冰胎体膨胀了，冰融化了胎体又收缩，接着又膨胀又收缩，这种冻融过程的收缩与膨胀，周而复始，年复一年的循环发生，最后造成了釉面上新裂纹的出现和原有裂纹的进一步扩大。在施釉和烧制过程中，釉料向胎里渗透形成的小桩子，在烧制完成时，釉面裂纹较少，此时一块釉面下由无数个这样的小桩子把釉和胎紧紧地结合在了一起。经历了无数次地冻融循环之后，大块的釉面被分解成了若干个小的釉面，小块釉面下的小桩子则是比较少的，有的小块釉面的下面甚至出现了没有小桩子的情况，致使胎釉结合力变弱，最终导致釉面一块块地从胎体上剥落了下来。刚才在讨论胎体烧结程度对釉面剥落影响时看到的规律，结合对外界环境因素的分析，应该说冻融循环是造成琉璃瓦件釉面剥落的重要外界环境因素。

总结一下我们对琉璃瓦件釉层表面的剥釉原因主要有两个方面，就内在因素而言主要是胎体烧结程度和胎釉热膨胀系数匹配的优劣；外界环境因素则是发生在冬天的冻融循环和发生在夏天的急冷急热的作用。

接下来我介绍一下在剥釉古代建筑琉璃瓦件保护技术方面的研究工作。

在故宫武英殿大修的时候，我在施工现场看到了一堆一堆剥釉严重的琉璃瓦件（图35）。在和相关人员的交谈中，以及在文献的查阅中我了解到，对这些剥釉严重琉璃瓦件的处理方式通常有三种。

图 35　堆放在武英殿大修工地的剥釉琉璃瓦件

一种方式是当琉璃瓦件表面釉层剥落程度达到50%以上的时候，便当作建筑垃圾丢掉了，屋面缺少的瓦件用新烧制的琉璃瓦件替代，我想这种方式是大家所不愿意接受的。刚才我们介绍琉璃瓦件承载着那么丰富的科技文化内涵，如果作为建筑垃圾丢掉实在是太可惜了。这些琉璃瓦件是历史上某一个时期的产物，是反映当时历史与文化的实物载体，是不可再生的，如果当琉璃瓦件的胎体还保存完好，仅是表面釉层出现了剥落的情况下就被丢掉，那么维修一次就丢掉一批，久而久之紫禁城建筑物的屋面就会被新的琉璃瓦所覆盖，古老的故宫也将会变得"焕然一新"，那么建筑本身也就变成了古代建筑的模型，如果这种情况成为一个普遍的现象，那么故宫还能称为故宫吗？那岂不成了"新宫"了吗？

另外一种做法是把剥釉琉璃瓦件拉到琉璃窑厂，重新施釉重新进行釉烧。在查阅清代乾隆年的《奏销档》时我们看到，乾隆四十年对紫禁城内雨花阁进行修缮时，就曾对4593块剥釉琉璃瓦件进行了施釉重烧。在《乾隆会典则例》中规定："用旧琉璃色釉脱落重新挂釉，照前定例价值铅斤，俱七折覆给"；嘉庆年间的《钦定工部续增则例》也有类似的规定："用旧琉璃色釉脱落重新挂釉，照定例价值铅勔，俱七折核给"，可见在清代对剥釉琉璃瓦件进行施釉重烧已经成为一种常规的做法。在近些年的古代琉璃构件保护工作中，山西古建所曾做过施釉重烧的尝试，北京颐和园管理处也做过类似的探索。我们说这种做法在一定程度上解决了剥釉老瓦的重复使用问题，但就技术方法而言却还存在着一定的缺陷。刚才，在我们讨论琉璃瓦件剥釉机理的时候得到了这样的结论，造成琉璃瓦件表面釉层剥落的重要内在原因是胎体的烧结未达到一定的程度。对清代琉璃瓦件而言，当胎体的烧结程度较低、显气孔率和吸水率较高的时候，瓦件表面釉层易于剥落。但是按照上面介绍的第二种方式对剥釉老瓦直接进行施釉重烧，从表面上看这种办法似乎已经解决了剥釉的问题，但由于产生剥釉的病因并未消除，胎体的烧结程度并未改善，胎体生烧的问题没有解决，这将导致施釉重烧后的琉璃瓦件，在重复使用的过程中，经受不住外界环境因素的作用，特别是在经历了反复冻融循环之后，极易旧病复发，出现再次剥釉的情况。

第三种方式就是把古代剥釉琉璃瓦件拉到窑厂，先高温复烧胎体，以改善胎的烧结程度，再在改善后的胎体上施釉进行釉烧。这种做法应该说是在第二种方式上的一种改进。第三种做法虽说在方法上更为合理，但也还存在着一定的问题。我们说与胎体烧结程度相关的因素主要是两个方面，即原料和烧成温度。如果在不了解原料的组成，不了解当时烧成温度的情况下，对胎体的高温复烧便具有一定的盲目性，这种情况下的高温复烧很可能达不到期望的效果。所以第三种做法也还是存在一定的缺陷。

我们在对剥釉古代建筑琉璃瓦件的保护技术方法进行研究的时候主要有两点考虑。

第一点，当普通的游人进入故宫以后，他希望看到的是历经数百年的宫廷建筑群，同时他还希望看到的是古代宫殿所用的砖砖瓦瓦都是由古代工匠烧制的，是原汁原味的故宫。经常有这种情形发生，有的朋友问我，你们故宫展室里的文物是真的，还是复制品？我心里想，你不研究文物鉴定，即使是文物复制品你也识别不出来，应该说大多数游人是没有能力对展品文物的真假属性进行分辨的，但这反映了公众的一种文化心理，他们希望看到的是真东西。我们说就目前而言，在紫禁城内留存下来的古代琉璃构件还是比较多的，而故宫以外的其他地方这种与宫廷建筑密切相关的古代琉璃瓦件并不多，弄来弄去这些古代琉璃瓦件都将会成为稀罕物。如果老百姓来到故宫，看到的都是古代琉璃建筑的"模型"，琉璃瓦件基本上都是新的，我想那种心理感受是不佳的。这种普遍的大众心理，为我们设计剥釉古代琉璃瓦件保护技术方法的过程中提出了文化层面的要求。

第二点，文物界的人士跟我说，如果你们在对胎体进行高温复烧的过程中，复烧的温度高于历史上的烧制温度，那么你们就改变了琉璃瓦件在烧制时受热方面的历史信息，就改变了胎体原有的显微结构信息。提出这样要求，确实给我们出了难题。但我们觉得我们的研究工作要根据不同层面人士提出的不同保护要求，来作为我们工作的指导方针，所以我想刚才谈到的两点应该是我们在确定保护技术方案时需要考虑的问题吧。

根据这样的考虑，我们针对剥釉古代琉璃瓦件的保护问题研究了三种不同的剥釉保护技术方法。在对三种技术方法的研究中，我们的基本思路是，在琉璃瓦件剥釉机理内在因素的研究中，揭示了导致琉璃瓦件表面釉层剥落的两个主要因素。其一，胎体烧结程度较差、显气孔率过高；其二，胎釉热膨胀系数匹配不佳。针对釉层剥落的两个主要因素，施釉重烧保护技术的基本思路是：第一，通过对胎体的高温复烧改善胎体的烧结程度，避免或减小因胎体显气孔率高，吸湿、冰冻膨胀大对釉层剥落的影响；第二，通过调整胎釉热膨胀系数的匹配关系提高琉璃瓦件的抗热震性，同时避免或减少釉层表面的裂纹；第三，借鉴元代琉璃瓦件烧制时采用的化妆土技术，研发一种中间层材料，使这种材料的热膨胀系数介于胎与釉之间，改善两者间的匹配状态，减少釉面裂纹，阻止外界水向胎体的渗入。这三种技术方法分别是提高胎体烧结程度施釉重烧保护技术、直接施釉重烧保护技术和施加中间层施釉重烧保护技术。下面我分别向大家介绍。

（1）提高胎体烧结程度施釉重烧保护技术

这种技术的提出不是一种发明，而是在原有技术上的一种改进，这一技术的核心思想是通过对欠烧的琉璃瓦件胎体进行高温复烧，改善原有胎体的烧结程度，改善造成瓦件表面釉层剥落的内在病因。以往的高温复烧方法，是在并不了解剥釉瓦件胎体所用材料和烧成温度的情况下进行的，带有很大的盲目性。盲目的高温复烧，可能会出现因复烧温度过高，致使胎体烧结程度过高，甚至出现胎体变形无法使用的情况。

针对这种情况，我们首先对紫禁城清代剥釉琉璃瓦件胎体的元素和原料组成进行分析测试，对胎体的烧成温度进行分析测试，在此基础上建立起原料、烧结程度、烧成温度与款识之间的关系，尽管胎体的上述状况不能与款识建立起一一对应的关系，但是整体而言，同一批款识的琉璃瓦件，它们在原料和烧结工艺上还是有着很多共同的规律的。对于欠烧的胎体，欠烧到什么程度，根据对欠烧胎体分析测量得到的数据资料，决定我们在高温复烧时所需要提高的温度。

我们把在紫禁城内收集到的琉璃瓦件做了分析测试以后，发现这些琉璃瓦件胎体在元素组成上大致可以分成两类：在一类样品中 SiO_2 的含量都小于 64%，而 Al_2O_3 的含量都大于 28%；另一类样品中 SiO_2 的含量基本上都大于 64%，而 Al_2O_3 的含量都小于 28%。也就是说，一类 Al_2O_3 高，另一类 SiO_2 高。我们知道 Al_2O_3 的熔点是 2050℃，SiO_2 的熔点是 1700℃左右，一个熔点高，另一个熔点低，两者在原料配比上的差异，会对胎体烧成温度造成影响。我们又做了一个统计，表面釉层不剥落的高铝样品，平均烧成温度是 1065℃，而表面釉层不剥落的高硅样品的平均烧成温度是 1035℃。这样的话，我们在复烧的时候就有了高温复烧的工艺条件，就可以根据不同的材料采用不同的复烧温度。在这项复烧技术研究的过程中，我们注意到，高温复烧的结果是胎体的烧结程度提高了，欠烧的程度改善了，但在这一过程中不可避免地会产生胎体的收缩。最大限度的改善胎体的烧结程度，同时又将胎体的收缩控制在一个允许的范围，这是一对矛盾，这里有一个度的把握。在考虑收缩问题的时候，我们走访了实际的施工人员，收缩需控制在小于 3mm 这样的范围之内，而高温复烧过程中，在改善胎体烧结程度的同时，把胎体的收缩控制在 3mm 的范围内是可以做到的。

（2）直接施釉重烧保护技术

直接施釉重烧保护技术的基本思想是，不对剥釉琉璃瓦件的胎体进行高温复烧，避免复烧的高温过程对胎体原有工艺信息的干扰，只是通过调整胎釉热膨胀系数的匹配关系，提高琉璃瓦件的抗热震性，减少瓦件釉面的裂纹来实现对剥釉琉璃瓦件的保护作用。

刚才在讨论剥釉机理时，我们说琉璃瓦件胎釉热膨胀系数之间不合适的匹配关系是导致瓦件釉层表面出现裂纹的直接原因。紫禁城内的清代琉璃瓦件釉层所承受的应力主要为张应力，所以在琉璃瓦件的釉层表面出现了形同于龟背纹似的裂纹，并且这些裂纹贯穿于整个釉面直到胎体，形成外界水分进入胎体的路径。在考虑调整剥釉琉璃瓦件胎釉热膨胀系数匹配关系的过程中，由于胎体的热膨胀系数受原料和工艺的影响已经基本上成为了固定的数值，调整胎釉热膨胀系数间的匹配关系，很大程度上依赖于对琉璃釉的调整。

清代琉璃瓦件所用的釉料是传统的低温铅釉，氧化铅的含量通常高达 50% 以上。氧化铅是一种具有熔点低、光泽性好、热膨胀系数高，同时具有毒性的助熔材料。因此，传统铅釉具有釉烧温度低、光泽性好、热膨胀系数高等几方面特点。研发出具有光泽度高、釉烧温度适当、热膨胀系数低的仿古熔块釉是一项难度很大的研究工作，在我们的课题研究中对这一问题进行了初步地尝试。

在研究中，一方面采用预制熔块的方法，使氧化铅与石英粉熔融生成硅酸铅，降低其毒性；另一方面利用混合碱效应替代氧化铅的作用，通过长石、锂云母、硼砂、方解石、菱镁矿等材料的引入，达到增加釉的流动性、降低釉烧温度、增加釉层表面光泽的作用。

在课题实施过程中，我们共研发了 4 种可供选用的熔块釉，它们各自的特点可从表 6 中看出。

表 6　新研发的 4 种仿古熔块釉及相关特性

熔块釉种类	1	2	3	4
热膨胀系数	$5\times10^{-6}/℃$	$6\times10^{-6}/℃$	$7\times10^{-6}/℃$	$8\times10^{-6}/℃$
釉烧温度	1000℃	970℃	930℃	900℃
光泽度	70	80	82	90
氧化铅用量	4%	6.5%	8.5%	20%

在古代剥釉琉璃瓦件施釉重烧的过程中，有些琉璃瓦件 SiO_2 含量较高，这类瓦件的特点是胎体的热膨胀系数都比较高，热膨胀系数的平均值为 $6.67\times10^{-6}/℃$，坯体的烧成温度基本上都在 1000℃ 以上，烧成温度的平均值是 1020℃。具有上述两个特征的瓦件，尽管胎体烧结程度不佳，但可不对胎体进行高温复烧。高温复烧胎体的目的在于提高胎体的烧结程度，减小因胎体显气孔率过高，因吸湿或冰冻引起的膨胀过大造成琉璃瓦件表面釉层的剥落，其实质是减少外界环境水对胎体内部的渗入量。由于此类琉璃瓦件的胎体热膨胀系数较高，可通过选择课题中研究的仿古熔块釉进行胎釉热膨胀系数的合理匹配。例如，胎体热膨胀系数为 $6.67\times10^{-6}/℃$ 左右的瓦件，可选择热膨胀系数为 $6\times10^{-6}/℃$ 的釉料进行匹配，通过这种胎釉匹配关系的调整，避免或减少琉璃瓦件表面釉层的裂纹，提高釉层的阻水作用。胎体产生吸湿和冰冻膨胀的前提是胎体中有水的渗入，外界水进入胎体的途径被阻断了，相应的吸湿和冰冻膨胀的影响也就减弱或消除了。

改善胎釉热膨胀系数匹配关系的施釉重烧保护技术的特点在于，实施起来方法比较简单，整个过程未对胎体的焙烧历史造成影响，使古代琉璃瓦件的固有工艺信息得到了更为完整的保护。将剥釉古代琉璃瓦件表面处理干净，直接在胎体上施釉，入窑后在低温的条件下仅通过一次釉烧就可完成。由于釉烧温度低于胎体在历史上的焙烧温度，因此不会对胎体热事件的历史造成干扰。

从表 6 中可以看到，仿古琉璃熔块釉的光泽度值因铅含量的降低而低于目前新烧制的琉璃瓦件。在讨论低温铅釉与表面釉层光泽度关系时我们看到，新烧制高铅釉琉璃瓦件的光泽度值都大于 100，清代的琉璃瓦件光泽度值普遍在 60 左右。仿古琉璃熔块釉的光泽度值在 70～90，低于新烧制高铅釉琉璃瓦件，高于清代琉璃瓦件。有人说，故宫大修后琉璃建筑表面太亮，但几年以后随着釉层中铅在环境中的挥发，光泽度就会减弱，应该说这样的解释在科学上是缺乏依据的。事实上铅在常温下是不会挥发的，同时实验分析结果表明清代琉璃瓦件釉层中铅的含量并未明显降低。釉层表面光泽度的降低是由于铅釉的化学稳定性较差，在自然环境中，在酸性物质的作用下，加上长期的风化作用，原来光滑的釉面变得粗糙，原来形成全反射的釉面变成了漫反射占据了很大比例的釉面。仿古琉璃熔块釉的化学稳定性优于低温铅釉，有利于持久保持釉层表面的光泽度。

（3）施加中间层施釉重烧保护技术

　　这一技术方法的基本思路是借鉴元代琉璃瓦件烧制工艺中采用的化妆土技术，并加以改进而建立起来的一种施加中间层的施釉重烧保护技术（图36）。施加中间层施釉重烧保护修复技术的基本研究思路是研究一种热膨胀系数略大于胎的材料，采用类似于化妆土技术的工艺，将这种材料施敷在经过打磨后的剥釉古代琉璃构件胎体上，在低于琉璃构件胎体始烧温度的条件下进行焙烧，再施以釉料，在更低的温度下进行釉烧，达到对剥釉古代琉璃构件进行施釉重烧保护修复的目的。中间层的作用在于阻止外界水经釉层表面渗入到胎体里，避免由此产生的吸湿膨胀和冻融循环作用，从琉璃瓦件的自身结构上减小产生剥釉的可能性。图37是在现代琉璃瓦件样品、清代琉璃瓦件样品和施加了中间层的琉璃样块样品上做的墨水渗透试验。从结果可见，无论是现代琉璃瓦件还是清代琉璃瓦件，在釉层表

WLBY-0119

图36　元代琉璃瓦件含有化妆土的断层

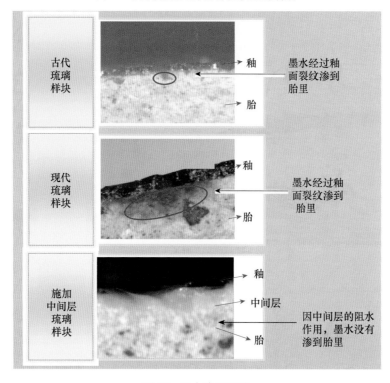

图37　墨水渗透试验

面滴上墨水后，都很快就渗入到了胎里，而施加了中间层材料的琉璃样块未出现墨水渗入胎体的现象，这表明中间层起到了很好的阻水作用。

在此项技术的研发过程中，研发出在烧制温度方面、在热膨胀系数方面介于胎釉之间的中间层材料是该项技术的关键。

我的汇报完了，最后我代表国家"十一五"重点科技支撑项目课题组向我们院里所有关心和支持我们的各位领导和朋友们表示衷心的感谢，谢谢大家！

注：国家科技部"十一五"科技支撑项目组成员有苗建民、王时伟、康葆强、段鸿莺、李合、赵兰、丁银忠、李媛、窦一村、侯佳钰。

原载 2014 年《故宫学术讲谈录》第二辑

附录四　紫禁城琉璃瓦件款识初步研究

康葆强　李　合　丁银忠　侯佳钰

紫禁城是明清两朝的皇宫，自 1420 年建成以来，历经多次增建、改建及修缮工程。琉璃瓦件是紫禁城建筑的重要材料之一，承载了丰富的历史、文化及科技信息。胎体上印刻或书写的款识文字反映了琉璃瓦件的烧造年代、所属的建筑、工匠姓名、作坊名称、釉色、尺寸等方面的信息。在课题组实施完成国家"十一五"科技支撑项目的过程中，对包括北京紫禁城在内的全国 16 个省（市）的琉璃建筑开展了调查，结果表明，与故宫建筑琉璃同样的款识还发现于北京地区的其他皇家建筑上，如颐和园、圆明园、天坛、日坛、先农坛、孔庙、历代帝王庙、淳亲王府等。在北京以外的河北清西陵、清东陵，天津的清代王爷园寝，山东曲阜孔庙等建筑上也有发现。

1　研究现状与本项研究的意义

王文涛对紫禁城琉璃瓦款识做了较为系统地搜集整理工作[1]，王光尧对故宫琉璃瓦款识反映的官琉璃窑制度进行了解读[2]。陈曲等整理了颐和园琉璃的款识[3]，周莎调查了清代王爷园寝的琉璃瓦款识[4]。在北京地区古建筑修缮报告[5]、考古发掘报告[6,7]中公布了所及琉璃瓦件的款识信息。另外，在北京门头沟琉璃渠的地方志等[8,9]相关论著中也有所论及。

本文在对故宫的琉璃瓦件做了系统收集整理的基础上，做了款识拓片，呈现了故宫琉璃瓦款识的整体面貌，包括使用汉文、满文、画押、特殊符号，以及字体、文字边框等细节信息，为瓦件分类研究奠定了基础。例如，"钦安殿"款有两种，有阴文、阳文，文字正反、字体的区别；"三作造""西作造"和"北五作"等款识中的"作"字的最后两笔有双横和撇捺不同写法；"工部"和"万年吉地"款识有方框和圆框不同形状；"内庭"款的"人"字有两种不同写法。另外，文章对明代琉璃瓦件的款识、北平赵氏琉璃等问题进行了初步探讨。

2　款识类别及反映的信息

王光尧先生总结历代瓷器上的款识，有刻、印、镶嵌和写四种[10]。课题组经整理发现琉璃瓦件款识也有以上四种做法，以戳印款为主，少量用写、刻和镶嵌的方式。此次工作对戳印款制作拓片，共计 90 余种，详见附录 A。

本文涉及的戳印款分阴文和阳文两种，以阴文为主。款识文字有汉文和满文，汉文字体有楷体和篆体。文字边框有方形、圆形、楔形和无边框等。戳印款的内容除了文字，还有画押和符号。书写和刻划的款识文字只见汉文。

依据款识反映的信息，可以分为年代、生产组织、瓦件使用的建筑名称、瓦件的尺寸和釉色等（附录 A）。分类结果如下。

2.1　年代

琉璃瓦上的年代款识对了解古建筑的始建及修缮年代极为重要。如在慈宁宫发现大量带有乾隆款的瓦件，与慈宁宫于乾隆三十三年的改建修缮工程有关[11]。在皇史宬发现多种嘉庆年款的瓦件，则与嘉庆十二年的修缮工程有关[12]。因此，带年款的琉璃瓦为了解建筑的营造修缮年代提供了实物佐证。

故宫历年修缮发现最早的款识年代为雍正八年。在故宫西河沿考古发掘的琉璃瓦上可见"雍正九年享殿"款的瓦件[13]。可知，雍正时期为戳印年代款识做法之始。乾隆、嘉庆的年代款最多，应与该时期大量的营造工程有关。带乾隆年号的款识包括乾隆辛未年、乾隆三十年、乾隆庚寅年等。嘉庆款瓦件有嘉庆三年、嘉庆五年、嘉庆十年、嘉庆十一年等，根据瓦件型制判断"十四年敬造"和"十五年敬造"也是嘉庆年瓦件。宣统款有"宣统年官琉璃窑造"一种。清代的款识未见咸丰、道光、同治、光绪年号。民国及中华人民共和国成立后的年款包括：中华民国二十年、中华民国二十四年、故宫琉璃窑厂一九五四年制[14]等。

这些带有年代信息的琉璃瓦作为标准器，是研究形制、胎釉化学成分发展变化规律的重要资料，对此已有多篇论文发表[15~17]。

2.2　生产组织

戳印款识中以反映琉璃瓦件生产组织信息的最多，可分三类。

第一类：管理机构名称。包括"工部"款、"工部造"款及"工部"画押款。"工部"款有方框和椭圆框两种类型，带椭圆框的"工部"款还有加圆圈符号的情况。"工部造"只有带方框一种。"工部"和"工部造"款都是阴文款。"工部"画押款，在"工部"二字下方有画押，外带楔形或方形边框，两种"工部"画押款都是阳文款。

第二类：窑厂名称。包括"琉璃窑造""官窑敬造""南窑""赵记""王记""京西琉璃窑赵制""京西琉璃窑赵造""北平琉璃窑厂赵造[18]""京西矿区协泰琉璃窑工人合作造[19]"和"故宫琉璃砖瓦厂制"。

第三类：作坊及工匠姓名。可分为三个亚类，介绍如下。

2.2.1　分工及姓名

又可分为两个小类。第一小类为"铺户、房头、配色匠、烧窑（色）匠"，文字为阴文，共有 6 种。第二小类为"窑户、房头、配色（匠）、（烧）窑匠"，文字为阳文，有 4 种。这两类款识用汉文、满文两种文字。见表 1、表 2。

表1　铺户款信息

序号	铺户	房头	配色匠	烧窑匠
1	黄汝吉	何庆	张台	张福
2	王羲	王奎	张台	王成
3	白守福	汪国栋	张台	陈忠
4	张仕登	颜印	张台	王成
5	许承惠	吴成	张台	张林
6	程遇墀	李成	张台	朱兴（烧色匠）

注：朱兴为烧色匠。

表2　窑户款信息

序号	窑户	房头	配色（匠）	（烧）窑匠	备注
1	王立敬	周全宾	胡禄达	王清臣	
2	赵士林	陈千祥	徐益寿	许万年	分带"嘉庆三年"和不带"嘉庆三年"两种
3	赵士林	许万年	许德祥	李尚才	

2.2.2　作坊编号及姓氏

款识文字包括5种：一作徐造、三作张造、四作邢造、五作陆造、西作朱造。文字为阴文，使用汉文、满文两种文字。

2.2.3　作坊编号

包括两个小类，第一小类包括：一作造、一作做造、一作成造、三作造、三五作造、正四作、正四作成造、四西作造、四作工造、五作成造、五作造办、五作工造、西作造、北五作、西作造、西四作造。

第二小类为太和殿瓦件款识。款识形式为"某作工造""某作成造"和"某作成造　工造"，具体包括："工造""一作成造　工造""三作工造""三作成造　工造""四作工造""正四作成造　工造""五作工造""西作工造"和"西作成造"。

调查所见作坊编号款的文字都为阴文，主要用汉文，个别出现汉文、满文同时使用的情况。

2.3　瓦件使用的建筑名称

建筑名称款识包括"钦安殿""万年吉地""词堂"和"内庭"等。"钦安殿"款带方形边框，有阴文和阳文两种，字体不同。钦安殿处故宫中轴线上，位于紫禁城后廷御花园中，建于永乐十八年[20]。"万年吉地"款带有圆形和方形边框两种，阴文，带圆形边框的款识附加圆圈符号。"万年吉地"为陵寝所用，课题组在河北清西陵、清东陵调查发现该款识瓦件。在故宫的建筑工地发现，可能是后期修缮调配使用的原因。"内庭"款的"人"字有两种写法，外带方形边框，阴文。紫禁城宫殿分为外朝和内廷两部分。外朝分为外朝中路、外朝东路、外朝西路，内廷则分内廷中路、内廷东路、内廷外东路、内廷西路、内廷外西路[21]。"内庭"款瓦件应为修造紫禁城内廷区域用的瓦件。"词堂"款带方形边框，阴文，可能为祠堂建筑所用。

2.4　瓦件的尺寸和釉色

带有尺寸的款识有"样瓦""照原册尺寸造""七样""八样""下言四号"和"下言五号"。"照原册尺寸造"的瓦件还见于山东曲阜孔庙。

带有颜色信息的款识有刻划款和书写款两种，有刻划的"月华门中黄"和书写的"寿康宫老黄围房"。刻划款还发现于建福宫，内容为"营造司黄色"[22]。

从款识的作款方式看，尺寸款为印款，颜色信息的瓦件为刻划和书写，刻划和书写所用文字比较随意，有可能是烧窑工匠所为，便于在坯体上施不同颜色的釉料。

2.5　其他

还有符号款，姓名款等情况。符号有双圈，姓名有"刘化生"。

3　讨论

3.1　明代琉璃瓦的款识问题

从款识判断，故宫发现的瓦件以清代为主，如带有雍正、乾隆、嘉庆等清代年号的瓦件以及带有满文的瓦件。故宫是否还保留有明代的琉璃瓦存在不同意见。为此，课题组对故宫神武门、东华门、西华门、英华殿、钟粹宫等现存明代木构建筑的琉璃构件调查后，未发现带有明代年款的琉璃构件。对明十三陵定陵外罗城、茂陵、康陵调查也没有发现明代年款的琉璃瓦。基于此，初步认为明代北京地区建筑琉璃瓦件没有题记年号的做法。根据文献[23]，北京地区琉璃瓦上的明代年代款仅见于门头沟琉璃渠村的一块瓦当上，为"明天启五年故宫琉璃窑厂"，但并无相关实物照片，有待进一步考证。

对古建专家判断为明代瓦件的神武门上层檐琉璃瓦做热释光测年，结果表明：瓦件年代明显早于清代年款瓦件，结合形制及化学成分判断该类瓦件很可能为明代烧制的琉璃瓦件[24]。由此推测无款识的瓦件中有明代瓦件。

有一类用铁料书写题记"三作"和"四作"的瓦件也可能为明代瓦件。该类瓦件在故宫和明十三陵都有发现，见图1。露胎处用铁料书写题记的做法也见于景德镇洪武时期的建筑琉璃[25]。

还有同时用铁料书写和戳印款识的筒瓦（图2），带刻划款筒瓦（图3）的形制都与清代瓦件不同，推测可能为明代瓦件。

3.2　"琉璃赵"

刘敦桢先生于1932年在《琉璃窑轶闻》[26]写道，"现存琉璃窑最古者，当推北平赵氏为最，即俗呼官窑，或西窑。元时自山西迁来，初建窑宣武门外海王村。嗣扩增于西山门头沟琉璃渠村，充厂商，承造元、明、清三代宫殿、陵寝、坛庙各色琉璃瓦件，垂七百年于兹"。课题组对故宫琉璃瓦调查发现，带有赵氏款识的琉璃瓦最早为嘉庆三年（表2）。款识为"嘉庆三年，窑户赵士林、房头陈千

故宫铁料书写"三作"的琉璃瓦	故宫铁料书写"四作"的琉璃瓦	明十三陵定陵外罗城琉璃瓦

图 1　故宫及十三陵红色墨书款琉璃瓦

图 2　铁料书写"北五作工成"加戳印款的筒瓦　　　　图 3　"三作"刻款筒瓦

祥、配色徐益寿、窑匠许万年"。嘉庆三年十月初十《上谕档》资料显示，赵士林作为"大匠头"之一，在乾清宫、交泰殿工程中受到皇帝嘉奖①。在北京门头沟区琉璃渠村过街楼内存放的乾隆二十一年

---

① 上谕档嘉庆朝三年十月十一日："遵旨将修建乾清宫等殿座之匠头及坐更巡查之总管、首领太监分别酌量赏赉，谨分缮清单恭呈御览，如蒙俞允，即照单由内殿领出颁给，谨奏请旨。嘉庆三年十月十一日奉旨知道了钦此。都领侍太监萧得禄，大缎二疋。总管太监刘芳，同进喜，每人大缎各一疋……大匠头：大木作 武廷秀，楠木作 陶荣，石作 续英，瓦作 李国秀，搭彩作 李顺祥，土作 杨清林，油画作 张月明，裱作 周谨，烫样人 李佩，琉璃窑 赵士林，锡作 双福，镀金作 福儿……以上大匠头二十一名每人大缎各一疋。匠头：大木作 贾四儿 刘二格，楠木作 周永福 开中，石作 续克章 郝进如，瓦作 祁二格 李金柱 程八儿，搭彩作 李明玉 李明德，土作 王六儿，油画作 吴详麟 梁士栋，烫样人 雷佳瑞，琉璃窑 李永德，锡作 全德，镀金作 黑达子，凿花作 吴玉廷……以上匠头三十名每人小卷缎各一件。"

《三官文昌东阁碑记》[①]记载了文昌东阁的修建过程，提到南北琉璃厂的王朝璟和赵邦庆。碑刻上提到的赵邦庆可能是南琉璃厂或北琉璃厂的负责人，从生活的时间上看，比赵士林在赵氏家族中的辈分高。赵氏后人继续烧造琉璃的情况，被"北平琉璃窑赵造"和"京西琉璃窑赵制"款识的瓦件所证实。

3.3　烧造管理

琉璃瓦作为清代皇家建筑材料，为官府工程专用。不存在区分官琉璃窑和民琉璃窑的问题。从乾隆时期的一份上谕档可以看出，琉璃窑"向来官设，为官工所用"[②]。因此琉璃瓦上的款识反映了官府在不同时期管理琉璃烧造的不同做法、不同要求，如款识"雍正八年官琉璃窑造斋戒宫用""嘉庆三年官窑敬造"及"宣统年官琉璃窑造"表明该产品的制作工厂为"官琉璃窑"或"官窑"。"工部"和"工部造"等款识反映了"官琉璃窑"的管理机构为"工部"。"铺户"和"窑户"等工匠姓名款识，以及带数字编号的作坊款识，如"一作""三作""四作""五作"和"西作"等，反映了官府为了追查残次品责任的需要[27]。

4　结论

通过对琉璃瓦款识的拓片整理和初步研究，得到以下结论：

（1）故宫琉璃瓦款识目前所见90余种。

（2）故宫历年修缮发现最早的款识年代为雍正八年，雍正为清代琉璃瓦件上戳印年代款识的开始。

（3）明代北京地区建筑琉璃瓦件没有题记年号的做法。用铁料书写作坊编号"三作"和"四作"等瓦件可能为明代瓦件。

（4）赵氏琉璃匠人在琉璃瓦件款识上的最早反映为"嘉庆三年，窑户赵士林、房头陈千祥、配色徐益寿、窑匠许万年"，碑刻资料所见赵氏匠人的年代为乾隆二十一年。

（5）故宫琉璃瓦款识反映了官府在不同时期管理琉璃烧造的不同做法、不同要求，不存在区分官琉璃窑和民琉璃窑的问题。

致　谢：本工作得到国家"十一五"重点科技支撑项目资助（项目编号：2006BAK31B02）、国家社科基金重大项目资助（项目编号：18ZDA221）故宫博物院科研课题（课题编号：KT2016-10）及江西省高校人文社会科学重点研究基地课题"故宫清代早期建筑琉璃瓦件研究"的资助。满文释读由故宫博物院图书馆春花研究馆员完成，谨致谢忱。

---

① 碑阳："乃建一阁□□□志不忘也神京西五十里许□然□□□以烧□□□□也南辟□□□□北□望妙峰山……□□傍浑河诚天然形□不假烘托点染者矣然本□之□色在地而继起之补□补资物力人工□□倡□举者有王朝璟赵邦庆等集局民共议曰吾局为□钦工圣地不有殿阁奚以光物敉□观瞻……"碑阴："三官文昌东阁碑记 今将布施名开列于后 总管内务府营造司员外郎加二级纪录五次硕尔霍施银五十两南北琉璃厂王朝璟、赵邦庆等共施琉璃兽吻脊料勾色滴砖瓦俱全……"见：门头沟区政协文史资料委员会，龙泉镇琉璃渠村党支部村委会编.《京西古村琉璃渠》，香港银河出版社，2005：67-70.

② 上谕档乾隆三十七年二月初七日："上谕：御史费南英奏请官设砖瓦灰觔二厂，动帑造办，以待各工应用一折，所见不达事理。上年秋间，因雨水较多，官私房屋同时购料修葺，所有砖瓦灰觔市价遂致加昂，然并非常有之事。迨俟一年半载，物料自可渐平，何必鳃鳃过计。又此折内援引琉璃窑、木仓二处为例，尤所谓拟不于伦，见理全不明晰。向来官设琉璃窑座，特为官工所用，陶埴式样，本非民间所当用……至砖瓦一项，如官工所用无多，即向民间平价购买。如城工为数较多，则管理工程处早已奏为烧造，又何庸虑及官民争购价值日增耶……"

参考文献

[1] 王文涛. 关于紫禁城琉璃瓦款识的调查. 故宫博物院院刊, 2013, (4).

[2] 王光尧. 元明清三代的官琉璃窑制度研究. 中国古代官窑制度. 北京: 紫禁城出版社, 2004.

[3] 陈曲, 刘媛. 浅议颐和园琉璃勾头纹饰的演变. 国际风景园林师联合会(IFLA)第47届世界大会. 中国风景园林学会
2010年会议论文集, 2010.

[4] 周莎. 清代王爷园寝琉璃构件铭文之观察. 中国文物报, 2013. 1. 25.

[5] 北京历代帝王庙图书编辑委员会. 北京历代帝王庙古建筑修缮工程专辑. 北京: 文物出版社, 北京燕山出版社, 2008:
19.

[6] 北京市文物研究所. 圆明园长春园含经堂遗址发掘报告. 北京: 文物出版社, 2006: 104.

[7] 北京市文物研究所. 北京皇家建筑遗址发掘报告. 北京: 科学出版社. 2009: 41-46.

[8] 何建忠, 邓福河. 京西古村琉璃渠. 香港: 香港银河出版社, 2005: 27-28.

[9] 王双来. 官式琉璃今解. 中国文化艺术传播中心出品, 2016: 21-22.

[10] 王光尧. 明代宫廷陶瓷史. 北京: 故宫出版社, 2010: 107.

[11] 章乃炜等. 清宫述闻. 北京: 紫禁城出版社, 2009: 730.

[12] 章乃炜等. 清宫述闻. 北京: 紫禁城出版社, 2009: 26.

[13] 北京市文物研究所. 北京皇家建筑遗址发掘报告. 北京: 科学出版社, 2009: 43.

[14] 1962年"门头沟区建筑材料厂"划归故宫博物院领导, 名为"故宫琉璃瓦厂". 见: 北京工业志·建材志编委会: 北京
工业志·建材志. 北京: 中国科学技术出版社, 1999: 211.

[15] 段鸿莺, 康葆强, 丁银忠, 等. 北京清代官式琉璃构件胎体的工艺研究. 建筑材料学报, 2012, (3).

[16] 康葆强, 李合, 苗建民. 故宫清代年款琉璃瓦釉的成分及相关问题研究. 南方文物, 2013, (2).

[17] 李合, 丁银忠, 陈铁梅, 等. 北京明清建筑琉璃构件黄釉的无损研究. 中国文物科学研究, 2013, (2).

[18] 1931年, 门头沟的琉璃窑厂改名为"北平赵家琉璃窑". 见: 北京工业志·建材志编委会: 北京工业志·建材志. 北京:
中国科学技术出版社, 1999: 210.

[19] "协太琉璃窑". 见: 北京工业志·建材志编委会: 北京工业志·建材志. 北京: 中国科学技术出版社, 1999: 210.

[20] 王子林. 钦安殿综述. 故宫学刊, 2014, (1).

[21] 万依. 故宫辞典. 北京: 故宫出版社, 2016, (1).

[22] 王光尧. 元明清三代的官琉璃窑制度研究. 中国古代官窑制度. 北京: 紫禁城出版社, 2004: 112.

[23] 北京门头沟村落文化志编委会. 北京门头沟村落文化志(四). 北京: 北京燕山出版社, 2008: 1605-1606.

[24] 康葆强, 王时伟, 段鸿莺, 等. 故宫神武门琉璃瓦年代和产地的初步研究. 故宫学刊. 2013, (2).

[25] 北京大学考古文博学院, 等. 景德镇出土明代御窑瓷器. 北京: 文物出版社, 2009: 204-206.

[26] 刘敦桢. 琉璃窑轶闻. 中国营造学社汇刊. 1932, 3(3).

[27] 王光尧. 元明清三代的官琉璃窑制度研究. 中国古代官窑制度. 北京: 紫禁城出版社, 2004: 111.

附录 A　故宫琉璃瓦款识

1　年代

2　生产组织

2.1　管理机构名称

2.2　窑厂名称

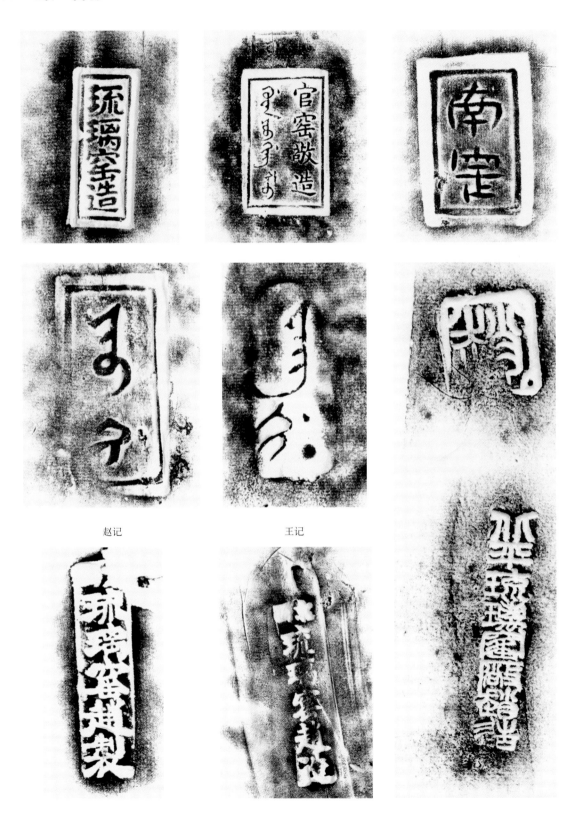

赵记　　　　　　　王记

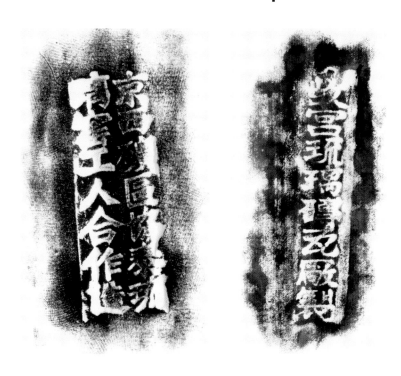

2.3　作坊及工匠姓名

2.3.1　分工及姓名

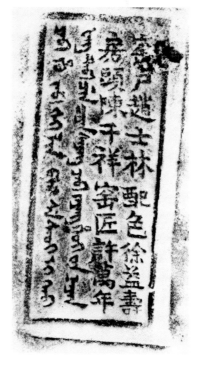

2.3.2　作坊编号及姓氏

2.3.3　作坊编号

1）第一小类

2）第二小类（太和殿瓦件款识）

3 瓦件使用的建筑名称

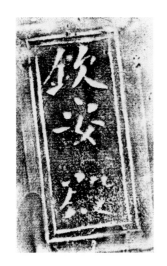

4　瓦件的尺寸和釉色

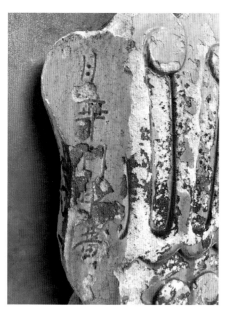

"月华门中黄"

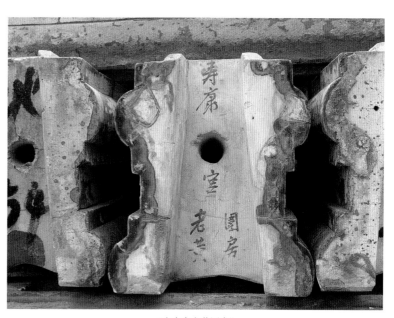

"寿康宫老黄围房"

5　其他

后　记

　　《古代建筑琉璃构件保护技术暨传统工艺科学化研究论文集》，是故宫博物院古陶瓷科技研究团队继 2016 年编辑出版《宋代五大名窑科学技术国际学术讨论会论文集》之后，编辑出版的第二本论文集。这两本论文集反映了该科研团队从筹备组建至今主要的科研实践与成果。第一本论文集产生于 2015 年由故宫博物院主办的"宋代五大名窑国际学术讨论会"的基础之上，是故宫博物院以及国内外古陶瓷科技研究人员共同的研究成果。而此本论文集各篇论文的主要作者则均出自故宫博物院的古陶瓷科技研究团队。

　　《古代建筑琉璃构件保护技术暨传统工艺科学化研究论文集》在结构上分为两个部分。其一，论文集的主体部分，即古代建筑琉璃构件价值揭示与科技保护研究方面的论文，共计 32 篇，这是本论文集的核心内容；其二，论文集的附录部分，这部分内容是在编辑整理该论文集的最后阶段才决定编入的，此部分内容在文体结构上与科研论文有所不同，故在本论文集中以附录的形式载入。

　　附录部分主要涉及三方面内容：其一，《清代官式建筑修缮材料·琉璃瓦》国家文物保护行业标准及标准的编制说明；其二，课题实施过程中所涉及清代官式琉璃构件款识拓片与初步研究；其三，题为《古代建筑琉璃构件价值揭示与科技保护研究》的演讲文稿，反映的是课题组在古代建筑琉璃构件历史价值、科学价值和艺术价值三方面进行综合揭示与研究的成果。古代建筑琉璃构件作为历史、文化和科技信息的实物载体，承载了多方面的信息，附录中的这三方面内容，尽管从文体形式上与论文集主体部分的科技论文不尽相同，但从内容上则与主体论文部分彼此关联和呼应，是对主体部分的延伸和补充。

　　随着本论文集的出版，故宫博物院古陶瓷科研团队，以配合当年故宫博物院的古建大修和"十一五"国家科技支撑计划重点课题"古代建筑琉璃构件保护技术及传统工艺科学化研究"的科技研究工作也即落下帷幕。但在此项研究过程中取得的各项科研成果，在日后古代琉璃建筑保护修缮中的推广与应用则是一项长期的任务。这些成果在古代琉璃构件仿制品的烧制、质量检验、修缮工程以及相关的宣传教育活动中将会发挥有益的作用，同时为相关的科技研究工作奠定基础并提供重要的参考，这是开展此项课题研究的意义所在，也是出版此论文集的初衷。

《古代建筑琉璃构件保护技术暨传统工艺科学化研究论文集》编委会

2020 年 11 月 26 日